中国城镇智慧燃气发展报告

(2022)

China Urban Smart Gas Development Report

中国城市燃气协会智能气网专业委员会　组织编写

中国石化出版社

内 容 提 要

本书包括现状篇、成就篇、规划篇和案例篇四部分。现状篇分析了城镇燃气企业所面临的发展环境，更新了新环境下智慧燃气的含义，梳理了国内外智慧燃气发展现状；成就篇详细介绍了T/CGAS 025—2023《城镇燃气系统智能化评价规范》，并基于该规范对国内12家典型城镇燃气企业进行了智能化发展评价，同时梳理了部分优秀企业智能化建设的典型做法；规划篇提出了智慧燃气发展路径规划以及政策建议；案例篇详细介绍了多家优秀企业的典型案例。

本书可供从事城镇智慧燃气工作的相关人员参考学习。

图书在版编目(CIP)数据

中国城镇智慧燃气发展报告. 2022 / 中国城市燃气协会智能气网专业委员会组织编写. —北京：中国石化出版社，2023.5

ISBN 978-7-5114-7023-2

Ⅰ. ①中… Ⅱ. ①中… Ⅲ. ①智能技术-应用-城市燃气-发展-研究报告-中国-2022 Ⅳ. ①TU996-39

中国国家版本馆CIP数据核字(2023)第053488号

中国石化出版社出版发行

地址：北京市东城区安定门外大街58号

邮编：100011　电话：(010)57512500

发行部电话：(010)57512575

http://www.sinopec-press.com

E-mail：press@sinopec.com

北京科信印刷有限公司印刷

全国各地新华书店经销

*

787×1092毫米 16开本 25印张 582千字

2023年5月第1版　2023年5月第1次印刷

定价：168.00元

《中国城镇智慧燃气发展报告(2022)》编委会

参与编写单位

北京市燃气集团有限责任公司
北京市煤气热力工程设计院有限公司
上海航天能源股份有限公司
上海燃气有限公司
香港中华煤气有限公司
深圳市燃气集团股份有限公司
新奥能源控股有限公司
华润燃气控股有限公司
中国燃气控股有限公司
重庆燃气集团股份有限公司
贵州燃气集团股份有限公司
昆仑能源有限公司
上海飞奥燃气设备有限公司
上海燃气工程设计研究有限公司
中交城市能源研究设计院有限公司
长春燃气热力设计研究院有限责任公司
华为技术有限公司
港华投资有限公司
华润燃气设计研究中心
中国市政工程华北设计研究总院有限公司燃气事业部
汉威科技集团股份有限公司
浙江威星智能仪表股份有限公司
金卡智能集团股份有限公司
杭州先锋电子技术股份有限公司
科大讯飞股份有限公司
南京港华燃气有限公司
无锡华润燃气有限公司
基本立子(北京)科技发展有限公司
浙江蓝宝石仪表科技有限公司
上海叁零肆零科技有限公司
浙江苍南仪表集团股份有限公司
成都千嘉科技股份有限公司
新考思莫施电子(上海)有限公司
北京航天拓扑高科技有限责任公司
成都秦川物联网科技股份有限公司
常州维格电子有限公司
重庆前卫表业有限公司
辽宁思凯科技股份有限公司
山东国研自动化有限公司
武汉众智鸿图科技有限公司
北京中天九五科技发展有限公司
武汉蓝焰自动化应用技术有限责任公司
漳州益民燃气有限公司
杭州市燃气集团有限公司
天津华迈燃气装备股份有限公司
重庆合众慧燃科技股份有限公司

前　言

2019年，中国城市燃气协会智能气网专业委员会（以下简称“智能气网专委会”）组织编写、发布了《中国城镇智慧燃气发展报告》，梳理了国内外智慧燃气发展情况，提出了智慧燃气的发展方向、总体构想与发展路径。报告发布至今，在一定程度上指导了城镇燃气企业智慧燃气系统的建设，取得了一些成就，涌现出一批典型做法。

经过3年多的发展，当下城镇燃气行业所面临的发展环境发生了一些变化。2020年9月，国家主席习近平在第七十五届联合国大会一般性辩论上提出中国“2030年碳达峰，2060年碳中和”的目标。2022年6月，国务院办公厅印发《城市燃气管道等老化更新改造实施方案（2022—2025年）》，提出2025年底前基本完成城市燃气管道等老化更新改造任务。2022年1月，国务院印发《“十四五”数字经济发展规划》，提出产业数字化转型迈上新台阶，加快能源领域数字化转型。这些事件对城镇燃气行业在绿色、安全、智能等方面提出了更高的要求，势必也将带来广泛而深远的影响。

站在城镇燃气行业转型发展的关键节点，为厘清发展环境变化，总结智慧燃气发展成果，凝聚行业力量探索智慧燃气发展方向，智能气网专委会启动了《中国城镇智慧燃气发展报告（2022）》的编写工作。

经过多家参编企业共同努力，在深入调研、总结提炼，并广泛征集专家意见及建议的基础上，形成了《中国城镇智慧燃气发展报告（2022）》一书。本书分为现状篇、成就篇、规划篇和案例篇四部分。现状篇分析了城镇燃气企业所面临的发展环境，更新了新环境下智慧燃气的含义，梳理了国内外智慧燃气发展现状；成就篇详细介绍了T/CGAS 025—2023《城镇燃气系统智能化评价规范》，基于该规范对国内12家典型城镇燃气企业进行了智能化发展评价，并梳理了优秀企业智能化建设的典型做法；规划篇提出了智慧燃气发展路径规划以及政策建议；案例篇汇总了近年来燃气企业在智能化领域的实践典型案例，供业内企业参考。

本书由中国城市燃气协会智能气网专业委员会组织编写，多家相关单位参与编写，对具体技术内容进行把关。

目　录

现状篇

成就篇

规划篇

案例篇

现状篇

1　城镇燃气企业所面临的发展环境

近年来，一系列事件促使城镇燃气企业宏观发展环境发生了较大的变化。2020 年 9 月 22 日，国家主席习近平在第七十五届联合国大会上发表重要讲话，确立我国“二氧化碳排放力争于 2030 年前达到峰值，努力争取 2060 年前实现碳中和”的目标。2022 年 6 月，国务院办公厅印发《城市燃气管道等老化更新改造实施方案（2022—2025 年）》，提出 2025 年底前基本完成城市燃气管道等老化更新改造任务。2022 年 1 月，国务院印发《“十四五”数字经济发展规划》，提出产业数字化转型迈上新台阶的目标，要求推动能源领域产、运、储、销、用各环节设施的数字化升级，实施油气管网等领域设备设施、工艺流程的数字化建设与改造，推动基于供需衔接、生产服务、监督管理等业务关系的数字化平台建设，提升能源体系智能化水平。

这些标志性事件及后续一系列相关政策文件的出台，对城镇燃气行业在各个方面都提出了更高的要求，势必也将带来广泛而深远的影响。通过调研分析，目前我国城镇燃气企业的宏观发展环境可以概括为能源安全、用气安全、脱碳、数字化和能源市场开放五个方面。

在微观环境方面，能源市场发展机遇与挑战并存。电力行业深入贯彻“双碳”目标，在生产端、消费端同时发力，可再生电力快速发展，竞争力进一步增强。热力行业以节能为主要抓手、以多种热源为辅助手段，推动供热碳排放下降，导致天然气供热需求不确定性增大。氢能产业快速发展，多类能源企业参与竞争，城镇燃气企业因其气体能源运营经验，具有一定的竞争优势。

1.1　宏观发展环境

1.1.1　能源安全

能源安全是国家安全系统的重要组成部分。随着天然气产业大发展，我国天然气进口量快速攀升，2006 年至 2021 年，我国天然气进口量从 $10\times10^8m^3$ 增长至近 $1700\times10^8m^3$，增长约 170 倍，天然气对外依存度由 1.8%增长至 45%左右。随着天然气消费量持续上升，未来超过一半的天然气将依赖进口，偏高的对外依存度势必会受到国际形势影响，天然气能源安全存在较大的风险。

高强度的天然气进口使天然气行业受地缘政治因素影响大。受俄乌战争等因素影响，2022 年天然气进口价格大幅上涨，并在中短期保持高位运行。燃气行业作为整个天然气产业链的最后一环，需要承担保障燃气供应的社会责任，支撑我国经济正常运行，完成保供任务。由于我国尚未完全理顺燃气定价机制，动荡的国际形势带来的过高的管道天然气交易价格和进口现货 LNG 到岸价格，使得城燃企业面临巨额亏损风险。如何解决高气价和气源不稳定的情况，保障天然气气源安全，是燃气行业首先要面对和解决的问题。高企的经营压力也抑制了企业智能化需求，延缓了企业智能化建设。

为应对能源安全，燃气行业有必要拓宽能源结构，积极寻找替代气源，发展生物质燃气、氢能等可再生燃气。与可再生能源融合发展，推动综合能源服务，将供电、供气、供冷和供热集于一体，提高能源综合利用效率。

1.1.2 用气安全

自西气东输一线投产使用以来，我国正式迈入天然气时代，燃气行业高速发展，至今已有 20 多年时间，部分燃气管道和设备进入带病运行阶段，我国城镇燃气企业安全形势严峻。据中燃协安全委统计，2021 年我国发生燃气安全事故 1140 起，共造成 106 人死亡、763 人受伤。

2021 年 6 月 13 日，位于湖北省十堰张湾区艳湖社区的集贸市场发生重大燃气爆炸事故，造成 26 人死亡、138 人受伤，其中重伤 37 人，直接经济损失 5395.41 万元。湖北十堰燃气事故是我国近年最大的一起燃气事故，其影响之深远难以估计。

湖北十堰及后续数起燃气安全事故引起国家层面高度重视。国务院安全生产委员会于 2021 年 11 月印发《全国城镇燃气安全排查整治工作方案》，要求对以下十项问题严厉整治，包括燃气有关企业安全准入不严格问题、燃气工程转包和非法分包等问题、燃气有关企业主体责任不落实问题、燃气管道设施维护保养不到位问题、瓶装液化石油气领域突出问题、生产销售不符合安全标准燃气具问题、不按规定安装燃气泄漏报警器等问题、燃气经营企业入户安检流于形式问题、燃气经营企业应急预案不落实问题、燃气安全监管执法宽松软问题。

2022 年 6 月，国务院印发《城市燃气管道等老化更新改造实施方案（2022—2025 年）》，“十四五”期间我国将改造老旧燃气管道 10 万公里，2025 年底前基本完成城市燃气管道等老化更新改造任务。

国家层面做出指导后，各地政府纷纷响应。上海、河北、湖南、浙江、辽宁等省份相继发布燃气安全排查整治工作实施方案，开展管辖范围内的燃气安全隐患排查。湖南、江苏等地发布老旧燃气管网更新改造相关文件，明确更新改造对象、投资补贴等事项。

除了从设备设施、监察管理、责任落实等方面控制燃气安全风险，构建本质安全的燃气系统，随着数字化技术的快速发展，燃气安全的数字化、智能化防控、监察手段逐渐兴起。

2020 年，住建部等部门提出“新城建”，当时即提出推动智能化市政基础设施建设和更新改造、建设智能化城市安全监管平台。依托城市信息模型，整合燃气、供水、排水、供电、热力、桥梁等城市基础设施信息，搭建城市基础设施安全运行监测系统，积极推进智能化感知设施建设，全面掌握城市基础设施运行状况，对燃气安全、管网漏损、防洪排涝等进行整体监测、及时预警和应急处置，推动跨部门、跨区域、跨层级应用，实现城市基础设施从源头供给到终端使用全流程监测“一网统管”。

湖北十堰“6·13”重大燃气爆炸事故发生后，在2021年6月17日举行的全国安全生产电视电话会议上，国务委员王勇指出目前燃气输配管网中缺少必要的信息化监控手段，出现问题主要靠人工排查，维护手段落后，在技术改造、重大隐患防范方面缺少投资。《“十四五”国家应急体系规划》中明确提出推进城市电力、燃气、供水、排水管网和桥梁等城市生命线及地质灾害隐患点、重大危险源的城乡安全监测预警网络建设。

各地在燃气安全治理过程中，也多提出借助数字化手段，提高燃气安全管理水平。典型的如《河北省城乡燃气行业监管信息系统建设方案》，提出在2023年12月底前，构建“省、市、县、企业四级联网”的城乡燃气行业监管信息系统，通过运用5G、大数据、物联网等信息技术，采集分析全省城乡燃气行业信息数据，强化燃气行业监管力度，推动城乡燃气高质量发展。

2022年1月，上海市发布《上海市燃气行业安全排查整治专项方案》，提出落实燃气数字化转型，提升重要节点实时监控和预警能力的要求。2022年1月，宁波市发布《关于持续推进城镇燃气安全排查整治工作实施方案》，强调增强城镇燃气数字化监管水平，建立完善燃气泄漏等安全监测数字化平台，实现区、街道、企业的三级应用，推进以燃气安全为重点的城市安全风险监测预警平台建设。

为用户安全供气是城镇燃气企业最重要、最核心的使命。面对燃气基础设施逐渐老化、燃气安全问题越发突出的现状，城镇燃气企业需要综合借助老旧管道更新改造、发展数字化监测手段、完善安全管控措施、搭建安全应急综合管理平台等手段，建立本质安全、智能监测、流程封闭、协同共治的燃气安全保障体系。消除用户、企业等多类主体的“燃气不安全”印象，提高燃气在能源领域的竞争力。

1.1.3 脱碳

二氧化碳排放力争于2030年前达到峰值，努力争取2060年前实现碳中和的“双碳”目标将持续对我国经济社会发展产生重大影响，加速我国能源转型和能源革命进程。国务院先后印发《中共中央 国务院关于完整准确全面贯彻新发展理念做好碳达峰碳中和工作的意见》《2030年前碳达峰行动方案》《“十四五”现代能源体系规划》等政策文件，提出到2025年，非化石能源消费比重达到20%左右，单位国内生产总值二氧化碳排放比2020年下降18%；到2030年，非化石能源消费比重达到25%左右，单位国内生产总值二氧化碳排放比2005年下降65%以上。

现阶段，“双碳”目标的实现基本遵循“减煤、稳油、增气、大力发展可再生能源”的主要策略，通过可再生能源、天然气等零碳、低碳能源对煤炭、石油等高碳能源的替代，推动碳排放早日达峰，进入碳中和阶段。这一过程中，天然气消费量将快速上升。根据中国石油经济技术研究院、中国石化经济技术研究院等多家机构预测，中国天然气需求将在 2040 年前保持较快增长，峰值在$(6155 \sim 6500) \times 10^8 m^3$，而后平稳下降，逐渐被电和氢能替代。

碳达峰目标实现、进入碳中和阶段以后，天然气消费量的增长将受限，并逐渐进入下行通道。例如，2022 年 2 月北京市发布《北京市“十四五”时期能源发展规划》，提出加快能源结构调整，大力推进“减煤、稳气、少油、强电、增绿”，促进能源绿色低碳转型实现新突破，预计到 2025 年，天然气消费量控制在 $200 \times 10^8 m^3$ 左右。2020 年，北京市天然气消费量 $189 \times 10^8 m^3$，北京地区天然气消费量在“十四五”期间进入平台期。2022 年 1 月，成都市发布《成都市能源结构调整行动方案(2021—2025 年)》，提出构建清洁低碳安全高效的能源体系，优化能源供给和消费结构，实施清洁能源替代，推动增电、稳气、控油、减煤，控制化石能源消费总量，提升终端消费领域电气化水平，到 2025 年，非化石能源消费占比达到 50%以上。

为应对绿色发展的挑战，2021 年 5 月 20 日，国际燃气联盟(IGU)发布《IGU 关于气候变化和燃气未来作用的立场》文件，提出“燃气”包括天然气、可再生燃气、氢气、脱碳燃气和低碳燃气。城镇燃气企业需要审视自身地区燃气的发展水平，判断未来的发展空间，提前布局新型燃气相关业务，加强宣传工作，推动自身由人工煤气、液化石油气和天然气等传统能源向氢能、生物质燃气等低碳和零碳能源转变，提高能源形式竞争力。

从上面的论述可以看出，在“双碳”前半程，城镇燃气企业仍然具备快速发展的市场环境。进入“双碳”后半程，城镇燃气企业的传统业务将进入平台期乃至衰退期。考虑到城镇燃气基础设施投资额度大、回收周期长的特点，当下城镇燃气企业在发展传统业务的同时，也要注意适当提前布局新型业务，避免在转型发展阶段出现缺少资金来源、资产沉没等问题。

1.1.4 数字化

城镇燃气系统的数字化同时受到内外部多种因素的驱动。同时，数字化也是推动城镇燃气系统安全、绿色发展的重要助力。

(1) 外部因素

① 数字化转型的要求

《中华人民共和国国民经济和社会发展第十四个五年规划和 2035 年远景目标纲要》提出加快建设数字经济、数字社会、数字政府，以数字化转型整体驱动生产方式、生活方式和治理方式变革。推动数据赋能全产业链协同转型。从“十四五”规划内容中可以看出，我国数字化建设将以数字化转型为驱动，涵盖全产业链。

2021 年 12 月，国务院印发《“十四五”数字经济发展规划》，提出产业数字化转型迈上新台阶的目标，要求推动能源领域产、运、储、销、用各环节设施的数字化升级，实施油气管网等领域设备设施、工艺流程的数字化建设与改造，推动基于供需衔接、生产服务、监督管理等业务关系的数字化平台建设，提升能源体系智能化水平。同期，中央网络安全和信息化委员会印发了《“十四五”国家信息化规划》，提出推动互联网、大数据、人工智能等同各产业深度融合，大力推进产业数字化和绿色化协同转型。数字化转型具有重大意义，是构筑国家竞争新优势的必然选择、推动高质量发展的重要举措、构建新发展格局的关键支撑。

我国城镇燃气需要顺应经济发展数字化转型的整体潮流，按照我国“十四五”规划的要求，积极开展数字化转型工作。把数字化转型纳入企业的目标体系，大力推动“互联网+”、人工智能和大数据与燃气业务的融合发展，构建安全高效绿色清洁的智慧燃气。

② 数字经济发展要求

“十三五”期间，我国数字经济持续快速发展，数字经济总量跃居世界第二，成为引领全球数字经济创新的重要策源地。2020 年，我国数字经济核心产业增加值占 GDP 比重达到 7.8%。产业数字化进程提速升级，制造业重点领域企业关键工序数控化率、数字化研发设计工具普及率分别由 2016 年的 45.7%和 61.8%增长至 2020 年的 52.1%和 73%。

《“十四五”数字经济发展规划》提到，到 2025 年，数字经济迈向全面扩展期，数字经济核心产业增加值占 GDP 比重达到 10%，数字化创新引领发展能力大幅提升，智能化水平明显增强，数字技术与实体经济融合取得显著成效，数字经济治理体系更加完善，我国数字经济竞争力和影响力稳步提升。此外还提出强化数字经济安全体系，加强能源等重要行业领域关键信息基础设施网络安全防护能力，支持开展常态化安全风险评估，加强网络安全等级保护和密码应用安全性评估。

我国城镇燃气需要充分发挥海量数据和应用场景的优势，推动燃气行业基础设施数字化改造，促进数字技术与燃气行业深度融合，赋能燃气行业各环节智能化转型升级，提升燃气设施智能化水平，壮大经济发展新引擎，推动燃气行业向绿色、安全和智能等方向转型。

③ 智慧城市建设的要求

城镇燃气企业承担着为城市供能的任务，其发展建设离不开城市以及城市能源系统的发展建设。因此，智慧燃气的发展建设需要与智慧城市、智慧能源系统的发展建设相协同。

智慧城市起源于 IBM 在 2008 年提出的“智慧地球”概念。我国智慧城市经历了探索实践期、规范调整期、战略攻坚期和全面发展期，形成了较为统一的“新型智慧城市概念”。即，新型智慧城市是以为民服务全程全时、城市治理高效有序、数据开放共融共享、经济发展绿色开源、网络空间安全清朗为主要目标，通过体系规划、信息主导、改革创新，推进新一代信息技术与城市服务现代化深度融合、迭代演进，实现国家与城市协调发展的新生态。

中国信息通信研究院在 2018 年发布的《新理念新模式新动能——新型智慧城市发展与实践研究报告》中提出：“新型智慧城市包括无处不在的惠民服务、透明高效的在线政府、精细精准的城市治理、融合创新的数字经济、集约统筹的基础设施、安全可控的运行体系等关键要素。”

我国发展新型智慧城市具有四大特征：第一是中国化，主要将“以人为本”作为新型智慧城市建设的中心，时刻关注为广大人民群众提供优质的城市服务，同时着重解决城市人口承载力的问题。第二是融合化，积极融合各种前沿新型信息技术，如物联网、大数据、人工智能等，通过有效融合、互取所长构建城市的互联互通。第三是协同化，我国极力在新型智慧城市建设的进程中推进横向融通，侧重于协同治理，希望更好地实现跨层级、跨地域、跨系统、跨部门、跨业务的协同管理和服务。第四是创新化，我国在智慧产业布局、技术优化、项目建设、城市管理等多方面把握住创新要点，鼓励孵化创新企业和技术，是提升社会发展的内在驱动力。

《“十四五”数字经济发展规划》中提出深化新型智慧城市建设，推动城市数据整合共享和业务协同，提升城市综合管理服务能力，完善城市信息模型平台和运行管理服务平台，因地制宜构建数字孪生城市。根据中国信息通信研究院 2020 年 12 月发布的《智慧城市产业图谱研究报告(2020 年)》，开展新型智慧城市顶层设计的省会城市及计划单列市、地级市已分别达 94%、71%。智慧城市的广泛建设与快速发展需要城镇燃气企业数字化、智能化升级，为城市建设与管理层面提供有效支撑。

2021 年 6 月，住建部发布《城市信息模型(CIM)基础平台技术导则》(修订版)，明确要求 CIM 基础平台应定位于城市智慧化运营管理的基础平台，统一管理 CIM 数据资源，提供各类数据、服务和应用接口，满足数据汇聚、业务协同和信息联动的要求，从而支撑新型智慧城市发展。可见智慧城市的发展离不开各行业的智慧发展。

从智慧城市的定义、主要内容、特征和城市信息模型构建可以看出，智慧城市的建设主要站在政府角度，通过综合利用信息技术，打通信息渠道，为城市居民提供惠民服务，提升城市管理精细化水平，促进城市绿色安全发展。智慧燃气与智慧城市在多个方面发生连接互动，包括为居民用户提供优质服务、精准安全的管网运维与管理、统筹协调的管网基础设施建设等。

但也要注意到智慧燃气与智慧城市在建设主体、发展目标、主要驱动力、关注层面有所差别。智慧燃气的建设主体为城镇燃气企业，主要实现城镇燃气企业安全、绿色、智慧、开发的发展目标，以企业效益为驱动，主要关注企业自身的运营业务。智慧城市的建设主体为地方政府，主要目标包括惠民服务、高效治理、数据共享、绿色发展等，以“以人为本”为驱动力，主要关注城市运行宏观层面。

④ 智慧能源建设的要求

根据《关于推进“互联网+”智慧能源发展的指导意见》，“互联网+”智慧能源是一种互联网与能源生产、传输、存储、消费以及能源市场深度融合的能源产业发展新形态，具有设备智能、多能协同、信息对称、供需分散、系统扁平、交易开放等主要特征。我国能源互联网建设的基本原则是：基础开放、大众参与；探索创新，示范先行；市场驱动，科学监管；深化改革，推动革命。我国对智慧能源的建设分两步走，在 2016—2018 年，着力推进能源互联网试点示范工作。在 2019—2025 年，着力推进能源互联网多元化、规模化发展。最终形成开放共享的能源互联网生态环境，能源综合效率明显改善，可再生能源比重显著提高，化石能源清洁高效利用取得进展。

我国早在2011年就开展了对智慧能源体系方面的研究，提出了我国智慧能源体系架构、模型、技术标准、通信协议和实施方案等。2022年国务院颁布《“十四五”现代能源体系规划》，提出要建设智慧能源平台和数据中心，以及实施智慧能源示范工程。

从智慧能源的发展历程、发展目标以及特征可以看出，智慧能源的建设是新能源技术、储能技术、现代通信技术等先进技术与配套政策措施、市场机制的高度整合，从而缓解或解决能源短缺危机，改善环境品质，改善民生，构建新型能源消费模式，促进国家发展。智慧燃气是智慧能源系统的一种表现形式、一种重要组成部分。智慧燃气与智慧能源在多个方面发生连接互动，包括整合利用现代通信技术、发展绿色能源、缓解能源危机、为居民提供优质服务、精准安全的管网运维与管理、统筹协调的管网基础设施建设等。

由于我国智能电网的起步要早于传统化石能源的智能化，逐渐形成了在智能电网的基础上将电力、天然气和其他可再生能源互联的观点。但是政府层面在对智慧能源/能源互联网定义时，未指明以某具体能源形式作为主体。面临智能电网和可再生能源智慧化发展挑战的大环境，应快速发展智慧燃气，形成全方位的感知和调控，构建综合能源一体化服务，建设以燃气为核心的能源互联网平台和综合能源一体化运营服务商，提升燃气行业核心竞争力。

（2）内部因素

城镇燃气企业需要顺应发展数字化转型的整体潮流，城镇燃气系统的智慧化也是响应安全、绿色发展要求的重要手段。绿色发展对城燃系统规划设计、建设、运营全生命周期与输送能源形式提出了全面要求，智能化的建设运营管理与开放的能源互联将是促进城燃系统低碳发展的两个核心要素。2021年12月，中央网络安全和信息化委员会印发了《“十四五”国家信息化规划》，提出要坚持双轮驱动，推动数字化绿色化协同发展。

安全水平的提高不仅依赖于设备设施的本质安全、运营人员的自身素质，智能化的安全防护设备与系统也是防止事故发生的关键安全屏障。从《“十四五”国家应急体系规划》中提到建设城乡安全监测预警网络，到“新城建”要求推动智能化市政基础设施建设和更新改造、建设智能化城市安全监管平台，以及各地方燃气相关政策中提到构建各类燃气数字化安全监测平台，都说明了智能化手段对燃气安全的支撑作用。

自2016年起，合肥市推动城市生命线工程建设，针对交通桥梁、供水、排水、供电、供气、热力管线等，建立了城市生命线工程安全运行监测系统，将公共安全科技与物联网、云计算、大数据等现代信息技术融合应用，实现对安全隐患及时发现和突发事件快速响应。截至2022年，已在安徽省内六安、滁州和淮南等15个地级市推广。

浙江省在最新的《浙江省管道燃气特许经营评估评分标准（修订稿）》中新增智能化仪表占有比例、用户端信息接入SCADA系统的加分项。以用户为中心提供服务，以管道燃气智能化发展助力城市安全发展。

表1.1汇总了国家和各省份以智慧化/数字化手段促进燃气安全发展的政策及相关内容。

表 1.1　以智慧化/数字化手段促进燃气安全发展相关政策

序号	文件名	数字化促进燃气安全相关内容
1	国务院安委办《全国城镇燃气安全排查整治工作方案》(安委〔2021〕9 号)	加快推进城市安全风险监测预警平台建设
2	国务院《"十四五"国家应急体系规划》(国发〔2021〕36 号)	推进城市电力、燃气、供水、排水管网和桥梁等城市生命线及地质灾害隐患点、重大危险源的城乡安全监测预警网络建设
3	住建部《关于加快推进新型城市基础设施建设的指导意见》(建改发〔2020〕73 号)	推动智能化市政基础设施建设和更新改造、建设智能化城市安全监管平台
4	上海市住建委《上海市燃气行业安全排查整治专项方案》(沪建设施〔2022〕1 号)	依托城市一网统管和安全发展示范城市创建，建立安全风险监测预警平台(试点)，持续完善主干管网全生命周期管理体系建设，探索 5G+"无人机"等新型燃气管网巡检技术，有序推进燃气管网基础设施数字孪生底座建设，依托燃气数据采集和监控系统(SCADA)平台，提升重要节点实时监控和预警能力
5	广东省住房城乡建设厅《广东省城镇燃气安全生产隐患大排查整治工作方案》	全面排查整治城镇燃气各领域安全隐患，加快推进安全运行监控的数字化、智能化
6	湖北省安委会《湖北省城镇燃气安全排查整治工作实施方案》(鄂安〔2021〕16 号)	对燃气各领域进行安全风险和重大隐患排查整治，加快推进燃气管网等基础设施更新改造和数字化、智能化安全运行监控能力建设，强化燃气本质安全，提升燃气安全保障水平
7	湖南省安委会《湖南省燃气安全排查整治工作实施方案》(湘安〔2021〕9 号)	全面排查整治燃气经营安全、燃气管道设施安全风险和重大隐患，加快推进以燃气安全为重点的城市安全风险监测预警平台建设
8	山西省市场监督管理局《全省市场监管领域城镇燃气安全排查整治工作方案》(晋市监发〔2021〕293 号)	燃气气瓶安全、燃气具产品安全排查、燃气压力管道法定检验、整治燃气相关特种设备、加强智慧监管和信用监管
9	《山西省燃气行业安全专项整治工作方案》(晋政办发电〔2021〕32 号)	建设燃气管网监测管理平台
10	《重庆市深化燃气安全专项整治实施方案》(渝府办发〔2021〕156 号)	建设燃气安全管理信息平台等，各区县政府安全管理平台要接入燃气经营企业用户安全管理数据
11	浙江宁波《关于持续推进城镇燃气安全排查整治工作实施方案》	对 2000 年前建设管道及 2000 年后建设但腐蚀较重、状况较差等存在安全隐患的管道进行全方位评估，提出管道更新改造工作清单及计划。增强城镇燃气数字化监管水平。深化数字化改革，强化数字赋能、精密智控，通过物联感知、仿真模拟等技术，建立完善燃气泄漏等安全监测数字化平台，实现市、区县(市)、企业的三级应用
12	浙江海宁市《关于持续推进城镇燃气安全排查整治工作实施方案》	全面摸清城镇燃气领域风险隐患底数。增强城镇燃气数字化监管水平。用足用好数字化改革成果，统筹推进"燃气安全在线"建设，打造涵盖瓶装燃气、管道燃气在内的数字化监管平台
13	江西南昌《南昌市燃气安全专项整治行动实施方案》(洪府办发〔2022〕18 号)	2022 年 12 月 31 日前，全面完成南昌市剩余 227km 老旧燃气管道改造、269 处违章压占燃气管道整改，推动城镇燃气用户燃气安全装置，建设南昌市燃气安全运行指挥调度中心。依托南昌市燃气集团有限公司信息系统，将全市管道燃气企业信息系统接入南昌市燃气安全运行指挥调度中心，实现互联共享，力争 2022 年 6 月底完成现有管道燃气企业信息系统整合工作

续表

序号	文件名	数字化促进燃气安全相关内容
14	江西九江《九江市城镇燃气安全排查整治工作方案》	全面排查辖区内燃气管网和涉及燃气各领域安全风险隐患，全面排查燃气安全生产、公共场所、老旧小区、燃气工程和燃气管道等安全隐患。推动九江市天然气管网“数字地图”建设，基础设施更新改造，数字化、智能化安全运行监控建设
15	《江苏省城镇燃气安全排查整治工作实施方案》(苏政办发〔2021〕104号)	加大燃气领域安全风险隐患排查和整治力度。试点先行，推进以燃气安全为重点的城市安全风险监测预警平台建设，试点城市政府要以“能监测、会预警、快处置”为目标，探索通过物联感知技术，动态监测、预警和处置燃气泄漏安全风险隐患，实现城市生命线设施“一张图”监管

1.1.5 能源市场开放

能源市场的开放可以分为两个方面：一方面是传统的燃气市场，另一方面是氢能、分布式光伏、分布式能源等新兴市场。

2019年12月9日，国家石油天然气管网集团有限公司(以下简称国家管网集团)挂牌成立。随着国内天然气管道资产逐步由中国石油、中国石化、地方管网公司交接至国家管网集团，国内“X+1+X”的天然气市场体系初步形成。天然气管道市场开放对城镇燃气企业提出了更高要求，需要提高气源优化、负荷预测、合同分析等诸多能力，以充分利用开放的市场环境，提高企业市场竞争力。

2022年，中共中央、国务院印发《关于加快建设全国统一大市场的意见》，提出建设全国统一的能源市场，有序推进全国能源市场建设。推动油气管网设施互联互通并向各类市场主体公平开放。稳妥推进天然气市场化改革，加快建立统一的天然气能量计量计价系统。坚持全国一盘棋统筹安排，能够更好统一各项考量、评价标准，缩小各地区之间的碳排放差异，促进合理良性竞争，在保障能源安全的基础上实现“双碳”目标。

随着“双碳”目标提出，氢能、分布式光伏、分布式能源等新兴能源市场快速发展。氢能交通产业发展迅速，截至2022年，国内共建成投运加氢站274座，位居全球第一。根据各地氢能产业发展规划，“十四五”末全国加氢站数量将超1300座、氢能车辆保有量超10万辆。分布式光伏、分布式能源通过就地消纳，能源利用效率高，“双碳”目标提出后进入发展快车道。多类主体参与上述新兴能源市场竞争，既包括传统的能源企业，如中国石油、中国石化、国电投等，又有一些专业公司，如美锦能源、亿华通、隆基等。

1.2 微观发展环境

1.2.1 电力行业

随着深入贯彻“双碳”目标，电力行业在生产端、消费端同时发力，可再生电力快速发展，竞争力进一步增强。

在生产端，可再生能源发电装机容量、新增装机速度迅速发展，源源不断的“绿电”供给，在“双碳”背景下进一步提高了电力的竞争力。

截至2022年9月，我国可再生能源发电总装机突破11×10^8kW，占世界可再生能源装机总量的30%以上。水电、风电、光伏、生物质发电装机规模和在建核电规模稳居世界第一。非化石能源消费量占世界总量的近1/4，居全球第一。

根据中国电力企业联合会发布的《2021—2022年度全国电力供需形势分析预测报告》，截至2021年底，全口径非化石能源发电装机容量达到11.2×10^8kW、煤电11.1×10^8kW，占总发电装机容量的比重分别为47%、46.7%。全口径非化石能源发电装机容量首次超过煤电。据国家能源局介绍，2022年上半年，我国可再生能源发电新增装机5475×10^4kW，占全国新增发电装机的80%。

根据《“十四五”可再生能源发展规划》，到“十四五”末，我国可再生能源发电装机占比将超过50%。据《中国能源大数据报告(2021)》显示，到“十四五”末，可再生能源在全社会用电量增量中的占比将达到2/3左右，在一次能源消费增量中的占比将超过50%。

在消费端，电力行业通过呼吁提高终端用能电气化水平，与其他能源形式竞争合作。《“十四五”现代能源体系规划》提出持续提升电气化水平，到“十四五”末，电能占终端用能比重达到30%左右。《城乡建设领域碳达峰实施方案》提出引导建筑供暖、生活热水、炊事等向电气化发展，到2030年建筑用电占建筑能耗比例超过65%。推动开展新建公共建筑全面电气化，到2030年电气化比例达到20%。推广热泵热水器、高效电炉灶等替代燃气产品，推动高效直流电器与设备应用。

1.2.2 热力行业

在“双碳”背景下，热力行业以节能为主要抓手、以多种热源为辅助手段，推动供热碳排放下降，导致天然气供热需求不确定性增大。

据《中国城镇供热发展报告》介绍，2001—2019年，北方城镇建筑供暖面积从$50\times10^8m^2$增长到$152\times10^8m^2$，增加了2倍多，而能耗总量增加不到1倍，能耗总量的增长明显低于建筑面积的增长。其主要是建筑节能的成果：单位面积供暖能耗从2001年的$23kgce/m^2$(kgce为千克标准煤)，降低到2019年的$14.0kgce/m^2$。据清洁供热产业委员会相关研究，通过建筑节能改造和供热系统节能运行，到2035年，冬季供暖平均能耗强度有望下降到$8kgce/m^2$左右，建筑供暖面积约$200\times10^8m^2$，仅需1.6亿吨标准煤(1.6×10^8tce)热量，将低于目前的供暖能耗总量。

根据《“十四五”现代能源体系规划》，到2025年，城镇新建建筑全面执行绿色建筑标准，星级绿色建筑占比达到30%以上，新建政府投资公益性公共建筑和大型公共建筑全部达到一星级以上。2030年前，严寒、寒冷地区新建居住建筑本体达到83%节能要求，夏热冬冷、夏热冬暖、温和地区新建居住建筑本体达到75%节能要求，新建公共建筑本体达到78%节能要求。

除了实施节能措施外，低碳热源替代是热力行业降低碳排放量的另一主要措施。潜在低碳热源包括调峰火电热电联产、核能供热、工业余热、大型数据中心废热、垃圾焚烧等。

1.2.3 氢能行业

受“双碳“相关政策刺激，氢能产业快速发展。58 家氢能上市公司 2022 年上半年累计营业收入约 7341.99 亿元，较上年同期增长 35.57%；归母净利润约 377.17 亿元，较上年同期增长 17.69%。

多类能源企业参与氢能行业竞争，城镇燃气企业因其气体能源运营经验，具有一定的竞争优势。

随着氢能交通产业迅速发展，截至 2022 年，国内共建成投运加氢站 274 座，位居全球第一。参与加氢站建设的企业类型多种多样。包括传统的油气企业，例如中国石化、中国石油、佛山燃气等；能源企业，如国家能源集团、国电投、浙能集团等；专业氢能企业，如美锦能源、亿华通、上海舜华、氢枫能源；以及专业公司，包括液化空气、厚普股份、林德集团等。

天然气掺氢是氢能发展的另外一个方向，也是城镇燃气企业能够深入参与的方向。目前，国内天然气掺氢仍处于示范应用阶段。2019 年，国内首个天然气掺氢示范项目“辽宁朝阳天然气掺氢示范项目”建成。目前，参与天然气掺氢相关研究与示范的企业包括国电投、国家管网集团、中国石油、深圳燃气、张家口鸿华、乌海凯洁、通辽隆圣峰、四川博能燃气等。

1.3 小结

城镇燃气行业智能化发展宏观环境良好，对企业来说，推动智能化建设既是机遇，也是要求。当下，用气安全成为城镇燃气企业智能化建设重要推手，同时促进了城镇燃气企业区域公司兼并，逐步形成城市“一张网”格局，进而从规模、资金、人才多方面支撑企业智能化建设。“双碳”目标的提出，刺激了中短期天然气消费量的快速增长，同时融合绿色能源概念，拓宽了城镇燃气行业的发展空间。数字化浪潮促进了数字化基础设施、上位系统的发展，为城镇燃气企业智能化建设提供了良好的技术支撑与社会环境。天然气市场“X+1+X”格局的形成、氢能与分布式能源等新兴市场的出现都为城镇燃气企业提供了新的发展空间。在能源安全方面，由于气源价格高企，企业经营压力增大，抑制了企业智能化需求，延缓了企业智能化建设。但企业智能化发展的需求并未消除，随着气源价格下降，企业智能化建设必将迎来井喷。

在微观发展环境层面，城镇燃气行业面临传统业务领域竞争加剧，新兴业务领域快速发展的局面。“双碳”背景下，可再生能源电力迅速发展，可再生能源电力总装机容量、新增装机占比屡创新高，电力在能源行业的竞争力进一步提升。热力行业通过建筑节能改造、供热系统节能运行等手段，建筑供暖能耗总量上升空间有限。通过低碳热源替代，煤、天然气等传统化石能源消耗量预计将进入下行通道。氢能行业的快速发展，为城镇燃气企业提供了新的业务发展空间，依赖气体能源运营经验，部分城镇燃气企业积极发展氢能业务。

2 智慧燃气的含义与理念

2.1 智慧燃气含义

智慧燃气是指依托高度发展的信息与通信技术、低碳能源技术与能源互联网技术，构建的以天然气、生物质燃气、氢气等低碳气体燃料为核心能源，涵盖各种能源综合应用高效管理、智能运营、便捷服务等的一体化低碳能源生态系统。智慧燃气旨在为用户提供安全、低碳、智能、开放的能源服务，其涵盖智能气网、可再生能源利用、储能调峰、多能协同、碳资产管理等内容。

智能气网是指依托“云、大、物、移、智”等新一代信息与通信技术，基于城镇燃气系统所构建的本质安全、智能高效、开放融合的能源管理、运营和服务系统。贯穿于设计、建造、气源、输配、调度、服务、应急等城镇燃气的各个环节，相关领域包括智能管网、气源管理、智能计量、智能服务、智慧厨房、智能应急等方面。其中智能管网是智能气网的核心。智能管网是指依托新一代信息与通信技术，基于城镇燃气管网所构建的标准统一、精准感控、安全智能的燃气输配运营管理系统。

狭义地说，智慧燃气指的是智能气网，其业务涵盖当前国内城镇燃气企业开展的燃气系统相关的输配、供销气、燃气分布式能源等内容；广义地说，智慧燃气指的是智能气网充分融合其他能源形式的一体化能源互联生态系统。智能气网是智慧燃气在当前能源格局和发展阶段下的具体体现，也是当前燃气企业近期发展的目标。智慧燃气和智能气网的逻辑结构见图 2.1。

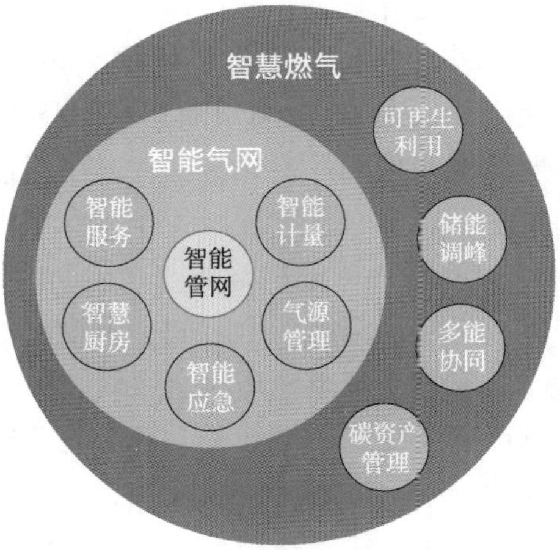

图 2.1 智慧燃气和智能气网逻辑结构示意图

下面就智能气网的内容进行描述。

(1) 智能管网

智能管网的实现主要从“建、防、检、控、智”五方面推进。

① 建——管网建设

通过信息化、标准化、智能化和低碳化的基础设施规划、设计、建设，构建物理数字一体化的本质安全管道系统，包括以下四个方面：

首先，建立本质安全的物理管道系统。严格遵循现行相关标准，积极应用新材料、新工艺、新设备，建成本质安全的物理管道系统。

其次，建设管网静态信息数字化模型。主要通过建立地理信息系统(GIS)，实现运营区域全域范围地形、管网数据的高效管理，建立信息查询、检索、制图、统计、分析和维护等功能，为各业务系统提供管网模型基础数据。探索建设数字化交付平台，基于设计阶段、施工阶段积累的数字化信息，建立管网的静态数字孪生模型，结构化整合管网的地理位置、设备、施工、检验等信息。

再次，建设管网动态信息数字化模型。建立管网工况及用气信息等数据的自动采集，实现对管网运行状态的全景化监测。通过对燃气设备设施、管线阀井及阀室等节点加装各类采集、监控模块，建立数据采集与监控(SCADA)系统，形成完善的数据采集标准。探索建设管网动态数字孪生模型，接入管网运行、巡检、设备维检修等数据。

最后，建设管道系统规划、设计、建设的数字化支持系统。基于GIS系统，建设管网仿真系统，支持管网运行和改扩建工程决策辅助。建设工程建设信息化系统，统一管理工程项目规划立项、设计、施工，形成数字化的工程建设管理能力。探索建设工程项目碳排放管理，通过应用低碳材料、绿色能源等，降低管网设施、工程建设的整体碳排放。

② 防——防控机制

构建高效的标准化、自动化、智能化防护体系。

一方面，建设高效的智能化防护设备设施体系。向内，建设关键运行参数(压力、温度、流量等)、可燃气体浓度等关键安全参数的监测、超限报警、联锁自动切断机制，搭建管网系统自动化防护体系；探索新型泄漏监测与定位方法，构建智能化防护体系。向外，综合利用管道变形监测、井盖监测、第三方破坏防护设备等新技术、新设备，构建外部破坏防护体系。

另一方面，探索应用阴极保护数值预测与评估技术、关键设备(调压器、流量计、阀门、仪表等)故障诊断与预测技术等，构建管网系统预测性维护系统，推动行业由定期检修向预测性检修转变，减少过度维修，提高劳动生产率，降低安全隐患和设备故障发生率。

③ 检——巡检运维

构建全空间、全时间、多维度的管网运维体系。具体包括：

首先，基于地理信息系统，打造一张图管理的智能化巡检体系。基于风险、隐患等数据智能制定巡检任务，基于北斗精准定位支持，开展高效巡检。融合多源数据，形成巡检、第三方施工、风险隐患一张图管理，有效支持巡检工作高效开展。

其次，建立高精准的立体化泄漏检测体系。综合应用多种检测手段，结合北斗精准位置，有效整合多种来源的泄漏浓度数据，探索燃气泄漏反演理论与方法，计算泄漏区域内可燃气体浓度分布情况和变化趋势，形成泄漏云图，预防二次灾害，为管网安全评估提供可靠的数据依据。

最后，构建系统化的安全屏障管理体系。综合梳理管网系统安全保障屏障，搭建多层级、多尺度的安全屏障监测指标体系，建设安全屏障管理平台，有效掌握管网系统安全水平，切实提高安全管理水平。

④ 控——工况调度

构建多层次、全方位调度体系，实现多情景的高效、精准调度。

组建综合调度中心，集成各类生产运营系统（GIS 地理信息系统、SCADA 数据采集与监控系统、车辆 GPS 监控系统、应急预案管理系统、用户管理系统等），全面监测运行人员、车辆、管网设备设施状态，为调度决策提供有效资源与数据支撑。针对日常运行、季节性保供、事故应急等多种场景，探索高效精准的调控策略，确保管网安全可靠运行。

⑤ 智——智慧决策

构建智能主动/辅助决策体系，对建、防、检、控的工作形成有效数据支撑。

在管网建设方面，基于管网运行数据监测、水力仿真等工具，形成管道新建、改造辅助决策工具，形成多时间尺度的管网新建、改造方案，优化管道路由方案、建设方案。

在防控机制方面，一方面通过广泛采集管网运行数据、设备设施故障特征数据，建立故障诊断与预警模型，构建设备设施预测性维护体系；另一方面探索管网系统防护体系智能化“体检”方法，高效修补防护体系漏洞。

在巡检运维方面，基于风险、隐患等数据智能制定巡检任务，结合多种来源的泄漏浓度数据，探索燃气泄漏反演理论与方法，实现管网泄漏快速定位。

在工况调度方面，基于高效准确的水力仿真、负荷预测等工具，构建调度智能辅助系统，为调度人员提供建议，提高调度水平。

（2）气源管理

利用能源互联网技术、碳资产管理技术、负荷预测技术，实现管道气、液化气、生物质气、氢气等各种气源的智能调度、互补，保障能源系统高效供应，为客户提供高效、低碳的能源服务，为供应主体高效创造经济价值。

（3）智能计量

依托智能化计量设备，充分利用物联网、云计算、大数据分析等新一代信息通信技术，构建以计量数据的智能化采集、分析和利用为核心的计量管理体系。

针对居民用户，全面普及安装具有安全切断及自诊断功能智能燃气表，通过低功耗通信网络将用户用气和报警数据上传分析。

针对工商业用户，打造工商业定制化计量和管理服务系统。系统自动计算各级管网及终端用户用气情况，自动核算各级购销差，对异常数据自动报警，并通过远程控制系统快速响应，确保计量准确、本质安全。计量设备全部采用金额进行计费，具备银行级安全等级，能根据用户类型实时或定时远传状态及报警等数据信息。

（4）智能服务

在大数据分析基础上构建以户内本质安全为核心的新一代智能服务体系。综合智能服务平台以能源互联网技术为支撑，注重用户用能安全，满足用户个性化需求，让用户获得更安全舒适的用能体验。

一般传统户内系统存在如下问题：燃气表封装在橱柜中，户内接口多、安全隐患多；巡检入户率低，安全隐患靠用户发现；服务点少，购气报修不方便。智能服务通过线上+线下结合，搭建便利的云服务平台，实现优质云自助服务，一扫以往各方痛点。比如通过APP掌上营业厅或利用支付宝生活号、微信公众号等手段，实现燃气缴费（抄表模式、卡表购气、物联网智能表模式）、在线客服、开销户申报、工单申报、安全宣传等服务；实现云外勤，即利用云平台对外勤工单统一管理、智能化派单（根据外勤人员地理位置、服务能力等因素快速派单）、外勤抢单（提升外勤人员工作积极性，降低服务成本）；实现云呼叫，即实现多种服务渠道统一服务处理（APP掌厅、电话客服、支付宝生活号、微信公众号），统一排队、统一接听、智能弹屏、智能回复。

（5）智慧厨房

依托开放式信息系统平台，以实现“本质安全、人居和谐、绿色高效、智能互联”的户内一体化为目标，打造满足用户安全需要和生活习惯的燃气综合应用系统。

智慧厨房管理系统应纳入更高层级云平台，并与其他市政用户端共享数据。居民用户享受无差别、一站式智能安全体验。具体表现为：①本质安全，即使用户发生严重操作失误的情况下，系统也可避免造成安全伤害事故；②人居和谐，即户内燃气设施的专业、美观、人性化，与建筑装修融合，可满足不同风格的定制化需要；③绿色高效，即实现高效能环保燃气具普及应用；④智能互联，即燃气用能充分贯穿智能家居的各方面，为用户提供美好的综合用能体验。

（6）智能应急

利用实时通信、地理信息、北斗定位、远程视频、同步监控等技术手段，搭建指挥中心、应急现场和抢修单元（人员、车辆等）多位一体的立体应急体系，使应急响应快速及时、应急决策准确有据、应急资源调度合理、抢修过程安全有序、信息传递便捷可靠，提高突发事件处理能力和应急抢修效率。

2.2 智慧燃气理念

智慧燃气理念主要包括四个方面：

（1）安全

供应安全：打造以燃气为核心能源的城市多种能源协调供应体系。

运营安全：构建以燃气为主的城市能源系统运营安全体系，合理采取措施，提前预判风险，避免安全事故。

用能安全：实现智能本质安全用能体验，确保用户生命财产安全。

（2）绿色

绿色供能：以燃气为载体的多种绿色能源耦合供应，实现城市主体能源供应的高效、绿色。

绿色用能：采用分布式等新型用能方式，实现城市用能的高效、绿色。

绿色城市：能源系统和城市规划设计、人居环境相统一融合实现绿色城市。

(3) 智能

规划、建设、生产、运营、服务全业务智能管理。

气源、输气、配气、储气、调压、用气全能流链条智能控制。

透彻感知+互联通信+大数据平台+智慧大脑构建全方位智慧能源系统。

(4) 开放

系统开放：基于广泛的城市燃气支持，建立以分布式微网群为代表的能源高效应用体系。

平台开放：依托云平台技术，广泛对接融合燃气及相关能源系统，构建开放的燃气物联网平台。

数据开放：依托大数据管理技术，实现数据开放共享，为政府、市民、能源企业等提供数据服务，构建智慧城市数据共享平台。

3 国内智慧燃气发展现状

3.1 标准体系建设

2019 版《中国城镇智慧燃气发展报告》提出智能气网标准体系。报告从生命周期、系统层级和智能特征三个维度对智能气网所涉及的活动、装备、特征等内容进行描述，明确了智能气网的标准化需求、对象和范围。生命周期是指从燃气管网规划设计开始到终止供气服务为止的各个阶段，包括规划设计、工程建设、运营调度、市场营销、客户服务等一系列相互联系的价值创造活动。系统层级是指与燃气服务相关的组织结构的层级划分，包括设备设施、作业单元层、管网体系层、燃气企业层、社会协同层。智能特征是指基于新一代信息通信技术使燃气业务活动具有自感知、自学习、自决策、自执行、自适应等一个或多个功能的层级划分，包括资源要素、互联互通、融合共享、系统集成和新兴业态等五层智能化要求。

智能气网标准体系结构包括“A 基础共性”“B 关键技术”“C 行业应用”三个部分，见图 3.1。其中，A 类基础共性标准包括通用、安全、可靠性、检测、认证认可等五大类，位于智能气网标准体系结构的最底层。基础共性标准支撑着标准体系结构上层 B 关键技术标准和 C 行业应用标准。B 关键技术标准是智能气网系统架构中智能特征维度在生命周期维度和系统层级维度所组成的气网业务平面的投影。

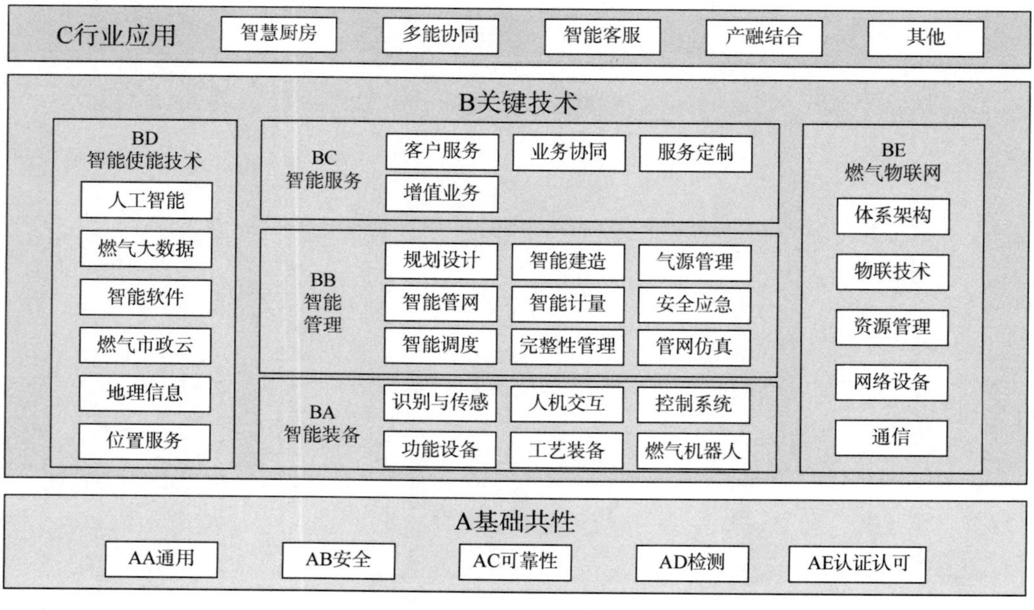

图 3.1 智能气网标准体系结构

关键技术标准共分三个群组：支撑保障标准群组，主要指智能使能技术（BD），是各部分功能融合共享的支撑保障基础，对应智能特征维度的融合共享层级；互联互通标准群组，主要指燃气物联网（BE），是保障各部分资源互联互通的基础，对应智能特征维度的互联互通层级；功能实现标准群组，包括智能装备（BA）、智能管理（BB）、智能服务（BC）三部分，是指导现有业务提高自动化、数字化、信息化、智能化水平，实现业务功能智能化的基本保障。其中 BA 智能装备对应智能特征维度的资源要素层级，BB 智能管理对应智能特征维度的系统集成层级，BC 智能服务对应智能特征维度的新兴业态层级。C 行业应用标准位于智能气网标准体系结构的最顶层，面向燃气行业，特别是管道燃气业务的具体场景应用需求，对 A 基础共性标准和 B 关键技术标准进行细化和落地，指导生命周期各环节、系统层级各层面软硬件设备功能完善，是智能气网建设创新性内容的具体体现。

本报告从 A 基础共性、B 关键技术、C 行业应用三方面梳理近 3 年发布或在编的标准。按照“重点突出、急用先立”的原则，基础共性标准、智能装备标准、智能管理标准、智能服务标准、智能使能技术标准、燃气物联网标准、行业应用标准等相继制定发布。据不完全统计，2019—2022 年发布实施的智慧燃气相关标准约 30 项，在编标准约 15 项。

3.1.1 综合标准

综合标准共计 28 项（详见表 3.1），2019 年后新发布 13 项，在编标准 6 项，覆盖了共性标准中的通用、安全、可靠性、检测、认证认可标准以及智能管理中的规划设计、智能建造、智能管控等标准。

表 3.1 综合标准汇总

序号	标准编号	标准名称
1	GB 32167—2015	油气输送管道完整性管理规范
2	DB11/T 316—2015	地下管线探测技术规程
3	CJJ/T 259—2016	城镇燃气自动化系统技术规范
4	GB/T 35636—2017	城市地下空间测绘规范
5	GB/T 35644—2017	地下管线数据获取规程
6	CJJ/T 268—2017	城镇燃气工程智能化技术规范
7	GB/T 36263—2018	城镇燃气符号和量度要求
8	NY/T 3239—2018	沼气工程远程监测技术规范
9	DB31/T 1084—2018	燃气服务质量规范
10	DB34/T 3325—2019	地下管线竣工测绘技术规程
11	DB37/T 3798—2019	城镇燃气行业服务规范
12	GA/T 1081—2020	安全防范系统维护保养规范
13	T/CAS 414—2020	管道燃气用户安全巡检技术规程
14	T/DZJN 24—2020	数据中心基础设施智能运维通则

续表

序号	标准编号	标准名称
15	GB/T 41004.1—2021	智能管网系统 第1部分：总则
16	DB12/T 1111—2021	城镇燃气供气设施运行管理规范
17	T/CCES 24—2021	城镇燃气管网泄漏评估技术规程
18	T/CSPSTC 66—2021	基于BIM的运维系统建设及交付规范
19	GB/T 41447—2022	城市地下空间三维建模技术规范
20	T/GDRX 1003—2022	城镇燃气用户端设施安全技术规程
21	T/GDRX 1002—2022	地下燃气管道电子标识技术规程
22	T/CGAS 025—2023	城镇燃气系统智能化评价规范
23	—(浙江省在编地标)	智慧燃气建设技术标准
24	—(立项)	城镇燃气无人值守场站技术要求 第1部分：建设
25	—(立项)	城镇燃气无人值守场站技术要求 第2部分：运行维护
26	—(立项)	户内燃气安全预警系统技术要求
27	—(立项)	城镇智慧燃气系统技术规程
28	—(立项)	城镇燃气工程数字化交付标准

重点标准介绍如下：

CJJ/T 259—2016《城镇燃气自动化系统技术规范》：本规范适用于新建、扩建和改建的城镇燃气自动化系统的设计、施工与调试、验收、运行维护。主要技术内容包括总则、术语、基本规定、系统设计、施工与调试、验收、运行维护。

CJJ/T 268—2017《城镇燃气工程智能化技术规范》：本规范适用于城镇燃气工程智能化系统的规划、建设、运行管理。主要技术内容包括总则、术语、基本规定、数据、信息平台及通信、应用基础技术、智能应用。

NY/T 3239—2018《沼气工程远程监测技术规范》：本标准规定了沼气工程远程监测的适用范围、监测参数、设备和数据传输要求。本标准适用于新建、扩建与改建的特大型、大型、中小型沼气工程，本标准不适用于户用沼气池和生活污水净化沼气池。本标准不限制系统扩展其他的信息内容，在扩展内容时不应与本标准中所使用或保留的控制命令相冲突。

《城镇燃气系统智能化评价规范》：中国城市燃气协会组织，北京市燃气集团有限责任公司主编，该规范目前已完成审查，规定了城镇燃气系统智能化评价指标体系和评价方法，适用于对城镇燃气供应企业输配系统、用户系统和企业管理的智能化程度开展评价工作。

GB/T 41447—2022《城市地下空间三维建模技术规范》：主要用于规划设计阶段，该标准规定了城市地下空间三维建模的基本要求、建模过程、建模方法以及地下建筑物、地下管线、综合管廊、地下交通设施和周边地质体建模的要求。该标准适用于城市地下空间三维建模的技术设计、模型构建和质量检验。

《智慧燃气建设技术标准》：浙江省在编地标，适用于燃气工程智慧化的建设和运维，主要技术内容包括总则、术语、基本规定、基础设施、系统建设、智慧应用和运行维护等。

T/DZJN 24—2020《数据中心基础设施智能运维通则》：提出了数据中心基础设施全生命周期的智能运维，以及建立、实现、维护和持续改进智能运维工作的要求。

GB/T 41004. 1—2021《智能管网系统 第 1 部分：总则》：规定了智能管网系统的体系架构、基础信息、基本要求、信息安全。本文件与 GB/T 41004 的其他部分一起，适用于给水、排水、燃气、热力等智能管网系统。

T/CSPSTC 66—2021《基于 BIM 的运维系统建设及交付规范》：描述了基于 BIM 的运维系统建设的总体要求、资产管理、空间管理、安全管理、能源管理、环境监测管理、人员管理、日常维保管理、资料库管理的路径，并提供了基于 BIM 的运维系统交付的通用性技术要求模型交付标准、运维系统交付流程以及集成管理平台的建议，适用于采用 BIM 模型的房建工程运维系统建设及交付。

T/GDRX 1002—2022《地下燃气管道电子标识技术规程》：适用于城镇地下燃气管道电子标识系统的设计、施工、验收及运维管理。主要内容包括：范围、规范性引用文件、术语和定义、基本规定、电子标识器设置、电子标识器施工及验收、电子标识器运维管理、电子标识信息化系统等。

3.1.2 关键技术标准

关键技术标准包括计量表、工艺设备、传感器(变送器)、执行器等相关标准，共 82 项，2019 年后新发布 20 项，在编标准 7 项，覆盖了智能服务、智能装备、智能管理、智能使能以及行业应用等标准。

(1) 计量表相关标准

现行的计量表产品标准体系完善，智能化相关标准建设较快，包括产品标准和系统支撑标准，共计 18 项(详见表 3. 2)，2019 年后新发布 7 项，在编标准 1 项。产品标准包括智能膜式燃气表、超声波燃气表和蓝牙智能燃气表，已经广泛应用于生产制造。

表 3. 2 计量表相关标准汇总

序号	标准编号	标准名称
1	CJ/T 112—2008	IC 卡膜式燃气表
2	GB/T 28848—2012	智能气体流量计
3	CJ/T 449—2014	切断型膜式燃气表
4	CJ/T 477—2015	超声波燃气表
5	DB13/T 2300—2015	蓝牙智能燃气表
6	CJ/T 503—2016	无线远传膜式燃气表
7	JB/T 12958—2016	家用超声波燃气表
8	JB/T 12960—2016	远传膜式燃气表
9	T/CGAS 003—2017	民用智能燃气表通用技术要求
10	GB/T 36330—2018	信息技术 面向燃气表远程管理的无线传感器网络系统技术要求

续表

序号	标准编号	标准名称
11	GB/T 6968—2019	膜式燃气表
12	T/CGAS 006—2019	基于窄带物联网(NB-IoT)技术的燃气智能抄表系统
13	T/CGAS 007—2019	非民用智能燃气表通用技术要求
14	T/CGAS 011—2020	电子温压修正膜式燃气表
15	GB/T 39841—2021	超声波燃气表
16	GB/T 41248—2022	燃气计量系统
17	GB/T 41816—2022	物联网 面向智能燃气表应用的物联网系统技术规范
18	在编团标，征求意见	超声波智能燃气表

① 2019 年以前发布实施的产品标准包括以下 9 项。

CJ/T 112—2008《IC 卡膜式燃气表》：本标准规定了最大流量为 160m^3/h 的 IC 卡膜式燃气表的技术要求、试验方法、检验规则、标志、包装、运输与贮存。本标准适用于 IC 卡膜式燃气表的设计、生产、试验与验收。

CJ/T 449—2014《切断型膜式燃气表》：本标准规定了切断型膜式燃气表的术语和定义、型号、一般要求、试验方法、检验规则、标识、包装、运输与贮存。本标准适用于最大工作压力不超过 10kPa、最大流量不超过 10m^3/h、最小工作温度范围为-10～40℃的燃气表的设计、生产、试验与验收。

CJ/T 477—2015《超声波燃气表》：本标准规定了超声波燃气表的术语和定义、符号，工作条件，计量特性，结构和材料，指示装置，通信，电源，电磁干扰，其他功能，试验方法，检验规则，标志、包装、运输和贮存。本标准适用于最大工作压力不超过 50kPa、最大流量不超过 160m^3/h、最小工作环境温度范围为-10～+40℃、双管接头的、采用超声波检测技术进行气体流量计量的全电子式燃气表的设计、生产、试验和验收。

DB13/T 2300—2015《蓝牙智能燃气表》(河北省地方标准)：本标准规定了蓝牙智能燃气表的术语和定义、产品分类、技术要求、试验方法、检验规则、标志、包装、运输和储存。本标准适用于最大工作压力不超过 50kPa、最大流量不超过 160m^3/h 的蓝牙智能燃气表，本标准作为产品制造商生产、检验的依据，也可作为订购方验收的依据及检验机构检验的依据。

CJ/T 503—2016《无线远传膜式燃气表》：本标准规定了无线远传膜式燃气表的术语和定义，型号，要求，试验方法，检验规则，标志、包装、运输和贮存。本标准适用于最大工作压力不超过 10kPa、最大流量不超过 10m^3/h、最小工作环境温度范围为-10～40℃、有内置阀门的燃气表的设计、生产、试验与验收。

JB/T 12958—2016《家用超声波燃气表》：本标准规定了家用超声波燃气表的术语、定义和符号、正常工作条件、计量性能、结构和材料、可选功能、显示信息、标记、应用软件、通信、电池、电磁兼容、超声波(声)噪声干扰、外观、检验规则、包装、运输和贮存等要求。本标准适用于安装在无或有轻微震动、冲击、冷凝水以及电磁干扰的封闭场所（室内或有防护措施的室外）或露天场所（无任何防护措施的室外）、最大工作压力不超过 50kPa、最大流量不超过 $10m^3/h$、最小工作环境温度范围为 $-10\sim+40℃$、工作介质温度变化范围不小于 40K、双管接头、电池供电的 1.0 级和 1.5 级燃气表，包括燃气表的辅助装置以及带温度转换装置的燃气表。最大流量超过 $10m^3/h$ 但不超过 $160m^3/h$ 的燃气表可参考执行本标准。

JB/T 12960—2016《远传膜式燃气表》：本标准规定了远传膜式燃气表的术语和定义、分类、工作条件、要求、试验方法、检验规则以及标志、包装、运输与贮存。本标准适用于远传膜式燃气表的设计、生产、试验与验收。

T/CGAS 003—2017《民用智能燃气表通用技术要求》：本标准规定了民用智能燃气表的范围、定义、结构和原理、一般要求、功能要求、试验方法、标志、包装、运输与储存等要求。本标准适用于居民用智能燃气表的通用技术要求。

JB/T 13567—2018《热式质量燃气表》：本标准规定了热式质量燃气表的术语、定义和符号、工作条件、要求、试验方法、检验规则、标志以及包装、运输和贮存等要求。本标准适用于最大工作压力不超过 50kPa、最大流量不超过 $160m^3/h$ 的燃气表。

② 2019 年以后发布实施的产品标准包括以下 5 项。

T/CGAS 007—2019《非民用智能燃气表通用技术要求》：规定了非民用智能燃气表的结构和原理、一般要求、功能要求、试验方法、检验规则、标志、包装、贮存与运输等要求。本标准适用于城镇商业、工业、采暖制冷等非居民用户的智能表。本标准不适用于使用流量计算机进行体积修正的智能燃气表。

GB/T 6968—2019《膜式燃气表》：规定了膜式燃气表的术语、定义、符号、工作条件、技术要求、试验方法、检验规则、包装、运输与贮存等。本标准适用于最大工作压力不超过 50kPa、最大流量不超过 $160m^3/h$、准确度等级为 1.5 级的燃气表。

T/CGAS 011—2020《电子温压修正膜式燃气表》：规定了电子温压修正膜式燃气表的术语和定义、符号、工作条件、技术要求、试验方法、检验规则、包装、运输与贮存等。本标准适用于最大工作压力不超过 50kPa、最大流量不超过 $160m^3/h$、准确度等级为 1.5 级带体积修正功能的燃气表。

GB/T 39841—2021《超声波燃气表》：规定了超声波燃气表的工作条件、技术要求、试验方法、检验规则、包装、运输和贮存等。本标准适用于最大工作压力不超过 50kPa、最大流量不超过 $160m^3/h$、准确度等级为 1.0 级和 1.5 级的燃气表。

GB/T 41248—2022《燃气计量系统》：规定了燃气计量系统的术语和定义，计量单位和缩写，计量要求，计量系统技术要求，流量计、测量模块和辅助设备的技术要求，电子设备技术要求和计量管理要求。本文件适用于设计在标况条件下最大流量大于或等于 $100m^3/h$、绝对工作压力大于或等于 200kPa 的燃气计量系统。本文件不适用于车用压缩天然气（CNG）计量系统。本文件不提供适用于流量计的任何要求。本文件不适用于膜式燃气表。

③ 相关系统逐步建立标准，支撑智能表具推广应用，主要包括以下 3 项。

GB/T 41816—2022《物联网 面向智能燃气表应用的物联网系统技术规范》：规定了

面向智能燃气表应用的物联网系统的组成部分(主站、IoT 联接管理平台、智能燃气表)、安全及试验方法等要求。本标准适用于面向智能燃气表应用的物联网系统的设计和测试等。

T/CGAS 006—2019《基于窄带物联网(NB-IoT)技术的燃气智能抄表系统》：规定了基于窄带物联网(NB-IoT)技术的燃气智能抄表系统的术语和定义、缩略语、系统和原理、技术要求、试验方法、检验规则等。本标准适用于采用 NB-IoT 技术进行通信的民用(包含居民用户和一般商业用户)燃气智能抄表系统的设计、建设及检验。

GB/T 36330—2018《信息技术 面向燃气表远程管理的无线传感器网络系统技术要求》：规定了面向燃气表远程管理的无线传感器网络系统的网格结构、总体要求、远程管理功能要求和通信协议要求。

(2) 工艺相关标准

工艺相关标准主要包括工艺设备标准、传感器(变送器)标准、执行器标准，共计 24 项。

① 工艺设备标准共计 8 项。

工艺设备相关智能化现行标准较少，从 2021 年开始建设较快，已发布 3 项，还有 5 项在编，共计 8 项(详见表 3.3)。标准包括了智能管网系统、可燃气体监测和报警装置、安全切断阀、智能调压箱等，相关的系统支撑标准处于起步阶段。

表 3.3　工艺设备相关标准汇总

序号	标准编号	标准名称
1	GB/T 41004—2021	智能管网系统
2	T/CGAS 013—2021	地下井室可燃气体监测装置
3	GB/T 41315—2022	城镇燃气输配系统用安全切断阀
4	—	城镇燃气智能调压箱技术规范
5	—	免维护家用可燃气体报警器
6	—	城镇智能燃气调压装置
7	—	基于窄带物联网(NB-IoT)技术的管道燃气智能自闭阀
8	—	物联网 智能燃气调压箱监控系统技术规范

重点标准介绍如下：

GB/T 41004. 2—2021《智能管网系统 第 2 部分：智能塑料管材、管件及阀门》：规定了智能管网设备层中的智能塑料管材、管件及阀门的术语和定义、分类、一般规定、要求、试验方法、检验规则、标识、包装、运输及贮存。本文件适用于给水、排水、燃气、热力等智能管网系统。

T/CGAS 013—2021《地下井室可燃气体监测装置》：规定了地下井室可燃气体监测装置的技术要求、试验方法、检验规则、标志、包装、运输、贮存、使用说明书等。适用于安装在地下井室内的可燃气体监测装置。

GB/T 41315—2022《城镇燃气输配系统用安全切断阀》：规定了城镇燃气输配系统用的燃气安全切断阀的分类、代号和型号、结构和材料、要求、试验方法、检验规则、质量证明文件、标志、包装、运输和贮存、安装和使用说明书。本文件适用于最大工作压力不大于10.0MPa、公称尺寸不大于400mm、工作温度范围为-20~60℃的城镇燃气输配系统用安全切断阀。

在编国标《智能管网系统 第3部分：智能金属管材、管件及阀门》：规定了智能管网设备层中的智能金属管材、管件及阀门的术语和定义、分类、一般规定、要求、试验方法、检验规则、标志、包装、运输及贮存。本文件适用于给水、排水、燃气、热力等智能管网系统。

② 传感器(变送器)标准共计11项。

传感器(变送器)相关标准多为成熟标准，共计11项(详见表3.4)。

表3.4 传感器(变送器)相关标准汇总

序号	标准编号	标准名称
1	JB/T 9233.1—1999	工业自动化仪表通用试验方法
2	HG/T 20507—2000	自动化仪表选型设计规定
3	JJG 882—2004	压力变送器检定规程
4	JJF 1183—2007	温度变送器校准规范
5	GB/T 15478—2015	压力传感器性能试验方法
6	GB/T 34068—2017	物联网总体技术 智能传感器接口规范
7	GB/T 34072—2017	物联网温度变送器规范
8	GB/T 34073—2017	物联网压力变送器规范
9	GB/T 34037—2017	物联网差压变送器规范
10	GB/T 4208—2017	外壳防护等级(IP代码)
11	GB/T 33905.2—2017	智能传感器 第2部分：物联网应用行规

重点标准介绍如下：

GB/T 34068—2017《物联网总体技术 智能传感器接口规范》：规定了物联网智能传感器接口方面的术语和定义、系统的一般构成、数据格式和通信接口，适用于物联网智能传感器的接口设计、生产和使用。其他类似传感器的接口也可参照本标准。

GB/T 33905.2—2017《智能传感器 第2部分：物联网应用行规》：规定了物联网应用使用的智能传感器、执行器、二进制设备以及其他装置用于操作、调试、维护和诊断的基本设备参数集。还规定了抽象语法规范、应用程序传输语法和数据类型报告。该标准适用于物联网中应用的智能传感器，也适用于其他类型的传感器(前提是预先对其差异进行考虑)。

③ 执行器标准共计5项。

执行器相关标准多为成熟标准，共计5项(详见表3.5)。

表 3.5 执行器相关标准汇总

序号	标准编号	标准名称
1	GB/T 26155.1—2010	工业过程测量和控制系统用智能电动执行机构 第 1 部分：通用技术条件
2	GB/T 26155.2—2012	工业过程测量和控制系统用智能电动执行机构 第 2 部分：性能评定方法
3	HG/T 20507—2014	自动化仪表设计选型规范
4	GB/T 36242—2018	燃气流量计体积修正仪
5	EN 15714-3	工业阀门执行器 第 3 部分：工业阀门用部分回转气动执行器

3.1.3 数据(ICT)相关

数据(ICT)相关标准包括了数据编码、物联网、信息安全三方面。

(1) 数据编码相关标准

数据编码现行标准较多，从 2019 年开始安全相关标准建设较快，共计 12 项(详见表 3.6)。

表 3.6 数据编码相关标准汇总

序号	标准编号	标准名称
1	GB 21139—2007	基础地理信息标准数据基本规定
2	GB/T 14395—2009	城市地理要素编码规则 城市道路、道路交叉口、街坊、市政工程管线
3	GB/T 28590—2012	城市地下空间设施分类与代码
4	GB/T 29806—2013	信息技术 地下管线数据交换技术要求
5	GB/T 32927—2016	信息安全技术 移动智能终端安全架构
6	DB11/T 1451—2017	地下管线现状及竣工数据汇交标准
7	DB11/T 1452—2017	地下管线数据库建设标准
8	GB/T 36073—2018	数据管理能力成熟度评估模型
9	GB/T 38289—2019	城市燃气设施运行安全信息分类与基本要求
10	DB1310/T 233—2020	地下管线数据规范
11	YD/T 3951—2021	物联网卡安全监测与管理平台数据采集接口规范
12	GB/T 41443—2022	地理信息应急数据规范

重点标准介绍如下：

GB/T 36073—2018《数据管理能力成熟度评估模型》：给出了数据管理能力成熟度评估模型以及相应的成熟度等级，定义了数据战略、数据治理、数据架构、数据应用、数据安全、数据质量、数据标准和数据生存周期等 8 个能力域，适用于组织和机构对数据管理能力成熟度进行评估。标准也属于认证认可类标准。

YD/T 3951—2021《物联网卡安全监测与管理平台数据采集接口规范》：规定了物联网卡安全监测与管理平台与电信企业物联网卡管理平台之间的数据采集接口，包括网络架构、接口协议、接口定义、推送要求、数据留存要求、安全要求等内容，适用于电信企业物联网卡管理平台与物联网卡安全监测与管理平台的数据采集接口。

（2）物联网相关标准

物联网现行通用国标较多，体系较完善，智慧城市、油气生产、智慧社区的专用标准正逐步建设，目前已发布标准 11 项，在编标准 1 项，共计 12 项（详见表 3.7）。

表 3.7　物联网相关标准汇总

序号	标准编号	标准名称
1	GB/T 33474—2016	物联网参考体系结构
2	GB/T 34069—2017	物联网总体技术 智能传感器特性与分类
3	GB/T 34071—2017	物联网总体技术 智能传感器可靠性设计方法与评审
4	GB/T 35319—2017	物联网 系统接口要求
5	GB/T 36620—2018	面向智慧城市的物联网技术应用指南
6	GB/T 36478.1—2018	物联网 信息交换和共享 第 1 部分：总体架构
7	GB/T 36478.2—2018	物联网 信息交换和共享 第 2 部分：通用技术要求
8	GB/T 36478.3—2019	物联网 信息交换和共享 第 3 部分：元数据
9	GB/T 36478.4—2019	物联网 信息交换和共享 第 4 部分：数据接口
10	T/CESA 1062—2019	物联网 面向智慧社区燃气应用的物联网系统指标分级与评价
11	SY/T 7468—2020	油气生产物联网系统技术规范
12	—	家用智慧燃气物联网系统技术要求

重点标准介绍：

SY/T 7468—2020《油气生产物联网系统技术规范》：规定了油气生产物联网系统架构与功能、数据采集与监控子系统、数据传输子系统、生产管理子系统、数据管理、信息安全等要求。

GB/T 36620—2018《面向智慧城市的物联网技术应用指南》：给出了面向智慧城市的物联网参考体系结构，规定了智慧城市中物联网系统各功能域以及支撑域功能实现的 IT（信息技术）基础设施的构成，适用于智慧城市中物联网系统的规划和设计实现。

T/CESA 1062—2019《物联网 面向智慧社区燃气应用的物联网系统指标分级与评价》：为中国电子协会发布的团体标准，给出了面向智慧社区燃气应用的物联网系统的总体架构、评价指标体系总体框架、一级评价指标、二级评价指标、指标要求、智慧社区燃气物联网系统评价规则和评价报告，适用于面向智慧社区燃气应用的物联网系统的规划设计与评价工作。标准也属于认证认可类。

（3）信息安全相关标准

信息安全现行通用标准较多，体系较完善，智慧燃气建设时主要依据现行国家标准，目前信息安全相关标准共计 12 项（详见表 3.8）。

表 3.8　信息安全相关标准汇总

序号	标准编号	标准名称
1	GB/T 32927—2016	信息安全技术 移动智能终端安全架构
2	GB/T 36951—2018	信息安全技术 物联网感知终端应用安全技术要求
3	GB/T 37024—2018	信息安全技术 物联网感知层网关安全技术要求
4	GB/T 37025—2018	信息安全技术 物联网数据传输安全技术要求
5	GB/T 37044—2018	信息安全技术 物联网安全参考模型及通用要求
6	GB/T 37093—2018	信息安全技术 物联网感知层接入通信网的安全要求
7	GB/T 22239—2019	信息安全技术 网络安全等级保护基本要求
8	GB/T 38645—2020	信息安全技术 网络安全事件应急演练指南
9	GB/T 39720—2020	信息安全技术 移动智能终端安全技术要求及测试评价方法
10	GA/T 1712—2020	信息安全技术 安全采集远程终端单元(RTU)安全技术要求
11	GB/Z 41294—2022	物联网应用协议 受限应用协议(CoAP)技术要求
12	GB/Z 41298—2022	物联网应用协议 受限应用协议(CoAP)测试方法

3.2　关键技术与设备研究

3.2.1　智慧燃气 ICT 基础设施

（1）总体情况

随着通信技术的发展及信息基础设施的建设完善，5G、云计算、大数据、人工智能(AI)等各项技术日益成熟，ICT 技术在不同行业领域得到了高度重视及深度应用，城市燃气行业也逐步从信息化向数字化、智慧化发展。例如，传统 IT 架构转型，应用互联网和物联网技术，加快业务创新，促成行业升级；融合统一的数字平台，提供业务创新与可靠运营的平台；基于物联网和云平台，实现全管网状态的感知，海量数据的存储；应用大数据和 AI 技术，实现数据实时和智能处理；应用 AI+IoT 数据融合，实现安全预警秒级响应。通过新一代 ICT 技术的发展，驱动业务变革提升，推动燃气行业数字化转型过程。

（2）超融合架构

基础设施超融合架构(Hyper Converged Infrastructure，简称 HCI)，具备在同一套单元设备中融合计算、存储、网络的虚拟化资源、快照技术、重复数据删除、在线数据压缩等功能，并可通过网络聚合实现模块化的无缝横向扩展，形成统一资源池。相对传统计算、存储、网络分离架构成本更低、部署周期更快、更绿色环保。超融合基础架构如图 3.2 所示。

超融合系统通过虚拟化层(FusionCompute 或 VMware)将计算、块存储、网络资源实现虚拟化，为上层提供 REST API 调用，实现资源的服务化管理，底层还提供备份、容灾方案，提高数据存储可靠性和可用性。超融合一体机为城市燃气公司提供轻量化云，简化运维、提高资源利用率，实例场景如图 3.3 所示。

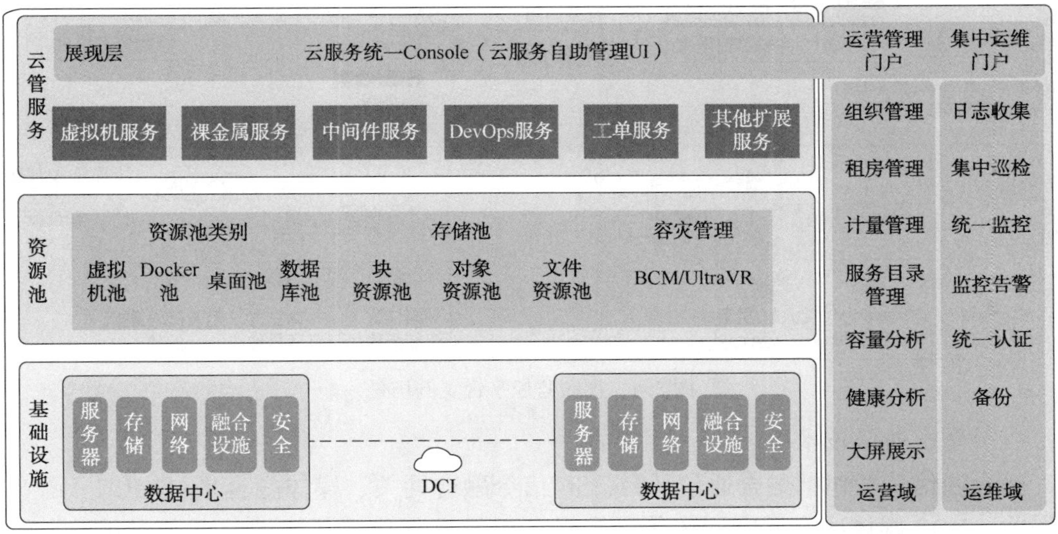

图 3.2　超融合基础架构示意图

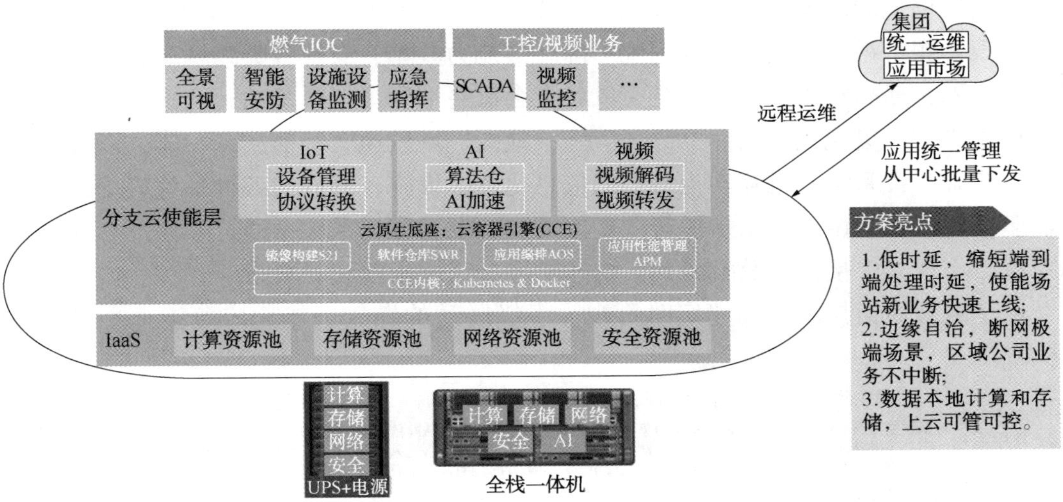

图 3.3　超融合系统实例场景

（3）视频监控技术

传统视频监控架构以烟囱架构为主，为单一业务设计，在灵活性、共享性、可服务、可运营等方面存在不足。智能视频监控系统采用先进的容器技术架构，实现硬件资源统一调度，匹配业务应用系统需求及全网视频信息共享和互联互控，通过视频管理组件提供视图接入存储、管理与转发等能力，通过视频解析组件提供图像解析、视频结构化、视频图像预处理、多算法融合、数据聚类归档、海量数据极速检索等能力。

在视频云技术的协助下，城市燃气企业在管理范围内可构建一个能够对设防区域进行实时图像监控、历史图像查阅以及视图解析的结构完整、功能全面、反应灵敏、运转高效的视频图像智能化处理的平台，视频监控平台实例场景如图 3.4 所示。

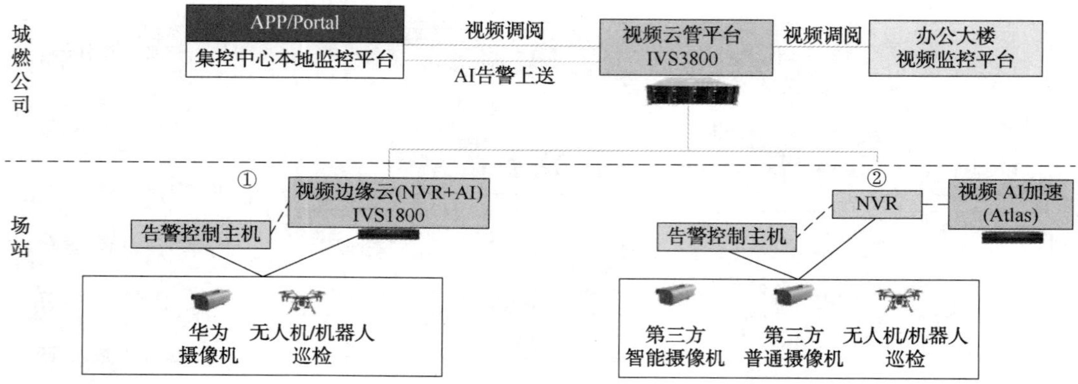

图 3.4　视频监控平台实例场景

（4）融合通信技术

融合通信一般包括融合通信平台、SC 信令融合网关、媒体融合平台 MCU、语音接入网关、VDC 媒体融合调度网关等平台设备以及系列化视讯终端，可实现各类媒体资源服务器的融合，提供统一的媒体综合汇聚和转码中心，媒体中心根据终端的能力，推送合适编码格式的码流给多媒体终端，实现多屏一致体验。通过多媒体能力公共平台，可以实现音频、视频、文本和数据统一部署与能力共享，实现各类终端与媒体中心共享音视频引擎，提高复用能力，最终完成各类会议终端和会议系统的完全融合，为燃气应急指挥提供一个集视频、图片、语音、三维地图、场景预案等信息于一体，以各类信息资源为基础、各系统有机互动为特点的信息化基础设施。集成的各种系统应用，将多人员、多部门、跨单位等应急指挥与调度集成在一个管理体系中，通过共享平台和综合信息系统，实现集中接报，及时研判、快速响应、统一指挥和联合行动。

基于融合通信技术可构建实时可视、多级联动的燃气一体化应急指挥平台，如图 3.5 所示。

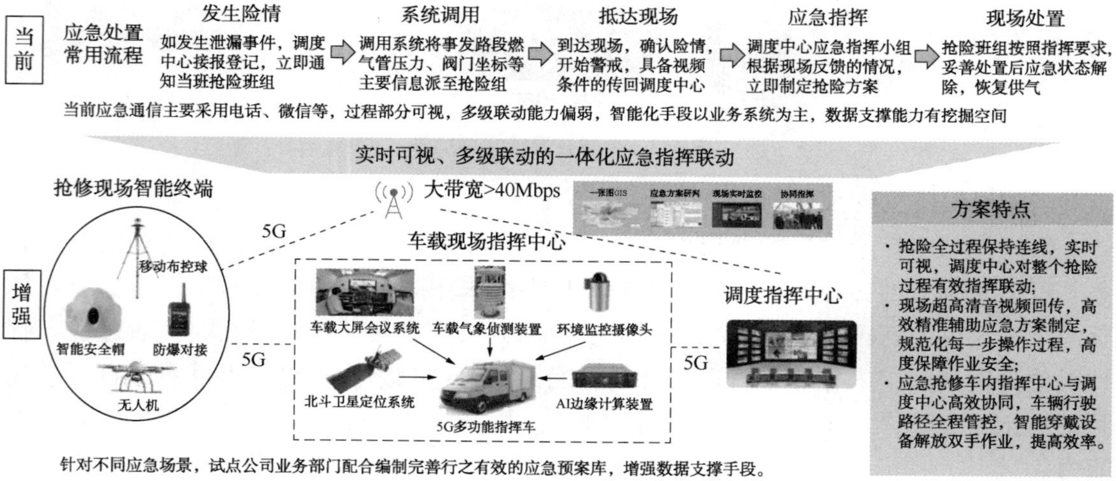

图 3.5　燃气一体化应急指挥平台

（5）边缘计算技术

部分燃气场站装有视频安防监控、周界检测设备，但这些设备整体上缺少智能分析能力，风险事件感知比较弱，误报率高。因而，通过智能边缘计算建立智慧场站，把设备数据采集、安防监控、场站日常管理应用和维保纳入统一管控，结合大数据分析、AI、物联网等相关技术手段，弥补因人员巡护减少而造成的安全隐患，可有效减少场站值守人员数量，提高人员值守效率。

AI 边缘计算服务器具备持续可升级演进能力。通过边云协同运维管理软件，可实现设备的统一管理和运维，以及模型的远程下发与管理，能够将云端训练完成的模型快速部署到边缘推理节点，如图 3.6 所示。

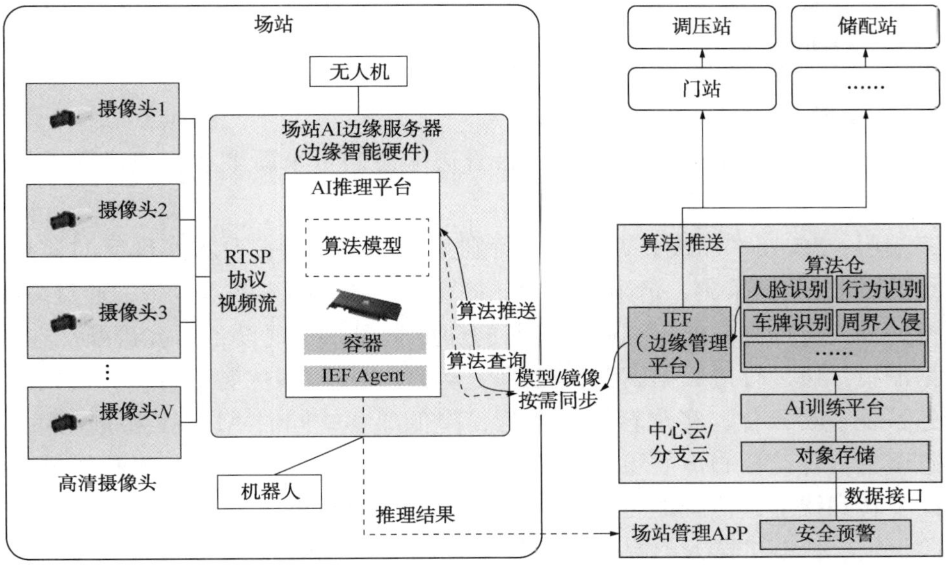

图 3.6　燃气场站边缘计算技术运用示意图

（6）云平台

对于传统燃气企业而言，IT 管理及运维能力分散，业务系统多且存在业务孤岛，不能形成有效合力。云平台是企业数字化转型的优选，通过将业务系统搬迁上云，实现设备资源统筹管理，有效降低企业信息化运营成本。同时依托云服务的弹性拓展能力，增强业务服务能力，确保用户业务体验，用较小成本实现了企业服务优化创新。应用云化加快业务响应速度，驱动 IT 从成本中心转变为利润中心。常用云平台的运行模式如表 3.9 所示。

表 3.9　云平台的运行模式

类　　型	运行模式
计算/存储/网络服务	IaaS（Infrastructure as a Service），基础设施即服务。云端公司把 IT 环境的基础设施建设好，然后直接对外出租硬件服务器或者虚拟机。消费者可以利用所有计算基础设施，但不直接管理或控制任何云计算基础设施
物联网平台	智慧燃气终端类型众多，燃气企业为应对海量计量设备与各类型传感设备的并发连接和数据的采集，需要付出大量成本建设 IT 基础设施。物联网开放平台基于微服务架构，部署在云上，以 PaaS 云服务的形式向燃气行业提供连接管理、设备管理、数据分析、API 开放等基础功能。上层的燃气应用无须关心终端设备具体物理连接和数据传输，实现终端对象化管理

续表

类　型	运行模式
大数据平台	大数据平台按其承担的业务大致可以分为 ETL 计算平台类、数据分析挖掘类、数据实时存储和访问类
数据库服务	关系型数据库(Relational Database Service，RDS)是一种基于云计算平台的即开即用、稳定可靠、弹性伸缩、便捷管理的在线关系型数据库服务
AI 平台	ModelArts 是面向 AI 开发者的一站式开发平台，支持海量数据预处理及半自动化标注，支持在线的开发调试环境、支持大规模分布式训练、自动化模型生成及端-边-云模型部署能力，能够帮助用户快速创建和部署模型，管理全生命周期 AI 工作流。ModelArts 可满足不同用户对 AI 开发的需求

(7) 5G 技术

随着 5G 的商用和 AI 的快速发展，云管边端协同带来新聚力，加速燃气行业数字化变革。

在终端层，5G 技术加快数据传输。特别是在中高压层，要求实现实时监控，满足数据秒级/分钟级数据采集、清晰、分析。将算法、算力融入终端设备，通过边缘计算，完成数据处理，更加高效便捷。通过不断的深度学习，实现设备自我诊断。在平台层，海量数据汇集，通过打造数据模型和机器人学习模型，完成大数据分析，让数据更有价值。业务系统不断云化，实现轻量级管理，降低成本。同时 AI+IoT 将推动生态完善，打破生态壁垒，带动核心价值场景挖掘。在应用服务层，通过 5G 互联网将更多的业务办理从线下转到线上，传统的营业厅从重业务型发展至重服务型，例如无人值守营业厅、人脸识别、智能机器人、智慧厨房等技术的出现让老百姓享受沉浸式体验；人工智能机器人为老百姓提供 24 小时无间断服务，极大提升服务质量和客户满意度。

(8) 信息安全

随着燃气 ICT 基础设施的网络环境日趋复杂，政府和业界对信息安全的关注程度与日俱增，燃气 ICT 基础设施建设应符合系统信息安全要求，紧密结合行业内重点关注信息安全的发展趋势。安全合规、安全管理、应用与数据安全、云计算安全、网络边界、安全产品与服务资质等内容均是行业内信息安全关注的重点。

信息系统的安全保护等级由两个定级要素决定：等级保护对象受到破坏时所侵害的客体和对客体造成侵害的程度。定级要素与安全保护等级的关系如表 3.10 所示。

表 3.10　定级要素与安全保护等级关系

受侵害的客体	对客体的侵害程度		
	一般损害	严重损害	特别严重损害
公民、法人和其他组织的合法权益	第一级	第二级	第三级
社会秩序、公共利益	第二级	第三级	第四级
国家安全	第三级	第四级	第五级

燃气 IT 信息安全需要严格依据等保要求来建设，不同业务系统对等保等级要求也有差异，例如工控、客服、GIS 系统需满足等保三级，而 OA 办公类系统满足等保二级

即可。根据等级保护的要求，应在物理安全、计算环境的安全、区域边界安全风险、安全管理需求等各方面建立一系列的管理制度与操作规范，并明确执行。

3.2.2 燃气智慧工程建设

（1）燃气管网地理信息系统

燃气管网地理信息系统是以时空信息为基础，利用云计算、物联网、移动互联网、工业控制、大数据挖掘和北斗卫星定位系统等新一代信息技术，管理全市行政区划、建筑、道路等基础地理信息和燃气管网空间数据以及燃气用户分布数据的行业地理信息系统。全方位监控燃气管网及附属设施的运行状态，通过“全市一张图”可视化管理模式，最终形成集燃气管网各业务板块管理、运行和决策分析于一体的“智慧燃气”云平台。

（2）BIM 和三维地理信息系统融合技术

BIM 与地理信息系统集成应用，是通过数据集成、系统集成或应用集成来实现的，可在 BIM 应用中集成地理信息系统，也可以在三维地理信息系统应用集成 BIM，或是 BIM 与三维地理信息系统深度集成，发挥各自优势，拓展应用领域。其中，三维地理信息系统的特点在于全局整体的数据管理，而 BIM 侧重于局部单体的精细表达。

BIM 技术本身是以二维模型为信息载体，以可视化和参数化为核心功能，可集成燃气工程建设的各种相关信息，结合地理信息系统大场景地理信息管理的优势，实现了工程建设从微观到宏观的多尺度精细化管理，可应用于燃气工程规划、勘察、设计、施工、竣工验收、运营维护等阶段。

（3）全生命周期的智能化燃气管网信息化管理

利用无人机倾斜摄影、三维地理信息平台、燃气管线 BIM 建模、物联网等技术实现全生命周期的智能化燃气管网信息化管理。综合利用上述技术可解决传统燃气管道建设施工安全及成本控制问题，提升燃气管网的智能跟踪和运营水平，实现数字化移交、智能化运营、全生命周期管理的目标。在此基础上进一步借助在线仿真技术，为管道集中调控业务提供有效支撑。依据数据决策支持，科学分配人力物力财力，节约管道建设调度的社会资源，保障施工建设安全水平，提升燃气行业智能化水平。

3.2.3 燃气智慧管网运维

（1）燃气管网动态监测管理

为使燃气管网管理智能化转型，需要开发新的设备和技术。从硬件方面看，物联网技术是辅助管网管理的重要方式，例如燃气压力物联远传设备，按照一定频率采集管网的压力、温度数据并返回监测平台，保障压力异常情况下实时报警，设备还可以增加管网末端压力校核点，弥补数据缺失，为管网仿真算法提供支撑；阀井智能监测物联终端，标配甲烷激光色谱传感器，可广泛应用于管廊、阀井、地下室、燃气调压设备等各类空间可燃气体泄漏监测，还能够监测阀门井中水位状态，一旦发生水浸及时报警，确保管网设施的安全运营。从软件方面看，以数字孪生技术为依托，建立在线管线仿真平台以提升管网智慧化管理运营能力——通过创建数字化燃气管网虚拟模型，结合物联网设备实时数据，模拟燃气管网中气体运行状态，实时动态监管燃气管网；在此基础上进行数据训练，加入燃气算法模型，能够对燃气管网、气源调度进行智能规划和场景仿真模拟，构建智能输配系统，满足日常安全管理、精益管理及增效降碳等需求，实现管网的智慧化运营。

（2）燃气管网高精度巡检技术

在现有人工巡检、车辆巡检和无人机巡检等巡检手段的基础上，充分发挥北斗系统精准时空定位功能，有效提升巡检定位精准度。

无人机燃气管网巡检系统利用无人机同时挂载激光甲烷检测仪和高清相机，集成北斗卫星导航模块和 GPS 定位模块，可将获得的浓度数据、视频、飞控等信息一并与遥控器、APP、巡检系统进行交互。该系统可替代或辅助巡检人员对高层住宅燃气管道、野外燃气管道、第三方施工区域和重点区域进行巡检和监控，充分发挥其检测精度高、定位精准、数据回传及时的优势。

PPb 高精准燃气泄漏检测系统通过车载和人员佩戴 PPb 激光检测设备探测气体浓度，结合泄漏探测算法、精准时空位置信息实现泄漏数据采集、气体浓度地理信息图，生成检测报告；同时通过数据积累、优化的算法实现预测未来管线健康发展趋势。

AR 巡检工具，运用 BIM 技术进行燃气管道建模，在 AR 巡检中即可将管道模型叠加于真实管道环境。巡检人员通过手持搭载 AR 智能协同巡检工具的终端，能够快速查询燃气管道、燃气设施设备、报警系统相关工程属性信息和维保记录。当发现安全隐患或违规改造的管道，可通过 AR 巡检工具进行精准定位和影像记录，帮助快速形成整改方案，上传后台系统。

燃气管网巡检管理系统实时在地图上记录辖区内燃气管道及相关设施设备的巡检工作，采集隐患信息并跟踪处理记录，实现突发事故的准确定位及指引，对巡检各阶段进行信息化监控和管理，有效提升巡检质量和效率。

（3）5G+智慧燃气安全保障

将 5G 技术应用于燃气场站值守、管网智能巡检、工程工地质量监管、应急调度指挥联动等领域，保障燃气安全。5G+AI 技术将传统人工作业转变为机器人以及设备 AI 作业，自动发现燃气安全隐患，纠正作业不规范行为，大幅提升燃气安全管控能力；5G+无人机技术能够弥补人工巡检隐患排查效率低、覆盖率不足、问题被动处理的问题，实现自动管网巡检、识别围挡占压和大型器械等隐患，报警信息和数据均通过 5G 实时传输至后台系统，实现问题及时反馈；5G+应急指挥以 5G 网络为承载，聚集 AI 无人机、高清 4K 移动视频、5G 抢修安全帽、AI 边缘计算终端、北斗定位、车载指挥系统等一系列智能应用，打造车载现场应急指挥中心，实现抢修过程实时可视，远程调度中心和现场指挥中心联动，有效提升抢维效率和响应能力。

（4）第三方破坏监测技术

埋地管道防第三方破坏预警技术主要包括光纤型和非光纤型的监测技术，视频监控、基于电的声学传感、水听器技术、浮球、光纤传感等类型。

分布式光纤预警系统基于光时域反射原理 OTDR 和声纹识别技术，主要应用于高压/次高压埋地管线场景，当有破坏管线事件，如挖掘机靠近挖掘或有人工挖掘时，敷设于管道上方的监测光纤感知到振动，从而将不同的振动波纹传至光纤传感设备，设备会快速分析振动波纹信息并识别事件类型，精确定位并上报告警，实现整条管线的在线实时监测和安全预警。

移动视频布控系统以可移动一体化杆站为主，主要应用于市区管线场景，在一些频繁施工、穿越第三方施工段等管线地段设置视频监控系统，视频数据汇聚至各段归属站场，应急情况下，相应燃气公司中心可以直接调阅现场第三方施工视频数据。通过安装全天候视频监控等人防、物防、技防措施，智能识别发现挖掘机等大型机械入侵，发现管道周边违法施工，工作人员出面阻止协商，从而保护好城市燃气管道安全。

（5）地质灾害监测技术

明确燃气管线沿线地质环境安全隐患调查识别、评价、监测与检测、预警、工程防治、应急抢险、数据管理与移交、资料归档、数据库建设、预算标准等工作内容和工作流程。建设燃气管线地质灾害数据库和长输管线地质环境隐患风险管理应用系统，存储、管理和应用地质灾害相关数据，包括基地图数据、正射影像数据、实景三维模型数据、管道数据等；地质灾害调查类数据应包括灾害体位置、规模、风险等级等；解析来自地灾监测设备采集的数据和地质灾害防治工作产生的其他数据文件，将其进行可视化处理，展示地质灾害防治成果资料并导出。

（6）管道防腐技术

钢制管道都需要设置阴极保护系统，通过阴极保护系统防止管道腐蚀，其中长输高压管线一般采用外加电流保护方式、城镇燃气钢管一般采用牺牲阳极保护模式。两种阴极保护方式都需要按照一定距离配置测试桩，管理人员需要定期对测试桩进行检测，测试管道阴极保护电参数是否符合要求，传统都是采用人工检测方式，实时性差、检测偏差大，通过人工检测数据无法判别阴保杂散电流干扰。

随着轨道交通发展，对沿线燃气管道产生大量杂散电流干扰，加速管道腐蚀，因此在测试桩加载阴保数据采集器，连续采集阴保数据包括通电电位、断电电位、阳极开路电位、交流数据、直流数据等参数，并将采集数据定期发送到中心管理平台，通过管理平台对阴保数据进行自动分析，分析阴保系统有效性、杂散电流干扰、防腐涂层缺陷等，保障管道安全。

（7）管道探测技术

城市燃气管线仅是城市管网的一部分，城镇管网探测面临的情况复杂，在以仪器设备探测为主的同时，也需要探测人员的经验、巡线人员等予以辅助，从而提高管网探测的精度。管网探测图的绘制需要使用统一规范的符号系统和比例尺。对于金属管线的探测，可以采用频率域电磁法，同时根据探测条件不同可选择直接法、夹钳法、感应法或示踪法。对于城市燃气 PE 管道的探测，由于其不导电、不导磁，可采用地质雷达探测结合图像处理技术的方法。

(8) 综合管廊天然气管道环境检测与报警设备

基于光纤传感技术的城市地下管廊综合监控系统，能够实现地下综合管廊专业管线的全方位、实时在线监控、实时报警，准确定位，大大提高城市地下综合管廊运行管理的快速反应和安全防控能力。

基于光谱吸收技术的甲烷监测装备基本原理是利用气体分子在近红外波段内，在特定波长有吸收峰，像人的指纹，每种气体对应各自特有的吸收峰。具体来说，半导体激光器发射出特定波长的激光束穿过被测气体时，被测气体对激光束进行吸收导致激光强度产生衰减，激光强度的衰减程度与被测气体含量成正比，因此，通过测量激光强度衰减信息就可以分析获得被测气体的浓度。

当天然气管道发生甲烷泄漏事故后，甲烷分子扩散，安置在现场的传感器探头内激光被甲烷分子吸收产生衰减后，通过光纤传输进入主机进行光电转换，随后进行数据处理，即可以计算出泄漏甲烷气体的浓度。该技术具有灵敏度高、精度高、抗干扰性好，不易受有害气体的影响而中毒、老化等特点，在国外得到了广泛的应用。

基于光谱吸收气体检测技术相对于催化燃烧式检测技术来说具有优势，但国内应用处于起步阶段，在湿度较大的环境下，会产生失效或影响检测结果甚至误报的现象，该不足也会影响技术的推广应用。

3.2.4 燃气智慧用户服务

(1) 大数据技术

随着大数据相关技术的不断发展成熟，城镇燃气公司可以方便地利用主流大数据技术对用户服务相关的各类数据进行处理。汇聚 CIS、物联网平台、计量系统等相关的系统数据后，可以支持面向用户的多维度数据在线查询业务，让用户充分掌握自己的用气相关数据；燃气公司则可以在符合用户隐私保护规定的范围内，建立用户画像模型、各类专项分析模型等等，支持差异化地进行用户服务和活动开展，支持精准营销，提升用户服务效率和公司收益。

(2) 物联网技术

近些年随着 5G 技术的不断商用，NB-IoT 等无线远传技术迅速发展，高度集成的 NB 通信模组具有功耗低，覆盖广以及成本低的优势，彻底解决了燃气公司上门抄表的难题，同时通过云平台的拓展应用，可以远程对燃气表进行 OTA 升级或是一些指令操作，极大方便了燃气公司的日常运维。用气安全同样是智能燃气表的强项，尤其是智能超声波表，其自身灵敏度极高，针对居民厨房的微小流量泄漏也能及时检测并报警，智能皮膜表则需要通过一些技术手段，提升计量采样精度，进而实现微小流量泄漏的检测功能，与此同时智能燃气表还具备恒流异常检测以及过流异常检测等策略，再加上与外围的燃气泄漏报警器或红外干烧报警器等设备联动，可打造出一套完善的“安全厨房”体系。

(3) 可燃气体探测技术

可燃气体探测器，主要用于检测天然气(主要成分甲烷 CH_4)的含量，防止燃气泄漏爆炸事故。根据工作原理将气体传感器分为电学类、光学类、电化学类及其他类型四大类。根据气敏特性可将气体传感器分为半导体式、固体电解质式、电化学式、接触燃烧式、光学式和热导式等类型，主要利用物理效应、化学效应等机理制成，另外还有声表面波式和光纤式等新型气体传感器，以及微系统(MEMS)微型气体传感器，与一体化、智能化和图像化结合的新型专用气体传感器。目前国内燃气行业常用到的传感器主要有半导体、催化燃烧式、光学类(红外、TDLAS)三大类。

家用可燃气体探测器采用半导体气体传感器，灵敏度高，选择性好，性能稳定，抗干扰能力强，适应环境能力强。当探测器检测到环境中天然气泄漏达到报警设定值时，探测器发出声、光报警信号。随着市场需求的不断提升，家用可燃气体探测器的功能也逐步完善并多样化，如配套安装电磁阀在燃气管道上，当报警信号发出的同时，探测器会控制电磁阀进行关阀动作。另外随着智能燃气表的功能不断增强，家用可燃气体探测器可以通过有线或无线(如蓝牙)的方式与智能燃气表有效联动，将报警信号及时同步至智能燃气表，智能燃气表接收到探测器的报警信号会立即关闭燃气表内阀门，有效提升居民用气的安全性。

家用可燃气体探测器还在朝着更加智能化的方向发展，如加入自检功能，对所有历史记录进行存储，包括产品的报警及恢复记录，故障及恢复记录，上电、掉电记录，传感器失效记录等，实现较强的追溯性。另外，还可通过与智能燃气表的联动，将相关信息发送至智能燃气表，再由智能燃气表的无线远传功能上报至云平台，方便燃气公司的管理。

(4) 户内干烧侦测报警技术

居民在使用天然气做饭时，经常会因为一些事情打断而忘记及时关火，轻则饭菜烧煳，重则引发火灾造成人员伤亡，因此一些防干烧设备也应运而生。

防干烧燃气灶目前已有一定的市场应用，其原理简单，在灶头中间设置有一个带弹性的 NTC 温感探头，它随着锅具放在灶台上而下沉，并紧贴在锅底进行测温，当发现锅底温度超过干烧保护温度时，燃气灶会自动关气熄火，另外当燃气灶发生空烧时，也能有效检测并能在合理时间内切断气源，避免意外发生。

智能红外防干烧报警器也在进入人们的视野，它是通过矩阵式红外热成像传感器对整个灶台区域的温度进行采集，然后根据一定的算法进行分析，当判断温度存在突变的趋势时，即通过声光报警及微信推送等形式提醒用户关闭灶具，同时还能将干烧报警信息通过蓝牙等形式传递到智能燃气表，智能燃气表接收到信息后，第一时间关闭内置阀门，并通过内置的通信模块将报警信息上报至云平台，方便燃气公司信息管理。

(5) 家庭用户管道安全切断装置

GB 55009—2021《燃气工程项目规范》规定，家庭用户管道应设置当管道压力低于限定值或连接灶具管道流量高于限定值时能够切断向灶具供气的安全装置。目前根据产品类型不同，安全切断装置可以分为自闭阀、过流阀、切断式燃气表。其中，自闭阀因其安装方便，无须供电，灵敏可靠、节能环保，运行寿命长，已被广泛应用。

燃气自闭阀是利用磁铁“同极相斥、异极相吸”的原理，实现内部的推动环前后动作，同时借用磁力和弹簧回座力的配合达到燃气管路开关的目的，其无须用电或其他外部动力，能自动关闭并须手动开启。燃气自闭阀具有失压保护功能，有效防止灶前胶管老化、龟裂、脱落引起的泄漏，另外还具有超压保护功能，防止调压设备因老化、结冰、锈蚀及机械故障引起的超压供气。

3.2.5 燃气智慧政务服务

（1）城市运行协管

围绕数字化城市的建设目标，协助城市智慧运行的城运网燃气系统应当聚焦燃气安全生产的重要场景，以“高效处置一件事”为核心目标，以信息化技术为手段和支撑，实现燃气安全生产。城运网燃气系统总体建设结构如图 3.7 所示。

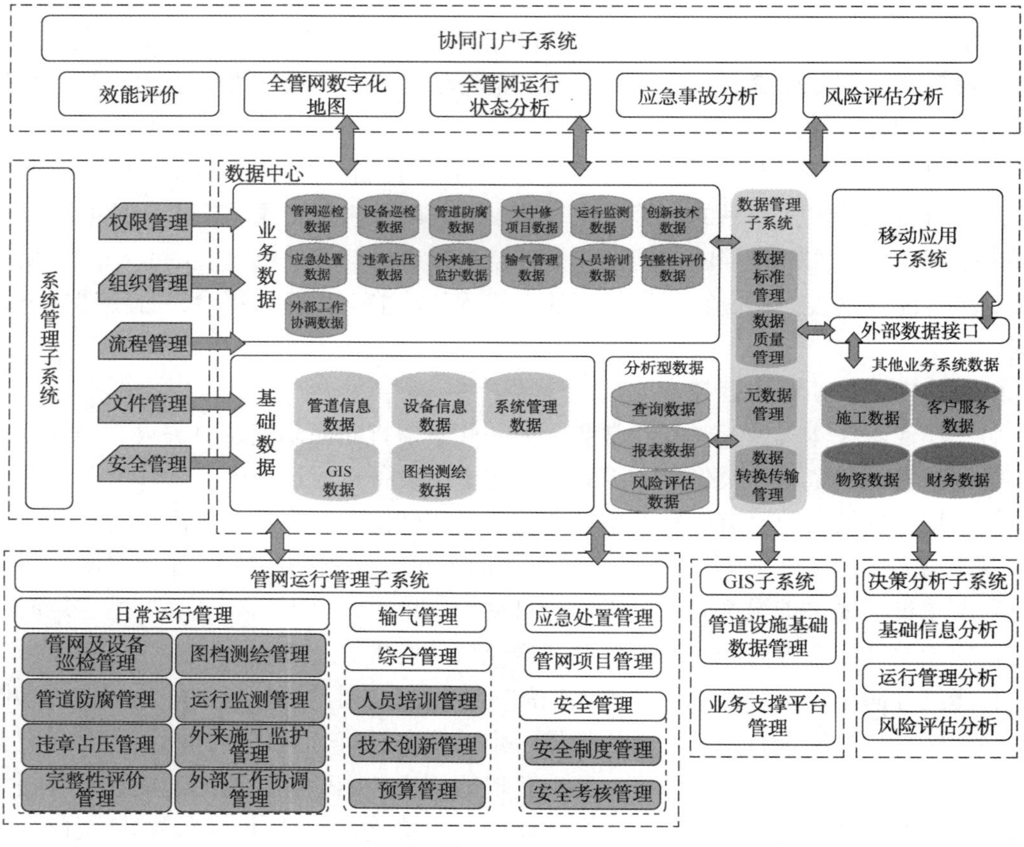

图 3.7　城运网燃气系统总体建设结构图

整个城运网燃气系统是由相互协作的六大子系统构成。协同门户子系统，目标是建立城运网燃气系统的企业信息门户，把各种关于安全生产的应用系统、数据资源统一集中到企业信息门户之下，让用户能够通过单一的渠道访问其所需的管理信息，并利用这些管理信息做出合理的业务决策。管网运行管理子系统，提供所有日常安全生产的管理、实施。决策分析子系统，则是以全局视角对管网安全运行管理系统的结果进行综合性分析、评价及风险评估。系统管理子系统，提供全平台共用的权限管理、组织结构管理、流程管理、文件管理和安全管理，支持整个系统涉及这五方面的统一管理功能和基本服务功能。数据管理子系统，是城运网燃气系统在数据层面的核心系统，其功能是建立安全生产数据中心，并完成各子系统之间、各应用系统的不同层级之间的数据交互、数据整合。移动应用子系统是上述应用系统的移动化版本。

各级政府燃气管理部门可依托电子政务云，汇聚企业相关数据，建设燃气安全智慧监管平台，实现统筹协调、指挥调度、监督考核、监测预警、分析研判和综合评价，推动燃气管理“一网统管”。燃气经营企业优化完善在线监控系统，各级燃气管理部门和企业整合联网、一体运行，实现城市联网管理。图 3.8 展示了城镇燃气企业接入智慧城市应急指挥系统平台的示意图。

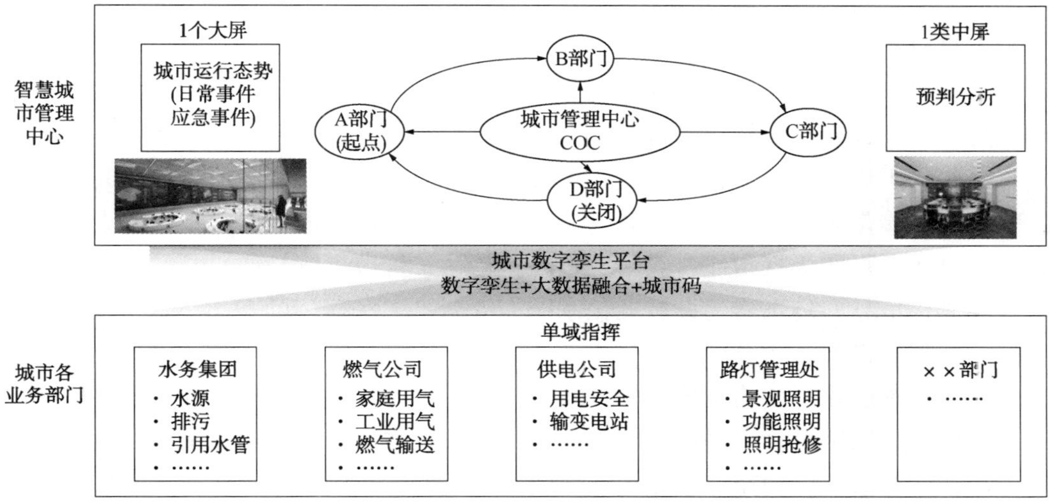

图 3.8　智慧城市应急指挥协同示意图

（2）智慧政务服务

一网为全民，“高效办成一件事”。推动更大力度、更广范围、更深层次、更可持续的“一网通办”改革，让“群众跑腿”变为“数据跑路”，不断推动“一网通办”从“能办”向“好办”转变。对面向群众和企业的所有线上线下服务事项，逐步做到一网受理、只跑一次、一次办成，逐步实现协同服务、“一网通办”。

通过智慧政务服务平台，部分燃气业务接入政务门户，进一步方便企业群众线上办事。可以在线上便捷实现以下功能：

① 居民燃气业务办理，如：燃气账单查询；燃气缴费服务；燃气表的添、移、改；居民燃气更名过户；燃气报修；一户多人口办理。

② 非居民燃气业务办理，如燃气接入申请。

③ 燃气行业政务服务过程中涉及的文件档案的录入、查询、打印报表、借阅管理。

④ 统一归集管理将实现“数据多跑路”。“水电气”公共服务数据和结果证照将统一归集至城市数据共享交换平台和电子证照库，实现城市公共数据和电子证照互通共享。

城镇燃气企业通过将燃气业务办理接入智慧政务服务平台，提供给群众和企业新的业务办理渠道，实现“掌上办”“指尖办”，有效缩短了业务办理时间，避免了线上烦琐的办事流程。依托大数据的管理运用，加强了企业智能运营的能力，树立起良好的智慧燃气服务商形象。

3.3 重大工程应用

3.3.1 燃气智慧工程建设

燃气工程存在“零、小、散”的特点，工程建设过程存在施工质量难以保证、竣工资料编制周期长、人员管理成本高和物资调度情况复杂等问题。为解决以上问题，燃气工程建设需要从软硬件上实行智能化改造。

（1）全自动蓝牙焊机改造

热熔焊机加装蓝牙模块用以连接工程建设智能化系统。在焊接作业开始前，能够校验焊机是否备案，校验合格后进行焊工人员人脸识别以及焊工备案的作业证件校验，仅允许合格的焊工启动焊机；在焊接过程中实时收集焊接过程温度、压力和时间等重要数据，并判断焊接是否成功；焊接结束后会收集所有焊接过程数据回传工程建设智能化系统，并通过蓝牙打印机打印焊口编号二维码，粘贴于管道多侧，待 GIS 实际测位后，将焊口实际坐标信息回传工程建设智能化系统，数据永久保存、可查。

（2）工程建设智能化系统

工程建设智能化系统建设分为两方面：首先，针对工程管理的要求，需要梳理工程竣工资料标准，制定符合工序流程的表单格式，项目文件资料按照表单格式组织并上传系统，现场检查类单据均需在指定工地范围内完成上传，增加照片或视频文件以保证竣工资料的真实性，实现全流程审批透明化、竣工资料全面数字化，以缩减竣工资料编制周期，实现项目快速结算并交付使用；另外，针对日常工作中需要使用的其他平台，在系统中增设相关入口，例如办公协同 OA 系统、GIS 平台等，方便管理人员切换工作平台。

（3）工程建设智能化系统移动端

搭建工程建设智能化系统移动端能够解决工地管理中人员、物资等管理问题。首先，为进行人员管理，在系统移动端增加人员签到功能，通过人脸识别技术，当从业人员进入工地时记录其出勤状况，移动端将自动上传出勤记录至后台，管理人员可以按照劳务工出勤情况确认工人实名制、持证上岗以及劳务工工资。另外，传统的 ERP 系统、物资管理均在电脑端进行操作，物资管理存在成本高、不透明、难操作等问题，在工程建设智能化系统移动端增加物资管理功能，提供需求提报、领料申请、现有量查询、紧急领料申请、采购接收、入库和检验等多个可视化、便捷的操作，通过移动端即可进行常规物资操作，有效地避免了“跑空趟”“领料难”的问题。

某公司于 2020 年 5 月启动“燃气工程建设智能化项目”，计划开发工程建设智能化系统并上线使用，实现焊接过程全面监控、竣工资料一键生成、劳务工实名制打卡、物资领用移动化便捷化等功能。系统开发在传统 ERP 的基础上，结合“物联网”“人脸识别”“移动 APP”等技术，促进传统燃气工程管理智能化升级转型，解决行业的痛点问题。该公司每年新建 PE 市政管网约 10000km，涉及 100 多万道焊口，通过焊机硬件改造，结合物联网技术接入工程建设智能化系统，实现焊机合格校验、焊工合格校验、焊接过程数据可追溯、焊接人员可追溯、焊口坐标可追溯等功能；另外，系统上线后创建安全质量工序单据约 1000 万张，报告类单据约 50 万张，管理服务商约 6 万家，管理班组约 4000 个，管理劳务工约 2 万人，竣工资料编制周期平均缩短 68 天，该系统打通了燃气项目建设的上下游，实现“建设单位-施工单位-分包单位”线上化高效合作，施工过程透明化管理。

3.3.2 燃气智慧管网运维

随着能源结构调整，城市燃气管网运营规模不断扩大，传统运营管理难以实现管网管容、客户气源精准管理，并且传统管网运营模式过度依赖专业调度人员的经验，报表依靠人工整理，气量预测基于既往经验，不利于知识沉淀及转化。在管网安全方面，管网体量、调压设施数量庞大，巡检压力大，维保技能参差不齐，无法及时感知设备工作状态，面对燃气险情只能依靠应急预案和调度人员的经验做出判断，存在主观性风险。为使燃气管网运维智能化转型，需要借助新的智能技术及设备。

（1）物联网智能监测设备

从硬件方面看，物联网技术与传统燃气监测设备的结合是辅助管网管理的重要方法，解决了传统管网管理中设备管理成本高以及存在管理盲区的问题。在燃气日常运维的多种场景下，物联网设备都能发挥较好作用：针对管网压力监测，可选用燃气压力物联远传设备，按照一定频率采集管网的压力、温度数据并返回监测平台，保障压力异常情况下实时报警，设备还可以增加管网末端压力校核点，弥补数据缺失，为管网仿真算法提供支撑；针对阀井燃气监测，可选用阀井智能监测物联终端，标配甲烷激光色谱传感器，可广泛应用于管廊、阀井、地下室、燃气调压设备等各类空间可燃气体泄漏监测，还能够监测阀门井中水位状态，一旦发生水浸及时报警，确保管网设施的安全运营；针对埋地管网场景，可使用光纤传感器防止破坏管线事件发生，如挖掘机靠近挖掘或有人工挖掘时，敷设于管道上方的监测光纤感知到振动，从而将不同的振动波纹传至光纤传感设备，设备会快速分析振动波纹信息并识别事件类型，精确定位并上报告警，实现管线在线实时监测和安全预警；针对燃气用户终端管理，可使用 NB-IoT 智能燃气表，实现超远距离、超低功耗、实时在线的无线远程抄控，支持表具终端异常状态报警以及安全实时监控，支持与燃气泄漏报警器联动实现燃气泄漏检测、主动关阀报警，并将泄漏信息上报后台系统，系统及时向用户推送消息提醒，做到提前预警从而避免安全事故发生。

（2）管网仿真运维平台

从软件方面看，以数字孪生技术为依托，借助 5G 等网络通信技术，建立在线管线仿真平台以提升管网智慧化管理运营能力——通过创建数字化燃气管网虚拟模型，结合物联网设备实时数据，模拟燃气管网中气体运行状态，实时动态监管燃气管网，能够快速预警燃气险情；在此基础上进行数据训练，加入燃气算法模型，能够对燃气管网、气源调度进行智能规划和场景仿真模拟，构建智能输配系统，满足日常安全管理、精益管理及增效降碳等需求，实现管网的智慧化运营。

某公司需管理城市天然气管网涵盖中压、次高压及高压管网，天然气供应量已逾$30\times10^8m^3/a$。在国内能源结构优化调整的政策指引下，未来供气量将逐年攀升，预计将在3年内达到$100\times10^8m^3/a$，年用气量超过$1000\times10^4m^3$的大用户已有20余家。面对燃气管网日渐上升的规模，该公司决定打造在线瞬态仿真平台进行燃气管网管理，首先，通过接入的物联设备动态监管燃气管网，平台实时计算管道的压力、流量、流速、压降等信息，同时通过仿真计算，可对比验证各采集点数据是否存在异常；其次，平台提供路径追踪、热值追踪、溯源服务等方式，解决气源匹配问题，能够实时查询各门站当前供气辐射范围及用户的供气路径、热值、供气成本等信息；再次，平台可根据各门站设计压力、流量参数、末端用户压力需求、上游气源未来每日计划指标等参数，结合未来用气端气量计划及预测情况，通过寻优服务以及仿真计算，自动生成多组气量输配方案，并根据已设定的判断条件制定最优方案；最后，在发生燃气险情时，平台将根据险情位置，通过在线仿真、方案寻优服务，自动生成可行的应急处置方案，同时结合当前管网的管存、管容、备用气源、可协调气源情况，评估各方案可支持的最长抢修时间。该平台实现了燃气企业管网管理数字化转型，完善燃气管网安全管理体系，全面提升管网精细管理水平。

3.3.3 燃气智慧用户服务

随着城镇快速发展扩张，天然气业务高速增长，业务量剧增导致燃气服务管控难、客户体验差、经营成本高，用户服务亟待升级。为助力燃气用户服务智能化转型，一方面考虑对用户表等设备进行入户改造，另一方面则考虑运用互联网技术对客服运维进行升级。

（1）智能燃气表服务

为解决传统燃气抄表效率低下的问题，运用物联网技术以及智能燃气表设备智能化提升居民用气服务，以支撑抄表业务自动化为基础目标，实现自动抄表、自动结算、输差统计等功能，在此基础上增加安全用气功能，能够识别异常用气行为并自行处理。智能燃气表作为终端层级采集并存储用户数据，借助物联网将数据传送至燃气管理系统后台，实现居民用表日用气量、月用气量、多日未上告情况、区域用气及抄表成功率等指标分析和统计，为企业进行燃气调度提供准确及时的数据支撑。

（2）智能语音客服

传统燃气热线服务存在用户需求大、响应时间长、沟通效率低、客服操作不规范等情况。通过引入AI、语音识别等智能化技术，建设智能语音客服系统，通过多轮全双工语音交互技术，解决基础用户问题，减少人工话务重复工作。另外，还可将语音转为文本数据，建立质检规则对客户服务过程进行自动质检，保证服务质量；并按照文本语义对客户诉求进行挖掘分析，为燃气客服运营提供优化建议。

(3) 智能燃气服务云平台

随着互联网技术的快速发展，移动应用、网上应用、营业厅智能服务等客服相关系统逐步出现，但多系统管理相对分散，没有实现互融互通，导致客户资料管理分散，形成数据孤岛，难以拓展服务种类、提升服务职能。针对这类问题，需要构建统一的用户交易和在线服务平台，首先，梳理燃气业务客服需求，打造线上多元化自助服务渠道，实现足不出户完成客户服务诉求；其次，除了提供基础燃气业务办理的功能，同时拓展线上自助服务入口，满足差异化需求，支持企业自定义灵活配置服务功能，为后续平台升级做好准备。

某公司针对城镇燃气公司客服运营痛点，根据业务管理需要定制化开发了客服营销云平台，平台对客户服务进行业务解耦，抽象定义出城镇燃气客服特色的微服务，并采用中台架构进行构建，为客户实现了“柔后台、大中台、微应用”的一期布局：搭建协同客服移动作业 APP，提高业务数据真实性及完整性，充分利用数据的附加值，实现工单秒级派工，现场作业各环节规范化、线上化、智能化，PC 端与移动端双端高效协同，提升现场作业完成效率近 70%；为燃气用户打造“一户一档”，客户用气记录、业务办理记录、历史工单记录、财务交易记录等客户信息可查可追溯，逐步完整客户画像，使客户操作便捷化，实现客户精准化管理，同时为客户提供多渠道评价体系，提升客户反馈接收能力，提高客户满意度；通过开发网格化划分、自动派工、线上化业务办理、无纸化存储等功能，替代人工机械性工作，优化业务流程、简化业务操作、提升服务水平，解决该城镇燃气公司经营成本高的痛点问题，为其每年节省数十万份纸质单据成本，解放重复性工作人员数十人，提高人力资源质量水平层次，提高业务办理效率近 50%。

3.3.4 燃气智慧政务服务

随着《“十四五”数字经济发展规划》的发布，数据要素成为数字经济深化发展的核心引擎，数据的爆发增长、海量集聚蕴藏了巨大的价值，为智能化发展带来了新的机遇。燃气管理在智能化转型中普遍出现多部门多头建设，信息化系统分散，管理不清，资源浪费，接口不统一，前台开发对接难，无法自由组合编排，复杂业务支撑难等痛点。按照“顶层设计，分步实施”的建设原则，全面整合企业内部信息系统，搭建数据中台，规范下层数据接入和上层接口输出，统一过程数据标准格式，提供统一的用户管理、能力管理、数据管理、审计等管理监控功能，并融入燃气 AI 算法模型，深度挖掘燃气各业务领域数据资源价值，建立大数据应用体系，形成数据驱动的智能决策能力，提升企业整体运行效率和产业链上下游协同效率。同时数据中台可共享燃气数据至政务中心，深化燃气数据跨层级、跨地域、跨部门有序共享，构建统一的公共数据开放平台和开发利用端口，提升政府服务水平，释放数据红利。

某公司早期搭建了多套燃气信息化应用系统，如 SCADA 系统、GIS 系统、巡检抢修指挥系统、用户管理系统、热线系统等业务系统，实现了燃气企业两大独特资源——管网和客户的运营管理和服务体系。但这些业务系统都是不同时期独立建设，形成若干信息孤岛。为解决数据孤岛问题，加强数据深度开发应用和集成化管控能力，加强企业数字资产的价值挖掘，该公司利用云平台与数据互联技术，建立一体化集成系统资源、打通业务流程，实现数据标准规范和安全保障体系的智能调度管理平台的建设，统筹各燃气业务系统中监测数据、业务数据、地理信息及其他重要数据，实现数据资源共建共享、互联互通，构建综合一体化燃气数据中台，通过加入 AI 算法对数据进行智能挖掘分析，从燃气管理中预测预警、运行监控、生产调度、应急指挥到客户服务，梳理和打通现有各个环节，全面提升生产、调度能力，节约人力成本，保障燃气安全生产，保障民生安全用气，提升燃气服务质量，为百姓带来更加便捷优质的服务体验，助力提高政府管理能力。中台还根据不同层级的管理视角建立与之角色匹配的驾驶界面，结合用户实际需求进行数据专属场景展示。

3.4 小结

“双碳”目标的提出将加速中国能源转型进程，天然气作为“十四五”时期碳减排重要抓手，燃气基础设施建设速度将迎来爆发式增长，全国天然气消费量可能在 2040 年前后达峰。天然气行业高速发展的现状为城镇燃气管理带来巨大的挑战，例如燃气安全监管、高效调度运行以及日益提高的用户服务需求等；另外，大中型城市初代燃气管网设施老化，亟待改造升级等老旧设施更新难题，也对燃气行业高质量发展提出了较高的要求。智慧燃气相关技术手段为当前解决上述问题提供了一个重要途径。本章从标准体系建设、关键技术与设备研究和重大工程应用三个方面分析了国内智慧燃气领域的发展现状：标准体系的建立是支撑智慧燃气快速发展的重要基础，标准体系建设部分围绕“安全、智能化、计量、物联网、系统”等关键词，梳理了我国多家燃气企业自身团体标准、行业标准以及国家标准；关键技术与设备研究部分以 ICT 基础设施和信息安全为切入点，分析了各项技术与新设备的特点，及其在燃气全生命周期管理过程中的应用方向；重大工程应用部分梳理总结了当前燃气企业在工程建设、管网运维、用户服务和政务服务等方面主流的数字化工作开展情况。

4 国外智慧燃气发展现状

4.1 总体情况

在全球化浪潮的背景下，能源革命始终潮涌风劲。欧美地区先进国家和主流能源公司已大规模启动能源革命，例如：美国大力推动页岩气开采，成为世界上石油和天然气的第一大生产国，已成为能源净出口国；又如：德国早在 2011 年即提出“能源转向”决议，构建以可再生能源为依托的能源体系，确定了到 2020 年实现 35%发电来自可再生能源，2050 年可再生能源占比至少达到 80%的目标；再如：法国 Engie 在“以气吞电”实现业务重组后，剥离煤电业务，全力推动 3D 能源转型，致力于成为零碳转型的全球领导者。

天然气在世界各国迅速发展，逐渐成为普及的常规能源，美国以及俄罗斯、法国等一些欧洲国家天然气消费量占全世界消费总量的份额较大，其燃气技术水平也处于世界领先地位。我国的城市燃气工业起步相对较晚，是在 20 世纪以后逐步发展起来的，但与国外大型燃气集团相比，我国的科技投入尚显不足，一些技术瓶颈还无法突破，整体发展水平与美国、法国等发达国家相比存在一定差距，同时也面临巨大的碳减排压力。

欧美等众多大型石油与天然气集团已经发展了超百年的燃气行业，形成了比较成熟的智慧燃气发展体系，国外智慧燃气发展的核心内容是统一解决资源高效利用，以数字化、智能化的新一代信息技术为支撑，首先实现燃气运营的数字化变革，形成涵盖感知层、数据层、传输层和应用层等全方位智能管控的智慧燃气，并将燃气与水、电、风、光、热等其他能源整合为一个整体，以实现最优化的能源替代。目前，欧美众多企业及终端用户已从能源的使用者同时演变为能源的生产者，能源生产已渐呈分散化趋势。可以看到未来能源革命正朝着脱碳化、数字化、分散化和可持续化的方向进行，涵盖了能源结构、能源利用方式、企业运营模式、客户消费模式等各个环节的变革。下面主要介绍北美、欧洲主要国家以及日韩的发展情况。

4.2 北美

美国作为当今世界上规模最大、最成熟的天然气市场之一，除丰富的天然气资源和先进的勘探开发技术之外，还拥有覆盖全国的天然气高压管网输配系统，以及完善的储气调峰应急保障体系。“页岩气革命”推动美国天然气产量大幅增长，天然气净出口量逐年增加，对世界油气供需格局产生了巨大而深远的影响。伴随全球能源转型，“安全、环保、经济”始终是指导美国能源战略制定的三大基本原则，已逐步将天然气基础设施与日益“智能”的电网进行整合，承认了天然气作为电力战略资源的价值，逐步提高可再生能源水平。

随着能源系统转型的推进，信息技术、数据分析技术与数字化潮流将对从能源价值链到做出最佳决策产生越来越重要的影响。美国业内具备前瞻思维的能源公司都在努力整合机器学习、AI、数据分析、数字化平台等技术，来对生产系统进行仿真、理解和预测。无论是在非常规天然气的生产过程中，还是在燃气管道的日常运营中，从监控设备运行状态到户内情况，海量数据正源源不断地产生。利用数据分析工具，海量的原始数据被初筛、被整合，进而建立模型，供人们解读、使用。

美国燃气技术研究院（Gas Technology Institute，GTI）作为美国天然气领域专业研究机构，主要运用高新技术对天然气的勘探、开采、储存、输送、使用等过程进行研发创新，GTI 在近年来的年度报告中对利用新技术实施的燃气数字化建设进行了简单分析。GTI 通过与 Esri 合作，使用电子版现场数据采集表，通过“调查 123”（Survey123）工具，实现记录归档流水化作业。GTI 发明了智能极点技术（Smart Pole Technology），通过该技术可以对全球卫星导航系统（Global Navigation Satellite System，GNSS）提供的地理定位信息进行自动化收集，保证数据处理的高质量、连续性。同时，GTI 开发且商业化了一种探测器，该探测器内置在工作中的油气管道内部，帮助绘制地下管道 3D 地图，提供更准确的位置信息，且相关数据可以直接从地理信息系统（Geographic Information Systems，GIS）平台导出应用，提升现场数据收集工作数字化水平，加强现场数据与地理空间信息整合。

此外，美国政府十分重视并鼓励企业对油气产运前沿技术和知识的研究创新，政府基金在推动智能化、信息化建设中也起到支持作用，多领域技术均为国际领先。结合人工智能、机器学习、大数据分析、增强现实、机器视觉和物联网平台（智能可穿戴设备），实现重要设备和现场资产与智能传感器和数据发射器连接到物联网平台，通过主动检测、故障排除和解决问题来提高运营效率。例如在数字化远程监控方面，人工智能聊天机器人可以生成实时警报和洞察操作和流程，以响应现场条件，远程监控现场操作，并优化生产效率、正常运行时间、设备利用率和维护计划。在数字化巡查方面，无人巡线机、激光测漏设备、多功能分析仪、自动化系统等设备设施的普及运用，大大减少了人工成本投入，减少了无用巡查，实现了高效化、科技化的运行管理。

4.3 欧洲

欧盟委员会于 2019 年 12 月发布《欧洲绿色协议》，协议中阐述了欧洲长期绿色发展战略的总体框架，旨在到 2050 年使欧洲成为第一个气候中和大陆，将所有温室气体净排放量降至零。2020 年 7 月，欧盟委员会发布《欧盟氢能战略》，提出了欧洲长期发展氢能的战略蓝图。欧盟委员会认为，氢能是实现《欧洲绿色协议》和欧洲清洁能源转型的关键。基于天然气在能源供应中的灵活性，欧盟各国石油和天然气行业纷纷布局以气基能源为中心的综合能源利用转型，以天然气支持向能源未来的过渡，确立了“氢将成为未来脱碳经济的主要能源载体”的共识，围绕数字化的能源基础设施、气电联合、天然气掺氢利用等开展能源利用试点。下面就欧盟、英国、法国、德国和意大利智慧燃气发展的情况作简要介绍。

4.3.1 欧盟

2022 年 5 月 18 日，欧盟委员会公布了“REpowerEU”行动方案，该方案旨在摆脱对俄罗斯的化石燃料依赖并加速欧盟的绿色能源转型，重点内容有节能并提高能效、能源供应多样化、加速清洁能源转型三大方面内容，提出了“要求各成员国提高建筑物最低能效标准、针对化石燃料锅炉的补贴终止计划从 2027 年提前至 2025 年”“进一步推进欧盟能源平台的建设，实现天然气、液化天然气和氢气的联合购买”“在发电、工业、建筑和交通领域大规模扩大可再生能源的使用”等要求。

同时，欧洲理事会于 2021 年通过《跨欧洲能源网络(TEN-E)》法规修正案，旨在加快欧盟跨境能源基础设施现代化、脱碳和互联进程，助力实现 2050 年气候中和目标，一是推动能源互联互通。构建天然气互联走廊，包括西欧、中东欧-东南欧、南部欧洲和波罗的海能源市场天然气走廊项目。二是确定优先开发领域，包括智能电网、电力高速公路(跨国远距离输电)、跨境二氧化碳网络(碳捕捉、存储及运输项目)3 大优先领域。三是停止支持油气项目。2029 年 12 月 31 日前的过渡期内，原有天然气基础设施需具备输送氢气、生物甲烷或其混合物的能力。四是加快构建一体化能源市场。力争将塞浦路斯、马耳他等国纳入欧洲一体化能源市场，实现欧洲天然气网络互联互通。

(1) 智能气网(Smart Gas Grid)

欧盟委员会组织开展了智慧能源网络方面的研究，整合电网、天然气网、热网、通信网，应对降低温室气体排放、提高能源自给率、提高能源利用效率、降低能源价格等能源领域挑战。同时指出，智能气网的核心是通过发挥利用气体能源、天然气管网的灵活性，最大化所有能源形式的利用效率。

(2) 智慧计量(Smart Metering)

为了应对气候变化，提高能源利用效率，实现 2050 年碳中和目标，基于数字化技术的广泛应用，欧盟 2009 年启动了电表、燃气表的智能化改造工作。

智能电表更换工作推进较快，3/4 欧盟成员制定了专门的法律条文。截至 2018 年，34%的电表更换为智能电表，共计约 9900 万块，预计 2024 年达到 77%，新增 2.23 亿块，2030 年达到 92%，新增 2.26 亿块。欧盟成员国中，超过一半的国家智能电表覆盖率超过 10%，7 个国家智能电表覆盖率超过了 80%，部分完成全部更换，见表 4.1。根据针对智能电表开展的成本效益分析，更换智能电表能够促进 5.42%~7.85%的节能。

表 4.1 欧盟智能电表高覆盖率国家

国家	智能电表覆盖率	国家	智能电表覆盖率
丹麦	80%	马耳他	80%~85%，2014 年
爱沙尼亚	>98%，2017 年	西班牙	100%，2018 年
芬兰	100%，2013 年	瑞典	100%，2019 年
意大利	95%，2011 年		

智能燃气表更换工作偏慢，1/4 欧盟成员制定了专门的法律条文。截至 2018 年 1 月，共完成了 14%的智能燃气表更换工作，共计约 1600 万块。预计 2024 年达到 44%，新增 5100 万块。目前，除了英国外，欧盟仅法国、意大利、爱尔兰、卢森堡、荷兰制定了智能燃气表大规模更换的目标。根据针对智能燃气表开展的成本效益分析，更换智能燃气表能够促进 1.83%~9.63%的节能。

为保障能源系统安全，欧盟委员会委托欧洲标准化委员会 CEN、欧洲电子标准化委员会 CENELEC、欧洲电信标准学会 ETSI 开发了一套开放的仪表通信接口协议，以保障智能表系统安全。根据欧盟委员会提案 2012/148/EU，智能燃气表推荐具备 9 项功能，分别是：向客户和/或第三方提供用能读数、足够的用能读数更新频率，以支持节能策略、运营企业远程抄表、提供维护、控制双路通信、足够的用能读数更新频率，以支持管网规划、支持高级收费方案、供气远程启闭控制和/或流量/用能限制、数据加密通信、欺诈预防与探测等。

（3）Gas for Climate

此组织由欧洲 11 家传统天然气输送公司(DESFA、Enagás、Energinet、Fluxys、Gasunie、GRTgaz、Nordion、ONTRAS、Open Grid Europe、Snam、Teréga)、3 家可再生燃气工业协会(Consorzio Italiano Biogas、European Biogas Association、German Biogas Association)组成，旨在分析、确认可再生、低碳燃气在未来能源系统中的地位。Gas for Climate 建议通过利用可再生、低碳燃气替代现状燃气，以最低成本、最高收益的方法实现欧盟 2050 年净零碳排放的目标。

提出发展路径：2020~2030 年间，生物质燃气注入量逐渐增加，到 2030 年天然气管网中可再生燃气达到 11%。地区性氢气管网逐渐发展，为区域性用户供应可再生氢气。2030~2050 年间，生物质甲烷逐渐替代天然气，向用户供应能源。国家级氢能管网发展成熟，欧洲主干氢气管道联网，形成欧盟层面的氢能骨干网。

其定义智能气网(Smart Gas Grids)为支持生物质燃气、可再生氢能、低碳氢能融合发展的能源系统。投资范围覆盖：压气站、气体分析系统、气体混合系统、过滤系统、氢气与生物质甲烷掺混系统等，不仅限于传统的燃气系统。其中包含为支撑系统高效运维所建设的数字化设施，但其重点仍为削减燃气系统的碳排放量、协调多种能源形式的转换与互补。

4.3.2 英国

英国石油和天然气行业的公司注重能源互联网开发与利用。2019 年，英国在苏格兰奥克尼岛建立了价值2850万英镑的新虚拟能源系统(VES)，将分布式能源、波动的可再生能源发电与快速且灵活多变的负荷结合，该项目旨在创建一个“智慧能源岛”，以展示未来的能源系统，满足人们对于减少并最终消除化石燃料的这一需求。该项目的核心是灵活的能量平衡技术，由当地可再生能源发出的电力、燃气网络、热网与灵活的负荷相结合，从而平衡可再生能源的波动性，在本地可再生能源发电高峰期提高负荷，并在需求高峰时释放储存的能源。

英国对石油和天然气行业制定了能源转型目标，北海转型协议旨在减少6000×10^4t温室气体排放。到2030年，约150亿英镑已被指定用于新技术投资，以实现大规模碳捕获和储存以及氢气生产。英国能源网络协会(ENA)公布了英国的氢气混合交付计划，从2023年起，英国的天然气管道网络将准备好向全国各地的家庭和企业提供20%的混合氢气。为此，英国于2021年在坎布里亚郡建立了一个纯氢示范应用基地，铺设了几千米长的纯氢管道，管道、阀门、调压器、流量计以及户内的智能表、燃气具等均可在纯氢场景下正常工作。

英国政府2030年的国内氢气生产目标将从5GW增加到10GW，以确保尽可能多的氢气由英国本土生产，以更好地保护家庭和企业免受国际天然气市场变化的影响。将20%的氢气掺入天然气网，每年将减少相当于250万辆汽车的碳排放，且不需要对人们的炊具、锅炉或供暖系统进行任何改变，也意味着英国的燃气发电厂将能够使用混合氢气来产生更清洁的电力。

4.3.3 法国

法国燃气(ENGIE)是全球能源领军企业，涉足天然气全产业链、能源服务以及可再生能源等业务。通过不断开发创新能源解决方案，法国燃气正追求成为全球零碳转型综合服务领导者。在“国有时期”，法国燃气已实现天然气产业链一体化发展，并于20世纪90年代开始进行多元扩张，积极涉入电、热、冷等综合能源领域。随着能源市场供给过剩，传统的火电成为前进的包袱，法国燃气开始寻求瘦身转型，于2014年前后开始进行大刀阔斧的改革计划，即切分不良资产，向低碳能源、数字化、分布式能源服务积极转型，仅2016~2018年战略转型投资就超过其年收入的一半。通过大胆地兼并收购、设立风投基金、孵化器、内部创新等方式，法国燃气加大对清洁能源、能源数字技术、解决方案能力构建和创新公司孵化的投入，积极推动创新业务能力建设，转型成为能源科技公司，提供数字化综合能源解决方案。自2019年始，基于积累的数字能力，法国燃气继续提出“引领全球零碳能源转型”的远大愿景，通过业务能力整合，切入了更广阔的城市服务市场，参与智慧城市建设。

GRDF隶属于ENGIE集团的燃气供应商，拥有1100万用户，覆盖法国77%的人口，管网规模超过20×10^4km，拥有欧洲最大的燃气输配网络，截至2020年4月，118座生物质甲烷站接入到GRDF管网。其通过应用数字化设施与技术，建设智能气网(Smart Gas Grids)，提高管网接收整合分布式可再生燃气的能力，加速管网减碳速度，为终端用户提供低碳能源。实现与其他能源系统(例如电网)的互动，推动可再生能源开发，提高整个能源系统的灵活性。

GRDF所建设的智能气网是整合技术创新与低成本智能传感器、基于新技术采集数据、分析数据的数字化燃气输配网络，主要有4项使命：提高管网中绿色燃气整合度；提供与电网、热网、供水、电信系统的互动、整合能力；能够整合新的通信与信息技术；提高燃气管网能源利用效率。其提出智能管道(Smart Pipes)是智能气网的关键组成部分，具有三个关键理念：远程监测设备健康状态，确保高质量的服务成为可能；在燃气管道的关键位置安装物联网流量计及传感器，改善管网流动状态和应急响应能力，优化管道投资和储气能力；远程控制燃气设备，将甲烷和可再生气体注入，更好实现供需平衡。为推进智能气网建设，GRDF启动了1100万用户的计量表更换工作，全部更换为智能燃气表，主要用于采集用户日用气情况。项目投资约10亿欧元，预计能够节省能源消费1.5%。截至2020年中，已完成600万用户表具更换，日消耗量数据采集率超过95%，140家第三方单位表示对用户用气数据感兴趣。

GRDF目前有4个在建的示范项目：West Grid Synergy项目，旨在最大限度地提高区域可再生天然气产量(逆流装置、输电和配电服务运营商之间的数据交换、优化网络远程监控)；GRHYD项目，进行新建管网输送氢气测试；Nice Smart Valley项目，测试混合热泵等智能燃气产品特性，并进行智能产品连接功能研发；一系列能源管理实验项目，利用智能表提供的数据找出最有效的能源管理方式，鼓励消费者使用燃气消耗数据来控制能源消耗。

4.3.4 德国

德国传统上是科技、制造业大国，用能较多，能源结构曾经很大程度上依靠燃煤火电与核电支持。因此基于国民环保意识极强、能源转型需求、寻找新增长点以提振德国经济发展等多方面因素考虑，德国于21世纪初开始大力推行能源转型(Energiewende)，意图在社会各方面实现能源结构的变化，从传统的煤、核电集中式发电为主的传统能源结构向分布式、集中式发电并重，供需灵活互动，新能源占比高，能源生产-运输-消费高度绿色化、智能化的新形态发展。

为了解决能源转型过程中可再生能源比例较低、其他替代能源类型缺乏的问题，德国政府于2021年通过了《国家氢能战略》，对德国未来氢能的生产、运输、使用和再利用以及相应的技术创新和投资建立了一个统一、连贯的政策框架。德国联邦政府希望通过该战略，为德国在能源转型过程中提供能源安全保障，并提升德国在清洁能源技术方面的国际竞争力，德国联邦政府的目标是：截至2030年，仅在德国就应创造500×10^4kW的电解能力。其中，质子交换膜电解、碱性水电解和高温电解是重点研究方向，研究人员还希望使阴离子导电膜(AEM)电解技术成熟。例如，德国燃气供应商EWE投资1000万欧元启动HyCAVmobil项目建设，2021年2月份已开始在柏林附近的吕德斯多夫建造一座1000m深的500m^3储氢库，专门用来储存5~6t氢气。

4.3.5 意大利

意大利天然气(Italgas)集团作为意大利最大的天然气分销商，也是欧洲第三大天然气分销商，业务遍及意大利的主要城市，包括都灵、罗马和威尼斯，持有意大利天然气分销市场35%份额，并在能源效率领域开展业务。Italgas集团正在经历一个数字化转型过程，不仅涉及基础设施，还涉及流程和人员，为能源转型提供有效支持。自2018年推出燃气数字工厂以来，已经开发了创新的专有解决方案，例如通过人工智能促进建筑工地监管的Work On Site应用程序，减少企业监督活动的时间和成本，部分质量检查通过图像识别和人工智能实现自动化。同时，在技术活动期间使用增强现实进行远程协助的Share View，为现场操作员提供远程支持的增强现实查看器，使技术人员能够在远程技术支持下开展活动，实现语音助手引导活动并实时接收指令。

意大利国家电力、天然气和水管理局制定了一个目标，即到2020年，60%的住宅天然气表和100%的工业天然气表应为智能型。然而，由于资金短缺和基础设施建设延误等一系列干扰，该目标未能实现，但自2014年启动以来，许多公用事业公司已为大量客户提供了设备。例如，Italgas在投资6.65亿美元推出智能燃气表后，于2017年底安装了200万台，目前意大利实现19%的燃气用户智能燃气表覆盖。

Italgas集团充分认识到电力系统中可再生能源的份额越来越大，需要更大的灵活性和存储能力，而且电力和天然气系统也需要开始协同工作，而不是像以往那样作为两个独立的大型机制。在2018~2021年三年期间，Italgas集团在撒丁岛投资约3亿欧元开展“电力到天然气”(Power to Gas)技术试验试点项目，这也是意大利开发的第一个绿色氢气端到端项目，建立一个新的“数字原生”网络，充分利用所有类型的天然气，旨在试验整个氢气价值链，此项目主要包括三个阶段：分析混合天然气和氢气的可能性，以将其分配给住宅或工业用户；生产绿氢并将其纳入智能电网；减压站和整个控制系统测试。并实现两个方面的用途：为岛上工业用户提供绿色氢气；供国内用户使用绿氢或合成甲烷，实现天然气掺氢利用。截至2021年12月，已建成约900km的新数字原生网络，共安装了53个LNG储存设施，以确保供应的连续性和最大的灵活性，确保用户的高安全标准，能够配送生物甲烷、合成甲烷和氢气等可再生气体，更换目前使用的高污染能源。

4.4 日韩

4.4.1 日本

东京燃气是日本最大的天然气企业，为东京及周边地区的近千万用户持续提供能源服务。继承于1885年成立的东京府瓦斯局，东京燃气通过不断探索天然气一体化与能源清洁化、数字化、服务化转型，成为如今以天然气业务为主体的综合能源服务商。自20世纪60年代起，以国内能源需求增长为背景，积极把握产业和政策机遇，东京燃气大力推动天然气纵向一体化，做大终端的同时，积极布局丰富的上游LNG资源，建设接收站、扩大海外气源。90年代末，全电力住宅的推广开始对天然气市场产生威胁，同时日本电力政策逐渐解绑，东京燃气开始进军电力市场，为用户提供集中式与分布式气电、售电、家用热电一体化机等多元服务，逐步发展形成气电并举的多元化经营。进入21世纪以来，东京燃气积极布局氢能等清洁能源，投资可再生能源，发挥天然气与可再生能源的协同互补效应，协助推动日本实现氢能社会愿景；另一方面，推动数字化转型，发挥客户与数据优势，运用数字技术实现客户洞察、降本增效，协同当地社区、当地政府、合作伙伴共创合作生态，将多元产品、技术和服务灵活组合，形成综合型解决方案，以解决从个人生活方式到当地社区的各种问题，提供综合数字能源服务。近年，东京燃气发布2030战略指出，将在未来十年以LNG价值链为主体，实现可再生能源与天然气的调和，积极地利用太阳能等分散型资源，开展大规模电源和分散型电源组合利用，推进数字化、清洁化、分布式能源发展，布局智慧能源与智慧城市，逐步推进“零碳转型”步伐。

大阪燃气作为日本另一大燃气集团，业务范围包括液化天然气采购输送、城市煤气生产供应以及提供能源解决方案，主要在下一代能源系统与低碳技术领域开展智慧燃气建设。在下一代能源系统研究方面，研制小型现场制氢装置，优化家庭能源利用；开发“智能能源网络(SEN)”，通过电信网络连接热电联产系统，优化社区能源利用，节约能源和减少二氧化碳排放，实现能源本质安全，构造低碳社会的“智能能源屋”“智能能源建筑”；研制燃气智能计量系统包括住宅超声波煤气表、商用和工业用超声波煤气表等。在低碳技术领域，研制了新型固体氧化物燃料电池、ENE-Farm燃料电池系统、高效天然气重整制氢、HT-PSA高效制氧装置、商用厨房用具的研究与开发、创建利用PEFC系统的新能源服务业务、甲烷发酵系统、沼气提升系统等，利用网络化区域能源节约能源和减少二氧化碳排放，以及迈向无二氧化碳的氢链部署等。

4.4.2 韩国

韩国作为全球的制造业强国和机电、化工产品出口大国，能源消耗较大，出于改善环境污染和居民生活水平的目的，韩国于2019年发布《第三个国家能源总体规划(2020—2040)》，核心观点包括通过能源转型实现可持续增长和提高生活质量，向清洁安全的能源结构过渡，扩大分布式能源系统，增强能源产业的全球竞争力；明确提出加快发展风能和太阳能，2040年将可再生能源发电占比提高到35%，进一步提升天然气在能源结构中的地位，2030年和2040年的天然气供应量相对2017年分别增加24%与51%。在市场需求和政府引导的背景下，韩国工业及服务业的天然气消耗总量不断增长，但由于韩国天然气资源匮乏，其天然气供给基本源于进口贸易，2010~2019年韩国LNG的进口量占韩国天然气消费量的比重基本维持100%。韩国没有石油或天然气等能源资源，需在能够记录和分析能源制造、传输、消耗的全过程中融入最佳能源增效数字化技术，依托其世界领先的IT技术能力已经形成了先进的以数字化为基础的智慧燃气技术，利用智慧燃气技术实现能源高效利用。例如，韩国绿色数据公司向位于加平的Ananticode度假村提供了以物联网为基础的能源监控技术，通过物联网传感器、网络设施和云服务器基础设施充分进行信息的积累和分析，开发了实现节能目标的AI管理，向现场的设施运营者提供定量形态的能源管理指标，极大提高了工厂的节能水平。

近年来，韩国高度重视发展氢能源，于 2019 年 1 月发布了《氢经济路线图》，明确了增加氢燃料汽车充电设施、存储和运输等相关发展目标。根据此路线图，韩国政府将大力推动氢经济发展，改变韩国能源结构，以天然气为基础，将氢经济发展成为韩国创新增长的“新引擎”，使韩国在全球氢能市场发展占得领先地位。

4.5 小结

通过对北美、欧洲主要国家以及日韩的智慧燃气发展情况进行分析，欧美等地区主流能源公司依托先进的信息化基础实力，在燃气运营等领域已大量引入数字化手段提高整体智慧化水平，先进信息技术与能源产业融通发展能力强，例如物联网、AI 处理、机器视觉等技术的普及，高性能的激光测漏设备、燃气设备设施运行状态分析智能设备、智能燃气表等已经大量应用在燃气运营远程监控作业中，实现了高效化、科技化的运行管理。同时，主流能源公司均在大力推进能源转型(零碳转型)，氢能、可再生能源已成为能源转型的重要领域，天然气作为通过零碳转型的最佳伙伴，能源消耗占比仍存在一定的上升空间，但随着氢能、储能、可再生能源等技术的成熟与稳定，能源结构调整(清洁低碳、安全高效)以及电力系统的灵活性提升将会是全球能源可持续发展的必经之路。

成就篇

5 燃气智能化评价标准建设

5.1 标准编写背景

2017 年，CJJ/T 268—2017《城镇燃气工程智能化技术规范》发布，对智能燃气相关的数据、信息平台及通信、应用基础技术及智能应用做了详细的说明。2019 年，《中国城镇智慧燃气发展报告》发布，对智慧燃气发展进行了系统定义与诠释，提出了智慧燃气的发展方向、智慧燃气发展的总体构想和路径规划，为加快我国燃气行业智慧化发展进程提供了理论参考与事实依据。

CJJ/T 268—2017《城镇燃气工程智能化技术规范》与《中国城镇智慧燃气发展报告》在宏观层面从理论、概念、标准维度对智慧燃气的建设形成了良好的指导，但落地实施相对偏弱。由于缺乏智能化建设标准实现具体详细的规定，导致各城镇燃气企业发展水平参差不齐、平均水平提升慢等诸多问题。

智慧城市在发展过程中，也存在类似的问题。各地智慧城市建设水平不一，处于不同的发展阶段：准备期、起步期、成长期和成熟期等。为了统一思想、明确方向，2016 年，新型智慧城市建设部际协调工作组开启了国家新型智慧城市评价工作，以指标为抓手，研判形势、共享经验，推进国家新型智慧城市健康发展。2016 年 GB/T 33356—2016《新型智慧城市评价指标》标准发布，标准构建了由客观指标与主观指标组成的评价指标体系。2017 年至今，国家市场监督管理总局和国家标准化管理委员会联合陆续发布 GB/T 34680《智慧城市评价模型及基础评价指标体系》系列标准，该系列标准分为 4 个部分，分别为：总体框架及分项评价指标制定的要求、信息基础设施、信息资源、建设管理。2018 年，新型智慧城市建设部际协调工作组在原有评价指标体系基础上修订形成了《新型智慧城市评价指标(2018)》，并基于此开展了全国 275 个地级及以上城市智慧化发展的评价工作，形成了《新型智慧城市发展报告(2018—2019)》。新型智慧城市评价指标体系的构建和应用摸清了全国智慧城市发展现状，为地方明确了新型智慧城市工作方向，促进了新型智慧城市建设，支撑了新型智慧城市经验共享和推广。智慧城市发展历程如图 5.1 所示。

对标智慧城市发展历程，智慧燃气的发展必然要经历智慧程度从低到高的渐进式发展。将城镇燃气智能化评价作为工作抓手，通过“以评促建、以评促改、以评促管、以评促用”，有利于加强统筹协调，促进科学引导，及时总结有效经验，提炼推广成功模式。为了实现更好地统筹规划与行业指导，引导智慧燃气的快速发展，中燃协组织开展《城镇燃气系统智能化评价规范》的编写工作。通过制定智慧燃气分级评价标准，建立完善的评价机制，有助于申请评价单位检视工作成效，进一步明确工作方向和明晰建设重点。同时可以更好地引导智慧燃气的深度快速发展，促进智慧燃气分级分类建设和相对均衡发展。

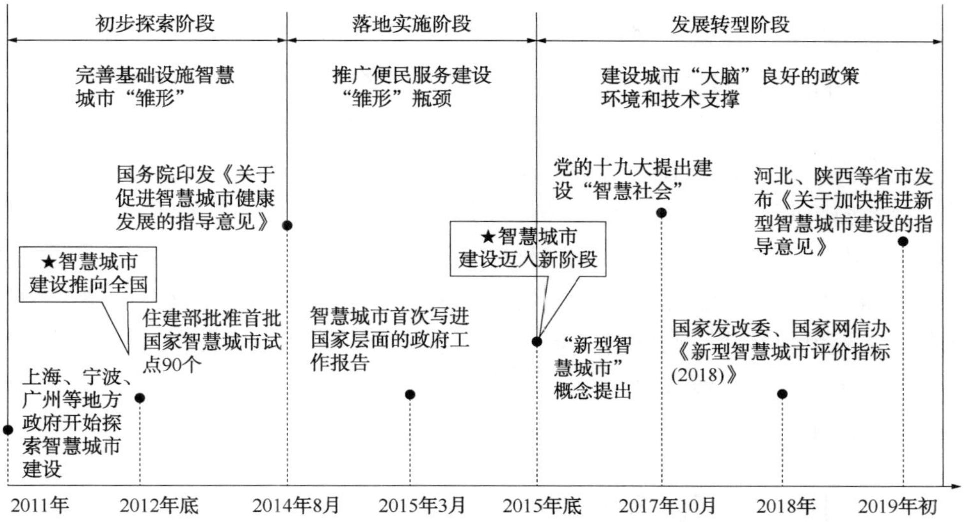

图 5.1　智慧城市发展历程

5.2　燃气智能化等级

《中国城镇智慧燃气发展报告》中将智慧燃气综合发展程度分成最低 L0 到最高 L5 六个等级，并从感知控制、数据支撑、平台应用、能源互联 4 个方面对各层级特征进行了描述。经过《城镇燃气系统智能化评价规范》编制，进一步发展智慧燃气综合发展程度分级架构，确定了各层级的主要特征与基本功能要求。

L0 级主要特征：人工运营。处于该层级的城镇燃气企业尚未建立 SCADA、GIS 等比较基础的信息化管理系统，缺乏数据远传、远程监控功能，主要依赖人工台账开展经营工作，缺乏数字档案。

L1 级主要特征：局部感知控制。处于该层级的城镇燃气企业建立了基础的信息化管理系统，但系统之间独立运行，数据不互通。初步建立了数字档案，但基本停留于数据存储、简单报表的阶段。部分重点设备设施可远程监测，仅有少数终端可远程控制。

L2 级主要特征：重点感知、重点调控。处于该层级的城镇燃气企业建成了相对完善的信息化管理系统，各系统之间能够互传数据，但仍旧相对独立地运行。初步建立数据管理标准，实现了数据统一管理，初步应用数据分析方法提升管理效率。物联网技术开始普及应用，重要节点可远程监测和调控。初步涉及燃气相关衍生业务。

L3 级主要特征：广泛感知、精准调控、科学运营。处于该层级的城镇燃气企业对内建成了承载应用系统的相关平台，平台各子系统无缝融合，信息系统覆盖全部业务，结合数据分析和挖掘实现了关键数据预测与辅助决策能力。对外，与属地智慧城市、安全监测预警网络等形成系统级联动。建立了统一的数据标准，建成数据共享平台，形成完善的数据管理体系。物联网技术广泛应用，实现全面的远程监测与更多重要节点的精准调控，高压管网设施远程数据采集达到100%，民用、商用和工业用智能表具覆盖率超过70%。燃气供应企业向城镇综合能源服务企业转型发展，能源服务业务涉及可再生电力、氢能、供热、供冷等多种能源形式。

L4级主要特征：全息感控，智能运营，开放融合。处于该层级的城镇燃气企业依托于高度发展的物联网技术，实现了燃气能源系统全方位的感知和调控。仿真、预测等数据分析能力高度发展，构建了完整的燃气数字孪生系统，形成全方位的辅助决策能力。深度融合城市管理、行业监管、产业发展数字化进程，与诸多外部系统实现互动。融入智慧能源发展，实现气电冷热等多种能源联产联调联供，构建低碳能源供应体系。

L5级主要特征：全息感控，自主运营，融合共享。处于该层级的城镇燃气企业完成综合能源供应企业转型，与智慧能源系统深度融合，形成一体化的、完善的低碳能源供应体系。依托新技术高度发展和普及应用，构建完备的数字孪生系统、安全的机械自控体系、自主进化的智慧大脑，完全实现自主运营、调度、决策和应急。

5.3 评价指标体系框架

5.3.1 构建原则

智慧程度评价是针对燃气系统基础设施和管理平台的信息化、智能化程度不同而做出的整体评价，即系统层面的综合评价。在确定评价指标时遵循以下原则：

① 引导性。评价指标的设计要突出智慧燃气的本质和特征，注重智慧燃气建设的质量与成效，可充分发挥对智慧燃气建设的引导作用。

② 代表性。评价指标应体现智慧燃气的特点，具有典型性和代表性。

③ 人本性。评价指标应注重为民、便民、惠民成效，突出城市管理和公共服务的质量和水平。

④ 可操作性。评价指标可量化计算，且指标相关的历史数据、最新数据便于采集。

⑤ 系统性。各一级指标共同组成智慧燃气建设水平和成效的有机整体，彼此之间应尽可能相对独立。

借鉴智慧城市评价指标体系，智慧燃气评价体系分为能力类、成效类两种类型的指标，能力类指标、成效类指标所涉及的各个方面均作为一级指标。每个一级指标下包含若干二级指标，每个二级指标代表对一级指标某一个部分的考量。能力类指标将智慧燃气的各个组成部分包含在内，并将智慧燃气发展的基础条件如安全措施、发展规划、制度保障等纳入。成效类指标主要用于评价用户、政府的感受以及对行业发展的推动作用。

5.3.2 总体框架

评价指标体系由智能设施、智能化平台、数据、信息安全、发展机制、用户体验、政府评价和行业引领等8个一级指标组成，智慧燃气发展评价指标体系框架如图5.2所示。

其中，智能设施、智能化平台、数据、信息安全、发展机制等5个指标属于能力类指标，主要反映城镇燃气企业综合运用工艺与信息化基础设施、信息化平台、数据分析等工具建设智慧燃气的水平，是对企业智能化发展现状的客观评价。

行业引领、用户体验和政府评价等3个指标属于成效类指标，主要反映通过智慧燃气建设为燃气用户、政府管理者所带来的便捷性、舒适性、安全感与幸福感，是对企业智能化发展的主观评价。

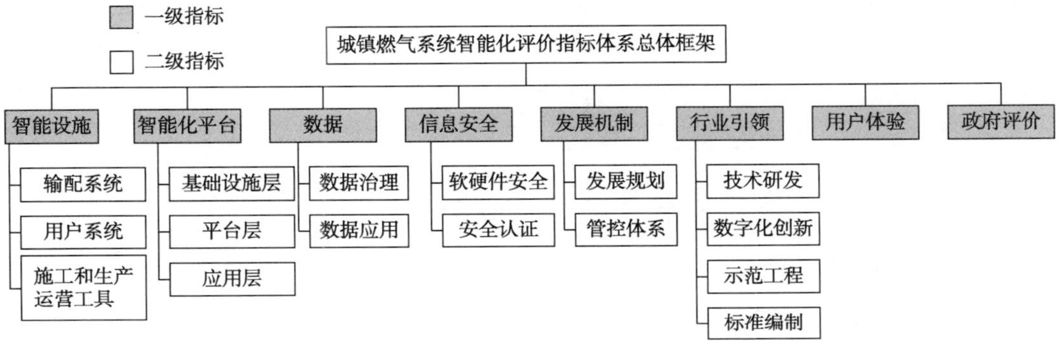

图5.2 智慧燃气发展评价指标体系框架

5.3.3 指标说明

（1）智能设施

智能设施指标主要反映企业在燃气输配相关工艺设施方面的智能化水平，涵盖站、箱、井、线、表、辅助工具6类，结合城镇燃气企业管理特点，归纳为输配系统、用户系统、施工和生产运营工具3个二级指标。其中输配系统专项包括门站和液化天然气储配站、调压站(箱)、管线阀门、管线5个三级指标，用户系统专项包括居民用户、商业和工业用户2个三级指标，施工和生产运营工具无下属三级指标。智能设施专项评价指标体系框架如图5.3所示。

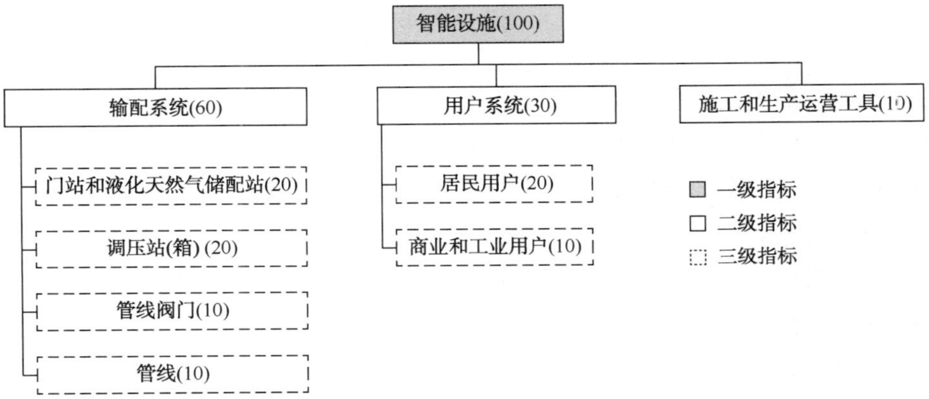

图5.3 智能设施专项评价指标体系框架

针对智能设施的评价主要反映城镇燃气企业的感知控制水平。感知方面，主要关注压力、流量、温度、燃气组分、调压器开度、阀门状态、阴极保护等设备参数的远程采集能力与覆盖度。控制方面，主要关注阀门、调压器的远程调节能力。

（2）智能化平台

智能化平台指标主要反映企业在信息系统方面的建设水平，包括基础设施层、平台层和应用层 3 个二级指标。其中基础设施层包括网络基础设施、云计算基础设施 2 个三级指标，平台层包括物联网平台、大数据平台、软件研发平台 3 个三级指标，应用层包括应用成熟度、应用基础技术、规划建设智能应用、生产运营智能应用、用户服务智能应用和企业管理智能应用 6 个三级指标。智能化平台专项评价指标体系框架如图 5.4 所示。

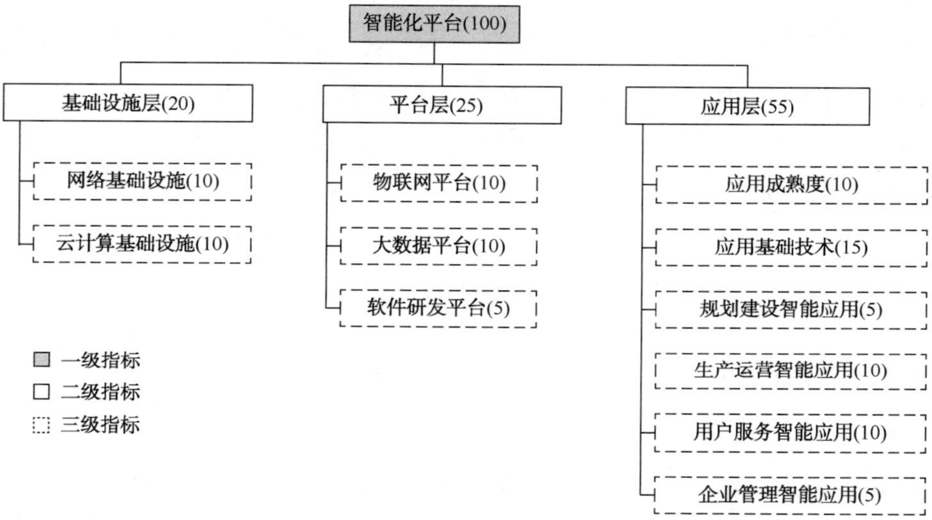

图 5.4　智能化平台专项评价指标体系框架

针对智能化平台的评价主要反映城镇燃气企业的平台应用水平。一是在业务方面，是否实现了全部业务 100%信息系统覆盖；二是在平台建设方面，是否通过平台建设实现了系统数据互联互通；三是在 IT 基础设施方面，是否能够有效支撑平台系统建设与运维。

（3）数据

数据指标包括数据治理、数据应用 2 个二级指标，主要反映城镇燃气企业在数据支撑方面的水平。数据治理主要从企业所收集数据的标准化、结构化水平以及数据质量水平方面进行评价。数据应用则从企业数据利用范围、利用能力方面进行评价。

（4）信息安全

信息安全包括软硬件安全、访问控制技术 2 个二级指标，主要反映各类平台、信息系统、数据的安全防护能力，以支撑智慧燃气的建设。软硬件安全主要关注系统的等保水平、安全扫描与加固体系以及密钥管理体系。访问控制技术则从企业信息系统身份认证方法方面进行评价。

(5) 发展机制

发展机制包括发展规划、管控体系 2 个二级指标，着重考察城镇燃气企业在智慧燃气建设方面的资源投入，包括相关发展规划的覆盖面、深度与执行情况和相关人力资源的组织与管理。

(6) 行业引领

能力类指标主要评价了相对比较成熟的技术或设备设施，行业引领指标则侧重于城镇燃气供应企业在技术研发、示范工程建设和标准编制方面领先于行业内其他企业的能力，评价时仅收集被评价企业 5 年之内的数据。

(7) 用户体验

用户体验指标从用户角度反馈城镇燃气企业智慧燃气建设的成效。通过问卷调研的方式进行评价，问卷内容包含上门服务、热线电话和线上服务、客户端应用等采用智能化手段能够显著提高用户体验的相关内容。

(8) 政府评价

政府评价可以体现智慧燃气在提升城市公共服务质量、支持政府公共决策方面的作用，与其他行业的智能化应用进行对比，如智能电网、智慧水务等。政府评价采用问卷调研方式获取数据，问卷内容包含燃气供应和运行安全、用户服务感受、公共决策支持等 3 项内容。

5.4 评价方法

5.4.1 评分方法

城镇燃气系统智能化评价采用了评价指标打分法，根据得分确定智能化水平，具体的分数与智能化等级的对应参见表 5.1。

表 5.1 城镇燃气智能化等级划分及分数

等级		分数
L0	L0	$Q<20$
L1	L1−	$20\leq Q<23$
	L1	$23\leq Q<27$
	L1+	$27\leq Q<30$
L2	L2−	$30\leq Q<36$
	L2	$36\leq Q<44$
	L2+	$44\leq Q<50$
L3	L3−	$50\leq Q<56$
	L3	$56\leq Q<64$
	L3+	$64\leq Q<70$
L4	L4−	$70\leq Q<76$
	L4	$76\leq Q<84$
	L4+	$84\leq Q<90$
L5	L5−	$90\leq Q<93$
	L5	$93\leq Q<97$
	L5+	$Q\geq 97$

城镇燃气系统智能化评价的总得分 Q 根据式(5.1)计算。

$$Q=\sum_{i=1}^{8} w_i Q_i \tag{5.1}$$

式中 Q_1——智能设施指标得分；
Q_2——智能化平台指标得分；
Q_3——数据指标得分；
Q_4——信息安全指标得分；
Q_5——发展机制指标得分；
Q_6——行业引领指标得分；
Q_7——用户体验指标得分；
Q_8——政府评价指标得分。

不同指标的评价方法有所不同，在整个评价过程中综合运用了以下 4 种评价方法。

（1）分级指标的定量评价

某些三级指标的组成要素互相之间具备关联性，对于这类三级指标可根据燃气智能化等级确定所需实现的功能组合。不同的功能组合对应一定分值，根据被评价企业的评价要素在各功能组合所占的数量比例与相应分值乘积得到三级指标的得分。如对燃气门站，按照智能化等级的划分，从监测、调控两方面形成五种功能组合，并从低到高依次对应 4、8、12、16、20 的固定分值。评分时，先将被评价企业所有门站按照功能组合进行划分，然后用各类门站的比例值乘以等级分值即得到门站专项的得分。

（2）基本项和加分项的定量评价

某些指标的组成要素之间不具备关联性，但是有重要性、普遍性之分，可将重要的必需的要素作为基本项，具备所有必备项时可以获得基本分，将先进的、创新性的要素作为加分项，每具备一项加分项时，可获得相应分值。指标的得分为基本项和加分项得分之和。如燃气生产作业辅助工具专项评价，工程建设、运行巡检、应急抢修、用户服务等业务的作业工具是不同的，相互之间也不存在关联性。再如应用基础技术中的 SCADA 系统、GIS 系统、管网仿真等实现的功能和用途各不相同，但是每项系统或工具都有基础功能和先进功能，因此采用基本项和加分项的定量评价方法较为合适。

（3）采用应用覆盖度修正的定量评价

除了评价功能项以外，覆盖度的评价有时也是必要的。如应用基础技术中的 SCADA 系统、GIS 系统、管网仿真等应用范围是否覆盖全部管网和场站，如规划建设、生产运营、用户服务、企业管理的智能化应用是否覆盖了全部的站点。根据相关技术、系统或工具的应用覆盖度，表 5.2 给出了管网应用范围修正系数，可在原始得分基础上乘以修正系数，获得更准确客观的评分。

表 5.2　修正系数取值

修正系数	0.2	0.4	0.6	0.8	1
管网应用范围	试点应用	小范围应用	部分或重点区域应用	广泛应用	全部应用

（4）采用问卷调查的定性评价

问卷调查是一种适合测量潜在变量或无法直接观察到的变量（如行为习惯、安全意识、态度和满意度等)的方法，成效类指标中的用户体验、政府评价需要通过问卷调查的方法收集评价基础数据，并根据问卷结果计算相应得分。

5.4.2 权重设置

评价指标体系中包含了 8 个一级指标、16 个二级指标、17 个三级指标，各指标的权重通过专家调研表结合层次分析法确定。在标准编制、征求意见阶段，共征得 25 份专家调研结果，经计算得到表 5.3 所示的权重设置表。

表 5.3 城镇燃气系统智能化评价各指标权重

<table>
<tr><th>一级指标(权重 w_i)</th><th>二级指标(权重)</th><th>三级指标(权重)</th></tr>
<tr><td rowspan="7">智能设施(25%)</td><td rowspan="4">输配系统(15%)</td><td>门站和液化天然气储配站(5%)</td></tr>
<tr><td>调压站(箱)(5%)</td></tr>
<tr><td>管线阀门(2.5%)</td></tr>
<tr><td>管线(2.5%)</td></tr>
<tr><td rowspan="2">用户系统(7.5%)</td><td>居民用户(5%)</td></tr>
<tr><td>商业和工业用户(2.5%)</td></tr>
<tr><td>施工和生产运营工具(2.5%)</td><td>—</td></tr>
<tr><td rowspan="11">智能化平台(25%)</td><td rowspan="2">基础设施层(5%)</td><td>网络基础设施(2.5%)</td></tr>
<tr><td>云计算基础设施(2.5%)</td></tr>
<tr><td rowspan="3">平台层(6.25%)</td><td>物联网平台(2.5%)</td></tr>
<tr><td>大数据平台(2.5%)</td></tr>
<tr><td>软件研发平台(1.25%)</td></tr>
<tr><td rowspan="6">应用层(13.75%)</td><td>应用成熟度(2.5%)</td></tr>
<tr><td>应用基础技术(3.75%)</td></tr>
<tr><td>规划建设智能应用(1.25%)</td></tr>
<tr><td>生产运营智能应用(2.5%)</td></tr>
<tr><td>用户服务智能应用(2.5%)</td></tr>
<tr><td>企业管理智能应用(1.25%)</td></tr>
<tr><td rowspan="2">数据(20%)</td><td>数据治理(10%)</td><td>—</td></tr>
<tr><td>数据应用(10%)</td><td>—</td></tr>
<tr><td rowspan="2">信息安全(10%)</td><td>软硬件安全(7.5%)</td><td>—</td></tr>
<tr><td>安全认证(2.5%)</td><td>—</td></tr>
<tr><td rowspan="2">发展机制(5%)</td><td>发展规划(2.5%)</td><td>—</td></tr>
<tr><td>管控体系(2.5%)</td><td>—</td></tr>
<tr><td rowspan="4">行业引领(5%)</td><td>技术研发(1.5%)</td><td>—</td></tr>
<tr><td>数创发展(1.5%)</td><td>—</td></tr>
<tr><td>示范工程(1.5%)</td><td>—</td></tr>
<tr><td>标准编制(0.5%)</td><td>—</td></tr>
<tr><td>用户体验(5%)</td><td>—</td><td>—</td></tr>
<tr><td>政府评价(5%)</td><td>—</td><td>—</td></tr>
</table>

5.4.3 评价流程

城镇燃气企业可根据评价标准自行开展相关评价工作，也可邀请第三方机构参与评价工作，以保证评价结果的客观性。

当有第三方评价机构参与评价工作时，申请评价方先按照评价方法进行自评，并提交相应的分析、测试报告和相关文件。评价机构按评价标准的有关要求，对申请评价方提交的报告、文件进行审查，出具评价报告，确定等级。对运行环节的评价，必要时应进行现场核查。

城镇燃气系统智能化评价完成后，由评价机构出具评价报告，评价报告包括下列内容：

① 基本情况；

② 现场核实结果(如有)；

③ 各项评价指标的评价结果；

④ 评价等级；

⑤ 现状诊断分析和改进措施。

评价流程如图 5.5 所示，其中 1、2、3、6 框为申请评价方需要做的工作，4、5 框为评价机构需要做的工作。

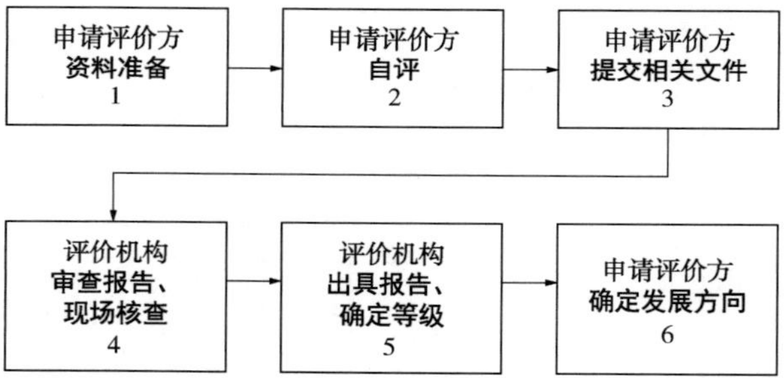

图 5.5 评价流程

6 国内燃气智能化发展评价

6.1 总体情况

基于 T/CGAS 025—2023《城镇燃气系统智能化评价规范》，对国内 12 家典型城镇燃气企业发放调研问卷，并根据反馈结果开展智能化评价。所调研城镇燃气企业总用户数逾 6800 万户，用气量近 $690\times10^8m^3$。用户规模从十数万至数百万不等，每百万用户阶梯至少有 1 家企业。所处地域除西北地区外，基本覆盖全国，一定程度上能够反映出国内城镇燃气行业智能化发展的情况与特点。

调研问卷覆盖了智能设施、智能化平台、数据、信息安全、发展机制、行业引领等 6 个一级指标，评价总分为 90 分，所有材料均由被调研企业提供。未开展用户体验、政府评价等 2 个一级指标的调研。为确定被调研企业智能化发展等级，同时考虑到用户体验、政府评价得分与其他 6 个一级指标高度相关，对评分结果进行了归一化处理。即：

$$Q=Q_{1-6}/0.9$$

式中 Q_{1-6}——智能设施、智能化平台、数据、信息安全、发展机制、行业引领等 6 个一级指标的总得分；

Q——智能化评价得分。

针对 12 家城镇燃气企业的评价结果见表 6.1，统计结果见图 6.1。

表 6.1 典型城镇燃气企业智能化评价结果

企　业	智能化等级	企　业	智能化等级
企业 A	L3	企业 G	L3
企业 B	L3-	企业 H	L2-
企业 C	L2	企业 I	L2-
企业 D	L2	企业 J	L2-
企业 E	L3	企业 K	L2+
企业 F	L2	企业 L	L2-

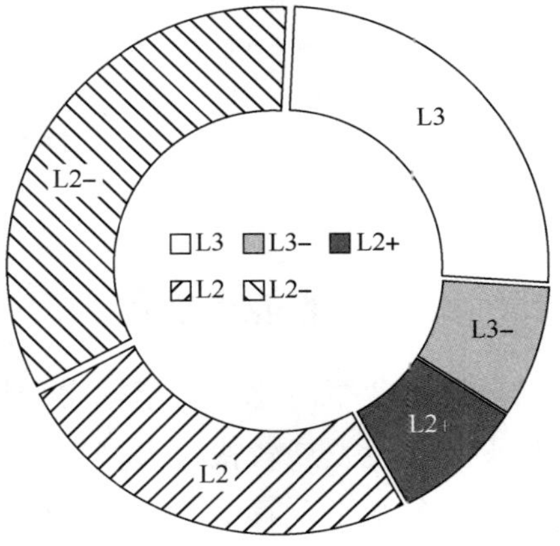

图 6.1 评价结果统计

可以看出，目前国内优秀企业已经达到 L3 级。系统关键节点普遍实现远程监控，远传燃气表普及率超过 70%；关键平台建成，应用全面覆盖业务；数据标准统一，信息安全保障有力，创新成果不断涌现。主力企业处于L2水平，向更高级迈进的基础良好。系统关键节点过半实现远程监控，远传燃气表普及率50%左右；关键平台建成，应用覆盖多数业务；数据标准统一，信息安全保障保障系统运行，创新能力各有不同。智能化等级划分标准参照表5.1执行。

6.2 评价结果分析

6.2.1 智能设施

各企业智能设施指标得分情况如图6.2所示。可以看出，目前城镇燃气企业智能设施总得分基本处于30~50分区间，对应L2级的发展水平，普遍低于整体评分水平，其主要原因包括需要的资金投入大、设备更换周期长等。

企业间输配系统、用户系统指标差别较大，最大差值分别为22.1分、8.7分，反映出资金投入强度、设备更换周期对智能化建设的影响。企业间施工和生产运营工具指标差别较小，最大差值为3分。

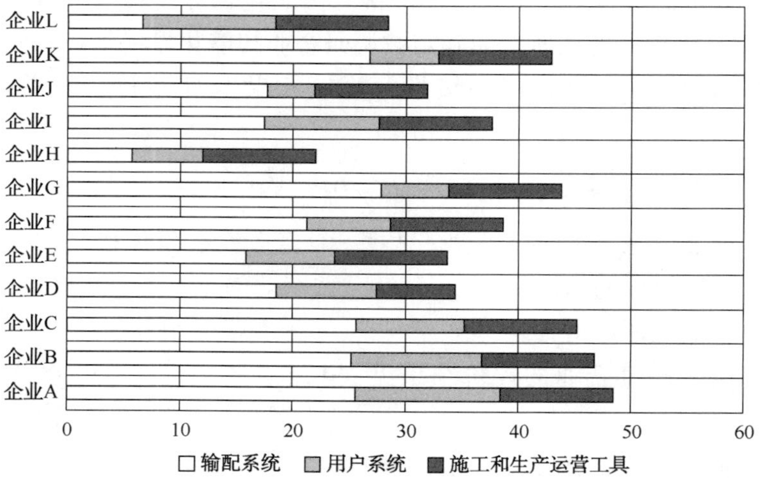

图6.2 智能设施指标得分

6.2.2 智能化平台

各企业智能化平台指标得分情况如图6.3所示。可以看出，目前城镇燃气企业智能化平台建设发展较快，大多数企业处于50~70分区间，对应L3的发展水平，普遍高于整体评分水平。其中既有智能化平台建设能够解决业务需求，建设"性价比"高的客观原因，也有企业在开展智能化工作时"重系统、轻基础"的主观原因。

企业智能化平台建设企业间差别较大，基础设施层、平台层、应用层最大差值分别为10分、23分、19.5分，说明企业在开展智能化平台建设时各有侧重。

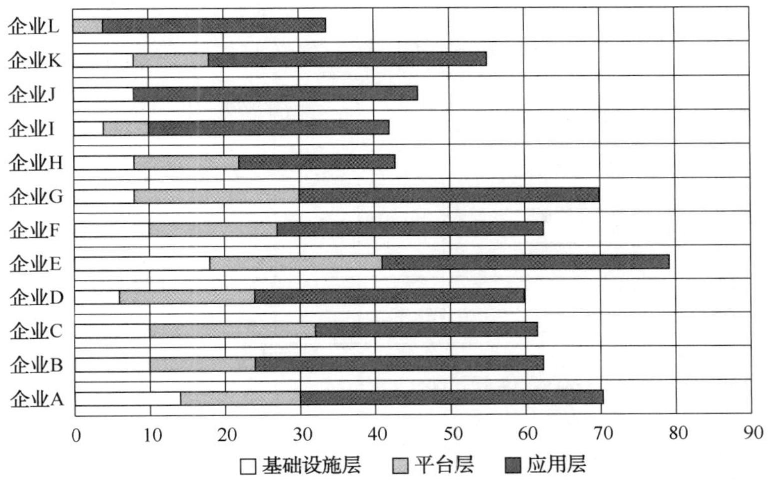

图 6.3 智能化平台指标得分情况

6.2.3 数据

各企业数据指标得分情况如图 6.4 所示。可以看出，目前城镇燃气企业数据相关业务基本处于起步阶段，大多数得分未超过 30 分，对应 L1 的发展水平，落后于各企业整体智能化发展水平。少数优秀企业由于智能化平台建设起步早、数据积累多，数据标准化与应用发展大幅领先于行业平均水平。

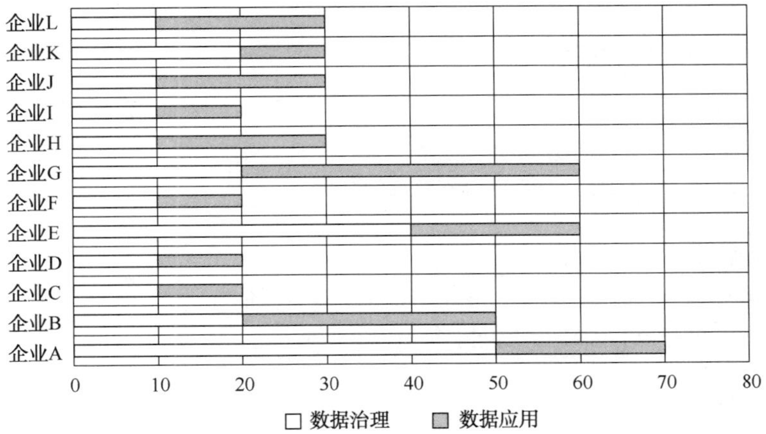

图 6.4 数据指标得分情况

6.2.4 信息安全

各企业信息安全指标得分情况如图 6.5 所示。可以看出，目前城镇燃气企业信息安全工作落后于各企业整体智能化发展水平，基本能够支撑各企业智能化平台建设。得分集中于 20~40 分区间，对应 L1~L2 的发展水平，反映出目前重业务安全、轻信息安全的倾向，个别优秀企业发展迅速。

随着城镇燃气系统智能化水平逐渐提高，智能化设备与平台应用增加，城镇燃气系统将发展为管道系统与智能化系统交织融合、不可分割的综合系统，信息安全将影响整个系统的正常运行。在今后智能化建设过程中，有必要提高信息安全方面的关注。

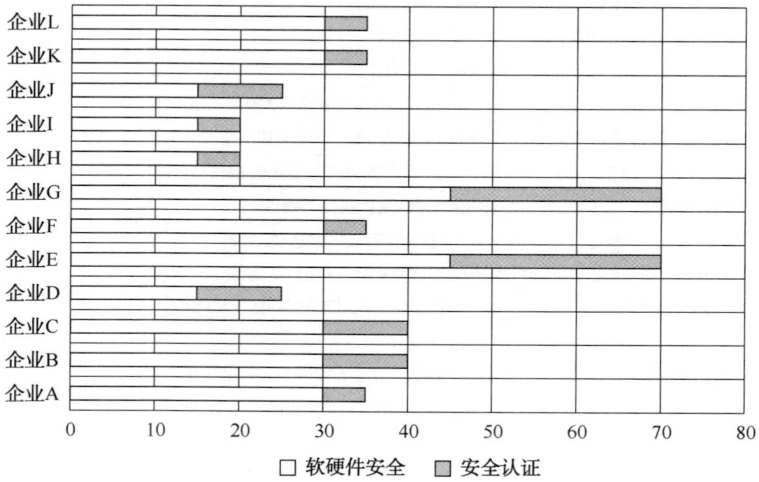

图 6.5　信息安全指标得分情况

6.2.5　发展机制

各企业发展机制指标得分情况如图 6.6 所示。可以看出，目前城镇燃气企业发展机制得分集中于 40~60 分区间，与整体智能化发展水平基本相当。企业 E 得分极高，其在发展规划方面，企业参与层级高、内容覆盖范围广、执行与考核严格，在管控体系方面，体系架构与相关制度发展成熟。

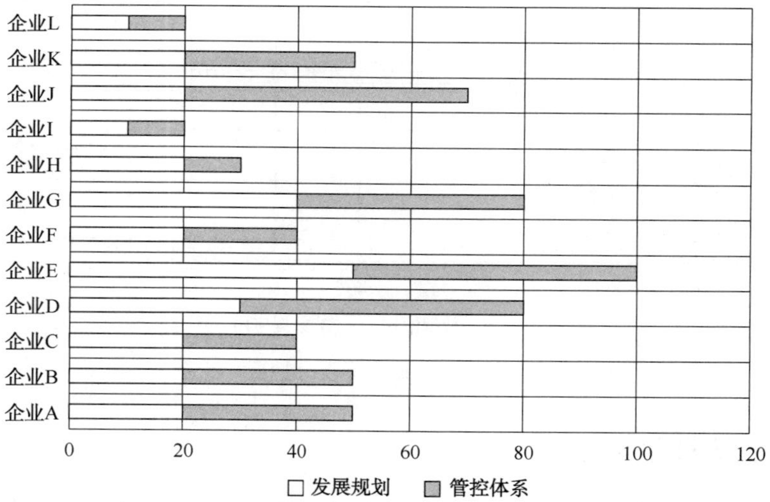

图 6.6　发展机制指标得分情况

6.2.6　行业引领

各企业行业引领指标得分情况如图 6.7 所示。可以看出，目前城镇燃气企业在行业引领，即创新投入与成效方面差别较大，平均发展水平与整体智能化发展水平相当。

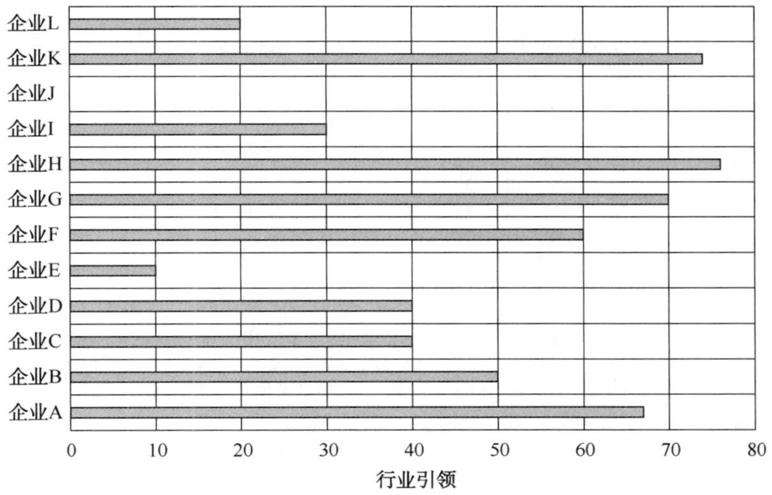

图 6.7　行业引领指标得分情况

6.2.7　不同类型企业之间的对比

图 6.8 展示了企业规模对智能化发展水平的影响。其中，横轴为各企业的智能化评价得分，反映了智能化建设的水平，纵轴为企业规模，由下至上企业规模逐渐增大。

从图中可以看出，智能化发展水平与企业规模呈现出强相关的规律，企业规模越大，智能化发展的水平越高。企业 E、企业 F 展示出了不同的规律。其中企业 F 以集团整体参评，用户数量超千万，内部不同区域公司发展水平的不均衡，尤其是智能设施发展的不均衡，拉低了整体评分。企业 F 是一家集团型企业的区域分公司，在集团资源的支持下，其智能化发展水平较高。

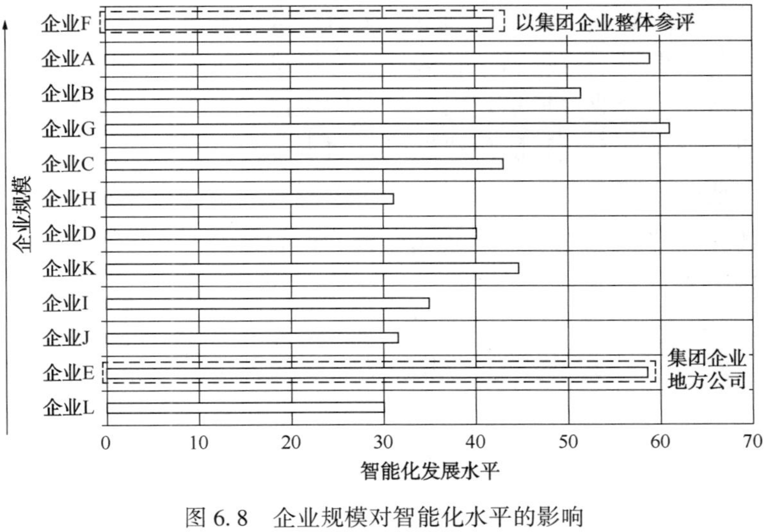

图 6.8　企业规模对智能化水平的影响

图 6.9 展示了企业类型对智能化水平的影响。可以看出，集团型企业在平台建设、数据应用、信息安全等便于统一制定、统一推广的指标方面初步显示出优势，个别地方公司在集团资源支持下，上述指标可以与大型区域型公司发展水平相当。

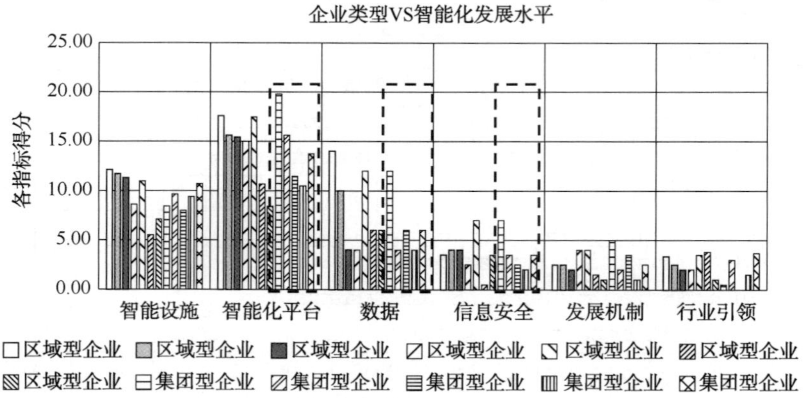

图 6.9　企业类型对智能化水平的影响

6.3　小结

通过针对国内 12 家典型城镇燃气企业的智能化调研与评价可以发现：目前，国内主体优秀城镇燃气企业智能化水平已经达到 L3 级，主力企业处于 L2 级，向更高级迈进基础良好。

受多种因素影响，各评价指标之间发展不均衡。智能化平台建设水平普遍高于整体发展水平，既有解决业务需求，建设“性价比”高的客观因素，也有智能化工作“重系统、轻基础”的主观因素。受资金投入、设备更换周期影响，智能设施水平普遍低于整体发展水平。数据治理与应用基本处于起步阶段，少数优秀企业智能化平台建设起步早、数据积累多，大幅领先于行业平均水平。信息安全基本能够支撑当下的智能化平台建设，随着智能化程度进一步提高，有必要加强信息安全工作

智能化发展水平与企业规模呈现出强相关的规律，大型企业因各方面的优势，智能化发展速度较快。集团型企业智能化建设优势初步显现。在便于统一制定、统一推广的指标方面，个别地方公司在集团资源支持下与大型区域型公司发展水平相当。因此，有必要推动行业优秀企业建设开放的智能化平台，向行业推广自身标准、运营管理模式，提升行业智能化整体发展水平。

7 国内优秀燃气企业智能化建设典型做法

7.1 管网建设与运维

7.1.1 管网建设

随着我国城镇化进程加快、能源结构不断调整，城镇供气需求日益增加，新建、改扩建等燃气管网建设工程不断增加。管网建设面临新的挑战：一方面，城镇快速发展导致地表建筑物数量增加、路网密度增大，管道施工环境更加严峻；另一方面，随着工程类型的多元化、工序的复杂化、资料的繁杂化，传统的工程管理模式存在过程资料缺失、资料管理困难以及工程进度、质量、安全、人员难以监管等问题，无法满足新形势下管网建设需要。为解决以上问题，运用新兴技术更新升级管网建设相关软硬件，实现燃气管网建设数字化转型。

典型做法：工程建设智能化系统

华润燃气针对燃气管网建设进行数字化转型，组织工程、安全、技术等多条线业务专家对现有管网建设业务进行沉淀梳理，形成统一的工程管理业务标准及规范，信息系统建设团队以此为基础，开发工程建设智能化系统，采用GIS、工作流、事务管理等技术，实现工程设计、工程审批、工程建设、工程施工、竣工验收、资金往来、材料物资等全方位的管理，促进传统燃气管网建设工程管理智能化升级，解决行业的痛点问题。

从线下层面来看，华润燃气每年新建PE市政管网约10000km，涉及100多万道焊口，通过焊机硬件改造，结合物联网技术接入工程建设智能化系统，实现焊机合格校验、焊工合格校验、焊接过程数据可追溯、焊接人员可追溯、焊口坐标可追溯等功能；通过增加物联网监控设备，实时监控工地状态，保障燃气安全。

从线上层面来看，系统能够把控工程质量、施工过程、工程成本等重点环节，运用工作流等技术实现信息快速流转，促进工作协同，提升工作效率。并且系统提供了丰富强大的可视化展示及分析功能，使工程信息展示更加直观，为工程决策提供更加及时、准确的信息支持。系统上线后创建安全质量工序单据约1000万张，报告类单据约50万张，管理服务商约6万家，管理班组约4000个，管理劳务工约2万人，竣工资料编制周期平均缩短68天，提高了企业对管网建设全生命周期各个环节综合监管的能力。

7.1.2 管网运维

（1）调度

燃气企业的调度指挥工作起着对内对外联系与协调作用，是整个企业的总指挥。燃气企业只有做好了生产运行调度指挥工作，才能及时掌握生产运行实际情况、存在的问题以及发展前景，从而根据实际情况推动企业发展，出现问题时也能及时调整、解决，有效管控生产运行各个环节。

目前，我国城镇燃气行业处于快速发展阶段，信息化、智能监控和智能运营调度程度有待提高。主力燃气企业已经建立了以 SCADA 系统、GIS 为主的信息平台，但各系统之间普遍关联性不强，存在信息孤岛现象，没有形成统一的体系。主要存在以下几个问题：

① 各信息系统独立存在，系统之间缺乏联系，信息孤岛普遍存在，无法有效整合信息资源。

② 部分业务信息流转跨越多个不同系统，系统间信息流通不畅导致业务进度追踪困难，降低了工作效率。

③ 数据沉积于各业务系统，缺乏有效的分析利用手段，无法发挥数据价值。

图 7.1　系统集成示例图

典型做法：生产调度综合管理平台

面对上述问题，贵州燃气通过集成整合 SCADA 系统、地理信息系统（GIS）、客户服务管理系统、工程管理系统（PM）、协同办公系统（OA）等业务系统，形成一体化的生产调度综合管理平台。见图 7.1。平台覆盖管道气、LNG 运销等所有业务场景，具备计划申报、气量预测、提气监测、趋势分析、场站监测、气源经济性评估、应急管理、调度管理、运维管理、槽车管理等功能。建立了多个系统间的数据通道：

① SCADA 系统：实时采集数据同步到生产调度综合管理平台进行计算、汇总、展示。

② 客户服务管理系统：对接应急抢险业务，同步客户服务管理系统报警数据、作业执行情况等信息。

③ 工程管理系统：对接工程部带气作业业务，同步作业需求数据，并将作业时间等信息返回至工程系统。

④ 协同办公系统：对接客服中心带气作业业务，同步作业需求数据，并将作业时间等信息返回至 OA 系统；对接生产调度指令业务，本平台发起流程，同步表单数据至 OA 进行各级审批，同步审批状态、意见等数据，审批完成后，发送调度指令至 OA 系统执行人员。

通过生产调度综合管理平台建设落地，实现了单一平台统一调度，减少了线下作业审批、人工台账工作量，降低了信息同步不及时、不一致导致的生产运行风险。

（2）巡检

燃气管网巡检业务主要是对管线及附属设施按一定规范开展巡查检漏工作，是保证燃气安全的一项基础工作。虽然主力燃气企业大都建立了巡检系统，但普遍面临巡检任务难以有效派发和跟进、隐患/工地难以全流程闭环管理、日常填报表格多且重复等问题，具体包括巡检前、巡检中和巡检后三种情况。

巡检前：

① 管理人员难以根据实际情况调整周期/临时任务、突出巡检重点，任务派发流程烦琐、更新困难、缺乏跟进手段。

② 巡检员任务繁杂，缺乏统一管理工具，工作过程中易遗漏。

③ 巡检员外出需要准备较多表格表单、管网图纸等纸质资料。

④ 难以具体清晰了解关键任务，沟通成本高。

巡检中：

① 隐患/工地点多面广，不能有效落实全流程闭环管理，过程细节管控困难；现场情况复杂，信息记录不便，缺少规范统一。

② 重大隐患详细情况更新滞后。

③ 管网信息/图纸携带困难，查看不方便；图纸管理困难，更新不及时，年代久远遗失不全。

④ 无法及时获知人员实际工作状态，无法高效统一人员安排和作息。

巡检后：

① 日常需要填报的各类表格表单较多，存在交叉重复填报情况。

② 缺少语音、视频记录。

③ 缺少规范化、标准化表格表单。

④ 记录存放、查找、统计分析不便。

典型做法：华润燃气易作业巡检系统

易作业巡检系统实现了管网巡查、检漏、维保和末端检测等所有核心环节的线上化、隐患整改闭环管理、一线作业人员全方位管理。

人员全方位管理，采用 GPS+运营商基站定位，实时获取人员位置和轨迹，结合片区范围，全面扫除人员管理盲点。

隐患/工地全过程闭环管理。巡检发现隐患/工地后，无须纸质单据、管理人员签章，一线人员在系统中填写生成表单、流转、实时跟进。见图 7.2。

与 IGIS 系统对接，提供管网信息支持，可在电脑端、手机端查询展示管网位置、属性，有效提升工作效率和便捷性。见图 7.3。

聚焦一线、简化报表、减轻负担、提升效率。一线人员可随时随地记录工作内容，无须每日工作结束时集中记录，系统自动生成记录地址、支持多格式（视频、音频、图片上传）文件，同时规范填写，提供记录指导。

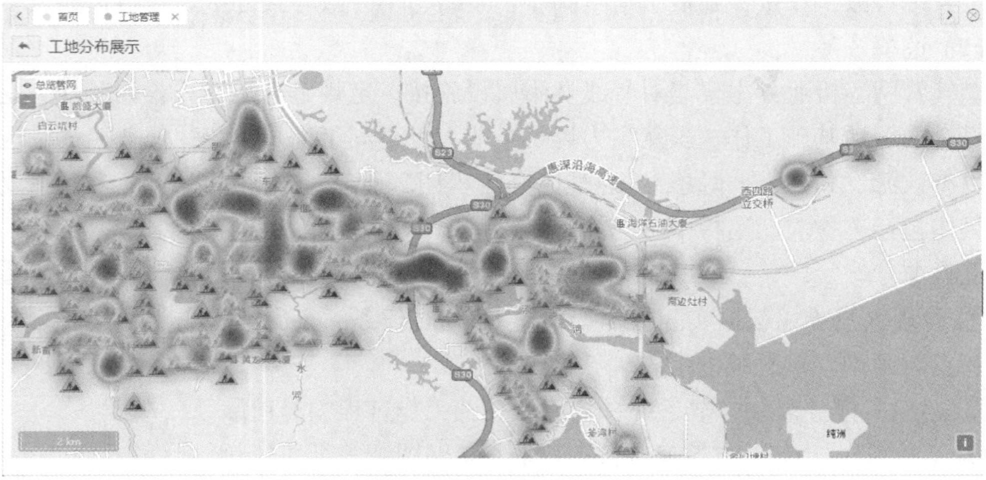

图 7.2　隐患/工地分布

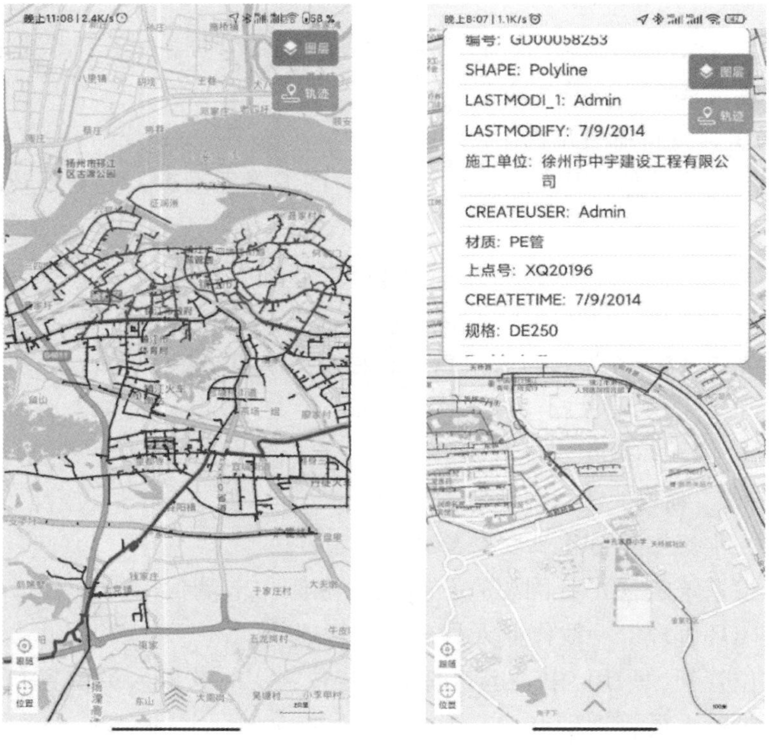

图 7.3　手机端查询管网位置和属性

易作业巡检系统的应用有力支撑了巡检业务。第一，提升了燃气管网巡检作业的规范性。系统内嵌燃气巡检作业管理要求和作业流程，有效指导和规范一线作业标准。第二，提升一线作业效率。据统计，系统上线后，管网巡检到位率提升约 40%，管网隐患整改及时率和效率提升约 30%，工地监护占比提升约 15%，单个成员企业每年降低纸质单据印刷成本 20000 元。第三，有效保护巡检员。出现与外部纠纷或有安全事故时，通过系统追溯巡检员的巡检到位情况及相关视频、图片及语音记录，提供巡检到位证据，保护燃气公司及巡检人员。

（3）设备维检修

燃气设备的科学管理对于企业生存与发展有着紧密的联系。对于各项设备实施正确的操作、定期的保养及科学的维修，才能保障各项设备持续保持最佳运行状态，保障供气的安全性、稳定性，提升企业生产效率，减少成本，优化企业经济效益，强化企业在现代市场竞争中的综合实力。

传统的设备管理方式存在以下四个方面的问题：

杂：设备类别多，设备数量大、型号不一，汇总归类难度大。

散：分布（办公室、场站、客户端）分散、管理（班组、部门）分散。

松：运行数据手工记录，存在数据不直观、不准确、不规范乃至数据丢失的问题，缺乏预警检查监督管理手段。

乱：资产台账设备管理不规范，因人员调动、设备借用、报废处置不及时，造成资产设备账实不符、资产流失、重复购置等现象，资产管理方面存在较大漏洞。

典型做法：贵州燃气设备管理系统

为做好各类设备管理工作，贵州燃气首先对设备的数据信息进行标准化，构建全集团统一的设备分类标准体系，制定设备数据标准，规范燃气设备分类、属性及编码规则。

以标准化的数据体系、作业流程为基础，构建设备管理系统。主要功能包括设备台账、设备维修记录、设备检定、设备盘点、设备运行状态监测、设备巡检管理等。见图 7.4。

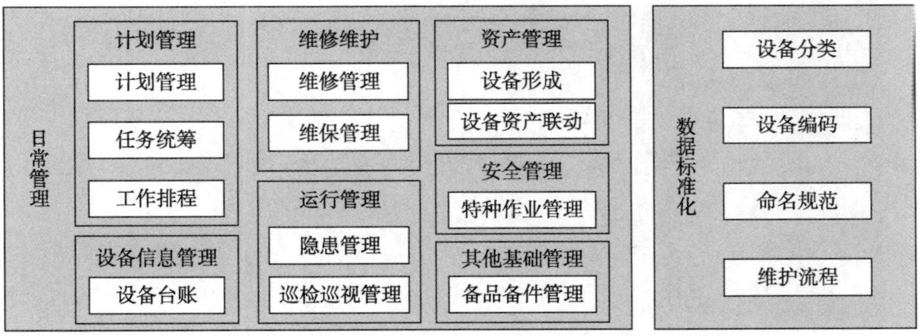

图 7.4　设备管理系统功能架构图

通过设备管理系统的建设与应用，有效跟踪各项工作进展，评价维修部门的工作质量，计划、控制维修费用。结合新的设备维修策略的引入，合理安排维修工作，解决维修过度或维修不足等问题，延长设备的使用寿命，充分发挥设备的能力、效率和效益，大大节省企业的设备维修保养费用。

（4）防第三方破坏

随着城市建设加快，城市内施工越来越多，地下燃气管线受到第三方施工破坏的事故时有发生，已成为威胁地下管线安全运行的重要因素。解决第三方施工破坏的问题，一方面要解决快速发现第三方施工的问题，另一方面要解决施工期间的监护问题。

典型做法：燃气管线查询小程序

受燃气主管部门无锡市政和园林局委托，无锡华润燃气开发了燃气管线查询小程序。施工单位在施工前可以通过微信进入小程序填写相关施工资料(施工图纸及燃气专项保护方案)，并查询施工区域的地下管线情况，确定施工区域有无燃气管线。附近巡线人员通过智慧管网 APP 收到小程序通知后，第一时间赶往现场向施工单位指明管线位置，做好管道保护的技术交底工作。

小程序上线运行仅 2 个月，已经接收并处理 57 起施工申请。施工单位按照简单引导进行操作，无须再到燃气公司查询管线。施工单位管线查询完毕后，后台自动派发工单给附近巡线人员，到现场查看施工情况。出具电子化燃气管线施工凭证，免除纸质文件签盖流程。由巡查人员通过巡查主动发现施工行为转变为通过事前查询申请，管理流程前置。降低第三方施工破坏率：由事中事后管控向事前预防转变，从源头解决第三方破坏问题。

典型做法：5G+智慧工地

以 5G、图像识别、云计算等技术为基础，通过 5G 网络组建远程视频监控分析系统，实现对施工现场实时监控。见图 7.5。便于企业随时掌握施工进度，实时监控现场生产操作过程，及时发现违规操作，保障施工安全。解决监理旁站全靠自觉、人眼判断存在疏漏、拍照质量参差不齐的痛点，有效提升工程工地质量监管智能化水平。

图 7.5　5G 工地智能监护

(5) 智慧调压站

调压站于有限空间内集中了大量的、各种类型的设备，站内运维涉及数据采集、运行工况调节、设备维检修等业务。设备多、业务多等情况造成了调压站内相对复杂的运行业态，调压站的智能化是智慧燃气的关键一环。

典型做法：无锡华润燃气智慧燃气场站建设

近几年，无锡华润燃气逐步针对高中压站开展智能燃气场站的建设、改造以及研究工作。通过对关键环节增加监控，增加数据采集、仪表仪器后台可视化比对等设施，实现场站运行状态遥测、遥信。通过对场站内进出站阀门改造实现远程控制。通过增加智能化设备，将人工调节转变为智能调节压力、流量，实现场站的远程调度、智能运行。同时，增加一系列安防措施，提升安全管理水平。

运行监测方面，广泛设置数据采集设备、AI 摄像机、光纤周界报警等监控设备，配套搭建 BIM 可视化模型，形成智能运营服务中心，实现监测全景化、后台可视化。见图 7.6。

基于智能调压系统，实现压力流量自适应、异常情况自诊断的智能输配。同时，代替人工现场操作，实现对调压器的远程控制。见图 7.7。

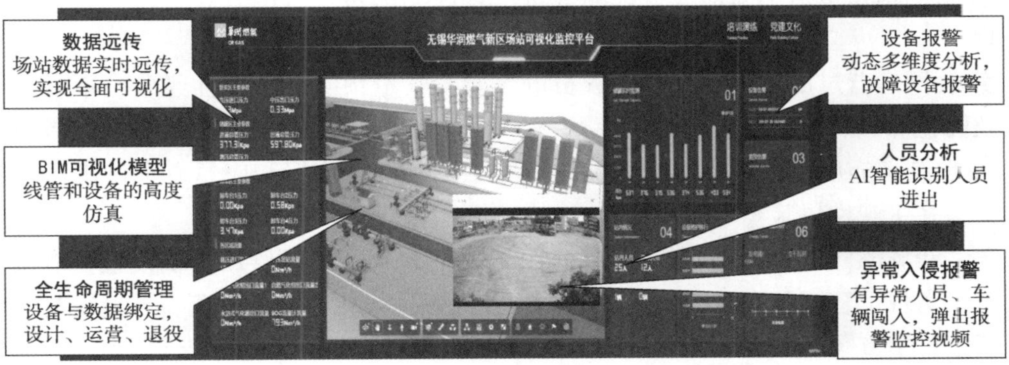

图 7.6　无锡华润燃气新区场站可视化监控平台

图 7.7　远程调压设备现场

以一线调压班工程师运行经验为基础，借助数据挖掘算法，建立人工智能故障识别算法，实现对调压器运行故障的自动诊断。通过大数据分析技术，生成用户用气习惯图谱，计算调压器关键运行参数，对可能发生故障的调压器进行预警。2019 年调压器预防性维护管理系统在无锡华润燃气实施部署，接入调压器 217 个。从 2019 年 3 月开始接入至今，系统试运行期间共发现故障调压器 35 起，预警调压器 120 起。

（6）仿真与负荷预测

城镇燃气管网的水力仿真是以管网拓扑为基础，以具体场景为运行工况，通过管网数学模型，求解管网运行状态的过程。水力仿真在管道规划、运行、应急等方面能够有力支撑相关业务，例如管道路由选线、气质组分追踪、制定调度方案、指导应急等。

负荷预测是通过分析用户用气数据，建立统计模型，预测未来一段时间内用户的用气量。负荷预测主要用于支撑制定调度方案、气源采购方案等。

典型做法：东莞新奥燃气数字孪生技术及物联感知应用

东莞新奥燃气天然气管网涵盖高压、次高压、中压等多个压力级制，天然气供应量超过 $30\times10^8m^3/a$，预计将在三年内达到 $100\times10^8m^3/a$。需要借助管网仿真等手段解决以下问题：

① 管网运营负荷不断加大，代输气量增多，无法实现管网管容、客户气源组分精准管理。

② 管网运营过度依赖专业调度人员的经验，气量预测基于既往经验，不利于知识沉淀及转化。

③ 单纯依靠应急预案和调度人员的经验难以实现对险情和应急方案做出深入细致判断，存在主观性风险。

东莞新奥燃气建设了在线仿真平台(图 7.8)，同时于中压管网末端设置智能压力远传设备，实现了管网状态监控、气源匹配、管网评估优化、负荷预测、气量输配方案辅助、应急抢修方案辅助等功能。平衡了管网负载，保障了终端用户用气压力；精准指导企业采购及气量调配，最大化企业经营价值；精准知道管线路由，优化管网投资方案；降低人力成本，提高数据利用效率。

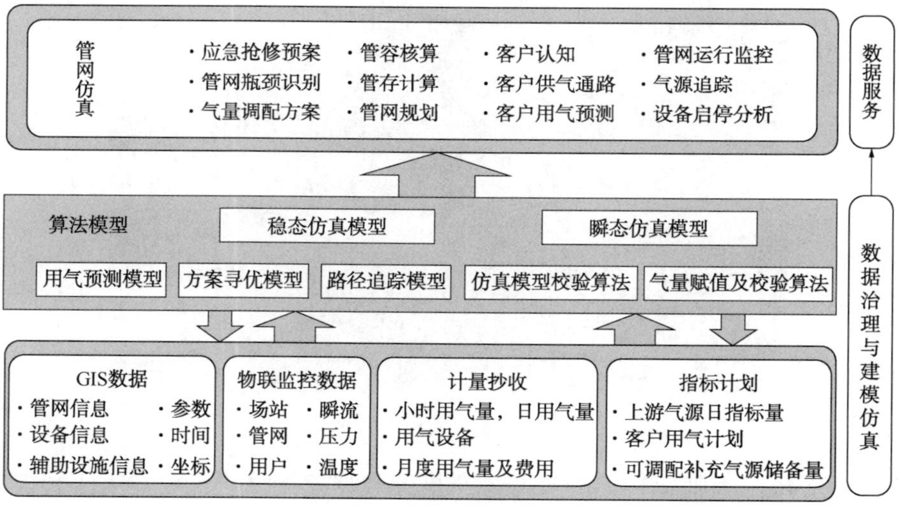

图 7.8 仿真平台架构

7.2 气源管理

随着国家能源结构调整以及环保、网销分离等政策推出，天然气产业持续向“X+1+X”形态演进，上游气源引入市场竞争机制，实现上游市场主体多样化和天然气气源多样化，下游销售市场充分竞争，终端业态和场景持续丰富，客户用能在品类、品质、时间、空间等方面的复杂度和个性化程度越来越高，从而逐步形成上游气源多主体、多渠道供应，下游用户个性化、复杂化需求的市场格局。面对复杂的气源局势和市场环境变化，如何优化气源配置，实现需求精准预测、采购方案最优、供应安全稳定、成本合理控制，是燃气企业近期亟须解决的问题。

7.2.1 精准气量负荷预测

面对天然气市场化进程加速，上游气源多样化及价格频繁波动，对用气负荷进行精准预测，可以帮助燃气企业提高计划和调配的准确性，提升企业竞争力，对城市燃气供应系统的可靠性和经济运行具有重要意义。

天然气负荷预测方法包括回归分析法、贝叶斯估算法、遗传算法、模糊算法、神经网络算法、灰色模型法等多种方法。因城市天然气负荷是一个复杂多变的系统，在预测模型搭建时需要对各种方法进行深入研究，分析用户的历史用气结构和用气规律，并综合考虑季节、温度、湿度、降水量、节假日等因素，确定最优的组合预测模型，从而确保预测精度满足实际需求。

精准的天然气负荷预测系统可实现日、周、月、年天然气采销负荷趋势预测，降低采销偏差。同时，预测结果可作为企业日常气量调度、运行计划制定和调整、管网运行方式与检修计划制定、与上游气源采购和资源调配以及储气设施和管网规划建设依据，对保障城市燃气供气的安全、稳定和经济具有重要意义。

7.2.2 在线仿真系统

利用物联技术，有效整合现有 GIS、SCADA、计量远传等系统数据，以管网在线仿真为主要核心算法，提供管网精准负荷预测、管网输配工况全方位监控、高效应急指挥等服务，逐步实现“全方位感知、综合性预判、一体化管控、自适应优化”的调、控一体化平台，为客户提供输气、储气、平衡服务。

（1）气源布局合理性分析。通过仿真系统，可对气源覆盖进行分析，判断气源部署合理性。以某燃气公司为例，通过对该公司各门站进行气质组分赋值，并进行管网计算分析，根据计算出来的结果分析各个气源的供给能力，进而分析各个气源的覆盖范围，可以很直观地看出气源的覆盖范围是否有重合区域、各个气源供气范围大小，哪个气源在供气中占主要地位，实现气源的合理配置。

（2）新增气源分析。借助仿真系统可对新增气源方案进行模拟分析，从而确定最佳新增气源方案。

（3）调峰储气分析。通过仿真系统可预测未来几年日用气量和储气调峰量，判断目前总储气调峰能力是否存在缺口以及缺口量，为企业合理选择储气调峰措施提供依据。

（4）确定经济、合理的供气方案。不同气源的价格不同，燃气组分不同。在有多个气源可供选择的情况下，燃气企业可根据模拟仿真系统综合比较采用不同气源比例的供气方案成本，从而选择最经济的气源采购计划。

7.2.3 能源交易平台

随着我国经济快速发展以及环保政策出台，用户用气需求和中国进口 LNG 规模逐年增加。国家天然气市场化改革以及上游资源放开政策的推进，使得天然气市场竞争机制逐渐形成。交易多边化、商品标准化、物流智能化、线上交易与线下配送一体化的 LNG 贸易互联网平台应运而生，并可实现以下功能：

① 交易服务。满足供需方对 LNG 和储运基础产品，以及未来其他能源类产品、物资产品及生态圈各参与者的多样化交易需求；交易支持交易前为用户提供灵活智能的商品搜索、商品推荐、主动营销；交易过程中可通过竞买、竞卖、协商、一口价、聚合交易和促销等方式实现交易；交易达成后提供便捷的交易支付、对账和结算；同时提供交易过程中物流的全程透明监控。

② 储运服务。运用导航定位、移动互联、传感识别等储运技术，实现各类运输车辆资源和储库资源的平台接入和全程透明监控；通过与交易服务的有效对接，实现能源产品以及物资产品的供需、储运资源的智能匹配和优化调度，提高资产利用效率，并为结算对账、信用建立等提供数据支持。

③ 金融服务。依托平台交易管理和物流仓储实时监控管理，结合用户交易数据和信用评价，为平台参与者提供快速、便捷的融资和投资服务。

④ 大数据服务。依托平台交易过程数据和物流仓储监控数据管理，在用户层面根据用户的交易习惯，为用户提供个性增值云信息服务、数据存储云服务、管理平台和管理工具的云服务等，在平台层面，为公司价格发现、行业研究、能源投资提供决策基础。

⑤ 信用体系。依托线下平台用户资质审核、线上交易数据监控和外部信用数据互通，初步构建信用评价体系，实现各类用户的信用管理，为基础交易、供应链金融服务等提供支撑。

⑥ 支付体系。支持金融业主要各大银行和支付工具(含自建)的平台接入，为交易客户提供安全、便捷的支付管理服务。

⑦ 储运体系。依托平台交易业务为广大储运客户提供业务保障支持，并通过流程标准化构建一体化的储运网络体系，为 LNG 交易提供物流保障、智能匹配、交割库管理、定位导航、资质评级、信息评级等增值服务，吸引和扩大储运客户规模，优化布局，构建全国储运网络。

7.3 客户服务

7.3.1 业务办理

随着互联网技术的快速发展，燃气企业线上线下客服智能化服务方式不断涌现，出现了一些移动应用、网上应用、营业厅智能服务等客服相关系统。但目前普遍存在系统分散、数据分散的情况，出现数据孤岛、数据不一致，导致客户服务效率无法提高，移动化应用程度不高，无法实现用户“零跑腿”或最多跑一次腿。

典型做法：港华燃气互联网+燃气客户服务一体化解决方案

港华燃气集团提出TTS+(互联网+港华信息总体解决方案)精神，打造互联网+燃气客户服务一体化解决方案。该方案架构(图7.9)以TCIS 3.0为客户管理主数据核心平台，以智能客服热线AICC、移动应用平台MBP、VCC网上营业厅、NB为服务辅助。

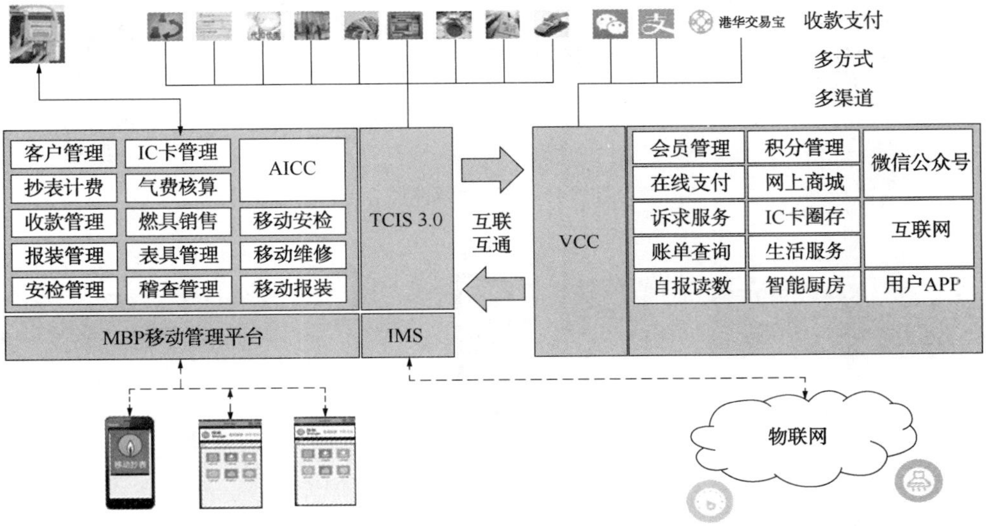

图7.9　互联网+燃气客户服务一体化解决方案架构

通过VCC、AICC、微信公众号实现客户服务诉求和自助渠道多元化，丰富客户诉求接入渠道，满足各类用户习惯。见图7.10。

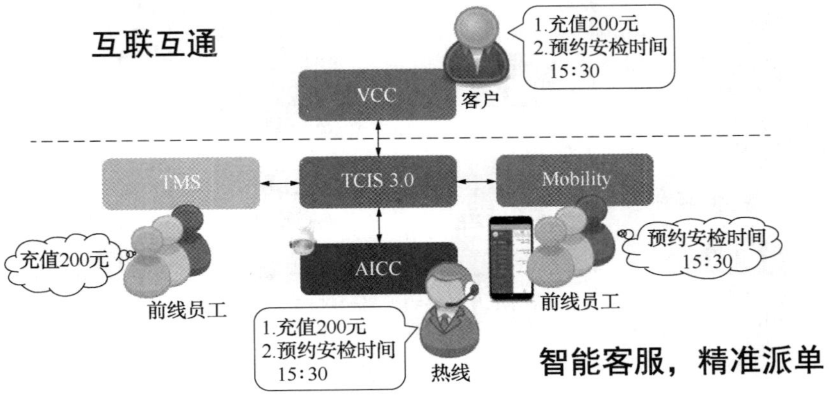

图7.10　多元化诉求接入渠道

通过线上线下业务对等，实现客户“零跑腿”，为客户提供便利。见图7.11。

广泛设置自助终端，实现24小时自助办理、无纸化受理，扩大服务区域范围，替代传统营业厅人工柜台。自助终端集自助开户、过户、IC卡、缴费、查询、电子发票、保险、预约等功能于一体。见图7.12。

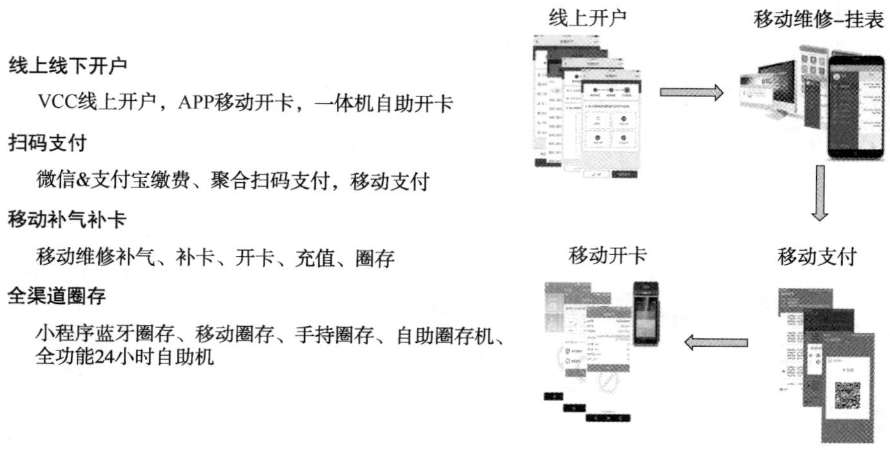

图 7.11　客户“零跑腿”

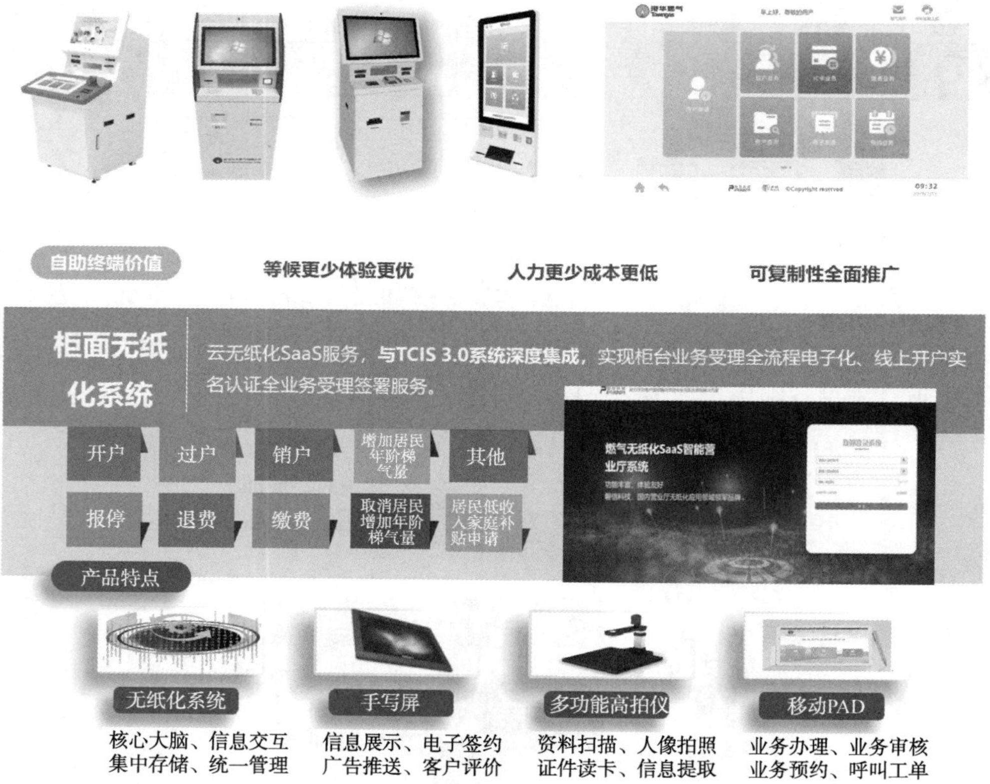

图 7.12　自助终端

互联网+燃气客户服务一体化解决方案实现了港华燃气集团 140 多家企业云服务应用，管理客户 2300 多万户。实现了客户管理的五个统一：即统一客户信息管理、统一客户账务管理、统一客户诉求管理、统一客户业务管理、统一客服业务接口管理。实现了客户“零跑腿”或最多跑一次腿，并由一体化客户服务管理进行深化，向数字客户服务进行延伸。

7.3.2 用户诉求处理

客户诉求接入渠道是用户与燃气公司互动的重要纽带。随着时代发展，燃气公司常常会形成客户信息管理、收费缴费、热线、工单等多个应用系统。由于建设年代不同，多个系统之间常常以孤岛形式运行，存在用户数据不统一、多系统频繁切换等问题，限制了用户服务效率提升。

典型做法：苏州港华多媒体热线

苏州港华燃气以智能客服热线 AICC 为热线服务核心平台，对接 TCIS 3.0、69111 话务系统、德云思移动应用系统、工商系统等，打破数据孤岛，实现各业务系统的数据互通与共享，统一客户服务，实时更新客户信息数据，提高客户服务效率。同时引入智能化技术，减少简单、重复问题的人工处理，提升工作效率。见图 7.13。

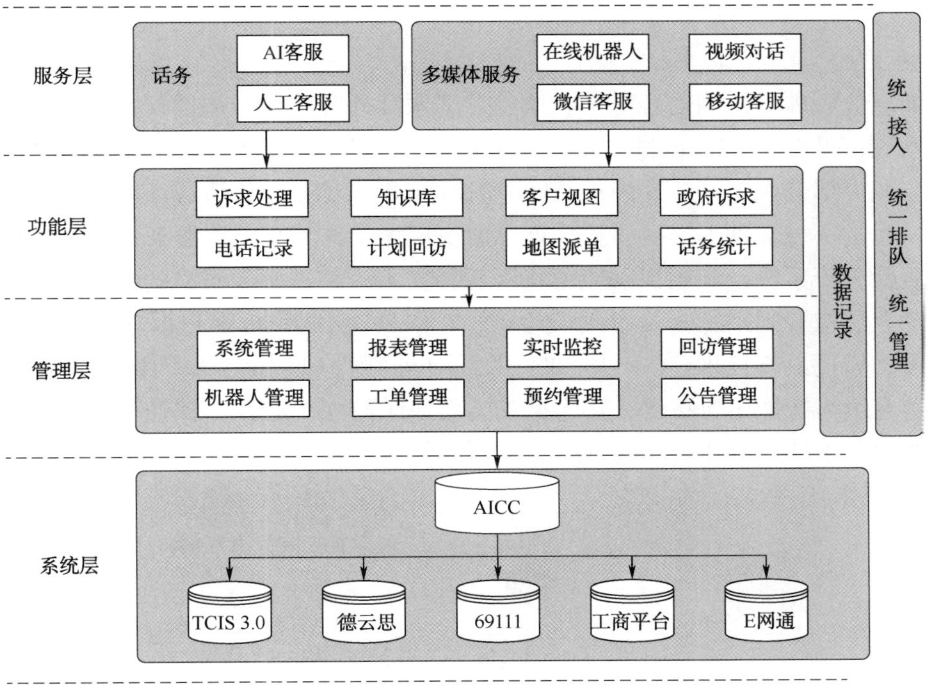

图 7.13 系统架构

通过微信公众号、门户网站、电话等实现客户服务诉求和自助渠道多元化，多种服务渠道接入后，实现统一排队。处理用户诉求时，辅以智能客服，减少人工座席压力。增加在线座席视频通话功能，了解客户真实需求，减少因描述不清导致的派错工单，增加用户体检，降低公司运营成本。见图 7.14。

随着用户服务需求提高，热线系统也会出现一些问题。典型的如：

① 热线电话等待时间长，客服人员无法响应海量的用户咨询需求和外呼需求，追加客服人员提升成本。

② 人工座席在通话过程各个环节常常存在重复操作，如反复沟通、反复查找同样的数据库知识库、查找同类问题等，效率极低。

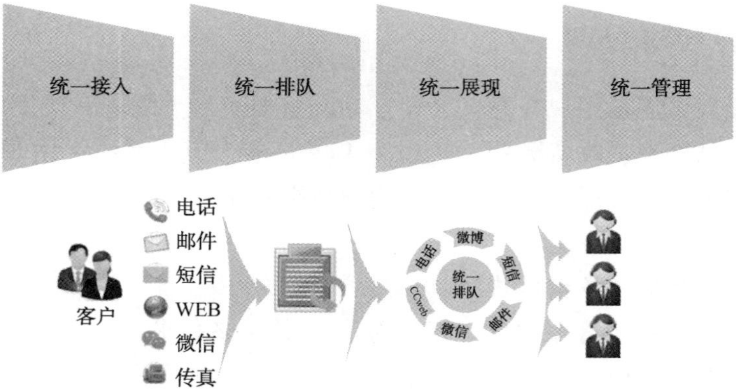

图 7.14　统一诉求处理

③ 话务质检主要依靠人工抽检，抽检率低，无法进行有效分析，及时发现客服违规行为。

典型做法：深圳燃气 AI 客服

深圳燃气开展了智能语音导航、质检、客服和外呼系统应用的探索，建设了智能语音客服系统。见图 7.15。通过多轮全双工语音交互技术，解决部分垂直场景的语音交互问题，减少部分人工话务。建设 AI 座席助手(图 7.16)，利用语音识别、自然语言处理技术，通过实时辅助、实时质检功能，解决座席工作效率低、服务质量差的问题。通过智能质检分析系统，利用识别能力将语音转文本，基于文本语义的数据建模和大数据分析，建立质检规则进行全量自动质检(图 7.17)，挖掘分析客户诉求，提供运营闭环优化手段。通过语音技术(ASR 及 TTS)并配合外呼管理系统，深圳燃气将原来的人工外呼回访升级为智能语音机器人进行回访，解决了呼叫中心用户回访外呼工作中阶段性工作强度大、工作效率较低、各地方言对话挑战等问题。

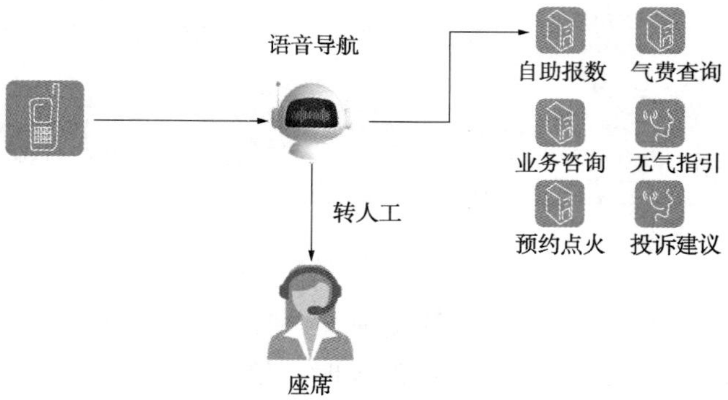

图 7.15　智能语音导航

通过智能语音客服系统的建设，深圳燃气解决了呼叫中心缺乏实时监测及数据报告查阅与分析功能，无法实现全量质检等问题。话务质检环节，从人工抽检转变为全量自动质检，解决了传统人工质检主观性强、效率低、问题检出率不高的痛点。客户回访方面，经过多月的运行数据统计，智能语音机器人每日可完成 7200 通电话回访，约可代替 7 名人工，为深圳燃气每年节省 70 余万元。

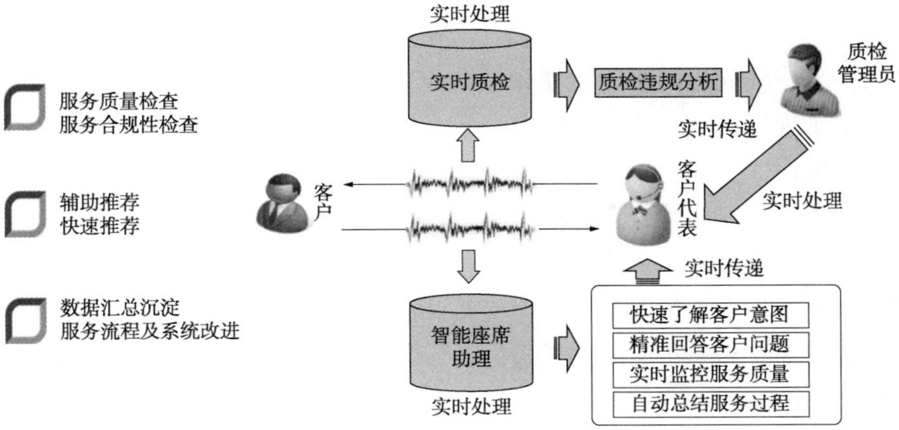

图 7.16　AI 座席助手

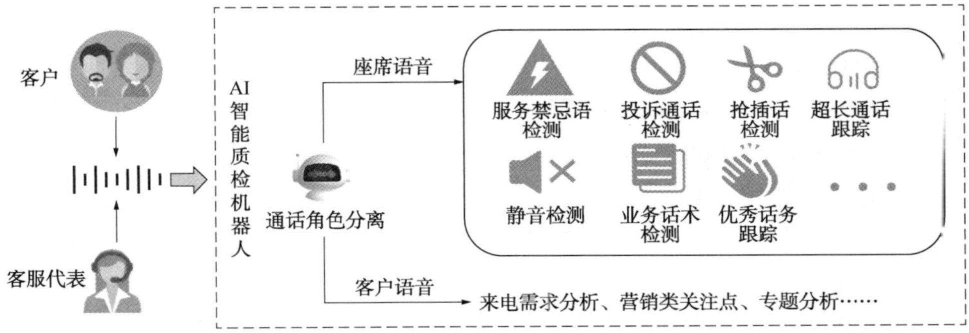

图 7.17　自动质检

7.3.3　用户安全

用户安检横跨客服、安全两大职能领域，是燃气非常重要的业务环节。燃气居民用户入户安检中普遍存在纸质单据填写烦琐、人工电脑录入复杂、现场安检作业效率低下、安检过程缺乏跟踪、安检结果数据真实性缺乏监控、安检外包工作质量监察困难、安检过程中缺乏增值服务支撑等业务痛点。

典型做法：易作业居民用户安全检查系统

华润燃气为解决入户安检难题，开发了易作业居民用户安全检查系统。

易作业居民用户安全检查系统以用户台账为基础，采取网格化管理模式，根据用户地址划分片区，对片区下用户制定安检计划，进行任务派工。安检核心流程遵循 P(计划)-D(执行)-C(审核)-A(改善)闭环管理过程。现场人员通过 APP 接收任务，使用 APP 入户安检，安检审核员定期对安检情况进行抽查，审核安检质量。如若发现隐患则可进入维修流程，维修员通过 APP 接收维修工单，并执行现场维修，维修管理员可对维修内容进行核查。

易作业居民用户安全检查系统支持安检现场移动端自动拍照、录音、客户信息及燃气设备信息自动带出，减少了现场手工纸质单据填写工作量，入户安检时间由原来的8~10min减少到3~5min。通过安检结果自动上传，每家单位可减少1~2名安检纸质单据电脑录入人员，华润燃气成员企业预计减少成本1000万左右。现场安检维修费用扫码收取，实现了现场安检维修零欠费，降低了成员企业资金风险，同时大幅度提升了用户满意度，实现用户“零跑腿”。

易作业居民用户安全检查系统与保险销售平台、百尊平台无缝对接，提升了燃气保险销售、燃气具销售、不锈钢波纹管销售等增值服务，预计增值服务将提升10%。

用户安全除了依赖入户安检，户内智能设备的使用也可以有效提高用户安全保障水平，典型的如带安全切断功能的燃气表、燃气报警器等。目前，带安全切断功能的燃气表属于较成熟的产品，一般具备燃气泄漏、流量过载、异常大流量、长时间异常微小流量、持续时间过长、管道压力过低、长时间未使用、地震等异常切断功能，有力保障用户安全用气。

典型做法：NB-IoT燃气表应用

某城燃企业于国内较早启动安全切断型NB-IoT物联网燃气表+燃气泄漏报警器推广应用。该企业已应用安全切断型NB-IoT物联网燃气表产品数万台，在燃气公司应用中发挥了重要安全监控及预警功能。典型案例如下：

① 发现有用户燃气表具经常发生大流量超载使用告警。经现场核验发现该用户私增了用气设备用于外卖经营，燃气管线乱接延长，有极大安全隐患，燃气公司及时制止并整改了该用户不安全用气行为。

② 发现有用户燃气表具出现了小流量泄漏报警，燃气公司组织上门检查发现该用户灶具连接软管位置由于老化产生了裂纹，造成燃气持续微漏，及时更换管件，消除了该安全隐患。

③ 由于长时间无人居住，当业主重新入住后发现燃气已断气。报告燃气公司后，发现为长时间未使用表具自动关阀断气，在重新对表具操作通气后，发现灶具软管处出现鼠咬造成的破损泄漏，燃气表自动关阀有效防止了该用户的燃气泄漏事故。

7.3.4 抄表收费

因历史发展原因，目前居民用户、工商业用户大多使用不具备远传功能的表具，随着燃气用户数量快速上升，出现了一系列问题，包括：

① 定期入户抄表难、成本高。

② 人工调价人力、物力成本高，调价不及时造成气费差额损失。

③ 居民用户先用气、后抄表结算存在资金回笼滞后问题。

④ 月度抄表导致输差统计、运行分析缺少准确的数据支撑。

⑤ 表具选型与实际使用匹配情况不佳、表具故障等问题难以发现。

⑥ 难以发现用户用气异常行为。

⑦ 部分用户恶意欠费。

(1) 居民用户

民用智能燃气表的快速发展为解决民用户入户抄表、资金快速回笼、监测表具状态提供了有力支撑。随着民用智能燃气表的快速普及，在民用户方面，上述相关抄表收费问题将迎刃而解。

典型做法：NB-IoT 燃气表应用

深圳燃气于 2020 年开始推广普及民用 NB-IoT 智能燃气表，并搭建相应的物联网管理平台(图 7.18)。该系统具备 NB-IoT 网络平台注册、表具设备管理、采集监控、报表管理、任务调度及应用监控等功能，同时完成与深圳燃气 CIS 系统间的数据对接管理工作，实现调价信息、充值信息同步。

图 7.18　深圳燃气物联网管理平台

截至 2022 年 7 月，系统接入设备已超 150 万套，所有表具均实现自动上告，抄表成功率超 99%，实现了系统实时结算并推送余额，居民用户可通过银行、支付宝、微信支付等多种途径为绑定账户充值。良好的抄表成功率为精确的数据统计及分析奠定了基础，采集系统按日、月统计及区域开展用气数据统计分析，并与 CIS 实现数据交互。

（2）商业用户

对于工商业用户，需要首先建立计量表远程通信能力，形成数据采集、远程调价、用气数据分析等能力的支撑。其后，通过相应系统的建设，实现具体应用。

典型做法：西安秦华燃气计量管理系统方案

近年，西安秦华燃气共有28000余台工商业计量表具，采用IC卡预付费模式。其中，大型工商业客户普遍使用涡轮、罗茨流量计，总数约5600台，年用气总量超过$10\times10^8m^3$；小型客户使用最大规格至G25的皮膜表。

为解决入户抄表困难、频繁调价成本高昂、表具损坏等问题，西安秦华燃气于2010年开展智慧燃气管理系统建设，根据不同的计量表具及用气场景现场部署DTU、MSU等数据采集单元采集现场数据，再通过系统进行分析监控。实现了远程数据采集、计量数据分析及预警、IC卡预付费表与计量表同步比对分析、远程调价及阀控、表具资产管理等功能。

截至2021年，智慧燃气管理系统已部署6000多套监测设备，预计2022年底将增加至9000套。通过智慧燃气管理系统的建设与持续运行，取得了显著成效：

① 死表类故障由原先的30天现场预警，缩短至1日内远传预警。

② 慢表类故障由原先的2年一次强检预警，缩短至30天一次的在线运行分析。

③ 经测算，预防的气量损失已经超过1亿元，通过发现各类计量故障追缴的经济损失达到了5000余万元。

④ 计量表具故障率降低至2022年的1.32%（含慢表及电池故障）。

7.3.5 增值服务

依托于跟用户的紧密接触，燃气企业一直在寻求相关业务拓展。

典型做法：燃气延伸业务一体化

港华燃气依托燃气企业多年的服务管理经验，构建统一的用户、交易和在线服务。通过打造PaaS系统，形成统一的延伸业务平台，构建统一的用户交易和在线服务系统。同时基于PaaS基础为企业提供个性化SaaS服务，集团统一部署，统一运营，企业共享应用，低成本，高效率。

平台支持B2B2C、B2C、O2O模式，支持的C端包括时刻家APP、小程序、H5站以及企业运营的公众号，由基础平台服务层提供会员中心、订单中心、商品中心、库存中心、支付清分中心、分销结算中心、营销中心、供应链中心、数据中心等模块，输出电商、到家、健康、保险服务等。打通各业务平台，包括TCIS、工程系统、ERP系统等，向上支撑燃气企业的燃气服务、智能硬件、商城、到家服务和保险业务。见图7.19。

截至2021年12月，已有100多家企业整体开通使用了VCC网上营业厅服务，覆盖1800多万用户，为延伸业务沉淀会员数达1200多万，全年业务办理量近2000万次。

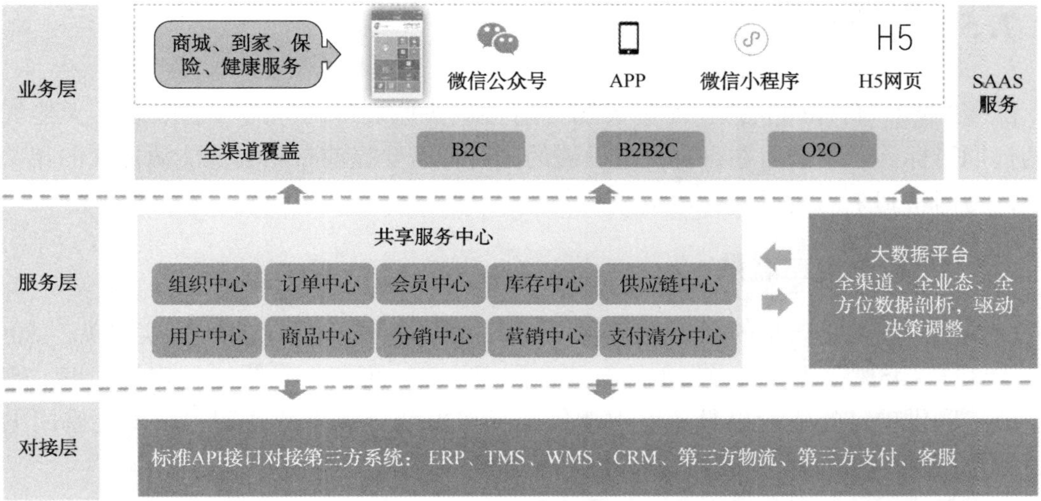

图 7.19　系统架构图

7.4　应急管理

北斗卫星导航系统是我国独立探索，自主研发、建设、运行的全球卫星导航系统，能够为全球用户提供高精度、高可靠的导航、定位、授时服务以及独具的短报文通信服务，是我国重要的空间基础设施。

典型做法：北斗在北京燃气的应用

自 2012 年北斗精准服务进入民用市场开始，北京燃气就着手研究将北斗精准服务应用于燃气管网中，于 2013 年 6 月展开试点应用，采用北斗提供精准位置服务辅助进行燃气泄漏检测，后逐步在防腐检测、燃气管线巡检、施工配合、应急抢修等全业务链中进行推广。

具体做法包括管道定位、焊口定位、车辆定位导航、AR 辅助作业、泄漏检测等。例如，利用北斗定位及导航功能，在应急抢险车上加装北斗定位终端，实现实时掌握车辆位置信息与轨迹。提高应急抢险工作效率，减少应急反应时间，降低事故风险和后果。在应急抢修现场的气体浓度监测设备上配备北斗精准定位移动终端(周界报警)，向指挥中心实时上传准确的现场泄漏数据；高效率的应急管理需要利用通信及位置信息的实时性和连续性，实现对应急设备、车辆及人员的实时调度和指挥。

通过推广应用北斗系统，北京燃气大幅提高了巡检效率、提升了监管力度、降低了管理成本。其中，北斗高精准燃气泄漏检测系统比传统检测效率提升 10 倍以上，使燃气泄漏主动发现率由 70%提高至 90%，为事故抢修赢得了“黄金半小时”，显著降低了燃气管网安全运营风险，把燃气行业的风险预警与安全管理水平提升到一个全新的高度。

7.5 综合能源

随着“双碳”目标确立，在促进天然气消费量快速发展的同时，也限制了天然气市场的远期目标。燃气公司在自身快速发展的同时，需要提前布局其他能源形式的相关业务，以为即将到来的能源结构转型做好准备。

7.5.1 冷热电三联供

冷热电三联供是典型的燃气高效利用形式，其综合能源利用效率可达70%～80%，远高于35%～45%的传统火力发电综合能源利用效率，可有效降低CO_2排放强度。燃气冷热电三联供项目的建设也具备电力燃气消耗双重削峰填谷的作用，减少夏季用电高峰、冬季用气高峰压力，提高基础设施利用效率。

典型做法：成都万象城分布式能源项目

成都燃气万象城分布式能源项目位于四川省成都市成华区。万象城一期已于2012年5月投入运营，总建筑面积$31.8×10^4m^2$，现有主要功能为商业、办公等。万象城二期为新建工程，主要功能包括商业、办公、酒店、影院、住宅、农贸市场、地下车库等，总建筑面积为$41.2×10^4m^2$。

按照“并网不上网”的运行模式，保证所发电力及余热产生的冷热量能在区域内被完全消化或尽可能多地消化，同时结合项目的负荷特点及能源价格等边界条件考虑发电机组选型，余热利用设备与调峰系统一起满足项目的全部冷、热负荷需求。

本工程装机方案为：项目装机4台1.5MW燃气内燃发电机组，4台制冷量1535kW、制热量1013kW烟气热水型溴化锂机组，1台2.8MW燃气热水锅炉，以燃气锅炉作调峰设备，不足冷负荷由万象城一期制冷站中富余的制冷装机满足，项目总投资5393万元。

分布式能源系统布置在电力、热力负荷中心，减少了电力输送和热力输送的能耗，其较高的发电效率实现了较低的一次能源消耗，再结合余热利用，能够实现多方面的节能效益，能源综合利用率可达82.3%，与常规方式相比，采用分布式能源系统每年可节约标煤约2483t，节能率为23.7%。

7.5.2 氢能

近年来，受“双碳”目标影响，结合氢燃料电池汽车技术突破、可再生电力消纳等因素，氢能发展迅猛。燃气公司参与氢能市场具有天然优势，包括完备的运行资质、丰富的可燃气体管理经验、成熟的人才队伍等。燃气公司在氢能领域的活动可以分为加氢站、天然气掺氢两个方面。

（1）加氢站

加氢站主要服务于氢燃料电池汽车。截至2022年4月，我国已建成加氢站264座，加氢站数量位居世界第一。目前，参与加氢站建设的公司包括中国石化、厚普股份、中国石油、美锦能源、国家电投等，既有传统能源企业，也有氢能专业公司。燃气企业在加氢站建设运营中主要依托加气站相关资质与经验，在资质、土地、运营经验、人才队伍方面都占据相对优势。

典型做法：佛燃南庄制氢加氢加气一体化站

佛燃能源在推动燃气行业向氢能拓展方面建树颇多。2020 年牵头成立中国城市燃气氢能发展创新联盟。2021 年 7 月，其投资建设的南庄制氢加氢加气一体化站（以下简称"南庄站"）启动试运行。

南庄站站内同时设置天然气制氢、电解水制氢，其中天然气制氢能力为 $500Nm^3/h$，电解水制氢能力为 $50Nm^3/h$，日制氢加氢能力达到 1100kg，可满足公交车 100 车次或物流车 150 车次的加氢需求。

南庄站电解水制氢电力来自于其站内屋顶光伏发电系统，装机容量为 230kW，年发电量 24×10^4kW·h，可通过电解水工艺生产 5000kg 绿氢。

南庄制氢加氢加气一体化站采用的站内制氢模式相比站外供氢模式，省却了长管拖车运输、装卸车环节，对于降低终端用氢成本和减少城市道路运输风险有积极作用。此外，站内制氢属于分布式制氢，相比集中制氢厂，具有选址易、建设快的优势，可利用现有加气站、天然气站场进行改建或扩建。

投入运行后，南庄站 60 元/kg 的加氢价格较 70～75 元/kg 的市场价下降 16%～25%，服务公交约 60 车次/日，日加氢量约 500kg。截至 2022 年 6 月底，已服务公交 8400 车次，累计加氢量超 100t，最大日加氢量超 800kg。

（2）天然气掺氢

天然气掺氢技术通过利用已建的天然气管道，可以实现氢气的长距离、大规模运输，有效解决氢气运输成本高昂的问题。天然气掺氢也是消纳可再生能源、补充天然气资源、推动燃气绿色化发展的有效手段。目前，天然气掺氢处于研究探索阶段，相关项目多通过科研课题、示范项目的形式开展。

典型做法：天然气掺氢关键技术研发及应用示范

2020 年，张家口鸿华清洁能源科技有限公司、国家电投集团科学技术研究院有限公司、张家口应张天然气有限公司、张家口金鸿压缩天然气有限公司等单位联合承担了河北省科技厅《天然气掺氢关键技术研发及应用示范》项目。该项目要求于在役燃气管网开展天然气掺氢示范，输氢距离为 20km，掺氢天然气输送量 $\geq 500m^3/h$，掺氢量（体积比）0～20%可调，计划在 1 户商用用户和 20 户民用用户的燃气具、1 座天然气门站、6 辆 CNG 汽车及 1 座加气站实现示范应用，并进行应用数据采集。

截至 2022 年 5 月，张家口鸿华清洁能源科技有限公司已完成民用用户示范应用选址、方案设计，正在开展施工图设计工作。

7.5.3 供暖

随着人民群众的生活水平日益提高，南方部分城市的供暖需求逐渐凸显。例如，截至 2020 年底，武汉市集中供暖建筑面积已超过 $400\times10^4m^2$。燃气企业基于自身的资源优势，拓展热力服务。

典型做法：中燃暖居工程

中国燃气结合南方城市市民供暖需求推出了中燃暖居工程。中燃暖居根据小区或者综合体的具体情况实行个性化定制服务，灵活掌握供暖时间，解决了传统集中供暖方式管网利用率低、能耗损失大等问题。居民供暖不仅能提高供热质量，保持室内恒定适宜的温、湿度，实现热水随时取用，有效改善生活环境，而且能合理利用能源，减轻大气污染。

目前中燃集团已在江苏南京、湖北武汉、湖北十堰、内蒙古包头、山东青岛等地有项目落地或者与地方政府签署了暖居协议。2020 年，中国燃气控股有限公司与江岸区人民政府签署了暖居工程合作协议，未来三年，中国燃气将在武汉投资 220 亿元，新增 $1\times10^{8}m^{2}$ 供暖面积。

7.6 安全管理

安全一直以来都是燃气企业的重点工作，也是燃气企业运营的根本。各燃气经营企业为保障行业本质安全，将 5G、物联网等通信技术设施，AI、云计算、区块链等技术基础设施，数据中心等算力基础设施，综合应用于管网建设和运维、气源调度、客户服务、应急保障等生产、经营、服务和管理的各个环节，通过智能设备全面感知企业生产，环境、状态等信息的全方位变化，对海量感知数据进行传输，存储和处理，实现大数据时代下对数据的智能分析，以更加精细、动态的方式，保障各个环节的高效运作，全面提升燃气行业本质安全。

智能化系统的建设引入了大量 IT 设备，网络与数据安全需求逐渐凸显。形成了与燃气生产、客户安全相辅相成的第三个安全领域。

7.6.1 燃气业务安全

（1）完整性管理

燃气系统的安全管理是一个相对零散的过程，分布于管网建设、运维、用户等诸多环节。有必要建立一个完整的管理体系，整合安全相关环节，形成系统化的安全管理方法，指导燃气企业的安全管理工作。天然气长输管道通常采用完整性管理方法开展安全管理，城镇燃气管道与长输管道既有相似之处又存在诸多差异，城镇燃气管道的完整性管理研究可以借鉴长输油气管道已有的经验，同时也要根据自身特点来进行综合考虑，形成可操作性强的城镇燃气管道完整性管理方法。

典型做法：城镇燃气管道完整性管理技术研发及应用

深圳燃气自 2009 年开始，系统性地开展了燃气管道完整性管理工作探索，结合多年实践经验，提出了城镇燃气管道完整性管理“五步循环法”，主要内容包括：数据采集与管理、单元识别、风险评价、风险控制、效能评价。

数据采集与管理：数据完整性是管道完整性管理的基础。深圳燃气完整性管理数据采集内容涉及建设期和运营期，覆盖焊缝、钢管信息等超 31 种管道基础信息，本体缺陷管理等多类管网运营数据，海量数据积累为模型的正确与合理性提供支撑。

单元识别：鉴于城市燃气管网与长输油气管道管理差异，在高后果区的识别方面暂未形成国家标准，深圳燃气首次提出城市燃气管网单元识别的概念，从失效可能性方面针对具有部分相同属性的管道，按照管道系统、敷设环境等细分因素的先后顺序，对管道进行划分，为后期风险评价及风险管控奠定基础。

风险评价：深圳燃气管道风险评价环节建立了 6 大类 23 小项的风险因素指标体系，采用半定量评价法对整个管道系统的风险值进行评估、分级、排序，为管道完整性风险控制技术提供依据。

风险控制：深圳燃气建立的风险控制评价方法，明确了管道风险可接受程度、企业须进行的管控措施等内容。针对各类风险因素，根据相关标准建立健全制度体系，通过采取日常巡查、内检测、无人机巡查等方式强化隐患排查，并对隐患逐级建立台账，严格落实隐患整改的责任、措施、资金、时限和预案，实现隐患排查治理的闭环管理。

效能评价：对深圳燃气管道完整性体系的现状、适宜性、充分性和有效性进行全面审核，综合评估完整性管理方针和目标的落实状况。对管道完整性管理总体开展工作或某个局部业务环节的执行质量、作用和状态进行度量，评估完整性管理效率、效果和效益，找出薄弱点，并给出合理的改进意见。

经过多年实践，深圳燃气完整性管理取得了以下成效：

① 基于国内外燃气管道事故统计，对燃气管道危害因素进行了识别与分类，将管道危害因素划分为腐蚀、自然力破坏、第三方破坏、材料/焊接/装备失效、误操作及其他原因等 6 大类，提出了高压、次高压燃气管道的危害因素识别方法，有效降低了管道运行风险。

② 建立了统一的数据对齐与缺陷匹配技术方法，实现了管道多次内检测和改线段管道的数据重新对齐，解决了多年来因市政基础建设造成的燃气管道改线数据难以校对的难题。

③ 综合完整性管理的数据需求，建立了完整性管理的数据收集流程，制定了数据标准，实现了完整性管理数据的统一收集、录入、存储和维护，有效解决了燃气管道数据量巨大、数据冗余以及批量数据无法有效利用等技术难点。

④ 采用了集管道数据管理、风险评价、全面完整性评价以及完整性管理决策功能于一体的管道完整性管理系统，有力支持业务流程固化、业务知识转移及工作效率提升。

⑤ 基于全面的隐患识别与风险评价，有效对管道及其周边安全隐患进行了排查治理，提高了管道系统运营效率 30%以上。

⑥ 城镇燃气管道完整性管理技术研究成果共计获得省部级奖励 4 项，授权发明专利 4 项，申报软件著作权 8 项，发表科技论文 20 余篇，编制国家标准《城镇燃气输配管道完整性管理标准》(编制中)。

（2）政府数字化监管对接

6·13十堰燃气爆炸事故后，政府部门针对燃气安全管理一方面仍沿用传统的监管模式，另一方面也提出了一些数字化手段要求。例如，《“十四五”国家应急体系规划》中提出推进城市电力、燃气、供水、排水管网和桥梁等城市生命线及地质灾害隐患点、重大危险源的城乡安全监测预警网络建设。河北省提出构建“省、市、县、企业四级联网”的城乡燃气行业监管信息系统，实现城乡燃气行业信息数据动态采集、科学监测，提高城乡燃气行业监管的智能化、信息化、科学化管理水平。

典型做法：姜堰城镇燃气行业监管信息系统

江苏省泰州市姜堰区城镇燃气行业监管信息平台整合了行政管理、行业管理、安全管理、运行管理、移动办公等内容，融合各燃气企业燃气管网地理信息、SCADA数据等基础资源信息，综合应用GIS技术、融合通信传输、物联集成技术、计算机处理等信息技术，实现统一的行业信息共享，便于政府监管部门开展对燃气企业安全、生产、运营的监管工作。

系统形成了如下功能：

① 建立行业基础信息平台。搭建了一个GIS互联信息平台，管理部门、燃气企业相关人员可以通过各自的权限共享、分析、处理和利用各种信息，实现管理决策科学化、信息资源化和运作网络化。

② 建立燃气安全监督管理平台。导入各燃气企业SCADA、GIS、视频监控系统信息数据等，将燃气重要设施、应急资源、周边环境等信息分类、分区域、分图层显示在地理信息地图上，实时动态监管，随时了解燃气重要设施、重要岗位的情况。

③ 建立燃气安全分析、应急平台。通过分析燃气安全监测数据，划分安全生产等级，对突发事件，自动发报警告信息，及时生成应急处置方案。

④ 建立行政管理平台。实现与市住建局行政审批许可、工程建设、教育培训和质量技术监督部门特种设备信息管理等相关系统的对接，做到信息共享，联动管理，实现燃气行政许可、从业人员等数字化管理。

⑤ 结合市住建局诚信体系建设，建立燃气安全生产、优质服务考核评估机制，定期向社会公布企业诚信情况，促进企业安全生产、规范经营，提升行业的社会满意度。

⑥ 建立燃气行业信息共享机制，通过燃气行业信息管理系统将各类地理信息基础数据和行业业务数据整合后，以服务的形式对外发布共享，为燃气行业信息化建设的未来扩展提供基础保障。

姜堰区城镇燃气行业监管信息平台，结合区住建局燃气管理信息化建设现状以及镇区政府对于燃气企业管理的业务要求采用分层架构的思想，实现高内聚、低耦合的设计思路进行，形成姜堰区城镇燃气行业监管信息平台总体框架。该框架内容可概括为“四个一”，即“一套标准规范和安全保障制度、一套硬件设施、一个数据中心、一套姜堰区城镇燃气行业监管信息平台系统”。见图7.20、图7.21。

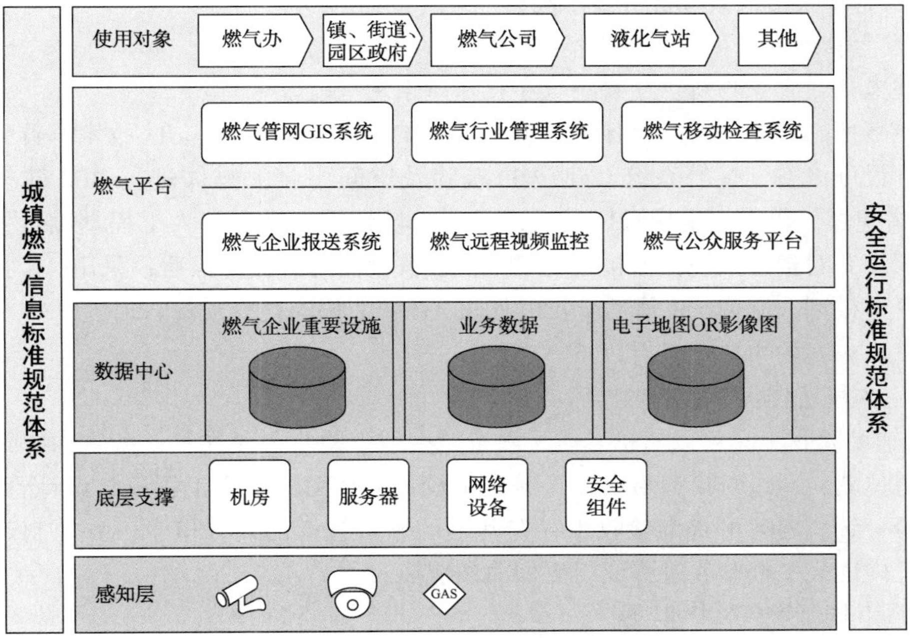

图 7.20　系统架构

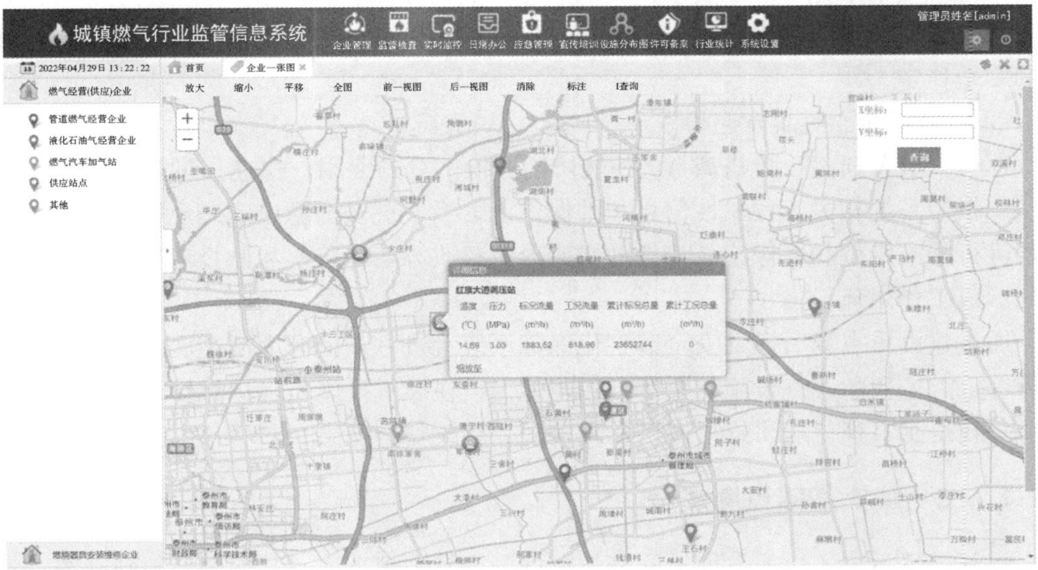

图 7.21　一张图管理

(3) 商业综合体安全解决方案

大型会展、酒店、商业综合体等作为城市市民工作、生活、休憩的聚集地，是城市重要的公共场所，保障其安全运行是必须守牢的城市安全底线。建设重点场所燃气安全数字化保障系统主要为解决该类场所燃气运维管理难点，包括：

① 内部空间结构复杂；

② 功能区域和装修改造频繁；

③ 对管理人员的现场经验要求高；

④ 发生管理人员更替，现场情况和资料的传递成本高。

典型做法：重点场所燃气安全数字化保障系统

重点场所燃气安全数字化保障系统采用“BIM+WebGL+AR+IoT”技术，首先，对燃气管道、设施设备、报警系统、建(构)筑物及空间中相关物体进行BIM建模，通过WebGL搭建燃气数字孪生场景。其次，对三维场景重点模型接入工程基础数据、人工巡检数据，并对报警系统模型接入物联网仪表监测实时数据。最后，采用AR技术，借助燃气管道模型，制作AR辅助验收工具和AR智能协同巡检工具。

该解决方案的主要成果有以下三点：

① 室内场所燃气工程验收。

AR辅助验收工具可以实景导航、漫游，有利于验收人员在复杂的室内建筑结构中找到管道位置，通过对模型与实际管道定位校正，帮助检验完工管道与设计管道走向、位置是否一致。同时可查询验收中存在问题的燃气管道的设计信息，方便制定修改方案，使室内燃气工程验收过程变得更加简便快捷。

② 重点场所燃气实时监测。

重点场所燃气安全数字化保障系统接入物联网，实时获取并上传传感器监控数据，既能保证燃气精细化管理的要求，又能兼顾作战指挥的宏观视角。一旦发生异常，系统会立即向管理人员发送报警信息，提高燃气管网突发事件的处置能力，保障大型重点场所的安全稳定。

③ 室内场所燃气日常巡检。

巡检人员可通过手持搭载AR智能协同巡检工具的终端，快速查询燃气管道、设施设备、报警系统相关工程属性信息和维保记录。当发现安全隐患或违规安装的管道，可现场进行精准定位和影像记录，帮助快速形成整改方案，落实和监督现场处置，高效快速地形成工作闭环。

通过建设重点场所燃气安全数字化保障系统，进一步提升大型会展、酒店、商业综合体等重点场所的燃气设施安全运维保障能力，在燃气设施实际运行管理过程中能够看得清、找得到、理得顺、管得好，及时发现、整改安全隐患。

7.6.2 ICT基础设施安全

随着智慧系统的快速发展，网络与数据安全越来越重要。其安全是智慧系统正常运行的保障，也是燃气管网正常运行的保障。燃气调度网络面临的安全威胁形势日趋严峻，安全风险日益突出，主要体现在：

(1) 主机安全方面

大多数燃气业务各类门站、调压站、LNG站的工程师站/操作站/HMI都是通用工控机和服务器，基于Windows平台运行，且系统老旧。为保证过程控制系统的相对独立性，同时考虑到系统的稳定运行，通常不会对Windows平台及其应用安装任何补丁，存在较多安全漏洞。主机上的杀毒软件病毒库和操作系统漏洞补丁无法及时升级，防病毒能力差，通过移动介质引入的恶意代码和病毒，易造成大量主机运行缓慢、系统崩溃和死机。当前的主机仅进行了简单的账号控制，无权限管理，容易被攻击越权从而造成更大损失。

（2）设备安全方面

燃气调度系统中涉及的液化气化工厂、LNG 站、SCADA 系统等大量采用嵌入式安全控制设备，如西门子 400 系列 PLC、施耐德昆腾系列 PLC、西斯奈特 RTU 等。目前上述设备芯片均采用国外芯片，操作系统均为国外通用操作系统，存在较多的软硬件漏洞，容易受到攻击。同时，这些嵌入式系统的处理能力有限，且功能设计时并没有考虑安全防护，因此整体抗攻击能力较差。

（3）网络安全方面

燃气调度中典型的 SCADA 系统网络安全内部防护主要依靠管理手段和少量工控安全设备，区域防护不完善，且局部的网络安全问题很容易造成城市级别的扩散。燃气表数量多，无线接入缺乏基本设备接入控制和传输加密，且地域跨度大，设备分布广，接入点多。

（4）数据安全方面

燃气调度数据保存于相关设备、主机和系统中，数据量大，且涉及城市基础设施，敏感度高，大都直接在调度网络上传输。目前燃气调度数据安全防护能力不完善，防窃密手段欠缺，受攻击后容易造成重要数据篡改和大规模外泄，引起社会公众事件。

典型做法：燃气网络安全综合防护平台

深圳燃气针对燃气行业在向智慧化快速发展过程中出现的典型网络安全问题，尤其是大量新型技术和应用，如 5G 通信设备、NB-IoT 智能燃气表等规模化使用所带来的安全威胁，提出完整的网络安全管理方案，建成燃气网络安全综合防护平台，增强事前预警、事中防护、事后恢复的实战能力，增强网络安全主动防御能力和应急处置能力，实现对网络资产安全威胁的全生命周期闭环处理。从而有效提升燃气企业的网络安全防护水平和综合保障能力。

平台主要能力包括：

① 围绕燃气网络和系统，从主机安全、设备安全、网络安全、数据安全角度出发，设计燃气网络集“测评加固、综合防护、安全接入、统一管理”为一体的网络安全解决方案，用于构建包括安全测评加固、安全监测审计、物联网设备安全接入、安全态势感知与统一管理等的一体化动态综合防御体系。

② 搭建基于虚实结合的燃气网络安全实验验证仿真与测评环境，开展针对燃气入网设备和相关业务系统运行安全影响的测试评估、攻防演练等业务。

③ 建设燃气行业网络安全综合防护系统，全天候全方位监控关键资产及重要业务系统安全状况，及时发现、处置、阻断各类网络安全隐患风险，并支撑溯源取证，从而全面提升网络安全监测预警和安全态势感知的水平。

④ 建设燃气企业级物联网安全接入试点系统。基于国密算法，为多类型异构的物联网终端提供完善的访问控制与远程安全接入功能，满足移动办公、远程监控、远程抄

表、远程测控等各种业务需求。

⑤ 研发基于国产CPU和国密算法的、面向燃气行业的新一代智能安全PLC和RTU产品，用以替换目前大量使用的进口的控制和采集设备，实现完全的国产自主可控，真正做到端到端安全，从根本上提升燃气行业控制设备的自主性和安全性。

燃气网络安全综合防护平台(图7.22)已在深圳燃气实际运营。其中，燃气企业网络安全综合防护系统建设覆盖深圳梅林主调、留仙洞备调及安托山门站、求雨岭门站、迭福门站、坪山门站等56个场站。通过安全防护系统的及时处置，有效阻止了违规行为，保护了燃气企业生产业务系统安全。创新性提出基于安全边界防护系统的燃气专用协议纵向加密解决方案，在调度中心和门站、LNG储配站、与调压站边界的工控安全网关中，基于PKI身份认证和加解密传输机制，建立安全可靠的数据加密通道，可保障燃气调度管理数据的加密传输，避免了数据的被篡改、丢失和信息的泄密等。

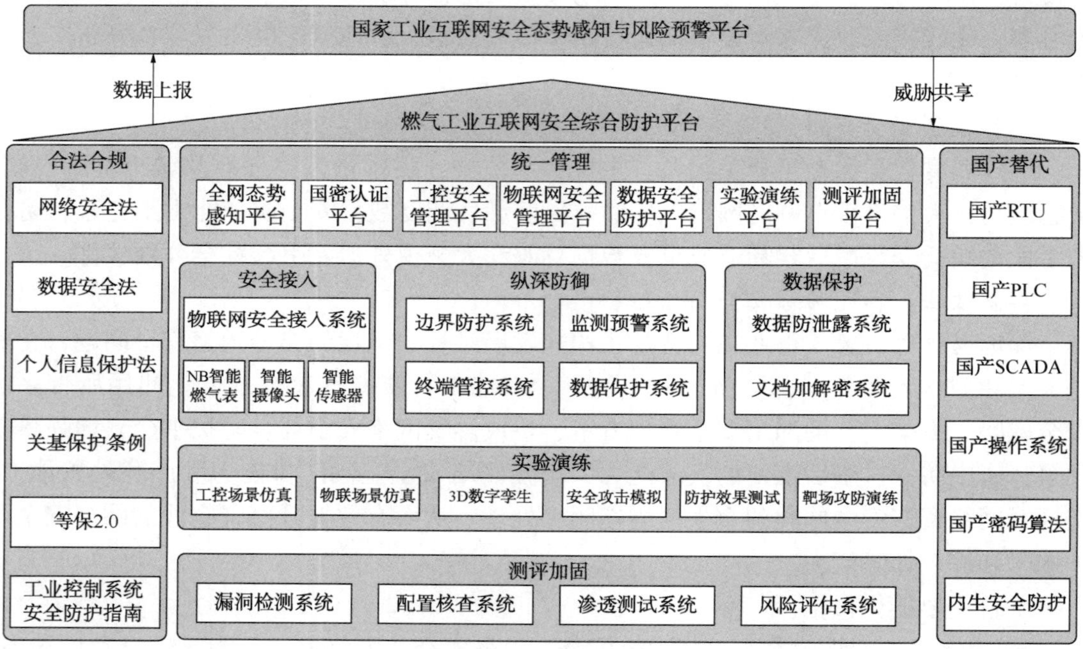

图7.22　燃气工业互联网安全综合防护平台架构

搭建了高度仿真的燃气行业生产网络安全实验室。可以充分验证燃气工控网络安全综合防护平台的防护功能，评估安全综合防护平台对燃气生产网络和系统的影响。本实验室基于虚实结合的方式，完成现场网络环境及设备工作状态的模拟、网络攻击注入和防护结果评价、各设备功能验证，使系统在现场部署之前得到充分验证，保证现场工程顺利实施。

燃气企业物联网安全接入系统上线的NB-IoT智能表设备数据采集成功率为99.2%。自主研发的国产安全终端侧加密芯片和接入网关，支持GPRS、3G、4G、5G、NB-IoT、北斗短报文等各类网络通道，从感知层、网络层和应用层实现燃气表数据的安全采集。

通过平台建设与应用，完善了工控网络安全管理机制，提高了网络安全隐患发现能力、网络安全威胁监测与防护能力和网络安全应急处置能力。形成了面向燃气行业的具有针对性的安全防护、应急处置方案，大幅提升了深圳燃气工控安全防护水平。

典型做法：一体化安全通信模组

深圳燃气通过深度剖析行业痛点并充分了解行业现状，率先完成一体化 NB-IoT 安全通信模组（"深燃芯"）研制工作。一体化 NB-IoT 安全通信模组将国密级硬件加密芯片集成于通信模组之中，形成了整体的安全通信模组架构，实现对物联网终端设备的数据安全和加密传输，解决了燃气终端数据安全和可靠传输的问题，实现低功耗，延长电池续航时间，满足 NB-IoT 智能燃气表安全接入解决方案需求。

主要应用优势包括：

① 硬件结构。安全接入系统中的智能燃气表采用一体化 NB-IoT 安全通信模组，创新的一体化结构如图 7.23 所示，将国密二级安全芯片集成于通信模组之中，形成了整体的安全通信模组架构。

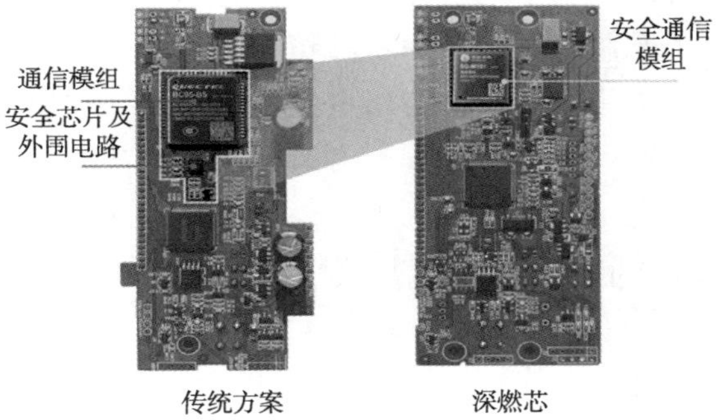

图 7.23　一体化 NB-IoT 安全通信模组（"深燃芯"）方案

② 通信结构。传统方案采用安全模块旁挂方式，上行数据先由 MCU（微控制单元）传给安全模块进行安全处理，处理完返回 MCU 后再回传给通信模组，流程复杂。一体化 NB-IoT 安全通信模组方案中采用了安全模块前置化串行结构，优化了交互流程，使得上下行报文不走回头路，节省了报文安全处理的时间，有效降低了功耗。

③ 安全协议。传统方案的安全模块只含有安全算法功能，安全协议一般在通用 MCU 或者通用模组里开发实现。我们的一体化 NB-IoT 安全通信模组将安全算法与安全协议均集成到安全模块内，数据和报文的所有安全操作均在安全模组里完成，这样实现了安全功能与业务功能的清晰分离，安全性与可用性都得到了极大增强。安全协议经过设计以及轻量化处理，有效降低了交互次数，降低了功耗。

④ 主动安全。一体化 NB-IoT 安全通信模组内置了物联网安全基线，能对终端数据流量进行全面分析，及时将安全事件和安全数据上告至安全平台，无缝与安全态势感知系统（图 7.24）对接，变被动安全为主动安全，实现安全可视化。

2021 年 4 月，"基于国密算法的一体化 NB-IoT 安全通信模组项目"顺利通过了科技成果鉴定，鉴定委员会专家一致认为该一体化 NB-IoT 安全通信模组在系统架构、安全

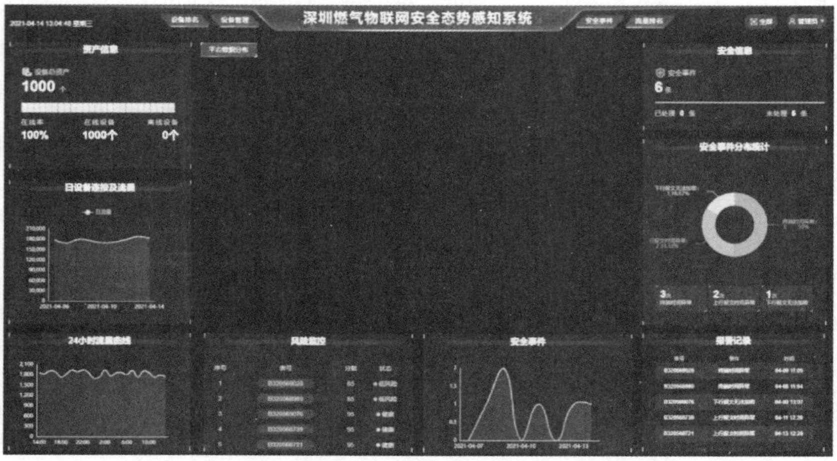

图 7.24　物联网安全态势感知系统

协议和主动安全功能等三个方面具备创新性，项目研发成果技术处于国内领先水平，具有显著的行业推广应用价值。基于国密算法的一体化 NB-IoT 安全模组的推出，可促进相关智能物联网设备应用产业发展，预期将给相关行业带来良好的经济效益，同时有助于加速城市公用事业智能化建设，保护公用事业网络安全，加快智慧城市、智慧社区的建设速度。

7.7　平台建设与数据应用

多系统间的数据流转与配合依赖于平台的建设，通过平台可以解决数据孤岛、数据标准化、数据对齐、资源共用等问题。

随着燃气企业智能化应用增多，逐渐出现重复开发相同或类似功能的情况，有必要通过建设开发平台解决重复开发的问题，提高应用开发速度，集中精力于业务智能化。

典型做法：北京燃气生产运行系统与数据分析平台建设

（1）生产运行系统

生产运行系统覆盖运行管理工作的 15 项主要业务(图 7.25)，实现对管理流程的全面贯穿、数据采集的全面数字化，具备一定的风险预测和工作质量评价能力，为管理决策提供重要数据支撑。北京燃气生产运行系统涵盖管线运行、施工配合、闸井运行、调压站(箱)运行、阴保设施运行、调压站(箱)检修、下井检查、泄漏检测、五米线检测、高精准检测车检测、防腐层破损点检测、门站运行、门站检测、自管户管理、图档管理业务等 31 个模块。其核心功能包括综合巡视、泄漏检测、设备检修等。

（2）生产运营数据分析平台

生产运营数据分析平台将生产运营系统的各系统资源进行有机整合，强化跨业务的综合数据分析与异常监控功能，切实提升运营管理工作。平台主要具有一站掌控全局、一图感知管网、一脑智能分析、一号走遍系统等四大特点。

生产运营数据分析平台实现平台(图 7.26)与主要业务系统的集成、数据清洗与集中管理，打造数据共享中心；基于平台开发生产业务报表，实现对关键业务指标的管理和系统主动预测预警；建设管理驾驶舱(Web 端和大屏)、综合地图、BI 可视化展示，打造运营监控中心；基于平台，落地算法模型，开发数据服务能力，打造智能服务中心；同时基于平台实现生产业务系统的统一身份认证和单点登录。其核心功能包括数据治理、统一门户、综合地图、BI 报告、管理驾驶舱等。

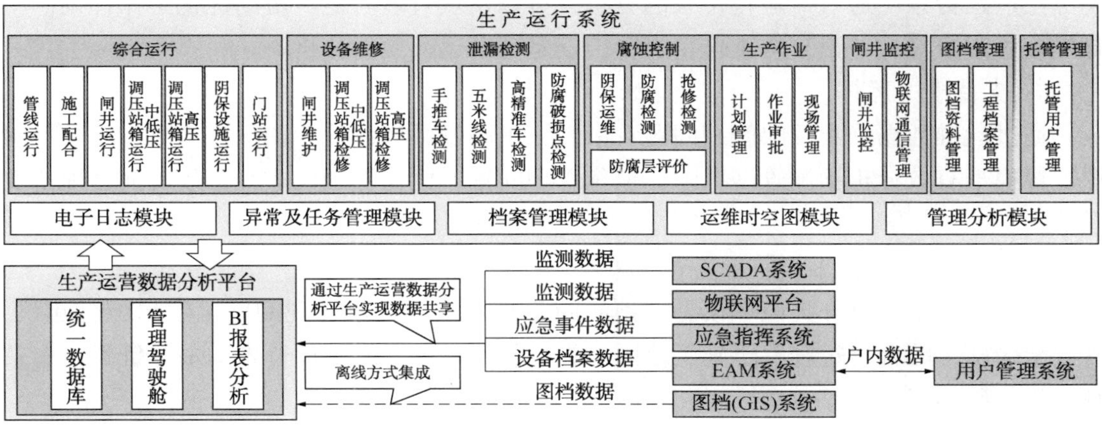

图 7.25　生产运行系统功能架构和数据集成关系图

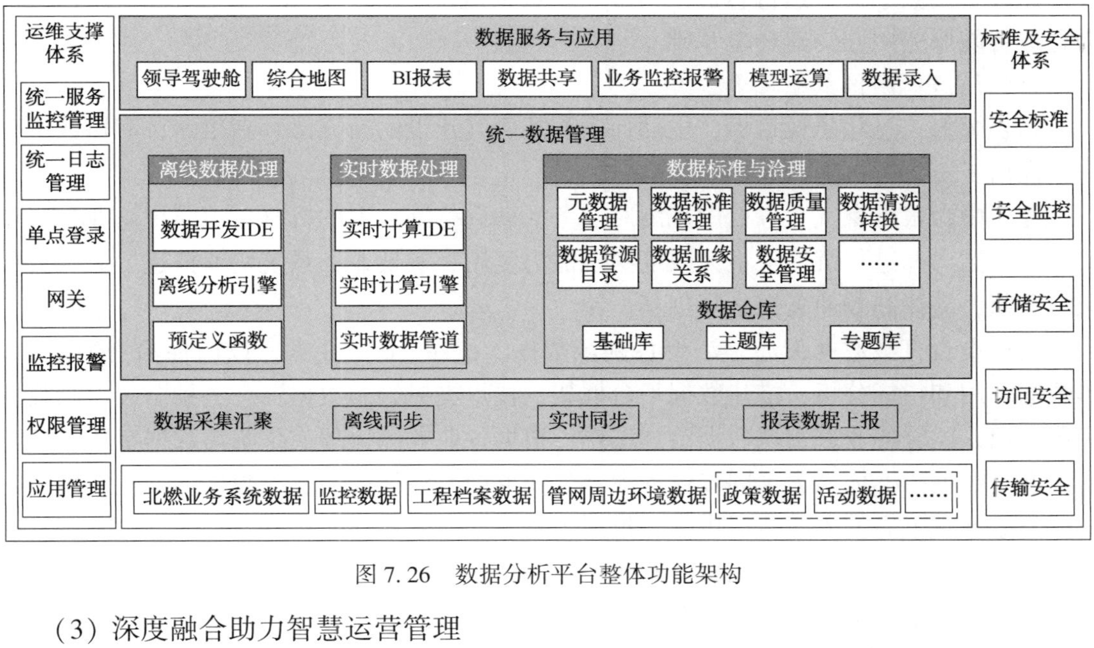

图 7.26　数据分析平台整体功能架构

(3) 深度融合助力智慧运营管理

通过生产运行系统和生产运营平台的建设，实现生产运营各环节数据信息的采集、互联调用、智能分析与决策；实现对管网的风险分析、运行质量分析工作，为集团各层管理人员提供业务决策支撑；实现运行管理的可视化，辅助运行人员实时掌握设备运行信息，强化数据分析与利用；实现对管理流程的全面贯穿、数据采集的全面数字化，实现集团公司数字化转型、用数据驱动生产运营转型升级。

通过平台建设，取得了以下成效：

① 生产运行业务数据化。

生产运行系统实时采集全业务流程结构化信息，为发现管理问题和持续优化运行管理工作提供数据基础。与 GIS 系统、EAM 系统、SCADA 系统等系统实现集成，为员工提供数据资源支持，有效提高生产系统数据应用效果。

② 及时发现管理问题。

生产运行系统通过对运行记录的分析，可以发现管理问题、协助优化工作计划。一是发现管理盲区，二是支持工作量测算，三是辅助运行质量分析。

③ 支持模型运算。

通过运维数据采集反映管理问题，借助施工高发区域评价、调压自诊断、腐蚀风险评价等模型有效分析预测管网风险，聚焦管理问题，优化管理模式，有效加强管理薄弱环节。

④ 提升施工配合工作质量。

通过集成第三方外力破坏模型，预测施工高发区域，对发现的施工给出配合建议。有效记录施工配合全过程关于施工范围、管线位置标记、施工配合告知书等资料，有效减免施工破坏责任。

⑤ 提升管网数据分析决策能力。

建成管网数学模型运行容器，初步实现数据深度、综合分析，提供数据分析服务，为打造智能服务中心构建环境基础。

典型做法：润格数字化平台

结合燃气信息化建设目标，主动探索智慧燃气建设的新方法、新出路，润格数字化平台提出了三大中台建设目标。

业务中台根据燃气业务蓝图规划对业务活动进行细粒度的拆分重组，提炼业务通用及标准化能力并进行沉淀，最大限度实现能力复用，实现业务系统快速搭建、业务流程灵活重组，支撑高效业务探索与创新。

数据中台打破数据孤岛，汇聚各领域数据。按照“立足业务、以用促治”原则，聚焦数据应用和指标分析，搭建数据平台框架，技术支撑绘制数据资产全景图，编制数据字典模板，配合各业务领域数据治理工作，根据各业务侧梳理成果归集数据字典、主数据标准及数据指标体系表，同步业务中台各业务中心建设强制业务数据标准化应用，完成业务数据规范后的入库，提供统一数据服务。

技术中台构建并提供成熟稳定的研发组件，帮助业务系统简化研发步骤，提升研发效率。将业务系统基础能力（如权限管理、账户管理、组织中心、消息中心、流程中心等）以公用组件的形式提供各业务应用复用，实现业务应用只需要关注业务本身。同时结合云原生能力将应用系统的代码管理、构建部署、监控运维全环节打通，保障各业务系统安全、稳定、高效运行。

“三中台”建设上线，实现快速响应需求、系统融会贯通、统一技术架构，为业务沉淀复用、试错成本降低、企业规模化创新开辟新途径，让“缓慢”的环节变得“快速化”，“实体”的环节变得“数字化”，“手工”的环节变得“线上化”，“笨拙”的环节变得“智慧化”。

典型做法：港华燃气智慧运行平台（TOP）

港华燃气集团在全国拥有130余家燃气企业，在燃气生产运行管理环节集团虽然建立了完备的管理制度和预防机制，但在生产平台管理运行方面依然面临下辖企业系统建设水平参差不齐、信息孤岛现象严重、运维护能力弱成本高、“数据赋能”困难等一系列问题与挑战。

港华燃气集团确立了建立以集团为中心，以时空数据管理应用为手段，以完整性管理为目标的港华燃气智慧运行平台（TOP）（图7.27），实现运行业务的移动化、图形化、数字化，并提供较为强大的数据、模型分析展现能力，做深度数据挖掘及指导决策。

平台建设以“大集成设计、微服务架构、模块化开发、容器化部署”为主要技术思路，围绕燃气生产运营，以设备资产管理为核心，以数据汇聚管理为主要出发点，通过对GIS、物联网、视联网等基础平台产品数据的整合进行打造。

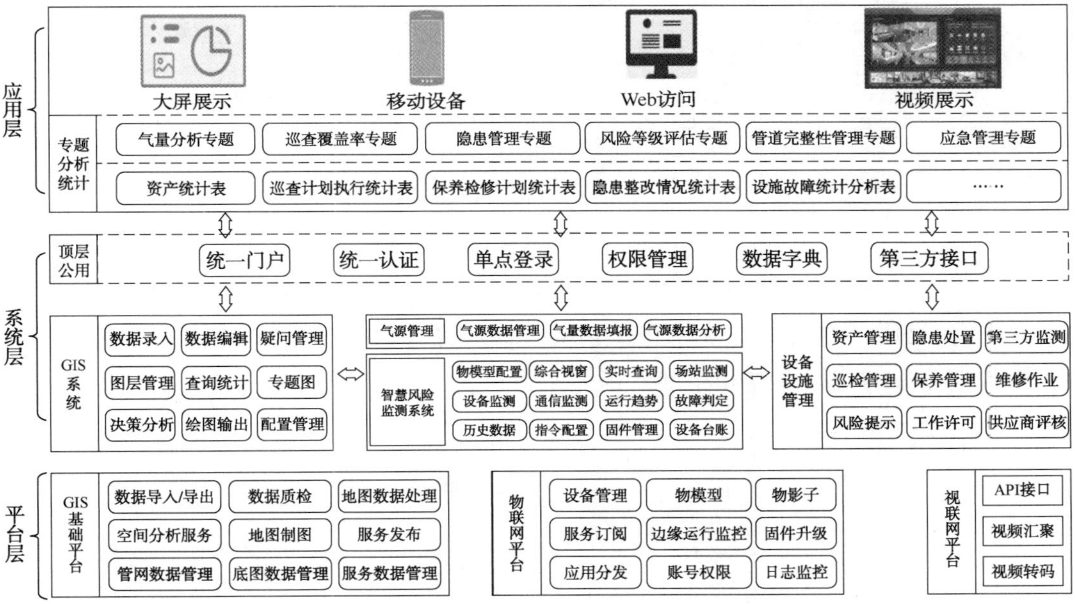

图7.27　港华燃气智慧运行平台（TOP）功能架构图

港华燃气智慧运行平台（TOP）上线运行，实现了将物联网、视联网、GIS、设备设施管理多系统融合，构建集团统一的厂网运行、设施管理、风险管控、气源管理，可视化、数智化业务系统，逐步为集团130余家企业提供生产运行业务的数智化云端服务；平台固化了集团生产运行管理标准化，大幅提升燃气安全生产能力；同时，平台真正让集团所有点、线、面、时空数据形成一张网的管理格局，数据资产价值凸显，为企业的各类业务提供高质量的业务载体和管理抓手，同时，为集团强化后期的规划布局、管理密度奠定坚实的基础。

典型做法：科大讯飞AI中台

当前，多数AI项目开发需要专门的人工标注，模型需要反复地训练与调优，需要大量时间与精力，造成 AI 应用项目研发缓慢。燃气企业存在大量的 AI 潜在需求，但在开发 AI 智能化应用时面临诸如市场 AI 产品适应性差、数据保密、自建平台难度大、缺乏内部专业人才等问题。

科大讯飞 AI 中台(图 7.28)旨在为客户提供全方位的私有化、公有化 AI 能力，支持客户建设人工智能应用平台。中台通过对讯飞、第三方 AI 能力的整体管控，实现业务数据的统一存储，AI 能力的效果运营、AI 服务的运维管理等功能。

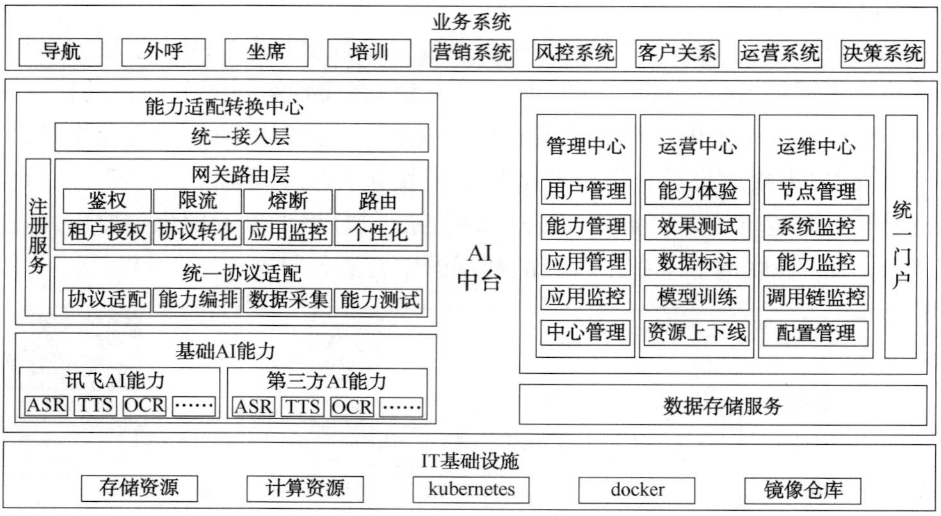

图 7.28　讯飞 AI 中台功能架构

2020 年，深圳燃气基于科大讯飞 AI 中台搭建统一的 AI 中台(图 7.29)，提供完备的语音中台、分析平台、人工智能训练平台，形成数据和 AI 能力的应用闭环，支撑深圳燃气各类业务的持续改进和精准营销体系建设。

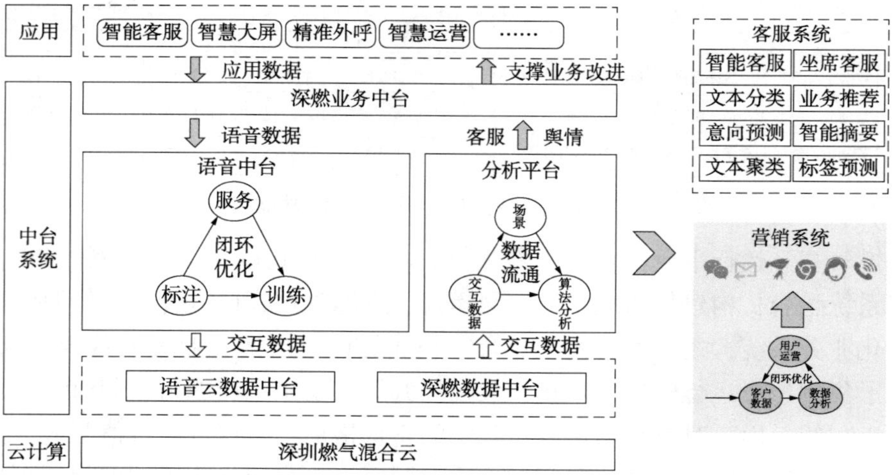

图 7.29　深圳燃气 AI 中台

规划篇

8 智慧燃气发展路径

8.1 总体思路

结合智慧燃气建设取得的成就与当下的发展环境，通过智能化工作提高行业竞争力，行业需要做好以下四个方面的工作：开展智能化发展评价、丰富完善智慧燃气标准体系、普及用户侧智能化安全防护系统、积极参与氢能等新兴能源领域。

基于《城镇燃气系统智能化评价规范》，在行业内广泛开展评价工作，促进企业个体形成相对清晰的发展定位、发展目标。基于评价过程，总结智能化建设经验，形成典型建设案例，加速形成行业共识。推动“分级分类”建设理念，提高智能化建设投资效率。

进一步丰富完善智慧燃气标准体系。推动物联网采集设备、通信协议、智能燃气表功能的标准化工作，降低资源浪费，提高行业智能化建设效率。

形成并普及用户侧智能化安全防护体系。联合采用智能燃气表、燃气报警器、自闭阀等设备，形成对标电力系统的用户侧智能化安全防护体系。借助老旧燃气管网改造工作加速普及，扭转燃气安全高压态势，提高用户满意度，提升行业竞争力。

积极参与氢能等新兴能源领域。依托在天然气、CNG、人工煤气领域丰富的运营经验与资源，积极参与氢能领域工作，开展天然气掺氢、加氢站等领域的研究示范工作。拓展燃气概念，纳入氢气、可再生燃气、生物质甲烷等内容，提升行业低碳水平。

8.2 发展路线设想

当前我国城市燃气智能化发展水平参差不齐，主力燃气企业的综合智慧层级已经达到了 L2 级，中小型燃气企业仍处于 L1~L2 级别。次高及以上重要节点广泛实现远程监测与远程调控，智能燃气表快速推广。建立了数据标准，逐步探索形成统一的数据平台与应用平台。基本实现主要业务的信息化，构建燃气驾驶舱。初步涉及氢能、光伏等新能源领域，拓展供热等能源市场。

智慧燃气的最终目标是实现城镇燃气乃至能源系统的智慧程度向 L4 甚至 L5 级别方向发展。为指导全国燃气企业智能化发展，特制定燃气企业智能化发展规划路线图（图 8.1）。

至 2025 年，全国主力燃气企业智能化水平应达到 L3-级，优秀的燃气企业向 L3+级发展。物联网技术得到广泛应用，在燃气输配、计量、应急、服务、用户等领域全面

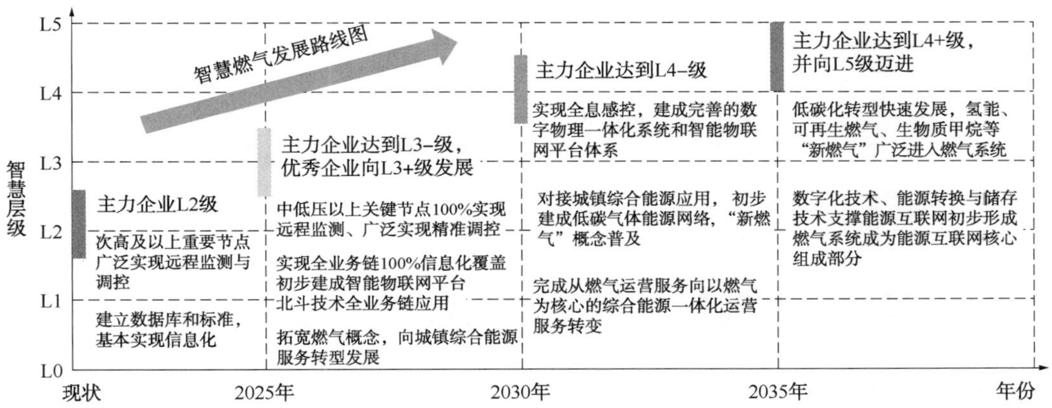

图 8.1　智慧燃气规划发展路线

安装传感和控制设施；构建稳定安全的通信网络，实现全面的远程监测和更多重要节点的精准调控。如中低压以上关键节点 100%实现远程监测、广泛实现精准调控，居民用户全面更换智能燃气表。建立全面的数据共享平台，完善的大数据管理体系，对内为生产运营优化和智能化提供基础支撑，对外可为各类客户提供数据服务。实现全业务链 100%信息化覆盖，初步建成燃气智能物联网平台。平台各子系统间实现数据互通，形成全面的数字燃气系统。平台可结合数据分析和挖掘实现智判和预测，实现调压器等关键设备的故障自诊断。北斗技术实现全业务链应用，智能设备及平台关键技术 100%自主可控。不断拓展燃气覆盖领域，推动氢能、可再生燃气、生物质甲烷纳入燃气领域，提高自身低碳水平。开展分布式供能、氢能和可再生能源利用、多能耦合等领域的应用和服务，燃气行业向城镇综合能源服务转型发展。

至 2030 年，力争全国主力燃气企业智能化水平达到 L4-级。物联网、云计算、大数据、人工智能、虚拟现实、数字孪生、边缘计算等技术不断发展，实现燃气能源系统全息感控，智能终端普及应用，形成燃气能源数字物理一体化系统和完善的智能物联网平台体系，实现燃气能源全过程科学智能运营管理和服务。同时对接城镇综合能源，初步建成低碳气体能源网络，包含氢能、可再生燃气、生物质甲烷等低碳气体能源的"新燃气"概念被普遍接受，行业进入低碳化转型阶段，完成从燃气运营服务向燃气为核心业务的综合能源一体化运营服务转变。

至 2035 年，全国主力燃气企业智能化水平达到 L4+级，并向 L5 级迈进。低碳化转型进入快速发展阶段，氢能、可再生燃气、生物质甲烷等"新燃气"广泛进入燃气系统，快速降低燃气碳排放水平。数字化技术、能源转换与储存技术快速发展，支撑能源互联网初步形成，燃气系统作为核心组成部分接入能源互联网。

可以预见，依托云、大、物、移、智、链等新一代信息与通信技术以及能源互联网技术的高速发展契机，在全体燃气行业同仁的共同努力下，我国的城镇燃气智能化发展在不远的未来将会取得举世瞩目的成就。

9 智慧燃气发展相关建议

9.1 明确行业发展目标，建立智慧燃气发展理念

在当前能源格局和发展阶段下，依托新一代信息与通信技术及能源互联网技术，基于城镇燃气系统，构建本质安全、智能高效、开放融合的能源管理、运营和服务系统。以安全为首，促进燃气系统供应安全、运营安全、用能安全，形成以燃气为主的城市能源系统运营安全体系。以绿色为引领，采用新型用能方式和智能控制管理，实现城市主体能源供应的高效、绿色，促进绿色智慧城市建设。以开放促发展，广泛融合相关能源系统，构建开放的燃气物联网平台和数据共享平台，为政府、市民、能源企业等提供更优服务。

9.2 加强顶层设计，丰富完善智能化标准和规划

一是制定城镇燃气发展规划，将智慧燃气发展纳入规划体系，在现有行业标准的基础上构建标准体系，统一设备设施标准、平台标准、评价标准等，对智能化建设标准提出完整清晰的规定。二是政府出面引导行业建设，从而避免不必要的重复研究、重复建设、无效投入；引导行业建立开放的市场竞争环境和交易环境，建立完善的市场经济体制，建立社会信用体系。三是鼓励市政行业、能源行业积极吸纳互联网行业优势资源，联手推进自主可控的市政及能源领域的智能化核心设备设施和系统平台开发应用，相关软硬件等应具有较强的兼容性、可扩展性、可移植性以及数据可交换性。四是在规划建设及改造市政设施、管网等时，应合理应用或借鉴其他类似系统采用的成熟技术或先进技术，以达到建设/改造速度、质量、成本、效益的最佳平衡。

9.3 重视科技创新，大力提升核心技术自主可控能力

建立健全鼓励创新、支持创新、公平竞争的有效评价和激励机制，优化智慧燃气产业链企业科技力量布局，按照上下结合、内外联系、优势互补、资源共享等基本原则，集中行业、企业的科技资源优势，围绕智慧燃气建设的需要，统一组织科技攻关，提升科技资源利用效率和整体创新能力。在燃气智能化核心设备设施和系统平台的发展中，可由政府引导并给予激励政策，鼓励燃气行业积极吸纳互联网行业优势资源，形成合力，加快推进项目落地应用，从而大力提升燃气行业核心关键设备及技术的自主可控能力。

9.4 关注信息安全，提高数据与系统安全保障水平

目前城镇燃气企业数据安全工作落后于整体智能化发展水平，存在重业务安全、轻信息安全的倾向。随着城镇燃气系统智能化水平逐渐提高，智能化设备与平台应用增加，城镇燃气系统将发展为管道系统与智能化系统交织融合、不可分割的综合系统，信息安全将影响整个系统的正常运行。建议在燃气行业开展信息安全相关宣传教育工作，提高对信息安全的认知水平。推动制定具有行业特点的信息安全相关技术规范，提供信息安全工作指引，保障数据与系统安全的同时，有效发挥数据与系统作用，支撑燃气行业智能化顺利发展。

9.5 加强人才培养，充分激发燃气行业科技创新能力

当前城市燃气行业仍以燃气销售和供应为核心导向，行业人员结构以销售和工程方向居多，核心技术研发人才储备不足，这与新时代下智慧燃气对新技术的发展要求不相符。建议燃气抓住发展改革契机，重新规划人才组成结构，积极采取人才引进、定向培养、留学深造等方式，重点培养新一代既熟悉燃气行业，又精通互联网、区块链、人工智能等新一代信息技术的复合型专业人才，为着力突破智慧燃气关键技术提供人才保障。

9.6 促进多方参与，开展燃气基础设施智能化建设和改造

联合互联网企业、设备制造企业、科研机构、高等院校、行业协会等相关企业的广泛参与，建立有效的跨行业、跨领域的平台和合作机制。抓住加快推进基于信息化、数字化、智能化的新型城市基础设施建设的契机，开展燃气基础设施智能化建设试点，明确智能化建设和改造任务。鼓励推进智能化感知设施建设，支持地方和企业分批推进智慧燃气表更换，实现对燃气基础设施运行数据的全面感知和自动采集；完善智能化管理平台，对运行数据进行实时监测、模拟仿真和大数据分析，实现对燃气安全及时预警和应急处理，促进能源的有效利用，推动多能耦合和能源互联。

案例篇

10 管网建设

10.1 华润燃气工程建设智能化系统

【基本情况】

应用场景：管网建设
提供单位：润智科技有限公司
实施单位：润智科技有限公司
建设时间：2020 年 5 月
投入使用时间：2020 年 11 月

【建设必要性】

华润燃气每年建设燃气工程 5 万余个，投资 60 余亿元。但是燃气工程存在“零、小、散”的特点，导致整体工程建设过程存在 PE 焊接施工质量难以保证、竣工资料编制周期长、农民工工资保障缺乏手段、“甲供材”领用不方便等问题。

华润燃气每年新建 PE 市政管网约 10000km，涉及 100 多万道焊口，焊口质量是燃气管道安全的关键保障。常规的飞行检查难以保证施工班组使用入围合格焊机、焊机按时年检、施工过程中作业人员是否持证上岗、是否按照规范进行操作，施工质量难以保证。

竣工资料是燃气项目建设的重要交付成果。施工过程中需要完成各种报告类单据审批、现场质量安全检查拍照、重要工序强制检查等，并在项目竣工时按照行业规范或地方政府要求完成相应的竣工资料交付。但是施工过程资料存在收集难度大、审批流程长、现场资料收集不及时或造假的问题，导致竣工资料编制周期长，或纯粹后补的情况，进而拖累燃气工程项目完结进度。

国家越来越重视农民工权益保障，《保障农民工工资支付条例》自 2020 年 5 月 1 日起施行，要求切实落实农民工工资保障。但是农民工存在流动性大、班组管理不规范、班组被清退后“换马甲”重新准入等情况，目前缺少相应的系统管理手段，督促施工单位和分包单位及时发放劳务工工资。

燃气项目大部分建设物资由建设单位提供，需要施工单位先向建设单位提供领料需求及计划，建设单位进行采购备货后，施工单位才能领料。但是由于沟通不及时、缺乏便捷的管理工具、需求计划提报不及时，导致施工单位经常出现跑空趟、领料难等问题。

为解决上述问题，润智科技有限公司组建项目团队，于 2018~2019 年完成了对施工一线人员、施工管理人员、建设单位各级管理等人员的实地走访调研，于 2020 年 5 月启动了“华润燃气工程建设智能化项目”项目，并于 2020 年 11 月上线使用，实现了焊接过程全面监控、竣工资料一键生成、劳务工实名制打卡、物资领用移动化便捷化。

【解决方案】

首先组织工程、安全、技术等领域业务专家以及信息系统建设团队对现有业务进行梳理，搭建 15 项大类、41 项小类、721 项条目的业务标准体系，形成统一的业务标准和规范，为解决以上问题提供基础。

（1）全自动蓝牙焊机改造

联合入围热熔焊机厂家，统一蓝牙连接协议标准，对热熔焊机进行智能化改造。通过焊机蓝牙模块连接工程管理系统移动端，在焊接过程中实时收集焊接过程温度、压力、时间等参数，并自动判断焊接质量是否符合要求。

在焊接作业开始前，需要校验焊机是否备案（仅入围的合格焊机可备案）、是否年检合格、焊工人脸识别、校验焊工备案的作业证件。焊接结束后，自动收集所有焊接过程数据并回传工程建设智能化系统，数据永久保存、可查。在焊接完成后，通过蓝牙打印机打印焊口编号二维码，粘贴于管道多侧，待 GIS 实际测位后，将焊口实际坐标信息回传工程建设智能化系统，并与 IGIS 平台对接。

通过“全自动蓝牙焊机”软硬件一体化改造，对接 GIS 焊口位置测绘，实现了焊口地理位置信息、焊接操作焊工人员信息、焊接过程数据等信息永久可追溯，保障了燃气工程质量安全。

（2）竣工资料一键生成

组织专家梳理华润燃气集团内 300 多家单位的竣工资料标准，统一为 36 张通用表单。同时，运行增加部分个性化表单，以附件的形式上传工程建设智能化系统，以提供一定的灵活性。

针对竣工资料的所有报告类单据，提供带默认参数的模板，通过移动端可以简单便捷地提交相关单据。全流程审批透明化，均可在移动端完成审批。同时也对接了办公协同 OA 系统，部分单据需要领导审批也可传送 OA 审批。

针对竣工资料现场检查类单据，需要校验在项目定位坐标 1.5km 范围内完成，必须以拍照或拍视频的方式提供现场情况证明，以保证竣工资料的真实性，避免资料后补。针对不同的项目，部分质量安全或工序检查设置为强条，强制检查。

在竣工时，仅需要一键即可打印过程数据和报告形成竣工资料，大大缩减了竣工资料编制周期，保障了施工过程中资料的真实性与及时性。

（3）劳务工深入管理

在工程建设智能化系统移动端增加人脸识别功能，采用生物识别，在用户通过移动端登录系统时，需要进行人脸验证，保证登录时人和账号的统一。设置 2h 重新验证机制，且在焊接作业等重要节点再次验证人脸信息。

考虑劳务工普遍文化水平有限，部分人员不会操作系统进行打卡，班组长一个人可在工程建设智能化系统移动端对班组人员逐一进行打卡，突破了传统意义的固定打卡机。

通过人脸识别技术，有效帮助现场劳务工打卡考勤管理。通过系统可以导出劳务工打卡情况，并要求班组长按照劳务工打卡情况，提供劳务工按手印确认的当月应发、已发工资信息。通过相关信息上传系统，为保证劳务工实名制、持证上岗、农民工工资按时发放提供保障。

（4）移动物资管理

传统的 ERP 系统、物资管理系统等均在电脑端进行操作，或仅可以在指定的移动设备操作。通过工程建设智能化系统移动端，提供需求提报、领料申请、现有量查询、紧急领料申请、采购接收、入库和检验等多个可视化、便捷的操作。提升施工领料工作效率，有效地避免“跑空趟”“领料难”的问题。

【主要成效】

本项目目前已完成基础功能的建设，目前正在华润燃气集团内推广上线及个性化优化。计划于 2022 年完成推广，并逐步打通燃气项目建设的上下游，实现“建设单位-施工单位-分包单位”线上化高效合作，施工过程透明化管理。

目前，部分系统功能已经上线使用，颇具成效：已经创建安全质量工序单据 1148 万张、报告类单据 45 万张，管理服务商 6.5 万家、管理班组 4122 个、劳务工 17388 人，竣工资料编制周期平均缩短 68 天。

10.2 相关支撑产品——管网气密性检测仪

【基本情况】

生产单位：上海叁零肆零科技有限公司

【产品概述】

根据 CJJ 33—2005《城镇燃气输配工程施工及验收规范》，严密性试验稳压的持续时间应为 24h，每小时记录不应少于 1 次。传统施工场景中，一般采用压力表或 U 形管压力计测试管道压力，导致存在人为造假的可能。管网气密性检测仪采用带温度补偿的压力记录仪，按照设定间隔记录数据，系统自动判断保压结果。数据可进行存档，用于后期管道追溯。

产品特点：

- 可充电电池供电，充电一次可用 3 天以上；
- 自动采集、自动上传、自动给出保压结论；
- 信号不好的地方设备可本地存储，一次性上传；
- 自带北斗定位，确保定位准确，与工程相绑定。

技术指标：

- 测试范围：0～1MPa；
- 测试精度：0.4%；
- 工作温度：-35～+70℃。

管网气密性检测仪(图 10.1)依托物联网手段，有效监控工程保压过程，确保燃气工程先天质量，改变以往仅靠人员监测的模式，工程资料更加完善、数据更加精确，形成安全管理闭环。目前，已在青岛、临沂等城燃企业安装使用。

图 10.1　管网气密性检测仪

11　智能管网

11.1　北斗在城市燃气行业的应用

【基本情况】

应用场景：管网建设、管网运维、客户服务、应急管理、安全管理

提供单位：北京市燃气集团有限责任公司

建设单位：北京市燃气集团有限责任公司

【建设必要性】

（1）北斗卫星导航系统现状

北斗卫星导航系统是我国独立探索，自主研发、建设、运行的全球卫星导航系统，能够为全球用户提供高精度、高可靠的导航、定位、授时服务以及独具的短报文通信服务，是我国重要的空间基础设施。2018 年 12 月 27 日，北斗三号基本系统建成并开始提供全球服务。北斗全球服务性能为：定位精度水平 10m、高程 10m，测速精度 0.2m/s，授时精度 20ns，系统服务可用性优于 95%。其中，亚太地区，定位精度水平 5m、高程 5m(95%置信度)。包括“一带一路”国家和地区在内的世界各地，均可享受到北斗系统服务。

目前，北斗系统已经广泛应用于我国的交通、海事、电力、民政、气象、渔业、测绘、矿产、公安、农业、林业、国土、水利、金融等十几个行业领域。

（2）北斗在城镇燃气行业的应用现状

北斗在城镇燃气行业的应用，以北京燃气为首，逐渐形成规模化趋势。

① 北京燃气

自 2012 年北斗精准服务进入民用市场开始，北京燃气就着手研究将北斗精准服务应用于燃气管网中，于 2013 年 6 月展开试点应用，采用北斗提供精准位置服务辅助进行燃气泄漏检测，后逐步在防腐检测、燃气管线巡检、施工配合、应急抢修等全业务链中进行推广。大幅提高了巡检效率、提升了监管力度、降低可管理成本。其中，北斗高精准燃气泄漏检测系统比传统检测效率提升 10 倍以上，使燃气泄漏主动发现率由 70% 提高至 90%，为事故抢修赢得了“黄金半小时”，显著降低了燃气管网安全运营风险，

把燃气行业的风险预警与安全管理水平提升到一个全新的高度。

北京燃气将北斗技术与燃气创新性的结合，开展创新性的科研课题，获得院士专家高度认可，结合北斗技术对专业泄漏检测、防腐检测、管线巡检、PE 管焊机等设备进行改造研发，来实现管网综合数据的高效实时采集，确保数据精确、信息精准、管理精细。北京燃气以信息化平台为基础推动施工、智能巡检、泄漏检测、防腐检测等整个燃气管网完整性的管理工作，发挥信息技术优势，努力实现信息化与完整性业务的深度融合。

② 中国燃气

中国燃气作为华北气代煤完成的主力军，2017 年，完成 120 多万户农村煤改气，管网长度达到 11000km，为了保证工程质量，施工全程采用北斗精准定位，将北斗应用从工程建设到运营管理的各个环节，获取精准完整的数据信息。2018 年，中国燃气计划完成 350 万户农村煤改气工作，管网长度将超过 30000km，北斗应用作为煤改气安全施工的重要保障。中国燃气 2018 年数万千米的新建埋地管线，积极应用北斗精准定位技术，为中国燃气节约成本约 5000 万元。

③ 其他燃气公司

2017 年 2 月，华润燃气在多地展开北斗精准服务结合燃气在工程管理方面的应用。

自 2015 年开始，新奥燃气在全国各地建设北斗精准服务站，展开多种基于北斗的燃气行业在工程采集和智能巡检的应用。新奥能源在全国 20 个省市中 18 个省市，建设国家北斗精准服务站，覆盖城市达 90%(除了湖北和上海未覆盖)。

2014 年，深圳燃气将北斗与工程管理进行重点结合，摆脱了原来获取精准位置只能集中在上午进行的窘境，获取精准位置信息的操作不但简单快捷而且没有时间限制，并且将北斗应用《中低压埋地管道施工数据采集操作规程(试行)》写入操作规程。

2017 年，重庆燃气与国家北斗精准服务网签订“智慧北斗 · 深化应用”的合作协议，共同加快国家北斗精准服务网在城市基础设施、物联网等领域中的应用进程，加速北斗在西南地区的优化实施落地应用工作。

【解决方案】

(1) 规划设计

在用户工程施工中，可采用北斗定位功能，工程管理人员到施工现场监管施工质量和进度，上传每一次到现场监管的时间、位置和现场图片，便于工程监管。对施工人员的到场人数、施工周期进行把控，为优化施工过程管理提供数据支持。对管道的焊口质量、阀门位置等进行实时上传和记录，对施工质量进行全程把控。

在选址和选线现场踏勘过程中可利用北斗定位技术，精确获取现状燃气管线和场站的位置；通过利用 AR 技术，使管道布局可视化，便于现场快速地制定规划方案。

燃气工程设计中可以采用建筑信息模型(BIM)与北斗定位技术相结合，构建燃气管网高精度三维模型，直观还原管网结构及周边环境，更优化管道设计方案。

（2）施工验收

焊口定位：为了准确获取焊接数据及位置信息，并生成数字化资料，从而更好地收集管道的基础数据，引入北斗精准定位技术，在焊接管线回填前采集每道焊口的精准坐标。

焊口拍片：传统的焊口定位采用图纸对照确定，不仅工程开挖量大，而且开挖过程中容易对管道造成二次破坏。目前北京燃气正在研究基于北斗定位技术的管道焊接质量智能化监测技术。该技术采用北斗定位技术及钢管焊接电子拍片技术。未来可实现将焊接过程中管材、焊工、焊机、焊口位置、焊接过程及位置信息等焊缝原始信息和焊缝质量的数字化照片进行现场采集，并同步传输到焊接数据库进行集中管理，数字图像便于储存，检索、统计快速方便，易于实现远程图像传输、专家评审，便于工程质量监督及管理。

气密性试验：在燃气管网的气密性试验中，将北斗与打压试验记录仪结合使用，借助通信及数据远传技术，可实时监测某项工程施工现场的打压试验情况，将打压试验数据和工程位置信息、时间同步采集到打压记录仪，保障数据真实性的同时，提高了检测精度和效率。

在燃气工程验收中，采用北斗设备可广泛用于图根控制测量、施工放样、工程测量及地形测量等领域。北京燃气还开展了基于北斗定位技术的燃气管线三维自动上图研究。该技术未来将实现对燃气管线施工过程中的档案管理、施工测量、工程监控、竣工管理、管网模型自动化匹配等业务。

（3）管网运行

采用北斗定位技术，利用北斗高精度移动终端设备替代传统运行终端，使燃气管网影像图更直观显示运行人员与管线位置关系，提高管网巡线覆盖率统计精度，以及现场异常对管网设备设施的归属，为后期处置管理奠定坚实基础，并为管网的完整性评价提供有效的素材。巡线中北斗定位终端的使用，提高了管线覆盖率，结合智能导航功能，提升现场运行效率；通过北斗精准定位采集标准轨迹运行，提高管线运行的规范性。

使用高精度北斗运行手机采集职工运行轨迹，可快速记录职工在运行过程中的位置，并结合生产运营平台的运行模块，实现运行轨迹数据与图档的匹配。

管线定位：在埋地管线探测方面，充分利用北斗 RTK 精准定位优势，可为探管找点等作业提供并记录精准位置坐标，大幅度提高管线探测作业的效率。对新发及老旧闸井进行快速精准定位，协助职工在现场环境较为空旷、无参照物可对比的情况下能够准确地找到设备的位置。

地面标识安装：在 GIS 系统中取出地下管线的三通、拐点坐标，利用软件将坐标输入 RTK 中，现场踩点，并安装相应地面标识。

车辆定位导航：利用北斗定位功能，利用高精度车载导航监控终端对车辆进行定位，有效监管了公车私用等不良行为。未来还可探索北斗导航功能在各种作业及运行车辆中的应用。

AR 辅助巡检：以北斗精准定位技术为基础，采用 AR 可穿戴设备，并开发相应 AR 巡检系统，通过加密通道获取定位点周边管网数据，以 AR 方式清晰展示地下管网三维模型及相关属性。

泄漏检测：用具有北斗定位和导航功能的泄漏检测车及手持移动泄漏检测终端对燃气管网的泄漏情况快速筛查和定位。实时精准确定泄漏点坐标并采集泄漏点上方的燃气浓度值，大大提高了泄漏检测的效率。为燃气泄漏检测提供高效、实时、可视化、网络化的燃气检测平台，并结合无线网络、云计算的数据处理及报告生成系统，实现泄漏点精准检测及定位。

防腐检测：将北斗高精度定位与管网防腐检测设备有机融合，可以精确记录和上传每次防腐层检测的结果以及位置信息，直接定位防腐层破损点的精准坐标，对检测结果进行统计分析。检测腐蚀数据与位置数据同时上传，更有利于对管道腐蚀情况开展精准分析及监测。

（4）调度管理

在管网调度中，利用北斗短报文功能，建立涵盖管网门站、电厂、区域气源站、末端关键点、LNG 点供站、智能调控站、阀门控制的灾备系统，可以降低 SCADA 监控系统通信、网络安全、不可抗拒自然灾害等风险。实现站点重要参数的准确获取和重要指令的有效下达，及时将危害和损失控制到最低，提升风险控制能力。

（5）作业抢修

在燃气作业中，在开孔机上安装北斗定位芯片，并开发定位监测系统，实时检测开孔机位置信息及使用轨迹，防止私自使用设备进行接线，杜绝盗气现象的发生。

利用北斗定位及导航功能，在应急抢险车上加装北斗定位终端，实现实时掌握车辆位置信息与轨迹。提高了应急抢险工作效率，减少了应急反应时间，从而降低了事故风险和后果。在应急抢修现场的气体浓度监测设备上配备北斗精准定位移动终端（周界报警），便可向指挥中心实时上传准确的现场泄漏数据；高效率的应急管理需要利用通信及位置信息的实时性和连续性，实现对应急设备、车辆及人员的实时调度和指挥。

（6）安全管理

移动罐车监控：在 CNG/LNG 移动储罐车检测方面，可安装北斗精准定位模块的智能数据采集系统，实现监测 CNG/LNG 移动储罐车辆的精准位置，以及储罐压力、温度、浓度、液位等工作状态。

杜瓦瓶监管：在新农村点供站业务中，通过采用北斗定位功能，实现对杜瓦瓶的实时远程监控功能。掌握杜瓦瓶的位置信息和储量信息，实现实时调配、配送自动化。

市政配合：现场借助北斗定位设备对管线进行快速、准确的定位，帮助现场人员更好地与施工方进行管线位置交底，降低第三方施工破坏的可能性。

沉降监测：采用北斗高精度定位技术实时监测地面沉降、管线沉降以及门站、储配站、LNG 接收站等，设置沉降预警，为管道和设施的安全运行提供技术保障。

人员安全管理：采用北斗安全帽结合工地智能系统，可实时采集施工区域内的人员位置信息，通过移动通信及物联网，把位置信息根据特定协议上报到系统管理平台，能够对现场工作人员的快速定位及安全的监管。

（7）销售服务

可利用北斗定位及导航功能实现家用及非家用计量仪表的位置定位、开发并使用具有定位功能的 PDA，定位小区或建筑位置，应用北斗导航功能快速到达现场，同时使用手持 PDA，随时上传北斗位置信息，记录巡检人员位置。还可利用北斗授时功能，在系统平台增加北斗时钟源，对智能终端校时，保证时钟统一准确，保证智能表存储的冻结数据、报警、时间记录的时间标签正确性，为用户提供准确的用气服务信息。

【主要成效】

在北斗技术的四个功能中，应用最广泛的是定位功能，所有需要采集位置信息的设备设施可加装北斗定位芯片；北斗的导航功能也可应用于巡检、维抢修等环节，有效地缩短人员到场时间；北斗短报文共功能在重要场站灾备系统中正扩大应用；北斗的授时功能可用于销售服务系统平台，增加北斗时钟源，用于智能终端校时，为用户提供准确的用气服务信息。

11.2 “5G+智慧燃气”项目

【基本情况】

应用场景：管网运维、客户服务、应急管理、安全管理
提供单位：润智科技
建设单位：华润燃气投资（中国）有限公司 & 华为
建设时间：2021 年 12 月
投入使用时间：2021 年 12 月

【建设必要性】

安全是燃气行业的“生命线”。全国城镇燃气普及率超过 97%，行业快速发展的同时，仍然存在燃气安全形势严峻、工程质量管控风险突出、运营效率急需提升等痛点，数字化转型升级需求迫切。

【解决方案】

将 5G+AI 技术应用于燃气场站无人值守、管网智能巡检、工程工地质量监管、应

急调度指挥联动等领域，打造基于5G专网的智慧燃气核心业务链解决方案，涵盖了智慧场站、智慧运行、智慧调度、智慧工程、智慧客服等场景。

（1）5G智慧场站

打造面向未来的5G增强型无人值守场站，通过5G、AI等技术加持实现场站无人值守、智能监护。将场站传统的抄表、检漏、巡查等人工工作通过机器人来替代，实现24小时不间断全自动作业，有效提升场站的作业效率。见图11.1。将传统人员旁站、肉眼监护的工作改为视频监控AI监护，自动发现作业安全隐患和不规范行为，大幅提升场站的安全管控能力。

图11.1　5G机器人自动巡检

（2）5G+管网智能巡检

为弥补人工巡检隐患排查效率低、覆盖率不足、问题被动处理的问题，项目引入无人机实现自动管网巡检、识别围挡占压和大型器械等隐患，对密闭阀井、高后果区等重点部位全面部署物联监测设备，实时监测管网运行安全风险，所有报警信息和数据均通过5G实时传输至后台指挥中心，使得管网从问题被动处理到隐患主动发现。见图11.2。

图11.2　无人机巡检发现隐患

（3）5G+智慧工地

在工程工地建设领域，通过 AI 视频的方式实现工程质量实时监护，在项目中首创设计了多项 AI 算法，和现有工程系统结合，解决监理旁站全靠自觉、人眼判断存在疏漏、拍照质量参差不齐的痛点，有效提升工程工地质量监管智能化水平，为工程工地管理安上数字化眼睛。见图 11.3。

图 11.3　5G 工地智能监护

（4）5G+应急指挥

通过 5G 网络承载，将 AI 无人机、高清 4K 移动视频、5G 抢修安全帽、AI 边缘计算终端、北斗定位、车载指挥系统等一系列智能应用，全方位汇聚到此台 5G 多功能应急指挥车上，打造车载现场指挥中心，实现调抢全过程实时可视、远程调度中心和现场指挥中心联动，有效提升抢维效率和响应能力。见图 11.4。

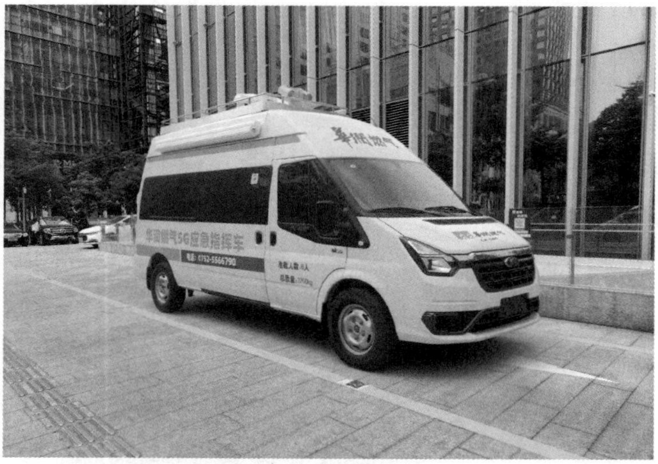

图 11.4　5G 多功能应急指挥车

（5）IOC 智慧运营中心

结合数字孪生技术对燃气管网和场站进行高精度还原，实现对城市燃气运营情况的数字化监控。在一个 IOC 智慧运营中心上融合所有的 5G 应用场景及核心业务系统，达到区域一体化管理、资源集中调配、信息全面共享、高效应急响应的目的。见图 11.5。

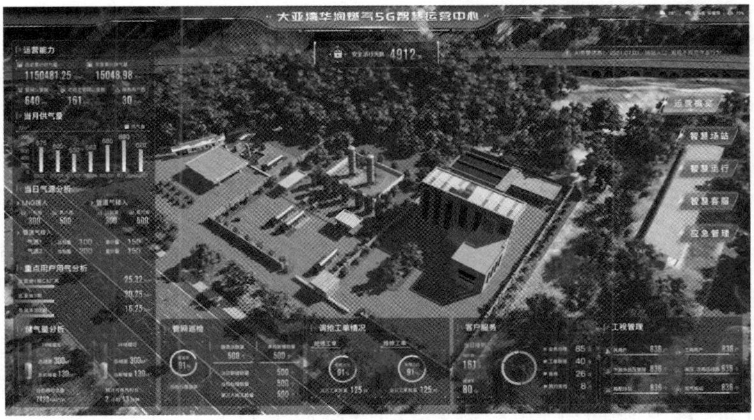

图 11.5　大亚湾 IOC 智慧运营中心

【主要成效】

① 在场站管理方面，支持场站值守无人化智能化，提升了隐患识别效率，解决了视频摄像头看不过来、周界安防误报率高的问题，提高 80%的不安全行为识别率。

② 在管网巡检方面，弥补了人工巡检覆盖不全的短板，从问题被动处理到隐患主动发现，管网安全隐患降低 70%。支持 24h 不间断智能监护，替代人工旁站，提高巡查效率。实现管网密闭空间风险全面监测、高精度实时感知，降低安全隐患。

③ 在调度抢维修方面，实现调抢信息全打通，现场沟通时延从 10min 降到毫秒级，应急抢修效率提升 70%，并且提供全方面信息化支撑供专家决策、远程指挥。

项目已荣获 2021 年国资委央企数字化转型优秀应用场景、国家工信部第四届 5G 绽放杯全国全行业二等奖等诸多奖项，现场接待了惠州市政府、江西省天然气集团等数十轮次的参观与交流。

11.3　上海大众燃气绿色智慧管网项目

【基本情况】

应用场景：管网运维、计量管理、安全管理

提供单位：上海航天能源股份有限公司

建设单位：上海航天能源股份有限公司

建设时间：2020 年 9 月

投入使用时间：2021 年 10 月

【建设必要性】

（1）课题背景

针对大众燃气天然气输配运行和管理现状，在有效利用大众燃气现有输配设备系统和信息化系统的基础上，在上航工业拥有先进的智慧燃气技术能力的前提下，上海航天工业(集团)有限公司与上海大众燃气有限公司成立联合研究机构，即上海航天-大众燃气智慧能源技术应用中心。

通过该中心共同进行“上海大众燃气绿色智慧管网研究计划课题”，通过建设智慧能源技术实验室，建立绿色智慧管网数学模型，结合GIS系统、SCADA系统、CIS系统等的实时及历史监测数据信息，对大众燃气管网及核心资产进行诊断分析，推进上海大众燃气绿色智慧管网建设进程。

“绿色智慧管网研究计划”是上航工业针对天然气管网数字化、智慧化发展提出的一项与战略合作伙伴共同研究、共享收益的课题研究计划。其践行绿色发展理念，以天然气低碳环保、安全运营、精细管理、可持续发展为研究目标，利用基于“云、大、物、移、智”的智慧气网先进技术及产品做支撑，解决燃气企业运行安全、管网泄漏、燃气输差、资产延寿、精细化运营等核心痛点问题。

（2）拟解决的问题

天然气管网和燃气调压站是保障天然气安全输配的最重要设施，目前大众燃气已建设了GIS、SCADA等信息化系统，保证了天然气输配基本的安全运行和监测，但仍然缺乏智慧化的手段实现对燃气管网各种应用场景的模拟和燃气调压站各种运行工况的预测及诊断。

随着“云-大-物-移-智”等高新技术在燃气行业应用的不断成熟和普及，以及行业内燃气企业由粗犷式管理向精细化管理模式的转变，燃气智慧化建设在外部因素和内部因素两方面均已到了落地实施的时机。而燃气绿色发展的理念如减少管网泄漏、降低输差、延长资产寿命、提升整体安全等，一直是城市燃气企业长期存在的核心痛点之一，它关系到经营企业的安全运行、响应效率、运营效益、客户体验。

（3）课题内容

① 高压管网仿真。

② 中低压区域绿色智慧管网研究：

- 调压站健康评价(SOH)
- 调压器智能诊断
- 工商福流量计分析

【解决方案】

（1）高压管网仿真

高压管网仿真课题对上海大众燃气有限公司辖下当前运行的全部高压、次高压管网进行管网仿真建模，管网总长度 90 多千米，站点合计 16 座。

上海大众燃气在前期已经建设了性能优异的信息化系统，仿真所需的管网数据主要来自包括 GIS 系统，SCADA 系统、客服系统在内的信息化系统的实际采集数据。

项目对上述高压管网展开精细仿真研究，除验证所提出的模型有效性外，也将提高燃气管网仿真技术的准确性、运算速度和适用规模。所采用的仿真场景来自上海大众燃气的实际运行和实际需求，被验证的仿真结果也将为进一步研究绿色智慧管网技术在上海大众燃气有限公司管网系统实施提供参考和依据。

根据不同季节的典型场景，结合现有大众燃气管网系统的运行工况，提出在高压段进行仿真的多种输配场景，先对此管网模型进行建模、校核和验证，再对此管网进行动态仿真。见表 11. 1。

表 11. 1　高压管网目标情况

目　　标	描　　述
目标 1：高压管网运行监测	对高压管网多种工艺运行情况进行监测
目标 2：高压管网仿真调度	对高压管网生产调度运行情况进行仿真分析
目标 3：高压管网建设规划模拟	对多种建设规划方案合理性进行仿真模拟
目标 4：高压管网虚拟工况模拟	对多种运行工况和预设案例进行仿真模拟
目标 5：高压管网输差分析	对区域内燃气流量进行输差分析

（2）中低压区域绿色智慧管网研究

结合大众燃气的实际需求和运行情况，对已选择的 20+座试点调压站在调压站健康评估、调压器智能诊断、工商福流量计分析 3 个方向进行绿色智慧管网研究。

① 区域内调压站健康评估

根据选定区域内的调压站（飞奥）数据情况，对调压站进行健康评估，给出相关报告。

根据所选定调压站的实际工作环境及软硬件配置，对 20+座调压站按照静态评价体系进行初始静态评价。通过对调压站环境、建筑、采暖、撬体、管道、计量、智能控制、报警安保、数据采集、智能信息等 10 个系统的专项和综合评价分析，确定调压站的初始静态分值，判断调压站所处的水平，输出静态评价报告，提供调压站升级解决方案。

根据调压站静态评价体系中 10 个系统的 68 类影响因素，对调压站按照动态评分体系进行动态运行评分，通过对调压站在运行工况和环境、动态衰减和变化、数据分析和诊断 3 个维度的动态分析评分，确定调压站运行动态评分，输出动态评分报告。

② 区域内调压器智能诊断

获取区域内的调压站的压力等实时数据，通过数学模型和算法对调压器喘振、欠压、关闭压力高、内漏等运行工况进行故障诊断，并进行调压器智能运维判定，输出相关报告。

在调压器工作机理方面，通过实时采集、监控、分析调压器运行压力等工艺数据，依靠分析诊断模型，对调压器运行压力高(超压)、运行压力低(欠压)、喘振、关闭压力高、内漏等故障情况进行智能诊断。

在调压器配套附属设备设施方面，通过实时采集、监控、分析调压器运行压力等工艺数据，依靠分析诊断模型，对过滤器、放散阀、紧急切断阀等设备设施的故障及完好性等方面进行判断。

定期输出调压器运行智能诊断分析报告，提前掌握调压器运行趋势，为调压器进行预防性维护提供数据支撑，及时发现调压器运行故障，为调压器维修维护提供决策辅助，在线监控调压器愈后状态，为调压器保养后运行情况提供参考依据。

③ 区域内工商福流量计分析

获取区域内工商福用户的用气历史数据及实时数据，通过数学模型与算法对工商福流量计进行在线分析，定期输出流量计分析报告。见图 11.6、图 11.7。

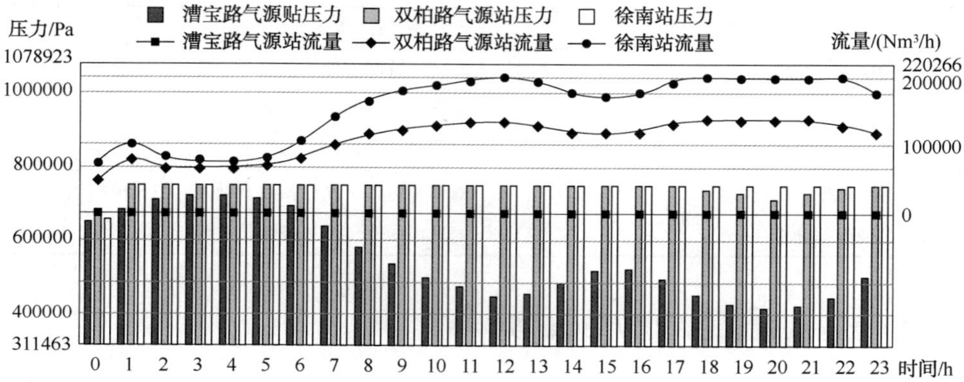

图 11.6　气源站压力流量变化曲线图

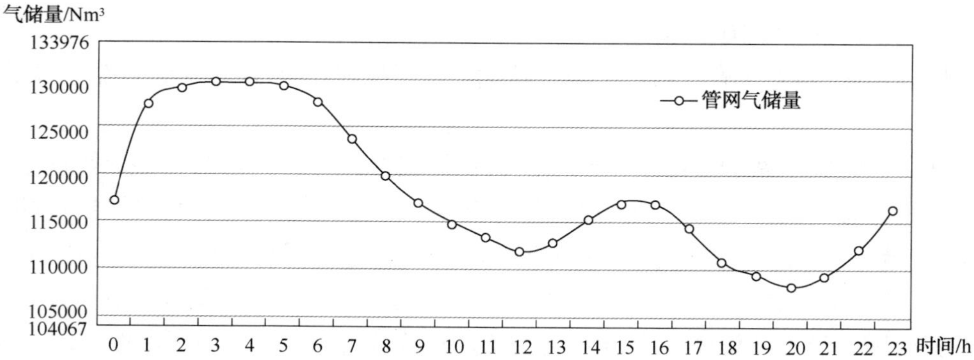

图 11.7　气储量变化曲线图

流量计选型方面：通过对历史用气数据和实时用气数据的监测、分析，对流量计大马拉小车，小马拉大车的情况进行提示。

流量计计量故障方面：通过对历史用气数据和实时用气数据的监测、分析，对累计流量异常(跳变等)、流量计补偿温度、流量计补偿压力异常的情况进行报警。

流量计运行故障方面：通过对历史用气数据和实时用气数据的监测、分析，对流量计卡表和死表的情况进行报警。

用户用气方面：通过对历史用气数据和实时用气数据的监测、分析，对客户疑似用气异常行为进行报警。

【主要成效】

（1）高压管网仿真

针对大众燃气高压管网搭建了一套管网仿真模型系统，该系统能够实时进行管网的压力分析、流量分析、温度分析、管储分析、流向分析、流速分析等，能够实现气源断供分析模拟、建设规划模拟、运维工况模拟等业务场景。

图 11.8～图 11.11 为大众燃气气源断供分析模拟场景的内容。

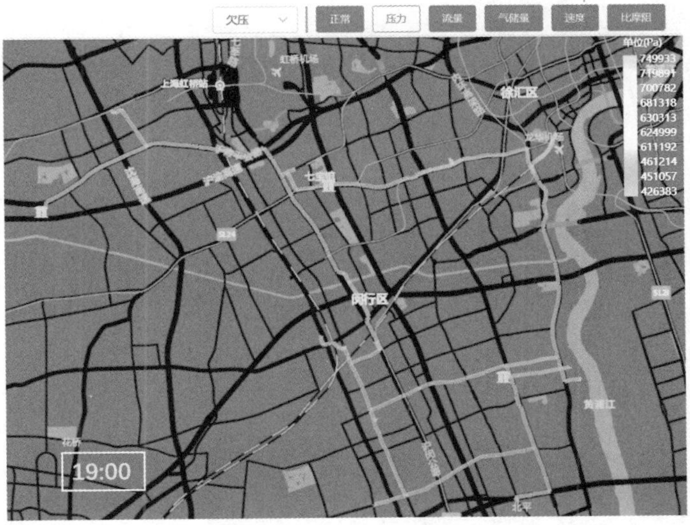

图 11.8　19 点压力过低区域示意图

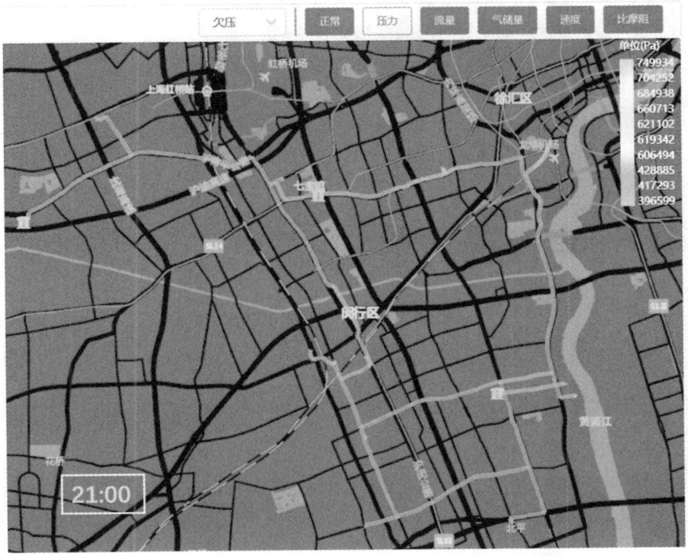

图 11.9　21 点压力过低区域示意图

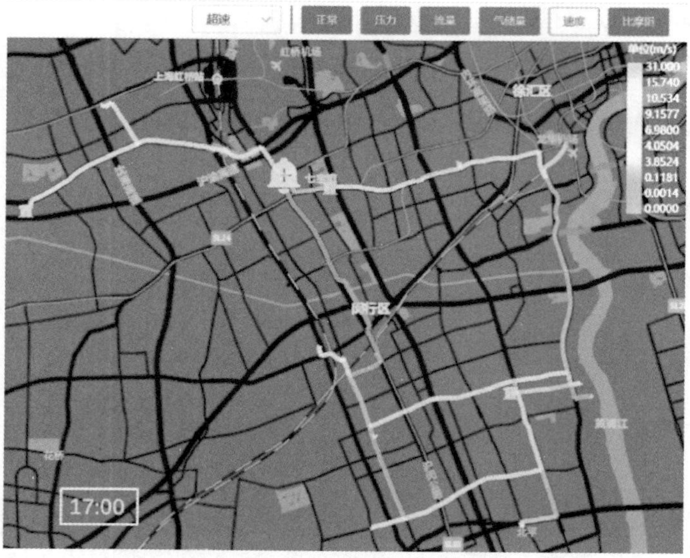

图 11.10　17 点超速区域示意图

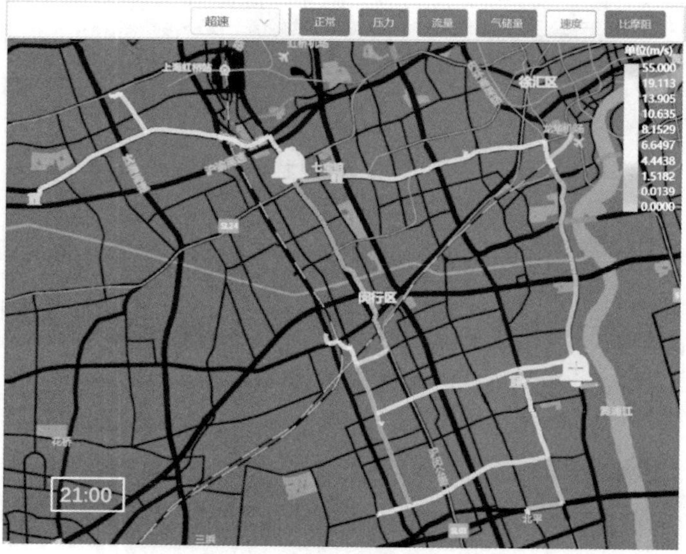

图 11.11　21 点超速区域示意图

（2）中低压区域绿色智慧管网研究

① 调压站健康评价(SOH)

针对选取的大众 20 座调压站，建立燃气调压站健康评价系统，实现燃气调压站全生命周期的有效跟踪和科学管理。相关评价案例截图见图 11. 12~图 11. 14。

② 调压器智能诊断

获取区域内的 20 座调压站的压力等实时数据，通过数学模型和算法对调压器喘振、欠压、关闭压力高、内漏等运行工况进行故障诊断，并进行调压器智能运维判定，输出相关报告。相关诊断案例截图见图 11. 15、图 11. 16。

3.1 调压站整体健康情况

本次剑川路100弄调压站整体健康诊断静态评估分析结果如下：

剑川路100弄			
综合评分	40,843	参考分值	49,940
分值分布	0　29,964　34,958　39,952　44,946　49,940 分 低级　普通　中级　高级　特级 40,843		
健康评价	高级。该调压站整体评价良好，配套的附属设备、设施比较齐全可靠，可较好的保障调压站安全运行和生产供气连续性。		

3.2 环境系统健康情况

1）剑川路100弄调压站的环境系统健康诊断静态评估分析结果如下：

环境系统			
综合评分	2,856	参考分值	3,000
分值分布	0　1,800　2,100　2,400　2,700　3,000 分 低级　普通　中级　高级　特级 2,856		
健康评价	特级。该子系统整体评价优秀，系统内各因素的附属设备、设施齐全可靠，可最大限度地保障该系统运行。		

2） 环境系统健康诊断静态评估分析项

序号	影响因素	分类因子	因子分值	参考分值
0	安装位置	有独立建筑物内专用区域	750	750
1	供电	有市电供应	1,050	1,050

图 11.12　调压站整体健康概况图

				行和生产供气存在一定风险。
4	调压撬系统	16822.92	●	该调压站整体评价尚可，配套的附属设备、设施相对齐全，具备一定可靠性，可在一定程度上保证调压站正常运行和生产供气。
5	管道系统	999.33	●	该调压站整体评价尚可，配套的附属设备、设施相对齐全，具备一定可靠性，可在一定程度上保证调压站正常运行和生产供气。
6	计量系统	293.51	●	该调压站整体评价良好，配套的附属设备、设施比较齐全可靠，可较好的保障调压站安全运行和生产供气连续

上海飞奥燃气设备有限公司

中国航天　　剑川路100弄　　评估时间2021-04-07 14:24　　动态评估

				性。
7	智能控制系统	0.0	●	该调压站整体评价较差，基本不具备配套的附属设备、设施，调压站的运行和生产供气存在一定风险。
8	报警安保系统	261.19	●	该调压站整体评价较差，基本不具备配套的附属设备、设施，调压站的运行和生产供气存在一定风险。
9	数据采集设备	1722.34	●	该调压站整体评价较差，基本不具备配套的附属设备、设施，调压站的运行和生产供气存在一定风险。
10	智能信息系统	4000.0	●	该调压站整体评价优秀，配套的附属设备、设施齐全可靠，可最大限度地保障调压站安全运行和生产供气连续性。

报警项汇总

序号	子系统	影响因素	分类因子	报警项

图 11.13　调压站子系统健康概况图

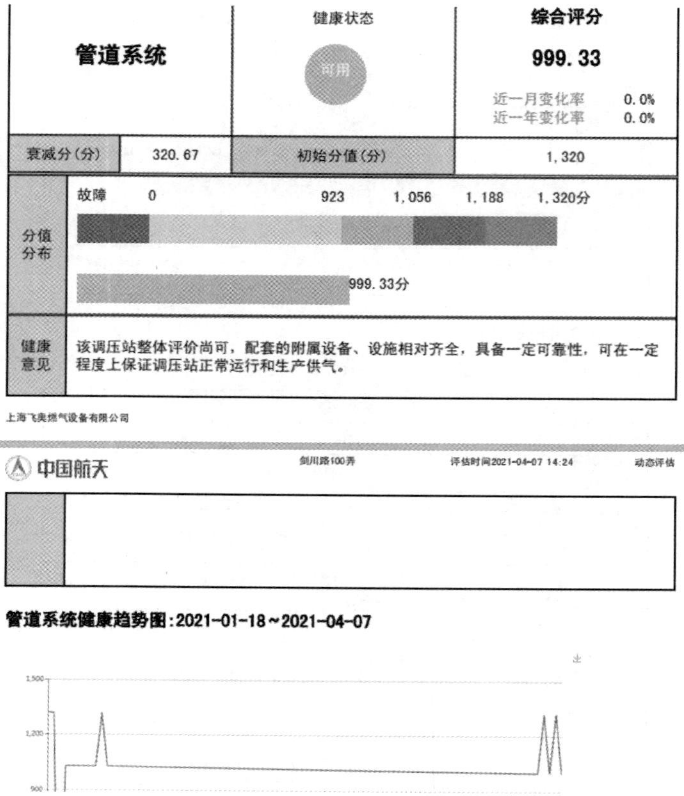

图 11.14　调压站管道子系统健康详情图

3.4运行压力高

故障名称	运行压力高
故障点	2020-02-22、2020-03-24、2020-04-21、2020-04-22、2020-04-23、2020-04-24、2020-04-27、202-04-28
故障原因	疑似原因： A.调压器皮膜漏气(因不停往复运动，老化失效或破裂)； B.指挥器信号管(取压管、取气管)堵塞； C.调压器响应速度变慢(内部活动部件动作不灵活)。
趋势预测	该调压器在上述时间段内出现出口压力偏高的现象，综合参考整体的运行情况，本现象占比较少，且压力偏离理想曲线不多，后续运行恢复正常，运行情况良好。
处理建议	按正常巡检计划和维护保养计划执行。

图 11.15　调压器运行压高总览图

③ 工商福流量计分析

获取区域内 20 个工商福用户的历史及实时数据，通过数学模型与算法对工商福流量计进行表具选型分析、表具补偿压力诊断分析、表具补偿温度诊断分析、表具累计流量异常分析、客户异常行为诊断分析、表具卡表/死表分析，输出相关报告。相关诊断案例截图见图 11.17、图 11.18。

中国航天 上海大众燃气有限公司　　SG 绿色智慧气网综合实验室

运行分析		
运行时间： **2020 年 4 月 24 日**	运行状态： 故障	故障类型： **运行压力高**

故障描述	调压器出口供气压力偏高

华山医院 2020-04-24 调压器运行趋势图：

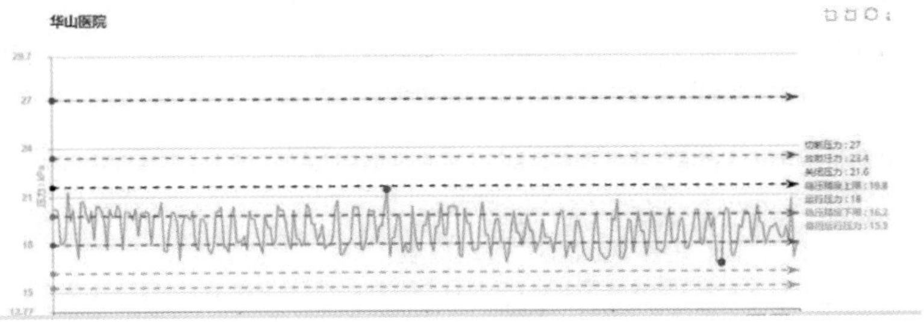

图 11.16　调压器运行压力高详情图

中国航天 上海大众燃气有限公司　　SG 绿色智慧气网综合实验室

3.3 补偿压力传感器故障分析

故障现象	补偿压力传感器数据异常
故障点	共 2 次： ■ 2020-05-09 09:50:00，持续时长约 2 天； ■ 2020-05-11 13:35:00，持续时长约 3 个月。
故障原因	疑似有如下原因： 1) 传感器异常； 2) 流量计主板采集处理问题； 3) 配套采集设备问题； 4) 通信及数据入库问题。
趋势预测	目前运行正常
处理建议	建议加强监测监管
备注	2020-05-11 至 2020-07-31 期间，补偿压力数据一直在 11632.67~12040.67 之间波动。如果流量计按照异常压力数据进行补偿计算，会导致计量不准确。

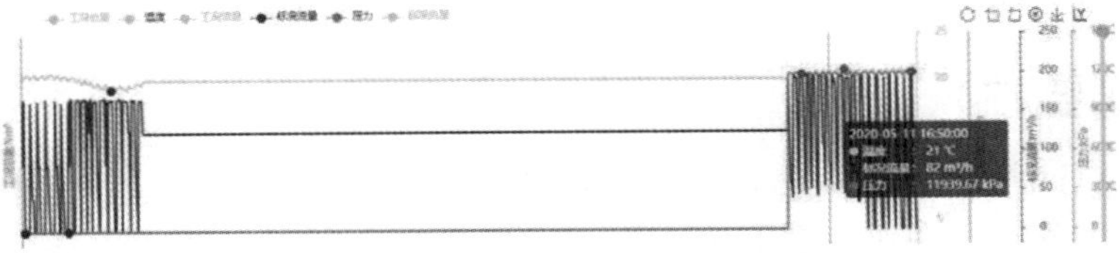

图 11.17　补偿压力传感器异常图

统计周期：2015.1.1~2020.8.31　　　　　　　　年用气：×10⁴Nm³，日/月用气：Nm³

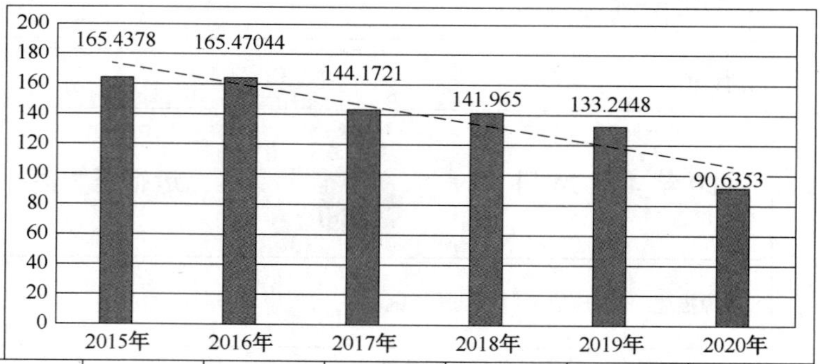

最大月用气	265462.00 2015-01	310129.00 2016-01	227120.00 2017-01	254621.00 2018-01	234645.00 2019-01	200543.00 2020-01
最小月用气	68440.00 2015-08	43383.00 2016-09	45384.00 2017-04	65350.00 2018-07	63401.00 2019-09	64713.00 2020-08
最大日用气	10952.00 2015-02-09	47833.00 2016-11-02	24440.00 2017-06-20	11391.00 2018-01-29	96661.00 2019-07-17	7626.00 2020-01-19
最小日用气	1808.00 2015-09-05	1296.00 2016-07-20	675.00 2017-06-11	1468.00 2018-10-14	11.00 2019-05-13	862.00 2020-05-09

4.2月气量分析(2020年1月~2020 年8月)

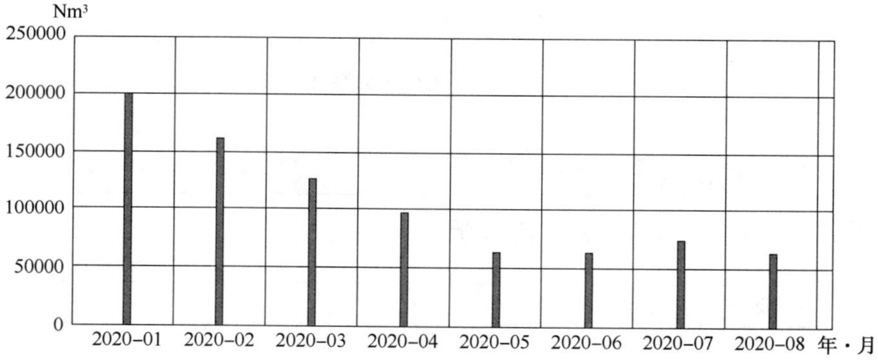

图 11.18　用户用气量分析图

11.4　贵州燃气生产调度综合管理平台

【基本情况】

应用场景：管网运维

提供单位：贵州燃气集团股份有限公司

建设单位：贵州燃气集团股份有限公司

【建设必要性】

燃气公司总调度指挥工作起着对内、对外联系与协调工作，是整个燃气企业的总指挥，因此企业生产运行中的调度指挥工作就显得尤为重要。它作为企业管理核心组成部分，可以保证该行业的长期稳定发展与运行，燃气企业只有做好了生产运行中的调度指挥工作，才能及时掌握生产及运行过程中的实际情况、发生的问题以及发展前景，这样才能根据实际发展情况不断推动企业进步，一旦问题出现时也能够及时地进行调整和解决，做好生产运行各个环节以及程序的有效管理和控制。确保企业在正确的指挥调度下正常运行，最终实现企业和行业利益的最大化，提高行业及企业的知名度和社会认同感。

目前，我国天然气承担的任务以减排和清洁为主，燃气管网尚处于大力发展阶段，信息化、智能监控和智能运营调度程度有待提高。燃气供应系统已经建立了以 SCADA 系统、GIS 系统为主的信息平台，但各系统之间关联性不强，存在“信息孤岛”现象，没有形成统一的体系，而实现调度的智能化可以在很大程度上减少人为因素的干扰，降低误调度的概率，提高运营调度的工作效率。问题主要表现为下面几点：

（1）天然气企业在进行具体的管理过程中，没有对管理平台实行一体化的模式，而是各个子系统之间独立存在，信息资源没有办法得到有效的整合，从而使各个子系统之间的信息只是独立地存在于各自的系统中，系统之间缺乏必然的联系，准确地说各个子系统信息形成一座“孤岛”。

（2）当管理平台信息出现问题以后，由于信息没有达到一体化的模式，从而在对其进行管理，以及维修过程中，都会导致对其不能进行全面性的管控，进而没有办法对其采取及时性的追踪，那么所存在的问题就没有办法得到及时的解决，这样就会使工作效率非常低。

（3）虽然有了信息化平台的建立，但是并没有对于信息化平台中的信息进行合理的利用，未能进行数字化的分析和管理，对于已经发生的维修事故没有进行有效的归类统计，这就导致在遇到相同事故的时候，不能根据以往的经验做出决策，使得整体的效率大打折扣。

【解决方案】

通过构建一套生产调度综合管理平台，目的是优化城燃企业生产调度管理工作，打造全集团的安全生产调度体系，从信息技术的层面全面支撑全省的生产调度工作，保障全省跨区域、跨压力等级的燃气输配系统的平稳运行，适应集团不断发展壮大的燃气输配系统的调度管理需要。通过对客户服务管理系统、SCADA 系统、地理信息系统（GIS）、协同办公系统（OA）集成、工程管理系统（PM）等业务系统进行集成整合，从而形成一体化的调度管理平台来解决燃气企业信息化建设中的“信息孤岛”、数据“沉睡”问题，促进公司信息化升级，有效降低公司信息化成本。

（1）系统架构设计

① 系统 UI 采用 B/S 架构，基于 Web2.0、H5 及移动端相关技术，更加注重用户的交互作用，在系统应用性上更好地提升用户体验度。

② 应用服务层。包含核心 API、公共微服务、业务微服务。通过核心 API 及公共微服务，为上层具体的业务微服务提供基础支撑。从而能快速地构建业务应用。

③ 基础应用层。基础应用层提供了各类数据存储、消息队列群集、搜索服务群集等基础功能。

④ 应用管理层。对微服务进行监控和管理，保证业务的安全性、连续性和可靠度。

⑤ 系统运维及监控。通过监控整个业务系统的各个节点，防患于未然，及时发现和解决系统故障节点，保障业务系统的平稳运行。

（2）平台数据汇聚

根据统一性、完整性、流程化角度出发，生产调度综合管理平台考虑对接四大业务系统，将数据进行整合。

① 客户服务管理系统。对接应急抢险业务，同步客户服务管理系统报警数据，并将作业执行情况返回至客户服务管理系统。

② 工程管理系统。对接工程部带气作业业务，同步作业需求数据，并将作业时间等信息返回至工程系统。

③ OA 系统。对接客服中心带气作业业务，同步作业需求数据，并将作业时间等信息返回至 OA 系统；对接生产调度指令业务，本平台发起流程，同步表单数据至 OA 进行各级审批，同步审批状态、意见等数据，审批完成后，发送调度指令至 OA 系统执行人员。

④ SCADA 系统。用于对 SCADA 底层数据实时采集的数据同步到生产调度管理平台进行计算、汇总、展示使用。见图 11.19、图 11.20。

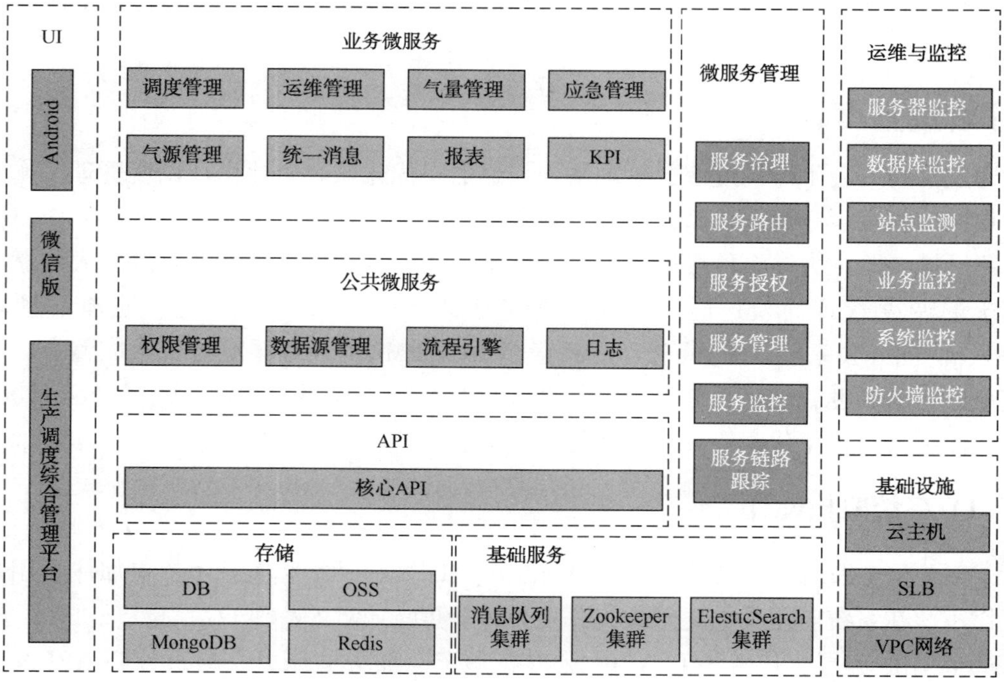

图 11.19　系统架构图

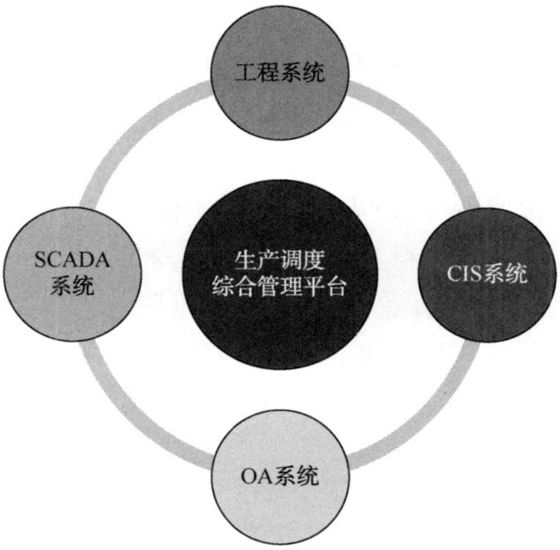

图 11.20　系统集成示例图

（3）系统主要功能模块设计

计划申报：支持各子公司上报日、周、月、季度用气计划，支持调度中心汇总统计总供气计划(日周月季年)，支持计划变更、计划审批。

气量预测：通过建立预测模型，预测气源总供气量，如预测气源未来 7 天的用气量等，为供气计划提供数据支撑。

提气监测：实时监测气源提气情况，包括计划完成情况、提气进度等。

趋势分析：对气源场站压力、流量、用气量等进行趋势分析。

场站监测：实时监测场站信息，包括场站的压力、温度、流量等主要工艺数据。

报表中心：包括气量实时报表、日气量报表、周气量报表、月气量报表、年气量报表，生产运行数据清单；集团、各子公司；支持报表打印、在线预览、生产 PDF 文件、导出 Excel 文件等。

气源经济性评估：分析影响气源经济性的因素及应用场景，模拟各场景下的气源调配方案，评估各调配方案的优异性，找到最优调配方案；并计算气源调配方案的经济效益。

应急管理：包括应急信息(气象信息、隐患信息等)的发布，应急预案、应急处置方案上传及共享等。

调度管理：调度信息管理，如调度指令下达；值班管理：交接班、排班、值班日志；生产运行作业管理：制定计划、审批、生产运行情况记录及上报；抢险调度管理：信息同步、事件记录及上报等；运行方案及分析报告管理。

运维管理：(管网、调压、计量、场站设备)工艺设备管理，包括投运年限、维护维修记录、在运信息等。

槽车管理：包括槽车运行信息、卸车信息、储罐储量信息等。

基础信息管理：管理系统运行的基础业务数据，包括气源场站管理、管段信息、设备信息、站点权限管理等。

系统配置：包括组织架构、账号管理、角色管理、账号权限管理、访问日志等。

【主要成效】

通过项目建设落地，企业能够在同一个生产调度综合管理平台上实现统一调度，减少线下作业审批，减少人工台账，降低信息同步不及时、不一致而导致生产运行风险。系统覆盖管道气、LNG运销等所有业务场景形成以数据收集和数据分析为主要目的的一个综合性的管理平台，系统建设有Web端和APP，见图11.21。便于提高生产运行效益，提高企业生产调度管理水平，规范生产运行各环节作业流程和内容。

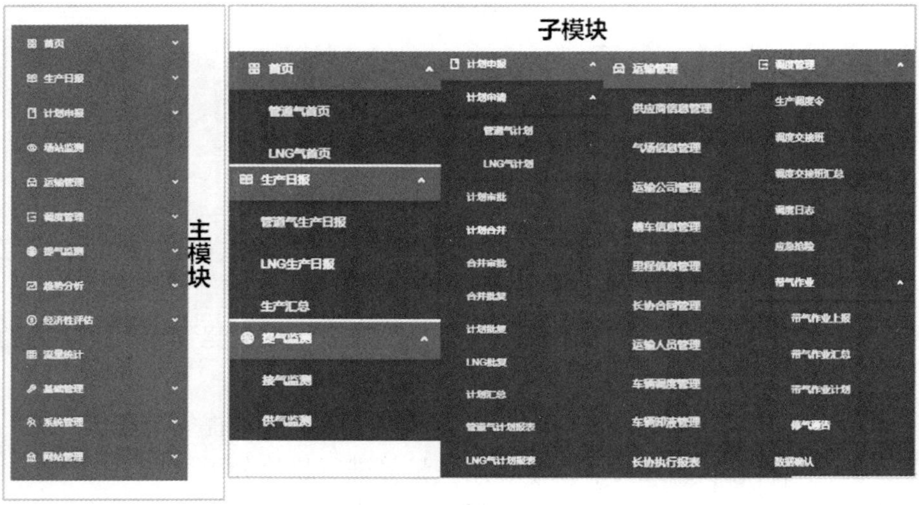

(a)管理平台Web端

(b)管理平台APP

图11.21　功能模块图和管理平台APP

11.5 河北省天然气有限责任公司城燃调控中心

【基本情况】

应用场景：管网运维

提供单位：山东国研自动化有限公司

建设单位：山东国研自动化有限公司

建设时间：2019 年 9 月

投入使用时间：2019 年 12 月

【建设必要性】

河北省天然气有限责任公司(以下简称“河北省天然气”)成立于 2001 年，是经省人民政府批准、由省建投出资设立的一家从事天然气输送、销售及综合利用等业务的现代化燃气企业，经过 20 年的发展现拥有长输管线千余千米、城镇管网六千余千米，为河北省内五十余座县市、万余家公福工商用户等提供天然气供应。公司成立以来业务范围快速扩张，效益不断提升，但随着规模扩大在运营管理过程中暴露出一些问题。

一方面，由于各系统分管不同区块业务、缺少统一规划、建设时间各不相同、技术路线存在差异，导致系统间孤立运行，形成了“信息孤岛”，各自动化系统信息不共享，信息与业务流程和应用相互脱节，加重了运行值守人员的工作负荷。更重要的是当出现某种告警情况时，只能通过手动查找、人工判断等传统手段进行信息传递和应急处理，工作效率低，对人员素质要求高，存在众多不可控因素，容易导致安全事故、带来经济损失、造成社会影响。

另一方面，河北省天然气在市场及业务扩张时由于缺乏数字化战略性前瞻，城燃输配领域的信息化平台多与长输领域合用，但长输运行体系下的业务数据格式、数据流、业务模型及权责划分等模块无法完全适配城燃输配运行体系，导致公司管理方面横向无法实现分区管理、权责规范化、业务标准化；纵向无法实现信息管理互通、业务流统一互联。进而导致城燃输配管理主要依赖值守人员的责任心与判断力发现问题，可能出现漏报、错报、瞒报等责任问题，更无法为领导层、决策层提供科学调度的有效支撑。

面对日益增长的城镇燃气管理需求，河北省天然气有限责任公司亟须提升管理水平，打造具有核心竞争力的燃气运营体系，推动城燃板块信息化、智能化发展。

【解决方案】

为提升河北省天然气城燃板块数字化水平，国研公司于 2019 年承建了其城燃调度中心项目。

国研公司利用云计算、大数据、人工智能、物联网、工控安全等最新技术手段，搭建智能化数据中台，构建智能化燃气运营管理中心，提供集控 SCADA（含智能场站）、高级调度、计量分析、运维管理、安全管理等一揽子解决方案。

结合河北省天然气的实际情况，从感知、通信、数据、调控、运营、决策等多方面搭建调控中心，实现主动管理、科学决策，提升安全管理与智慧运营水平。利用云平台与数据互联技术，建成一个一体化集成系统资源、打通业务流程，实现数据标准规范和安全保障体系的智能调度管理平台的建设，统筹河北省天然气各单位系统监测数据、业务数据、地理信息及其他重要数据，实现数据资源共建共享、互联互通，构建了完整的综合一体化燃气输配业务管控体系，通过智能挖掘分析，从燃气管网灾害预防—运行监控—生产调度—预测预警—应急指挥，梳理和打通现有各个环节，全面提升生产、调度能力，节约人力成本，保障燃气安全生产，保障民生安全用气，降低由于燃气调度导致的经济损失。系统主要包括管网运行监控、压力越限分析、用气量预测、工商户管理、交接输差分析等功能。同时系统根据不同层级的管理视角建立与之匹配的角色驾驶界面，结合用户实际需求，构建了运营态势，业务集成和工况动态三个专属场景展示。

中心软件 InduView GMS 包括一体化数据采集平台、调度 SCADA、计量抄表、漏损分析等模块，推动企业数字资产的建立，形成一套高效、协同、便捷的燃气运作流程与系统。软件架构及整体系统架构见图 11.22。

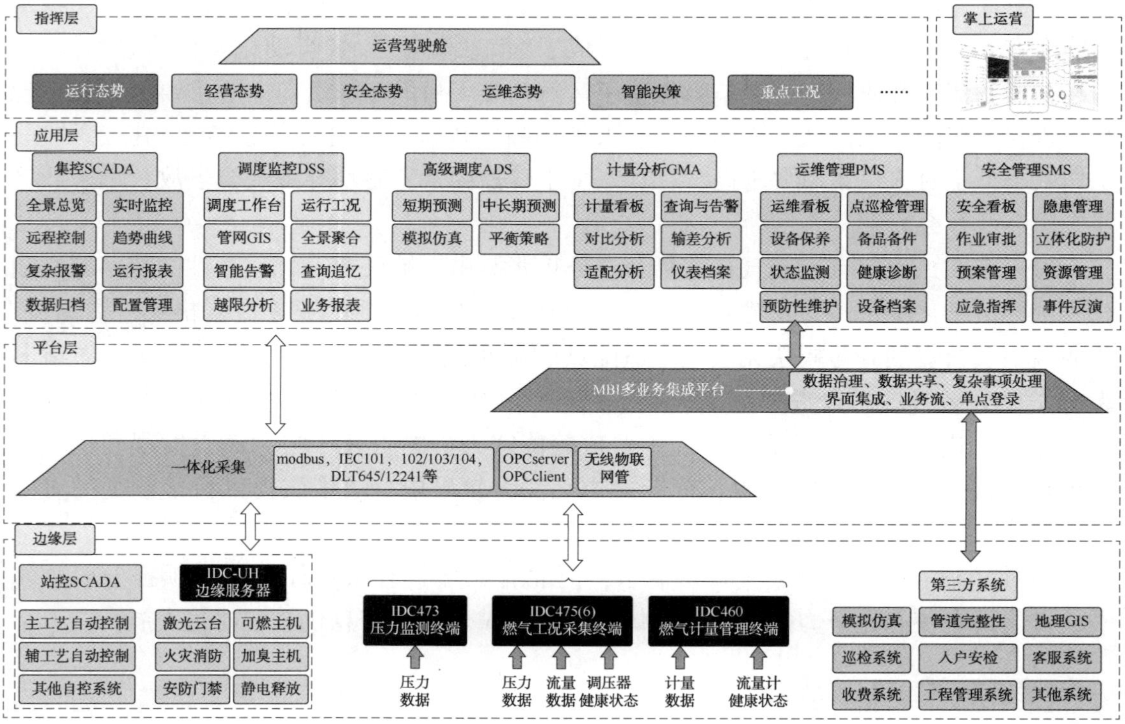

图 11.22（a） InduView GMS 软件架构

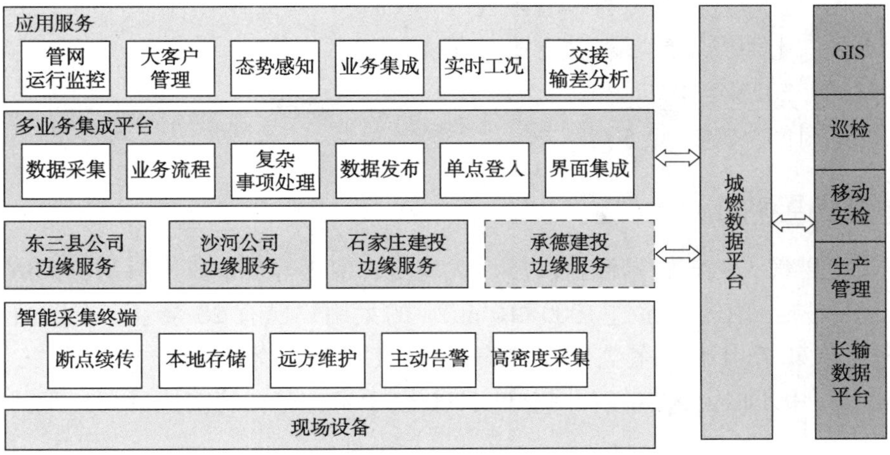

图 11.22(b) InduView GMS 整体系统架构

【主要成效】

河北省天然气通过建设本项目，从根本上解决了公司领导全局掌控、靠前指挥的难题，系统利用云平台与数据互联技术，集成系统资源、打通业务流程，实现数据标准规范和安全保障体系建设，统筹河北省公司下属各单位系统监测数据、业务数据、地理信息及其他重要数据，实现数据资源共建共享、互联互通，构建了完整的综合一体化燃气输配业务管控体系，在数据安全的前提下初步形成燃气大数据的引接、处理、分析及可视化运营模式，使信息获取不再滞后，为企业高效运营提供科学全面的决策辅助，确保指挥调度精准高效。

该系统的建设突破了仿真软件融合难、无法做到实时动态预测等技术壁垒，打破传统“烟囱式”系统独立及缺乏顶层设计的模式，打通各系统数据链路，建设行业领先的国产自主信息化系统来解决管网的监控、分析、生产、调度、预测预警、应急指挥等信息化管理的需求，从而更好地为河北省天然气管网的安全生产保驾护航。具体体现在：

(1) 保障企业安全生产、合理调度、优化运营、高效维检、精准预测、故障分析、应急抢险和辅助决策；

(2) 消除“信息孤岛”，实现多系统融合；

(3) 提高工作效率，实现跨部门业务快速协同与流程闭环管理；

(4) 展示企业形象、提升管理服务水平，提高用户满意度，为河北省天然气带来切实的经济和社会效益。

11.6 东莞新奥燃气数字孪生技术及物联感知应用

【基本情况】

应用场景：管网建设、管网运维、气源管理、应急管理、安全管理

提供单位：上海叁零肆零科技有限公司
建设单位：上海叁零肆零科技有限公司
建设时间：2022 年 4 月
投入使用时间：2022 年 5 月

【建设必要性】

东莞新奥燃气天然气管网涵盖高压、次高压、中压等多个压力级制，天然气供应量超过 $30\times10^8m^3/a$，用气量超过 $1000\times10^4m^3/a$ 的大用户已有 20 余家。在国内能源结构优化调整的政策指引下，东莞新奥燃气的供气量逐年攀升，预计将在三年内达到 $100\times10^8m^3/a$。中压以上天然气管网总计 3000 余千米，存在管网体量大，管网复杂，用气量大等特点。

针对以上现状，传统运营手段已达瓶颈，企业亟须利用数字孪生技术解决以下问题：

（1）管网运营负荷不断加大，代输气量增多，对传统运营管理已经无法实现管网管容、客户气源组分的精准管理；

（2）管网运营日益复杂，整个管网运营过度依赖专业调度人员的经验，报表靠人工整理，气量预测全基于既往经验，不利于知识沉淀及转化；

（3）在安全运营方面，管网体量大，调压设施数量庞大，巡检压力大，维保技能参差不齐，无法及时感知设备工作状态，同时随着新版《安全生产法》实施，对企业的安全生产提出了更高的要求；

（4）单纯依靠应急预案和调度人员的经验难以实现对险情和应急方案做出深入细致判断，存在主观性风险。

【解决方案】

东莞新奥燃气针对自身业务痛点及需求，决定以数字孪生技术及在线瞬态仿真平台为依托，以数字化方式创建燃气管网的虚拟模型，模拟燃气管网中气体在现实环境中的行为，实时动态监管燃气运行状态，对燃气管网、气源调度进行虚拟规划和场景仿真模拟，构建智能输配系统，满足日常安全管理、精益管理及增效降碳等需求，实现管网的智慧化运营。

（1）在线仿真平台架构

仿真平台整体架构分为基础数据、算法模型和数据服务三层组成，以算法模型为核心支撑燃气企业的管网运行、监控、维护等场景。见图 11.23。

（2）技术特点

① 突国外技术垄断，国内唯一实现市场化应用的自主知识产权仿真产品，充分满足定制开发、应用升级、数据安全保障等客户关键需求；

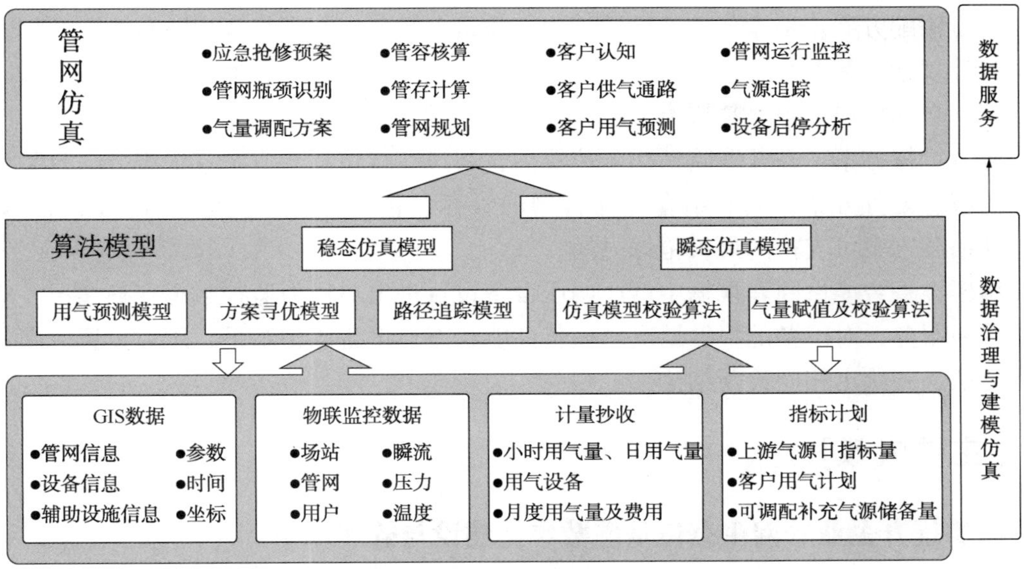

图 11.23 在线仿真平台架构

② 强大的计算精度与计算能力，经验证，东莞新奥高压、次高压管网计算精度在98%以上；中压管网的计算精度在95%以上；其中高压、次高压瞬态计算部分可在20s内完成24h的仿真计算；

③ 基于中国管网实际国情开发，适用于国内复杂管网应用；

④ 自主研发的压力远传硬件与仿真算法的有机结合，主要体现在：

• 通过对设备的应用，以较低的成本投入，增加了中压管网末端压力校核点，弥补数据缺失，突破中压管网仿真技术难点，提升中压管网仿真模型精度；

• 通过设备对管网末端用气压力波动的实时监测，掌握客户用气规律，提升客户用能预测精度；

• 设备独有的数据采集频次、精度，有效满足在线仿真过程中通过算法对泄漏、堵塞等场景进行识别的数据需求；

• 通过设备采集数据训练算法，实现孪生模型自更新，持续提升模型的智慧化程度，保障仿真模型精度。

（3）平台重点功能及服务

管网状态监控：通过在线仿真服务，实时计算管道的压力、流量、流速、压降等信息，实现对整个管网的实时监控；同时通过仿真计算，可对比验证各采集点数据是否存在异常，及时发现物联设备故障或通信故障问题。

气源匹配：于实时在线仿真结果基础上，通过路径追踪、热值追踪、溯源服务，实时查看各门站当前供气辐射范围及用户的供气路径、热值、供气成本等信息。

管网评估优化：在当前管网模型基础上，可实现自由新增管道、气源、调压设备、用户信息，同时支持一键获取历史数据或快速导入自定义数据，完成各种假设条件下的稳态或瞬态仿真计算。

负荷预测：实现客户、区域调压站未来7×24h流量预测。

气量输配方案：根据各门站设计压力、流量参数、末端用户压力需求、上游气源未来每日计划指标等参数，结合未来用气端气量计划及预测情况，通过寻优服务及瞬态仿真计算，自动生成多组气量输配方案，并根据已设定的判断条件制定最优方案。

应急抢修方案：在获取险情初步位置后，通过在线仿真、方案寻优服务，自动生成可行的应急处置方案，同时结合当前管网的管存、管容、备用气源、可协调气源等情况，评估各方案可支持的最长抢修时间。

调压设备智能诊断：根据中低压调压设备设置进出口压力监控数据变换情况，应用智能诊断服务，对设备的报警情况、设备性能状态、设备维护结果、压力设置区间进行诊断评估，并给出相应诊断结论。

【主要成效】

（1）提升企业管网生态位基础数字化建设与管理水平

① 通过数据治理与数据建模，修复管网连通性关系，处理管网改造遗留的老旧管网信息，补充管道属性中管径、壁厚、材质等缺失信息，在仿真建模过程中核对物联采集数据准确性并以数据应用为目的，最大限度地提升企业现有 GIS、SCADA 等相关基础信息化数据质量。

② 依托数字孪生技术，通过仿真数据与物联数据校验，可对比验证各采集点数据是否存在异常，及时发现物联设备故障或通信故障问题。

（2）完善企业安全管理体系

① 强化风险防范

通过仿真平台的建设，对企业管网生态位实现全方位的实时监控（包括安全设施的远程监测，管网超压、欠压、超速、冰堵、泄漏等异常现象实时监控），降低安全运营风险。

② 实现智慧运营调度

指导调度人员进行日常调峰操作，减少因为经验不足导致的运营风险。

③ 完善应急抢险预案

针对应急抢修过程中相关管网状态变化过程，预告可能存在的风险，出具相关解决方案。

④ 管网负载平衡

通过仿真结果，基于实时管网运行状态，寻找最优配气方案（包括对关键场站和调压设备的压力调节、阀门开度调整），保证管网的压力平衡，满足终端用户 3MPa 压力需求，确保客户平稳用气及管网运营安全。

（3）全面提升企业精益管理水平

① 精益购售

通过仿真模拟计算，根据历史气量数据、管存管容、负荷预测、客户需求预测、气源气质追踪、采购与销售价格分析等边界条件，结合上游气源指标、补充气源等信息，精准指导企业采购及气量调配，实现企业经营价值最大化。

② 投资优化

通过仿真结果，实时诊断、预判用气结构性变化，为管网优化、重点管线与设备设施投资、重点客户开发投资提供精准指导，出具管网投资优化方案。

③ 降本增效

管网模拟仿真平台的应用，极大降低了传统运营管理过程中对人的过度依赖。一方面是降低人力成本，改变目前人力密集型运营现状(例如对压力设备的远程实时监控实现了运营维护频次与巡检频次等)，另一方面是降低了对人的经验依赖，提升了整体的管理精准度与系统反应效率，实现运营管理过程中的降本增效。

11.7 重点场所燃气安全数字化保障系统

【基本情况】

应用场景：管网运维、应急管理

提供单位：上海燃气有限公司

实施单位：上海燃气工程设计研究有限公司

建设时间：2020 年 10 月

投入使用时间：2020 年 11 月

【建设必要性】

大型会展、酒店、商业综合体等作为城市市民工作、生活、休憩的聚集地，是城市重要的公共场所，保障其安全运行是必须守牢的城市安全底线。建设重点场所燃气安全数字化保障系统主要为解决该类场所燃气运维管理难点，包括：

(1) 内部空间结构复杂；

(2) 功能区域和装修改造频繁；

(3) 对管理人员的现场经验要求高；

(4) 发生管理人员更替，现场情况和资料的传递成本高。

【解决方案】

重点场所燃气安全数字化保障系统采用“BIM+WebGL+AR+IoT”技术，首先，对燃气管道、设施设备、报警系统、建(构)筑物及空间中相关物体进行 BIM 建模，通过 WebGL 搭建燃气数字孪生场景。其次，对三维场景重点模型接入工程基础数据、人工巡检数据，并对报警系统模型接入物联网仪表监测实时数据。最后，采用 AR 技术，借助燃气管道模型，制作 AR 辅助验收工具和 AR 智能协同巡检工具。

该解决方案的主要成果有以下三点：

（1）室内场所燃气工程验收

AR 辅助验收工具可以实景导航、漫游，有利于验收人员在复杂的室内建筑结构中找到管道位置，通过对模型与实际管道定位校正，帮助检验完工管道与设计管道走向、位置是否一致。同时可查询验收中存在问题的燃气管道的设计信息，方便制定修改方案，使室内燃气工程验收过程变得更加简便快捷。

（2）重点场所燃气实时监测

重点场所燃气安全数字化保障系统接入物联网，实时获取并上传传感器监控数据，既能保证燃气精细化管理的要求，又兼顾作战指挥的宏观视角。一旦发生异常，系统会立即向管理人员发送报警信息，提高燃气管网突发事件的处置能力，保障大型重点场所的安全稳定。

（3）室内场所燃气日常巡检

巡检人员可通过手持搭载 AR 智能协同巡检工具的终端，快速查询燃气管道、设施设备、报警系统相关工程属性信息和维保记录。当发现安全隐患或违规安装的管道，可现场进行精准定位和影像记录，帮助快速形成整改方案，落实和监督现场处置，高效快速地形成工作闭环。

【主要成效】

通过建设重点场所燃气安全数字化保障系统，进一步提升大型会展、酒店、商业综合体等重点场所的燃气设施安全运维保障能力，在燃气设施实际运行管理过程中能够看得清、找得到、理得顺、管得好，及时发现、整改安全隐患。

11.8　智能燃气场站建设

【基本情况】

应用场景：管网运维
提供单位：无锡华润燃气有限公司
建设单位：无锡华润燃气有限公司
建设时间：2017 年 6 月
投入使用时间：2021 年 6 月

【建设必要性】

（1）场站运维依赖主观判断，存在盲点和误区

传统的燃气场站一般采用四班三运转模式实现场内人员 24h 值守，一班 3 人，故场站运维至少需要依靠 12 名员工进行生产调度、事故预警、灾害处置、数据记录及台账管理等工作。场站相关的操作主要依靠现场值班人员主观判断。一旦燃气管网流量、压力发生异常，其诊断和调度决策缺少支持依据，存在无法有效处置险情、无法高效处置事故预警的可能。同时，在场站运维过程中，主要依据值班人员的运行经验，需对其进行长期的培训，且需要人员相对稳定，否则运维经验难以积累与共享。

（2）运行状态难控，无法预判故障，存在误操作可能性

控制系统主要采用简单的站内控制系统，如紧急报警装置、PLC 控制系统等简要指令系统。运行过程中多需要操作人员手动控制，过程控制缺乏先进的智能控制算法支撑。一旦事故发生，存在值班人员无法第一时间发现或进行处置的可能性，存在一定的安全隐患和安全风险点。且当进行生产时，一旦值班人员发生误操作的情况，如启闭阀门错误、带压操作等作业时，设备系统无法进行判断反馈，会带来严重后果。

（3）信息不完善，数据统计效率低且不准确

数据管理基于固定格式的纸质表单和人工统计，无法自动形成报表。需要某项数据时，往往需要重新计算，费时费力，且统计存在误差，信息处理及查询极不方便。因缺乏有效的数据监管机制，数据的录入、统计、上报凭借员工的责任心，无法消除误差的存在。对于场站上国家要求定期检定的设备设施需要依靠人工记忆，存在漏检的可能性很大，不符合国家、政府及公司的运营要求。

【解决方案】

近几年，无锡华润燃气逐步针对高中压站开展智能燃气场站的建设、改造以及研究工作。依托物联网、大数据、人工智能等技术实现数据实时传递、信息共享，对燃气管网进行全方位、全生命周期管控，通过监测全景化、后台可视化、运行智能化、管理精细化等手段，打造智能燃气场站，助力达到“安全、高效、绿色”的目标。见图 11.24。

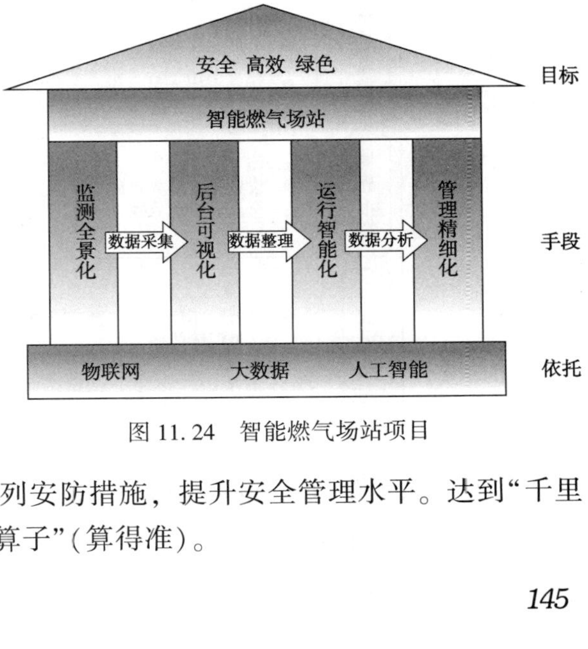

图 11.24　智能燃气场站项目

通过对关键环节增加监控，增加数据采集、仪表仪器后台可视化比对等设施，实现场站运行状态遥测、遥信。通过对场站内进出站阀门改造实现远程控制。通过增加智能化设备，将人工调节转变为智能调节压力、流量，实现场站的远程调度、智能运行。同时，增加一系列安防措施，提升安全管理水平。达到“千里眼”（看得清）、“长臂猿”（够得着）、“神算子”（算得准）。

(1) 千里眼：监测全景化+后台可视化

① 监测全景化-智能安防：基于 AI 技术，实现全景监控、周界报警及反恐保障。场站智能安防技术示范。见图 11.25。

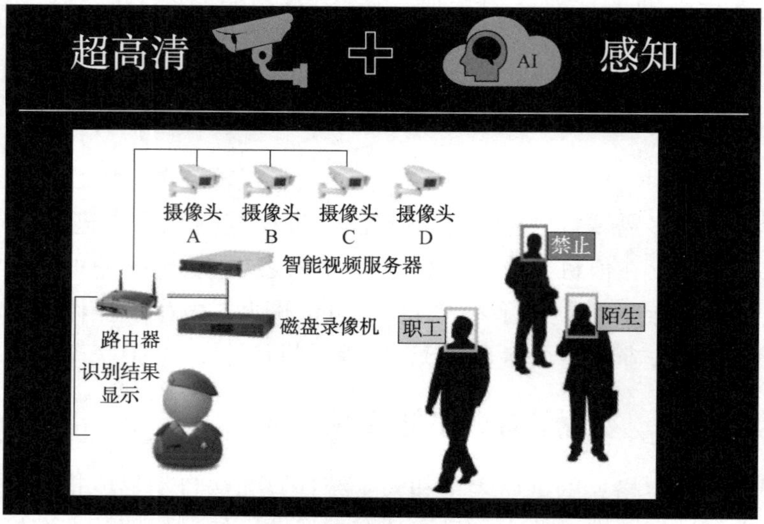

图 11.25　场站智能安防技术

在场站内安装 AI 摄像机，实现 360°无死角全景监控，准确识别场站进出人员身份、车辆信息。设置光纤等先进的电子报警系统，防止外物入侵，全面保护智能燃气场站运行的安全。设置防车辆冲撞装置，完善场站反恐保障体系。见图 11.26。

视频监控系统是智能安全防范系统的重要部分，该系统对重点场所发生的事件进行视频图像信息显示与记录，如发生事件可启动联动报警和语音对讲系统，以帮助有关人员现场应急处理和事后分析。

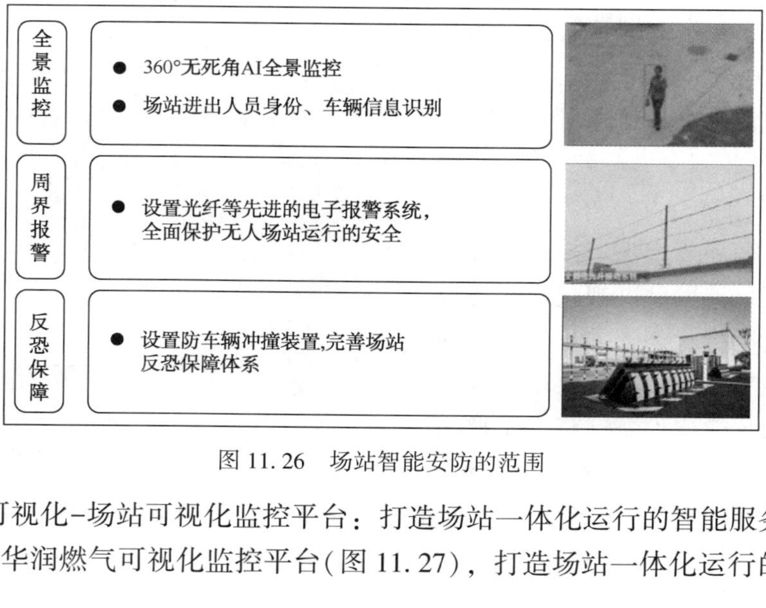

图 11.26　场站智能安防的范围

② 后台可视化-场站可视化监控平台：打造场站一体化运行的智能服务中心。

借助无锡华润燃气可视化监控平台(图 11.27)，打造场站一体化运行的智能服务中心，全面采集管束区、储罐区、卸车区等各区域主要参数、储罐实时监测、站内人员情况、设备维护情况。对于场站实时远传的数据，实现全面可视化；基于 BIM 可视化模型，实现线管和设备的高度仿真；将设备与数据绑定，从设计、运营到退役，实现全生命周期管理；通过多维度分析，实现故障设备报警；借助 AI 智能识别进出人员，并对人员进行分析；当有异常人员/车辆闯入时，系统进行异常入侵报警等。见图 11.28。

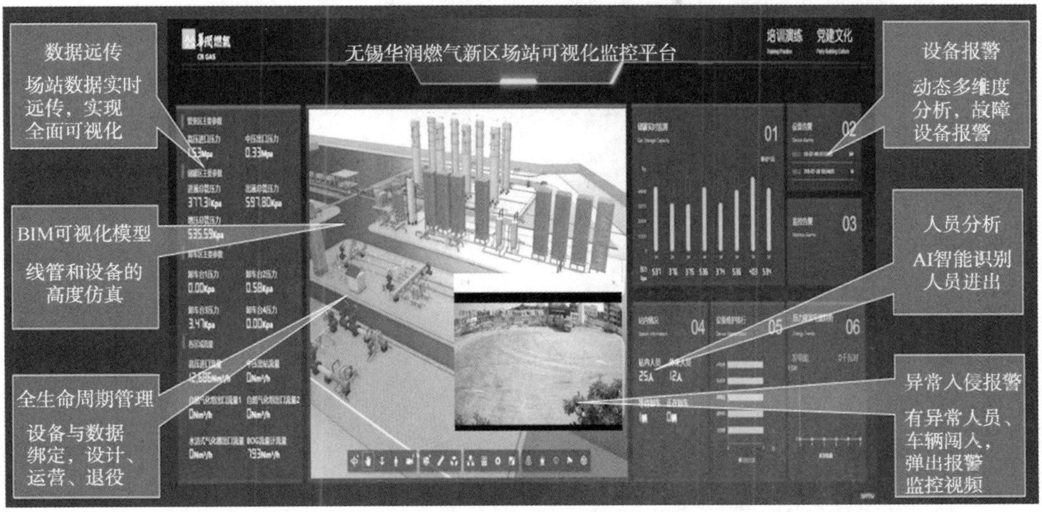

图 11.27　无锡华润燃气新区场站可视化监控平台

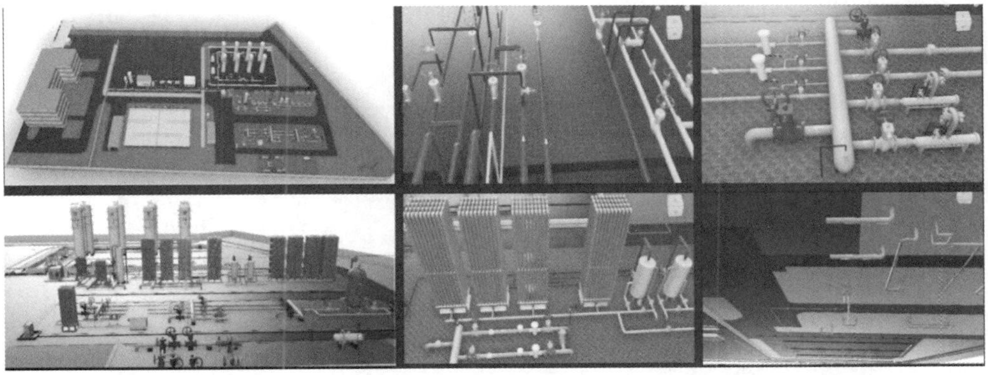
图 11.28　数字孪生

（2）长臂猿：运行智能化

借助智能调压系统，实现压力流量自适应，异常情况自诊断的智能输配。智能调压系统可以代替人工现场操作，实现对调压器的远程控制。传统调压器无法在瞬间大流量的情况下进行有效切断，智能调压器加装有限流功能，可实时保护场站设备，自愈能力强、运行稳定可靠。实时监控调压器运行状态与流量数值，实时监测节点，可根据预设压力、流量曲线实现调压器的远程调节，实现了管网压力的智能控制。场站管网远程调压设备现场见图 11.29。

图 11.29　场站管网远程调压设备现场

（3）神算子：管理精细化

借助完整性管理平台、能源管理平台及设备管理平台，实现对全能源要素及设备的精细化管理。

基于完整性管理平台，对场站的水、电、气等能源以及环境从设计、施工、运维进行综合管理。利用天然气降压产生的压力能进行发电，实现电能的自给自足以及并网；以此为基础，对全能源要素进行综合利用管理。通过对调压器的状态监控、故障诊断，提前发现风险并指导日常运维。以此为基础，对燃气设备进行安全管理。压力能利用装置见图 11.30。

图 11.30　压力能利用装置

【主要成效】

智能燃气场站建设兼具经济效益、安全效益和社会效益（图 11.31）。基于人、车、场等要素的标准化，借助物联网、人工智能、大数据技术，实现要素的数字化，对全环节要素状态全面感知，实现对要素调度的集约化，优化运行效益，提高生产运作效率。

图 11.31 智能燃气场站的整体收益

（1）经济效益

打造智能燃气场站，对于企业来讲，从经济效益上看可以实现降本增效、组织优化和资源整合。其中，人力成本的减少，主要体现在减少劳务支出、无需人员管理。改造前，无锡华润燃气的场站一般是四班三运转，通常每站需要 8 人以上，以每座场站节省人工成本约 37.5 万元来估算，如果华润燃气集团 80 余座燃气场站实现无人值守进行推算，年节省人工成本 3000 万元以上。见图 11.32。

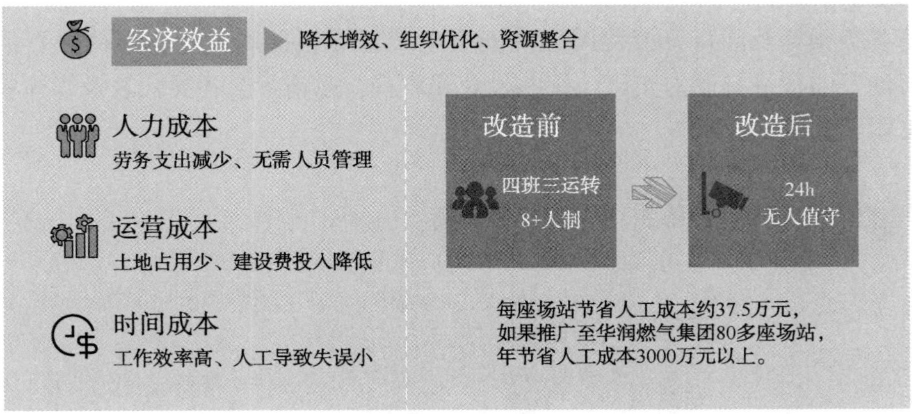

图 11.32 智能燃气场站的经济收益

（2）安全效益

在安全效益上，主要是统一管理场站设备、对场站设备及环境、人员、进出车辆等实时监控，实现对场站的整体掌控。借助物联网、互联网技术的智能燃气场站，提高了安全可控性，提升了本质安全。见图 11.33。

场站经过智能改造后，运营风险更低（因人为操作失误造成的隐患或意外风险）、燃气管网运行平稳性更强(场站自愈能力强、运行可靠性高)、场站的安全可控(借助无死角视频监控，提升场站安全性)。

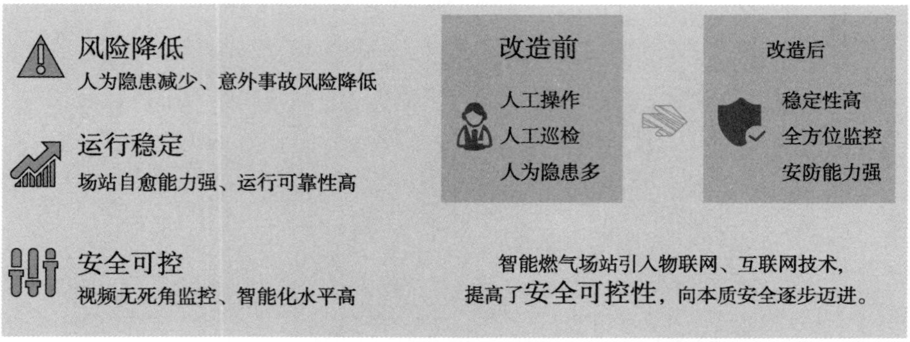

图 11.33　智能燃气场站的安全收益

(3) 社会效益

打造跨行业通用标准：目前已形成“点供场站”和“输配场站”无人值守的标准化成果，供集团成员企业及燃气行业或公用事业行业复制。已发布《无人值守燃气场站管理指引》《门站站控系统建设技术指引》两项企业技术指引，指导公用事业行业的无人值守场站的建设和管理。

打造智慧化转型标杆企业：无锡华润燃气作为华润燃气智慧燃气标杆示范基地，在部分领域要起到标杆示范作用。智能燃气场站的建设为集团其他成员公司的智慧化转型提振了信心。

接待各级领导及同行：接待国务院安全生产督导组参观检查，接待中石油、中石化、中海油等同行进行业内交流，举办公众开放日，邀请社会各界代表及媒体单位参加活动。见图 11.34。

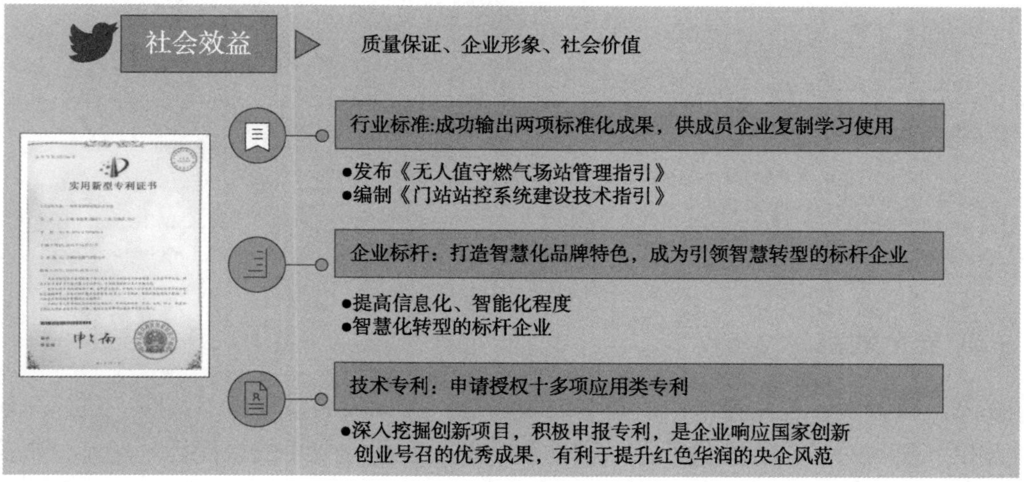

图 11.34　智能燃气场站的社会收益

11.9　小程序解决大问题——防第三方破坏燃气管线查询小程序

【基本情况】

应用场景：管网运维、安全管理

提供单位：无锡华润燃气有限公司

实施单位：无锡华润燃气有限公司

建设时间：2021 年 10 月

投入使用时间：2022 年 3 月

产品费用：20 万元/套

【建设必要性】

近年来，随着无锡城市建设的加快，轨道交通等施工项目的日益增多，地下燃气管线受到第三方施工破坏事故时有发生，已成为威胁地下管线安全运行的重要因素。

【解决方案】

为预防城市地下管线第三方施工破坏，无锡华润燃气有限公司主要依靠巡线人员每日管线巡查发现施工行为，并对现场施工人员进行管道保护的技术交底。但仅依靠人力巡查难以完全避免第三方施工破坏事故。

燃气管线查询小程序是由燃气主管部门无锡市政和园林局委托无锡华润燃气开发的一款微信小程序。施工单位在施工前通过微信进入小程序填写相关施工资料(施工图纸及燃气专项保护方案)，并查询施工区域的地下管线情况，确定施工区域有无燃气管线。附近巡线人员通过智慧管网 APP 收到小程序通知后，第一时间赶往现场向施工单位指明管线位置，做好管道保护的技术交底工作。

如图 11.35 所示，智慧管网 APP 使用方法如下：

(1) 申请之前准备好建设单位、施工单位相关信息及电子版工程图纸，微信扫描小程序码进入小程序。

(2) 填写相关施工信息，完成之后点击提交。

(3) 上传施工资料(施工图纸及燃气专项保护方案)。

(4) 进入管线查询页面，此时工单已在后台派送给巡线人员。根据界面提示，可点击电话号码联系巡线人员现场核实燃气管线情况。

(5) 点击首页“申请记录”一栏可查看到正在进行的查询信息。若已完成查询申请，可获取“燃气管线查询施工凭证”。

图 11.35　智慧管网 APP 使用示意

【主要成效】

（1）小程序上线运行仅 2 个月，已经接收并处理 57 起施工申请，方便其他施工单位的同时有效降低第三方破坏率。

（2）免跑腿、一站式：施工单位按照简单引导进行操作，无需再到燃气公司查询管线。

（3）数字化流程驱动：施工单位管线查询完毕后，后台自动派发工单给附近巡线人员，到现场查看施工情况。

（4）电子化施工凭证：出具电子化燃气管线施工凭证，免除纸质文件签盖流程。

（5）施工破坏前置管理：由巡查人员通过巡查主动发现施工行为转变为通过事前查询申请，将管理流程前置。

（6）降低第三方施工破坏率：由事中事后管控向事前预防转变，从源头解决第三方破坏问题。

【其他】

本工具具备快速推广应用到其他区域的条件。产品仅上线运行 1 个月就得到集团内其他成员企业的认可及推广使用，其中长兴华润燃气公司在无锡公司的经验基础上，通过快速复制模式，已成功开发其公司自己的防第三方破坏小程序一期项目，并邀请无锡华润燃气参与验收。

11.10 贵州燃气设备管理系统

【基本情况】

应用场景：管网运维

提供单位：贵州燃气集团股份有限公司

建设单位：贵州燃气集团股份有限公司

【建设必要性】

随着社会的飞速发展，燃气企业在良好的社会形势下逐步发展壮大，由于其经营性质的特殊性，燃气设备的科学管理对于企业生存与发展有着紧密的联系。对于各项设备实施正确的操作、定期的保养及科学的维修，才能保障各项设备持续保持最佳的运行状态，提升企业的生产效率，减少成本，优化企业的经济效益，强化企业在现代市场竞争中的综合实力。燃气的性质区别于一般的商品，其有一定的危险性，容易出现各项安全隐患，对其设备的管理也直接关系到供气的安全性、稳定性，其也是保障企业与人民群众生命财产安全的基础前提，因此对于燃气企业设备的管理逐步成为企业生存与发展的基本条件之一。现在计算机科学及信息技术的进步与更新，现代设备的管理方式也有了较大变化与发展，逐步形成了专业的设备管理系统，促进了现代企业的设备管理水平。

设备作为一个企业重要的生产力，是生产工具，也是财富，设备管理的重要性不言而喻。如何将设备管好，如何提升设备全生命周期的使用效率，如何将设备更好地服务于生产，这是燃气行业，甚至大多数企业所面临的问题。

传统的燃气设备管理模式，一般是在购进设备后，将其基本信息数据进行建档保存，而设备在后期投产使用后，其状态、性能等均会发生较大的变化，该类信息也是设备的基本状态，但是由于缺乏有效的管理手段，忽视了档案信息的管理，没有及时更新信息，或者修改、删除设备的已经过时的信息，造成信息缺乏真实性及实时性，全面性也不佳。某些企业则是完全依靠人工管理方式，对档案信息进行维护，跟踪设备信息，管理人员的工作量极大，且由于管理环节繁杂，容易出现失误，导致设备的管理水平较低，效率不佳。燃气企业的设备数量多，种类繁杂，且性能特殊，如果管理不佳，容易出现严重的安全事故，对于管理也提出了更多更高的要求。因此需要采用现代先进的网络技术及计算机技术，科学高效地开展设备管理工作，减少管理人员的工作量，也减轻其劳动强度，提升管理效率及水平。

总结来看传统的设备管理方式存在以下四个方面的问题：

(1) 杂：设备类别多，设备数量大、型号不一，汇总归类难度大。

(2) 散：分布(办公室、场站、客户端)分散、管理(班组、部门)分散。

(3) 松：运行数据手工记录，存在数据不直观、不准确、不规范乃至数据丢失的问题，缺乏预警检查监督管理手段。

(4) 乱：资产台账设备管理不规范，因人员调动、设备借用、报废处置不及时，造成资产设备账实不符、资产流失、重复购置等现象，资产管理方面存在较大漏洞。

企业设备信息系统是在以对加强设备结构进行重点管理为基础，对设备的运行管理等进行全面的管理，从而达到减少设备运行意外故障，提高设备运行综合状况，降低维护成本的目的。通过建设一套设备管理系统，我们可以利用最新的计算机技术结合企业设备管理的实际经验和方法，优化管理流程，生成了设备信息共享平台、知识分享平台。可以实现对设备的有效管理、清晰了解各生产单位的设备资产情况、管理情况、运行情况等，让非在现场进行管理人员也能快速掌握最新的管理信息，也为集团化管理增加了有效的管理手段；通过两个层面的共同工作，可以达到提高设备使用水平，将以往的定期维修转变为预知维修，降低企业运营成本，提升企业在市场中的竞争能力。

【解决方案】

燃气行业属于资产密集型企业，生产业务涉及设备类型多、工艺复杂、安全性要求高、一旦发生事故后果严重。燃气行业设备具有多专、集中、线性、分散等特点。燃气行业生产涉及设备类型和数量众多，如工艺设备、消防设备、控制系统设备、安防系统设备等；设备专业面广，涵盖燃气、给水排水、电气、自动化众多专业。设备管理与燃气安全生产息息相关，管线设备、场站设备、外部环境复杂经常受到外部因素影响，腐蚀、地质灾害等都对管网设备造成影响，通过使用设备管理系统来有效对设备管理，跟踪设备全生命周期各阶段关键数据进行分析，提供有效决策分析数据支撑，有效运行风险评估，辅助设备管理决策。见图 11.36。

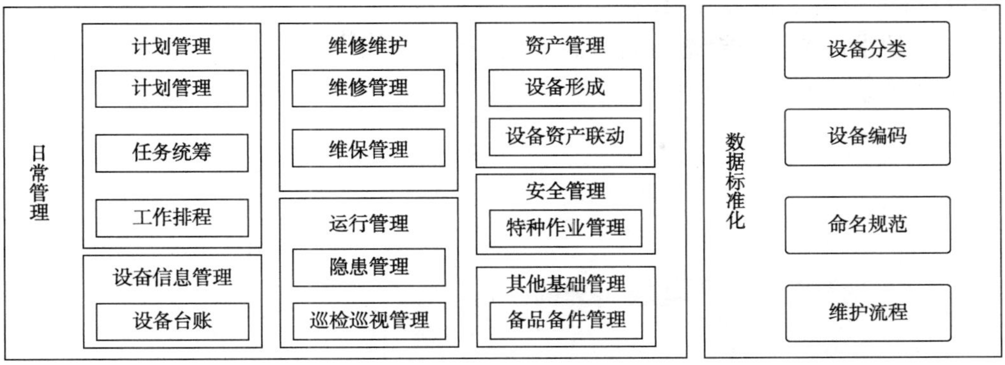

图 11.36　系统功能架构图

（1）数据体系

想要做好企业各类设备管理工作，首先是需要对设备的数据信息进行规范标准化，企业需要构建全集团统一的设备分类标准体系，通过设备分类标准化梳理，制定一套适合整个集团的设备数据标准，规范公司燃气设备分类、属性及编码规则，最后将梳理好的管理标准以系统的方式进行固化。

① 设备分类。健全集团设备分类体系，合理划分设备分类层级。建立资产、物资和设备分类的映射关系，为贵州燃气业务一体化提供数据基础。

② 设备编码。制定合理的设备编码规则，保证编码的可拓展性和灵活性。

③ 命名规范。规范最小类别的设备名称描述，有利于统计分析和决策。

④ 维护流程。规范设备分类维护流程，为集团统一管理设备奠定基础。

（2）系统主要功能

① 设备台账。见图 11.37。

建立“设备生命卡”，统筹设备可靠性、使用寿命、使用效率和周期成本等各项要素，支持对设备台账、设备标签、设备卡片、特种设备、设备变动、检维护、维护保养及设备检定等的管理。

		设备编号	设备名称	设备型号	生产厂家	设备位号/安装位置	所属位置	设备分类编码	设备分
1		101826	压力表	Y	WIKA	FT	中压调压站	1	仪器仪表-现
2		100216	温度变送器	3144P 5...	艾默生（北京）仪表有...	一级调 3201	中压调压站		仪器仪表-自
3		500094	可燃气体探测器		霍利韦尔		中压调压站	5	自控设备-安
4		500093	可燃气体探测仪	Sens X...	Honeywell		中压调压站	5	自控设备-安
5		500092	可燃气体探测仪	E	深圳市特安电子有限公司		中压调压站	5	自控设备-安
6		101392	耐震压力表		SWAGELOK		中压调压站	1	仪器仪表-现
7		100130	温度变送器		罗斯蒙特		中压调压站	1	仪器仪表-自
8		200144	双金属温度计		WIKA		中压调压站	2	仪器仪表-现
9		200240	压力变送器		北京远东罗斯蒙特仪表...		中压调压站	2	仪器仪表-自
10		101391	压力表		WIKA		中压调压站	1	仪器仪表-现

图 11.37　设备台账图

② 设备维修记录。见图 11.38。

对设备的维修维护记录进行管理，支持对设备台账、备品备件、维修计划、工单、工作许可及维修资源等的管理。

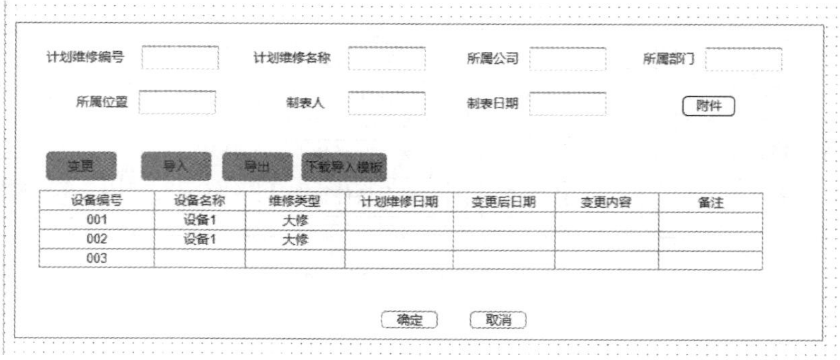

图 11.38　设备维修记录表

③ 设备检定。见图 11.39。

动态匹配检定计划与检定报告，对不同检定周期的设备，分等级提醒。

统计列表：展示所有检定的设备列表，同时有预警功能。能够设置预警提醒，选择需要检定的设备，设置下次检定日期和提前预警期。统计列表页面显示所有检定设备信息，黑色字体代表正常检定、绿色字体代表检定中、黄色字体代表预警期内要检定、红色字体代表超期未检定。

检定中设备：展示正在进行检定的设备列表。

检定历史记录：展示设备检定记录信息。

图 11.39　设备检定统计表

④ 设备盘点。见图 11.40。

实现对设备设施的定期盘点管理，简化操作，提升工作效率。

⑤ 设备运行。将报警信息、缺陷信息纳入闭环式管理流程，使日常管理工作更加条理化、系统化、图像化和科学化。

序号	盘点名称	所属场站	设备总数	未盘点数	已盘点(正常)数	变更数
1	西乡调压站_20180914	西乡调压站	73	1	70	2
2	横岗调压站_20181017	横岗调压站	77	77	0	0
3	滨海调压站_20181017	滨海调压站	110	16	73	21
4	留仙洞调压站_20180304	留仙洞调压站	284	0	257	27
5	梅林调压站_20180305	梅林调压站	65	21	42	2
6	梅林调压站_20180302	梅林调压站	65	5	58	2

图 11.40　设备盘点统计

运行记录：统计各站运行记录情况，上报异常情况。参考图 11.41。

异常上报：异常数据(包括抄表数据或下拉选择数据)出现在异常上报列表，由站长选择上报。

异常情况处理：对巡检过程中的异常信息进行审核、派单、修复。参考图 11.42。

运行管理数据记录：对异常数据进行审核，需要派单维修、修复的数据，在维修维护功能模块进行闭环。

	高压区进站压力	高压区进站温度	高压区1#过滤压差	高压区2#过滤压差	高压区3#过滤压差	高压区4#过滤压差
00:00	3.95/00:00	17/00:08	0/00:08	0/00:08	0/00:08	0/00:08
02:00	4.0/03:01	17/03:01	0/03:01	0/03:01	0/03:01	0/03:01
04:00	3.95/03:45	17/03:45	0/03:54	0/03:54	0/03:54	0/03:55
06:00	3.95/07:01	16/07:02	0/07:06	0/07:06	0/07:06	0/07:06
08:00	3.95/08:03	15/08:03	0/08:02	0/08:02	0/08:02	0/08:02
10:00	3.90/10:11	16/10:11	0/10:12	0/10:12	0/10:12	0/10:11
12:00	3.90/11:50	17/11:50	0/11:51	0/11:51	0/11:51	0/11:50
14:00	3.95/14:08	18/14:08	0/14:09	0/14:09	0/14:09	0/14:09
16:00	3.95/16:02	18/16:02	0/16:03	0/16:03	0/16:03	0/16:02
18:00	3.90/17:47	17/17:47	0/17:48	0/17:47	0/17:47	0/17:47
20:00	3.90/19:51	17/19:51	0/19:52	0/19:52	0/19:52	0/19:51
22:00	3.95/21:47	17/21:47	0/21:47	0/21:47	0/21:46	0/21:46

图 11.41　设备运行记录表

序号	场站名称	必经点名称	设备编号	抄表值	单位	班组	巡检人	巡检时间	录入时间	异常说明	超时说明
1	留仙洞调压站	次高压出站区温度	195	22	℃	一班	能生远	2018/12/13 9:00	2018/12/13 9:40	设备无异常	-
2	留仙洞调压站	次高压出站区温度	195	1.35	℃	二班	郭明方	2018/12/13 9:00	2018/11/1 9:40	输入错误。	-

图 11.42　异常上报表

⑥ 设备巡检。

实现对巡检计划的合理安排，对设备的有效巡检，对异常事件的及时上报与处理，提高巡检工作的效率与质量。

设备巡检主要应用于场站日常检查，包括巡检点设置、巡检规则、巡检记录。设置巡检点及巡检计划，通过巡检计划添加巡检点，根据设置自动生成巡检任务，由排班设置的人员进行巡检数据录入。

巡检点设置：主要设置每个场站必经的巡检点，每个场站巡检可以设置多个巡检点，以巡检序列号表示先后顺序。

巡检点信息：巡检点名称、设备位号、所属场站、所属单位、巡检点类型(抄表、选择)、参数类型、单位、巡检序列、阈值上限、阈值下限、备注信息。

巡检计划：设置每个场站的巡检计划，需要经过的巡检点，包括：巡检名称(表单名称)、值守方式、场站名称、巡检作业类型(表单类型)、计划模式、时间间隔、开始时间、结束时间、编制人、编制日期、备注、选择巡检点。

巡检排班：由站长安排排班计划，指定到人。

巡检记录：记录巡检详细信息，包括巡检人、时间、场站、巡检点、记录值等。参考图 11.43。

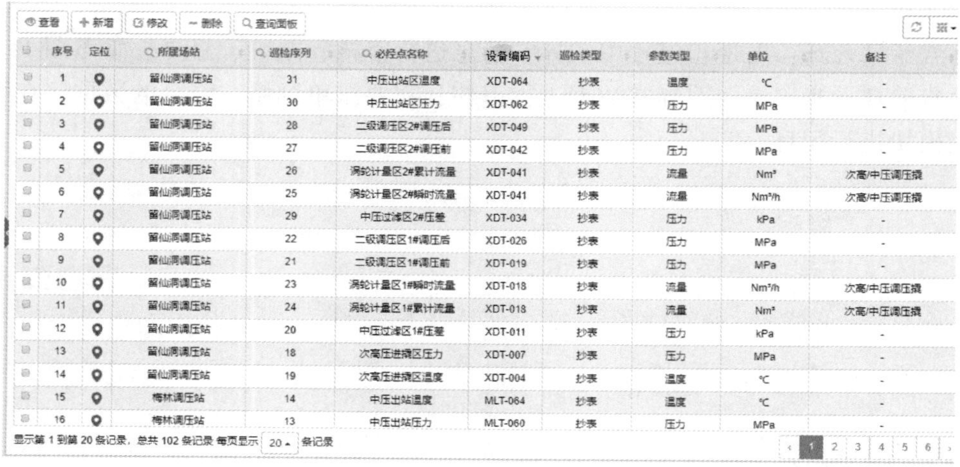

序号	定位	所属场站	巡检序列	必经点名称	设备编码	巡检类型	参数类型	单位	备注
1		留仙洞调压站	31	中压出站区温度	XDT-064	抄表	温度	℃	-
2		留仙洞调压站	30	中压出站区压力	XDT-062	抄表	压力	MPa	-
3		留仙洞调压站	28	二级调压区2#调压后	XDT-049	抄表	压力	MPa	-
4		留仙洞调压站	27	二级调压区2#调压前	XDT-042	抄表	压力	MPa	-
5		留仙洞调压站	26	涡轮计量区2#累计流量	XDT-041	抄表	流量	Nm^3	次高/中压调压撬
6		留仙洞调压站	25	涡轮计量区2#瞬时流量	XDT-041	抄表	流量	Nm^3/h	次高/中压调压撬
7		留仙洞调压站	29	中压过滤区2#压差	XDT-034	抄表	压力	kPa	-
8		留仙洞调压站	22	二级调压区1#调压后	XDT-026	抄表	压力	MPa	-
9		留仙洞调压站	21	二级调压区1#调压前	XDT-019	抄表	压力	MPa	-
10		留仙洞调压站	23	涡轮计量区1#瞬时流量	XDT-018	抄表	流量	Nm^3/h	次高/中压调压撬
11		留仙洞调压站	24	涡轮计量区1#累计流量	XDT-018	抄表	流量	Nm^3	次高/中压调压撬
12		留仙洞调压站	20	中压过滤区1#压差	XDT-011	抄表	压力	kPa	-
13		留仙洞调压站	18	次高压进撬区压力	XDT-007	抄表	压力	MPa	-
14		留仙洞调压站	19	次高压进撬区温度	XDT-004	抄表	温度	℃	-
15		梅林调压站	14	中压出站温度	MLT-064	抄表	温度	℃	-
16		梅林调压站	13	中压出站压力	MLT-060	抄表	压力	MPa	-

显示第 1 到第 20 条记录，总共 102 条记录 每页显示 20 条记录

‹ 1 2 3 4 5 6 ›

图 11.43　设备巡检统计表

【主要成效】

通过对设备管理系统的使用可使燃气企业的设备管理水平更上新台阶，新的设备数据分析平台可有效跟踪各项工作的进展，可评价维修部门的工作质量，计划和控制维修费用；使所属的各煤气储配主体设备处于可控状态，确保设备的正常安全运行，保障站区压送设备的设备完好率，对企业完成年度目标起到了重要作用，一定程度上确保了上海市南地区的煤气供应。同时新的设备维修策略的引入，也可改变以往维修策略所带来的维修过度或维修不足等问题，在保证设备安全运行的前提下，合理安排维修工作，调配维修资源，持续改善和提高设备技术水平，延长设备的使用寿命，充分发挥设备的能力、效率和效益，大大节省企业的设备维修保养费用。

11.11　调压器预防性维护管理系统

【基本情况】

应用场景：管网运维

提供单位：无锡华润燃气有限公司

建设单位：无锡华润燃气有限公司
建设时间：2018 年 1 月
投入使用时间：2021 年 10 月

【建设必要性】

随着我国城市化水平的提高，调压器在城市管网中的数量迅速增多，燃气公司的管理难度和安全风险也相应提高。以无锡华润燃气有限公司为例，调压班维护人员共 11 人，负责无锡公司区域内燃气调压柜/箱共 7000 余座的维保工作，包括调压器的定期巡查、定期维保、定期更换备品备件等工作。据统计调压器定期维保费用每年约 110 万元，但调压器每年平均故障次数约 300 次，这些故障大多通过事故后抢修的方式处理。

燃气公司在调压器的维护管理方面存在以下痛点：

（1）有限的资源投入与调压器数量的急剧增加难以匹配。燃气公司维护人员没有足够的精力通过人工判读运行状态的方式，对所有调压器的情况进行全面了解。通常按照定期维护保养的模式对调压器进行管理，无法针对性开展调压器的维护保养工作。导致花费大量无效维护保养费用，未到期发生故障的调压器，通过事故后抢修的方式处理，使得燃气公司承担巨大的安全风险。

（2）调压器技术人员不足，人工判读运行状态亟待经验化。随着调压器数量急速增加，工作量大幅增加，新人通过实际操作、培训等方式获取经验需要较长的周期，导致调压器运行状态的判读难以全部覆盖。同时，近些年，燃气公司更倾向于业务外包管理模式，使得今后技术人员更加稀缺以及新人的培养更加困难。

（3）调压器的信息化管理提升，但调压器的管理能力在局部甚至弱化。从早期通过调压器圆盘走纸、人工判读运行状态，到现在越来越多的燃气公司开始对管网设备进行信息化改造，获得调压器的实时工况数据。但运行状态识别依然依赖于人工，这不仅增加了人员的负担，也使状态监控弱化为单纯的超限报警模式，未能将信息化成果有效利用。较高的成本也限制了调压器监控覆盖率的进一步提升。

【解决方案】

燃气调压器预防性维护管理系统包括人工智能故障识别算法、燃气调压器预防性维护管理平台以及燃气物联网温压传感器，是将物联网传感数据转变为管理应用业务流的新一代智能化管理工具。

针对多发的超压、内漏、串压等故障类型，通过调研一线调压班工程师发掘故障现象与调压器运行参数之间的联系。建立人工智能故障识别算法，学习人工判别故障的经验，建立故障特征库，实现对调压器运行故障的自动诊断。通过大数据分析技术，生成用户用气习惯图谱（图 11.44、图 11.45），计算调压器关键运行参数，包括出口运行压力、调压精度、关闭等级，判断关键运行参数的趋势，对可能发生故障的调压器进行预警。

燃气调压器预防性维护管理平台（图 11.46）运用人工智能故障识别算法的结果，集中展示调压器运行状态及相关参数，同时与调压器的运行维护管理相结合，故障传感器及调压器自动生成工单，智能编排维护保养计划，提升工作效率。

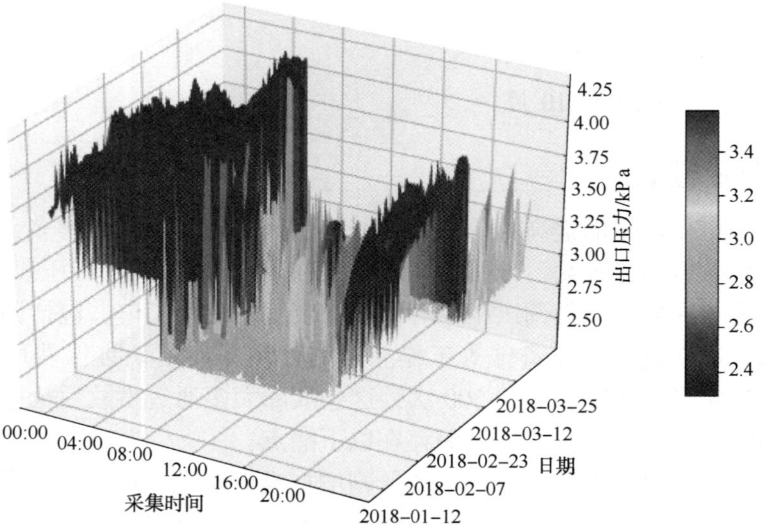

图 11.44　超压特征图谱

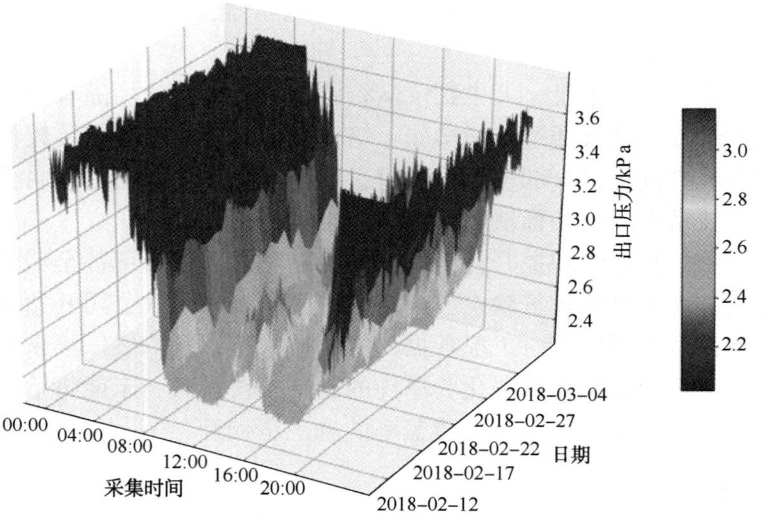

图 11.45　内漏特征图谱

图 11.46　调压器预防性维护管理平台

燃气物联网温压传感器，根据燃气调压站点监测的专业化需求，订制开发低功耗智能物联网温压传感器，适合覆盖最大化到城镇各处的调压箱、调压柜等管网节点，以低成本及灵活可变的监测逻辑实现节点的物联网升级，采集关键的调压器出口压力、管内和站点温度等预测分析所需信息，可灵活下行配置传感器模板，并能够提供后续更多传感参量的扩展接入能力。能够在爆炸性气体环境Ⅰ区、Ⅱ区等级危险场所使用，达到ExiaIIB以上防爆等级，即插即用、灵活配置、现场适用性强，为调压柜、场站的智能化改造提供了低成本高精度的方案。

以上三者组成了调压器预测性系统的感知与传输层、数据处理与分析层、应用功能层三部分，构成相互关联协作的系统整体，完成安全预警、故障趋势预判、故障识别、维保处理与反馈、分类统计与评价等一系列应用功能。

【主要成效】

（1）数据质量决定运行状态判定准确性

传感器采集到的运行数据发送至预防性维护管理系统，由于缺乏对数据的具体应用及科学管理，导致采集到的大量异常、缺失、重复的"脏数据"未及时发现和处理。以无锡华润燃气为例，在收集历史运行数据搭建人工智能故障识别算法的过程中，我们发现部分传感器已经没电，还有部分传感器的数据与真实值偏差较大，这就为后续数据应用带来大量不便，预防性维护管理系统在分析之前，会先对数据进行预处理，开展数据管理工作，判断数据的有效性和真实性，对错误的数据可以使用删除法来去除不合格的数据样本，对缺失的数据可以使用插值填补法来增补缺失数据，这样保证了分析的源头数据真实可靠，同时当传感器数据出现问题的时候，可以反推复核现场传感器，确认传感器的运行状态。图11.47为异常数据情况。

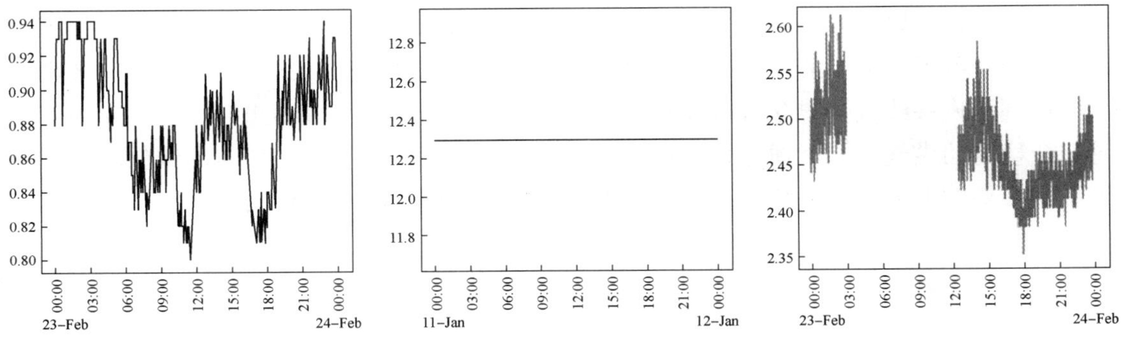

(a)数值异常或错误　　(b)数值重复　　(c)数值缺失

图11.47　异常数据情况

（2）调压器健康状况指标化评价

当谈到调压器的运行状态时，大家总会将关注重点放在调压器的运行状态是正常还是故障，但往往大部分调压器处于这两种状态之间。调压器发生故障，往往是由于投运时间久、老化导致的，大部分故障的发生和发展都有一个逐步演进的过程，这时候就需要关注调压器本身当前的性能指标，与出厂时的性能指标做对比，评价调压器的健康状况，主要包括当前出口压力、调压精度、关闭等级等关键运行参数。随着调压器长时间工作，统计历史运行数据，各厂家品牌调压器的关键运行参数的变化也有差别，经过长期的数据统计可作为设计选型的依据。见图 11.48。

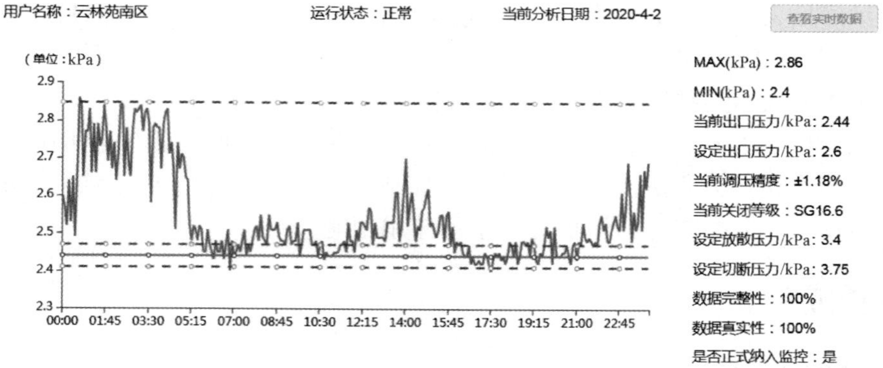

图 11.48　关键运行参数判

（3）应用案例

2019 年调压器预防性维护管理系统在无锡华润燃气实施部署，接入调压器 217 个。从 2019 年 3 月开始接入至今，系统试运行期间共发现故障调压器 35 起，预警调压器 120 起。每日上班，调压器维护人员，就可以登录调压器管理平台，查看录入系统内的所有调压器的运行状态，针对故障调压器自动生成工单，提醒维护人员及时对调压器进行维修，填写工单，经管理人员审核，完成闭环操作。当维修工作结束以后，对系统中的初始数据按实际情况进行更新，以形成新的预判基础。将预判结果与维修过程中发现的实际情况进行对比，以判断人工智能故障识别算法的准确性，并对算法的判别条件、参数进行修正，以使判别结果更符合实际情况。针对未到维保周期的预警调压器，可提前加入当月维保计划，避免运行状况进一步恶化。调压器预防性维护管理系统有效帮助本公司调压班一线人员科学合理安排维修、维保工作，优先处理隐患调压器，保障了下游安全稳定的供气。同时通过智能派单系统，优化了对工作正常调压器的维保频率，节省了不必要的人力物力消耗。图 11.49 为调压器维修前后状态分析图。

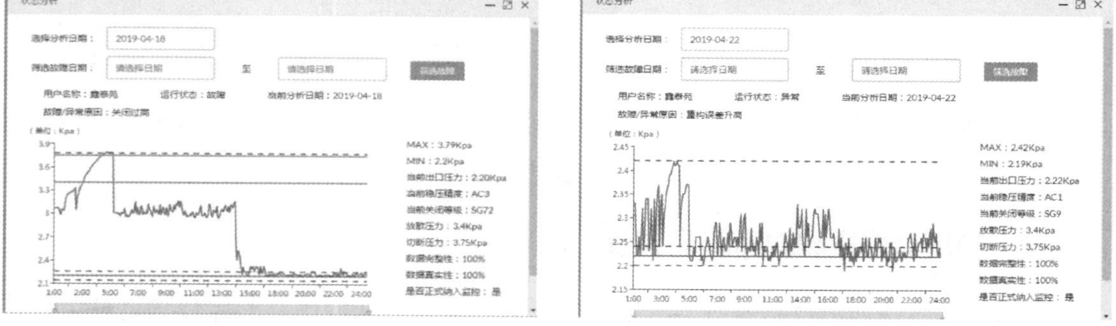

(a)维修前　　(b)维修后

图 11.49　维修前后调压器状态分析示意图

11.12 中国燃气 OMP 平台项目

【基本情况】

应用场景：管网管理及智慧运营

提供单位：中国燃气控股有限公司

实施单位：中国燃气控股有限公司

建设时间：2021 年 12 月

投入使用时间：2022 年 3 月

【建设必要性】

面向中国燃气控股有限公司生产运营、安全管理和应急抢险等业务板块，以提高企业安全生产和效益为核心，以企业供给侧结构性改革为主线，提供高效的数字化抓手，以保障生产运营的高效与本质安全，支撑业务管理变革落地与管理思维的贯彻，主要解决以下问题：

（1）资产缺乏统一管理

各成员企业信息化程度差异大，管网资产管理模式不一，相关管网资产数据由各自企业自行维护，集团缺乏统一管理。

（2）业务运维难开展

缺乏有效的运维作业支撑平台，难以快速进行任务的派单及工单的流转；同时类型多，涉及部门广，业务系统分散，数据之间缺乏联通，各个业务流程难以通过平台进行高效流转。

（3）安全管控手段落后

对于日常管网运行管理中管网巡视、施工监管、隐患处置，重要场站的设备设施、工艺流程缺乏高效的信息化管理手段，缺乏完善的数据预警机制，难以对异常情况进行及时预警。

（4）缺乏数据分析工具

缺乏高效的数据挖掘分析工具，难以提炼数据核心价值，无法为集团综合分析和科学决策提供数据支撑。

2021 年，中国燃气控股有限公司建设了“标准统一、数据一致、信息准确、应用便捷”的集团统一的 GIS 云平台以及满足集团、区域及项目公司协同运转、高效管理的运营管理平台。

【解决方案】

（1）管网运营模块 PC 端

以中国燃气控股有限公司管网巡视、施工监管、隐患处置等业务为核心，聚焦事件处理全流程闭环管理要点，结合事件上报、事件处置、事件回溯及统计分析等环节，包括管网巡视、施工监管、隐患处理、人员管理、地图应用、统计分析及后台管理，充分显示了中国燃气控股有限公司对于外业工作透彻的业务理解和完备的信息化存储，并以数字化手段为中燃集团外勤业务全流程管控保驾护航。

（2）管网运营模块 APP 端

管网运营模块 APP 端实现手持终端的个人信息及工作完成展示、地图展示、工作任务及辅配等功能，为一级业务人员、中级管理人员及集团领导设计符合各自工作需求的业务功能、管理功能及监管功能，实现手持移动业务办公。

（3）GIS 云平台

建设统一的 GIS 云平台，实现从管网设施坐标及属性信息采集、传输、存储，到分析、查询、应用的综合解决方案，实现管网信息归集规范化、标准化，地理信息系统部署集约化，为智慧燃气建设打造最核心的数据和底层基础。

基于 GIS 的人员管理情况见图 11.50。

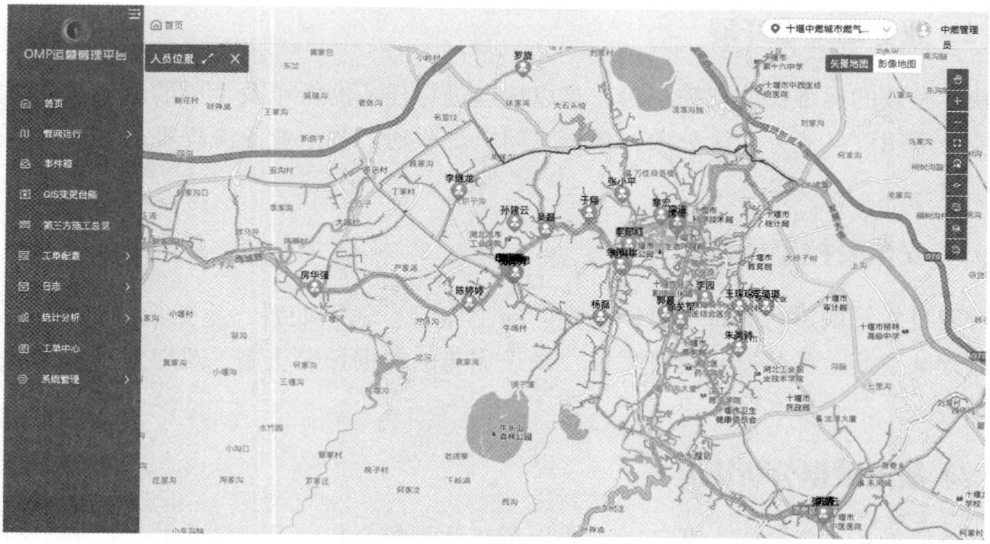

图 11.50　基于 GIS 的人员管理

【主要成效】

通过 OMP（运营管理）平台项目实现中国燃气控股有限公司从集团到下属项目公司，

打造燃气各环节业务的深化应用以及信息化系统，实现集团层面上对项目公司的运营监管，建立集团“统一部署、项目公司分布运营”的管理模式，从而实现数据信息高度共享，业务流转全过程监管，集团业务处理和管理效率的全面提升，实现更高效、高规范、更科学的智慧燃气运营管理。

（1）集团统一的 GIS 数据管理

面向集团及下属单位打造了一套适用于集团所有企业的数据采集工具、数据编辑工具、数据管理发布工具，在此基础上，实行一套数据结构、一套数据标准、一套数据管理，全面实现集团基础地理信息数据的统一，全面指导智慧燃气信息化建设，推进集团智慧化发展进程。

（2）集团运营全景化管控

构建了集团、成员企业、各部门、各岗位间的横向和纵向的流程一体，数据信息高度共享的运营管理平台，实现了管网运行、输配管理、场站运行、设备管理、应急管理等业务的精细化管理与全景化管控。

（3）集团化安全管控体系

立足于中国燃气控股有限公司及成员企业安全管理需求，建立了集团安全管控纵向管控体系，高度集成各类信息化系统，全面整合各类数据资源，构建安全应急机制，加强隐患巡查，及时处置隐患，集中管控，防患于未然。

11.13 IGIS

【基本情况】

应用场景：管网运维
提供单位：润智科技有限公司
建设单位：润智科技有限公司
建设时间：2019 年 9 月
投入使用时间：2020 年 6 月

【建设必要性】

（1）管网：找不着、看不见、摸不清

找不着：相对位置定位，竣工图不准；参照物发生变化；无法满足第三方施工查图需求。

看不见：没有 GIS 系统，巡线全靠记忆和经验；无法确定一线人员是否履行了巡检职责。

摸不清：多少设备设施，在哪里，运行时间……摸不清家底。

（2）GIS 系统：部署难、成本高、没用好

部署难：管网数据采集、整理、更新，GIS 系统建设、维护，需要持续的工作和投入，对公司和人员要求高。

成本高：系统建设前需要管道普查，要求高，投入大；系统建设费用高，还需定期维护升级。

没用好：管网数据需要及时维护更新，数据没跟上，一线就不会用也不敢用，渐渐沦为摆设。

阵地式发展：一家一家做，成本高，数据没融合。

（3）成因

意识：工程中重建设，重通气，轻资料归集；重 GIS 系统建设，轻维护与更新。

成本：工程测绘成本高；燃气工程零、小、散，服务不一定及时；新建 GIS 系统成本高，部署复杂，系统定期升级成本高，专门人员素质要求高。

人员：测绘人员要求高，公司缺乏测绘人才；外部服务及时性差，成本高。

管理：缺乏 GIS 系统的企业，即使有测绘，也存在数据保管不当、丢失、数据管理混乱等问题；建有 GIS 系统的企业，对数据更新要求高。

（4）建设和运行需要准确的管网位置

工程建设：精准定位，按图施工，新建管网接驳，为输配运行打下基础。

巡检需要：准确找到管道位置，泄漏巡查，附近施工，日常维护。

第三方施工查图需要：准确。

【解决方案】

提供一套完整的管网设施坐标及属性信息采集、传输、存储、查询综合解决方案，包括：RTK 设备及 CORS 信号、RTK 设备 APP、Web GIS（PC 端、移动端）。见图 11.51。

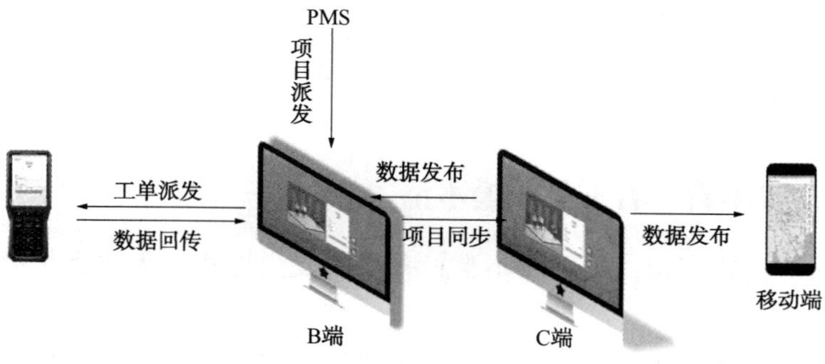

图 11.51　综合解决方案示意

(1) IGIS(华润燃气地理信息一体化平台)系统引入北斗定位技术，同时配套开发快速成图工具，保证了新建工程、监管测量管网和设备位置准确性；同时考虑到历史数据的收集和校准需要一个过程，对入库数据的准确性进行了分级管理。

(2) IGIS 系统研发了外业快速成图 APP，通过自动连线、属性继承等便捷工具，大大提升成图效率。测量人员在监管测量时直接收集全面基础属性，获得第一手资料。同时系统的自动校核工具能及时发现测量错误，保障数据质量。

(3) IGIS 系统是集中部署在云端的全新架构，所有服务器资源和平台软件等都集中部署，不需要成员企业单独购买服务器、高端电脑等硬件资源，大大降低了使用 GIS 的成本。

(4) IGIS 系统实现了与工程管理系统(PMS 系统)的打通，简化了竣工图录入 GIS 系统的环节，同时使用 GIS 的电脑也不需要安装复杂的应用程序和配置烦琐的工作，开通账号即可使用。

【主要成效】

(1)华润燃气集团已测 96%高中压管网长度，明确管网位置。

(2)竣工测量全覆盖。

(3)3. 95%新建测绘管网在系统派工，规范测绘派工流程。

(4)测绘完成自动成图，大大缩短测绘作业周期。

(5)部分测绘可自行完成，不再委托外部测绘单位，节约测绘成本。

11. 14　易作业巡检系统

【基本情况】

应用场景：管网运维

提供单位：润智科技有限公司

建设单位：润智科技有限公司

建设时间：2018 年 10 月

投入使用时间：2019 年 6 月

【建设必要性】

华润燃气集团在全国 220 多座大中城市投资设立了燃气公司，业务遍及全国 25 个省市自治区，运行管网约 16×10^4km。燃气管网巡检业务主要是对管线及附属设施按一定规范开展巡查检漏工作，成员企业普遍面临任务难以有效派发和跟进、隐患/工地难以全流程闭环管理、日常填报表格多且重复等问题。同时，大部分成员企业缺乏有效的信息化支撑手段，系统建设需求迫切。具体问题包括：

（1）巡检前

① 管理人员周期/临时任务难以根据实际情况进行调整、突出巡检重点，任务派发流程烦琐、更新困难、缺乏跟进手段。

② 巡检员任务繁杂，缺乏统一管理工具，工作过程中易遗漏。

③ 关键任务难以具体清晰了解，沟通成本高。

④ 巡检员外出需要准备较多表格表单、管网图纸等纸质资料。

（2）巡检中

① 隐患/工地点多面广，全流程闭环管理不能有效落实，过程细节管控困难。

② 重大隐患详细情况更新滞后。

③ 隐患/工地现场情况复杂，信息记录不便，缺少规范统一。

④ 管网信息/图纸携带困难，查看不方便。

⑤ 图纸管理困难，更新不及时，年代久远遗失不全。

⑥ 人员实际工作状态无法及时获知，人员安排和作息无法高效统一。

（3）巡检后

① 日常需要填报的各类表格表单较多，存在交叉重复填报的情况。

② 缺少语音、视频记录。

③ 缺少规范化、标准化表格表单。

④ 记录存放、查找及统计分析不便。

【解决方案】

润智科技自主研发的易作业巡检系统，实现了管网巡查、检漏、维保和末端检测等所有核心环节的线上化、隐患整改闭环管理，以及一线作业人员的全方位管理，项目荣获华润集团卓越 EHS 奖“项目成效奖”。

人员全方位管理。传统管理中，管理人员无法及时获知巡检人员位置、是否正常在开展工作。易作业巡检系统采用 GPS+运营商基站定位，实时获取人员位置和轨迹，结合片区范围，全面扫除人员管理盲点，提升巡检积极性。见图 11.52。

隐患/工地全过程闭环管理。巡检发现隐患/工地后，无须纸质单据、管理人员签章，一线人员在系统中填写生成表单、流转、实时跟进。各经手人可以随时查看，动态掌握隐患/工地发现、上报、跟进处理全过程情况。见图 11.53。

与 IGIS 系统对接，提供管网信息支持。巡检系统与 IGIS 系统对接，打破数据壁垒，可在电脑端和手机端分别展示查询管网位置和属性，当一线人员在户外开展工作时，可随时查询管网信息，有效提升工作效率和便捷性。见图 11.54、图 11.55。

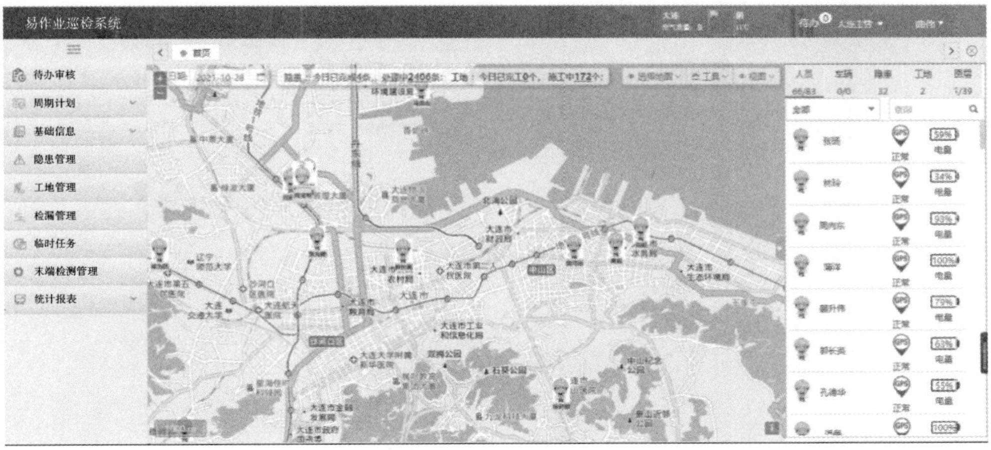

(a)实时定位，解决在哪里的问题

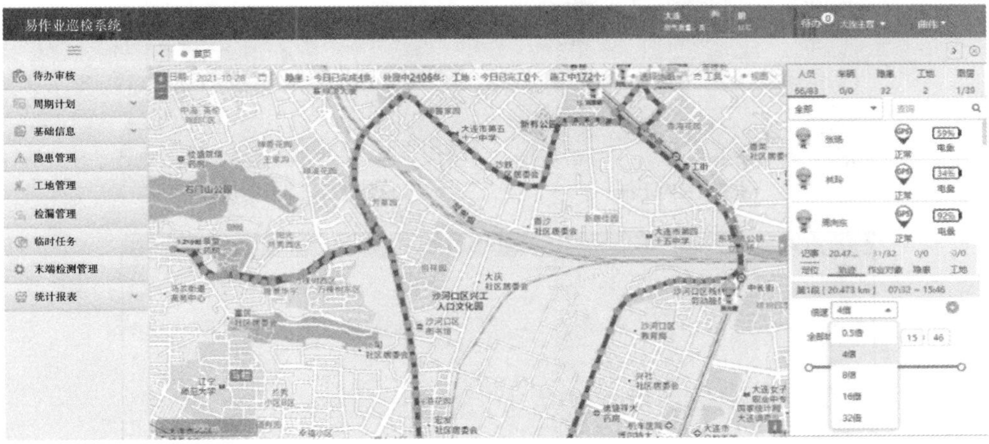

(b)历史轨迹、轨迹回放，解决去过哪里的问题

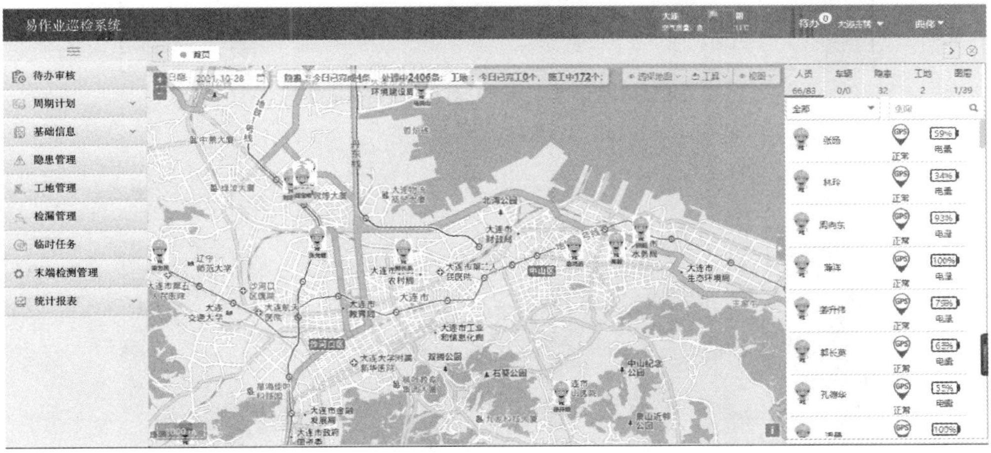

(c)经过某个点的时间、时速，实现精细管理

图 11.52　易作业巡检系统人员全方位管理

(a)发现及时上报

(b)跟进后记录及时填写

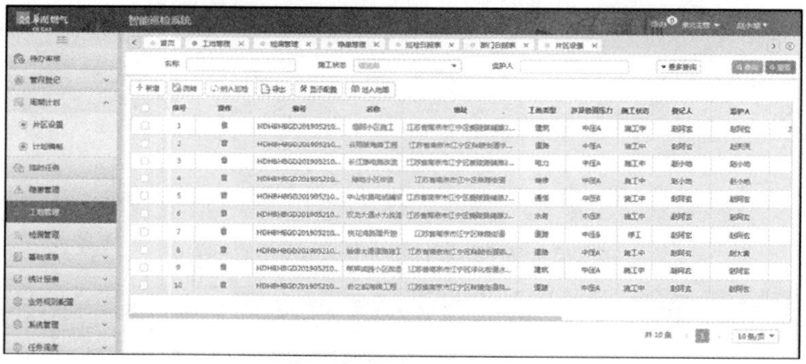

(c)随时掌握隐患/工地实时动态，提高决策效率

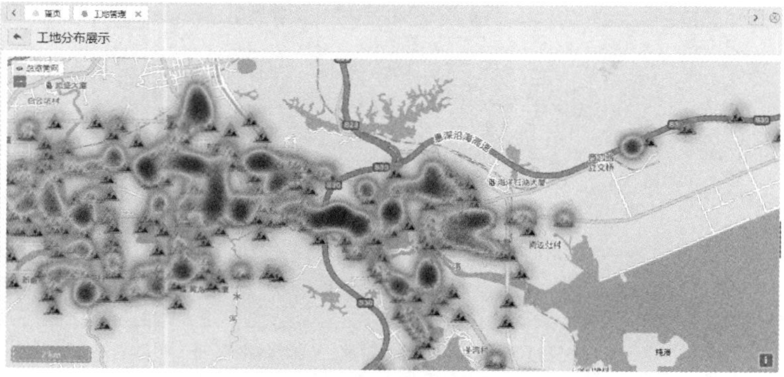

(d)隐患/工地分布一目了然，为管理决策提供依据

图 11.53　隐患/工地全过程封闭管理

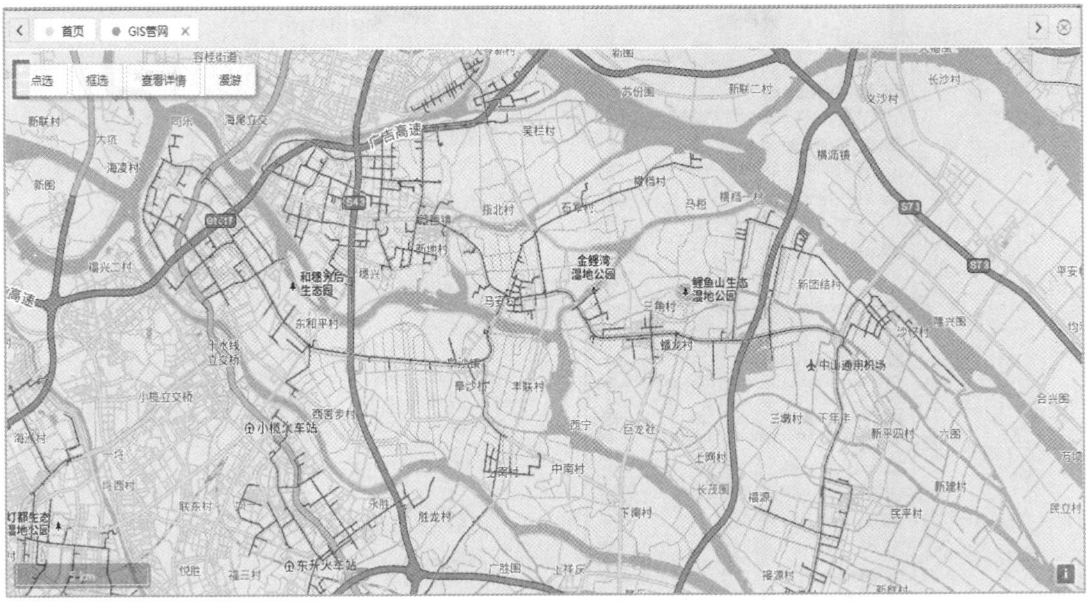

图 11.54　EIS 与华润燃气 IGIS 对接，打破数据壁垒

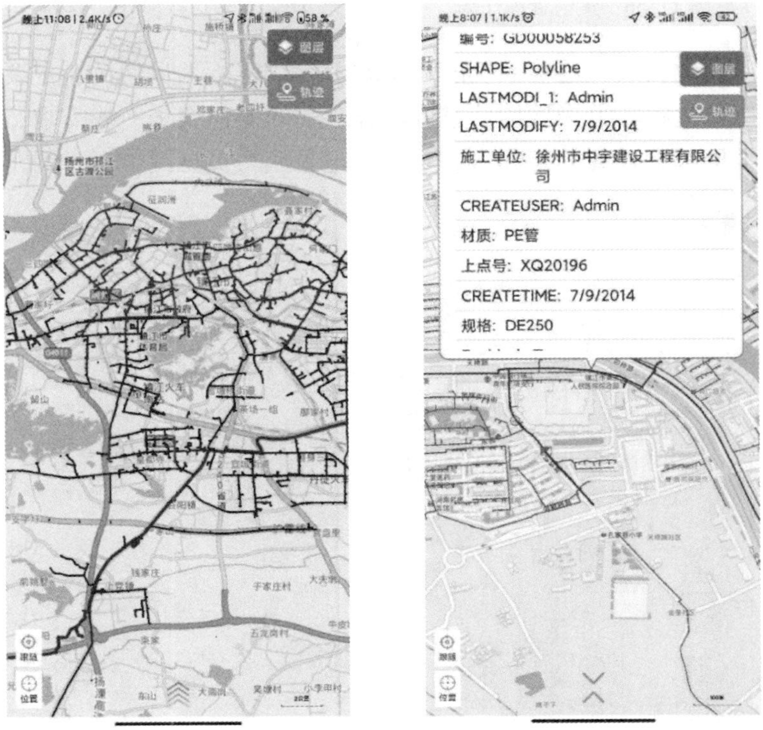

图 11.55　一线人员随时获取管网位置和属性

减轻负担、提升效率。一线人员可随时随地记录工作内容，无须每日工作结束时集中记录，系统中地址可自动生成、大多选项弹窗选择、支持多格式(视频、音频、图片上传)；同时规范填写，提供记录指导。见图 11.56、图 11.57。

图 11.56　集中管理任务

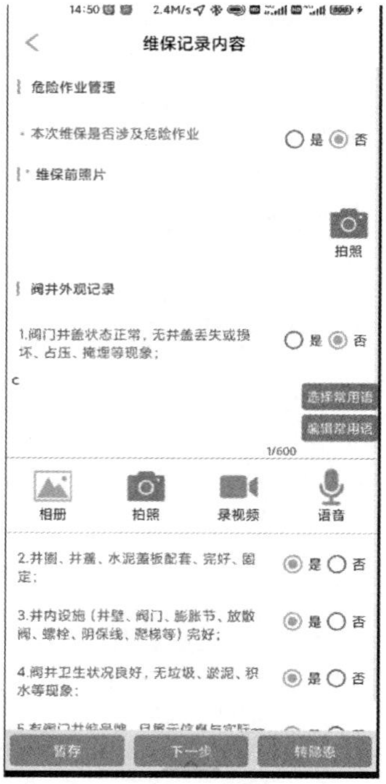

图 11.57　规范作业内容

聚焦一线、简化报表。巡检系统的移动端由一线巡检人员使用，主要功能是查询巡检任务、记录巡检过程、上报现场信息等。移动端的操作聚焦一线需求，内容简洁，对各种年龄段、学历都有较高的亲和力。首页与记录填写页见图 11.58、图 11.59。

图 11.58　首页

图 11.59　记录填写页

【主要成效】

截至 2022 年 4 月底，系统已完成 195 家公司的推广上线工作，注册使用人数达到 4676 人，派发周期性任务 24416 个，派发临时任务达到 15563 个，登记第三方工地数量达到 56597 个，发现上报并跟进处理隐患 39122 个。

第一，提升了燃气管网巡检作业的规范性。系统内嵌燃气巡检作业管理要求和作业流程，有效指导和规范一线作业标准，保障管网运行安全。第二，提升一线作业效率。据统计，系统上线后，管网巡检到位率提升约 40%，管网隐患整改及时率和效率提升约 30%，工地监护占比提升约 15%，单个成员企业每年降低纸质单据印刷成本 2 万元。第三，有效保护巡检员。出现与外部纠纷或有安全事故时，能够通过系统追溯巡检员的巡检到位情况及相关视频、图片及语音记录，提供巡检到位证据，保护燃气公司及巡检人员。

以华润燃气集团大连公司使用反馈为例：巡检员 82 人，全部使用巡检系统开展业务，巡检人员的巡检效率从每日 6km 提升到每日 25km，每个巡检人员都制定工作计划，计划完成率由之前的不足 20%提升到当前的 95%以上。中、低压管网及附属设施全部纳入巡检，包括 357 座调压站。所有隐患、泄漏、第三方施工工地全部线上化管理。隐患发现率由之前的约 15%，提升到 95%以上，整改率由以前的无监控，到现在的可以实时查看跟踪。泄漏自查率由 30%提升到现在的 90%，第三方施工工地发现率由之前的约 20%，提升到 98%以上，第三方施工造成管网及设施破坏数量由之前的每个月约 5 个，下降至每个月 2 个，下降了 60%，有效保护管网安全运行。

【其他】

易作业巡检系统设计团队、项目需求、项目开发均严密结合了一线业务专家与工作人员，且在华润燃气集团内不同规模、不同地域、不同架构的公司上线稳定运行，具备在城燃企业全面推广使用的条件。

11.15 贵州燃气移动 APP 智能巡检系统

【基本情况】

应用场景：管网运维

提供单位：贵州燃气集团股份有限公司

建设单位：贵州燃气集团股份有限公司

【建设必要性】

燃气巡检是有效保证燃气管线、调压设备安全、提高供气可靠率、确保燃气安全传输的一项基础工作。传统的燃气线路巡视流程是工作人员亲自到现场巡视线路，并以纸介质方式记录巡视情况，然后再人工录入到计算机中。因此，巡检受过多人为因素的影响，并且人工录入数据量大，在手工录入过程中容易出错，同时无法有效管理工作人员是否巡视到位，巡视质量不能得到保障，线路的安全状况亦得不到保证，留下了安全隐患。

近年来，随着国家经济的高速发展、人们生活水平的提高与燃气用户数据的急剧增长，燃气管线的建设数量也在不断上升，所以对城燃企业服务水平提出了更高的要求。传统燃气线路的巡检模式已不能适应城燃企业现代化、高质量的管网运行维护要求。

为了解决这个问题，及时准确地完成巡视工作，减轻巡视人员工作压力，同时为管理者提供有效的监督依据，提高工作效率及管理水平，就需要通过数字化的技术能力构建一套先进的移动智能巡检系统。

传统巡检模式主要存在以下几个问题：

（1）传统模式需要巡检员对燃气管网相当熟悉，工龄长、经验丰富、记性好、责任心强。这些人员往往被称为城市燃气管网的“活地图”。但随着城镇燃气老旧管网新建改造工作的快速推进，这种方式不可避免地存在漏检、错检、记录不全、不规范等问题。

（2）管理难度大。作为直接与施工单位、设备井打交道的一线工种，一般采取“单兵作战”、发现事故现场立即处置的方式，仅靠个人自觉性和部门规章约束，现场工作量无法准确核定。

（3）临时任务多。如政治活动保障、处置管线上方私搭乱建、供水管道的改管配合、工程漏事故调查等，占用大量工作时间。

（4）重点工地、重要路段看护不足。时间安排不合理，难以做到点面结合，统筹管理。

【解决方案】

作为典型的外勤工种，巡检工作具有突出的地理位置特征。移动 GIS 的引入有助于巡检员快速定位当前位置，查看附近管线走向、埋深等空间信息和材质、口径、埋设年代等属性信息。有助于管理人员通过 Web GIS 随时了解到人员分布情况及运动轨迹，动态掌握隐患违章发生地点，在施工地场区，需调配支援位置等。有助于提高工作效率，降低记忆强度，促进管网管理精细化管理，是解决传统模式下存在的缺陷问题的重要技术手段。功能架构见图 11.60。

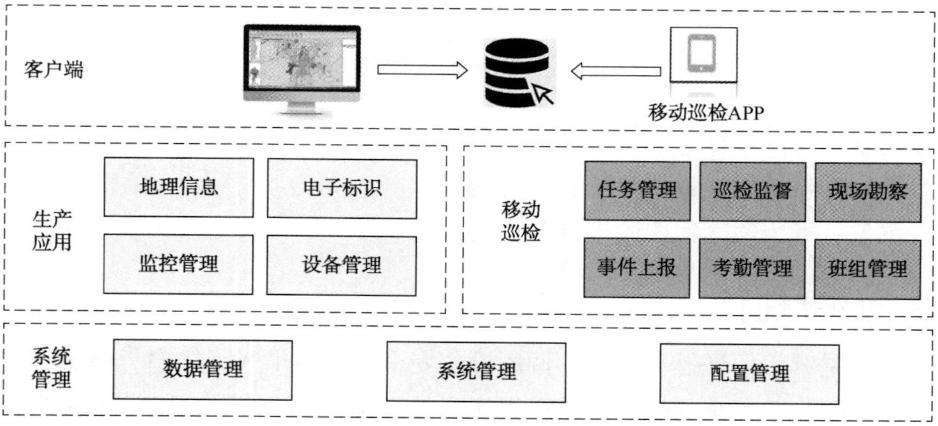

图 11.60　功能架构图

(1) 主要系统功能

① 任务安排功能

各部门或公司的主要负责人可以在巡检管理系统中制定巡线按日工作计划或排班计划。工作计划中可以定义人员的线路、必经点、巡检片区、巡检内容等信息，并可以将任务安排计划下发至对应的巡检员。

② 任务下达功能

任务查看：各巡检员可以借助移动端的巡检系统查看本人的巡检任务安排。

任务完成记录：对于任务中设定的巡检必经点，在巡检员实际到达时系统会自动记录，在任务完成后会生成必经点到达的比例，作为巡检工作考核的主要依据。任务流程见图 11.61。

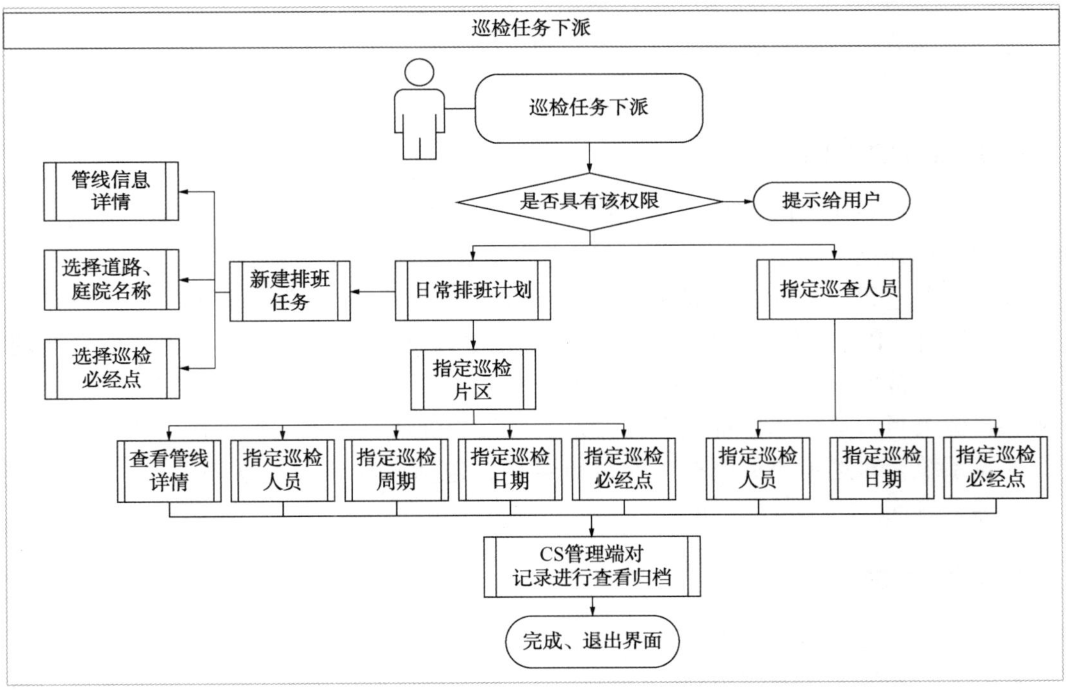

图 11.61　任务流程图

③ 事件上报功能

巡检人员可以借助这一功能完成巡检事件的上报，上报时可以填写事件的具体情况，也可以拍照或录制小视频一同上传。事件上报时可以自动获取并上传当前的坐标信息。

④ 巡检工作监督功能

巡检 APP 可以借助移动终端具备的定位功能，实时获取巡检车辆、人员的位置。即使在手机熄屏等软件后台运行的情况下，系统仍可以动态获取坐标值并上传。

⑤ 考勤管理功能

提供人员打卡、签到等考勤管理功能。巡检员可以借助该功能完成每天的签到、签退工作，方便人员考勤。考勤情况可以自动上传，供管理员在 PC 端查看。

⑥ 现场勘察功能

设计、市场发展人员，在现场可利用移动终端查询当前位置周边已有管道，度量相关长度、生成初步方案图(区位图)等，提高现场勘察效率。

⑦ 班组管理功能

APP 班组长管理权限。为了方便班组长管理组内成员，班组长可通过 APP 查看当前组员的在岗情况。APP 会实时推送组内巡检员当前所在位置，如果位置数据超过 2 小时系统会进行提醒。

班组长可通过 APP 查看巡检员上报事件信息，同时可以直接线上发送处置意见，形成工单推送。

⑧ 系统适配

巡检功能模块能够支持移动端部署，使其能在各种基于 Android 平台的移动设备(包括手机)上操作和使用。系统可以自适应屏幕尺寸的变化。

考虑到部分地区会存在移动信号不好的情况，系统能够存储在线和离线两套空间数据(含基础地图数据和管线数据)，并可以实现在线数据和离线数据的自动切换。

(2) 巡检全流程

巡检员通过登录 APP 进行当天的巡检工作。登录后，首先需要进行打卡确认，打卡后巡检工作开始。通过手持机可以查询到当日的巡检计划，根据巡检内容到达指定位置巡查，巡查过程中实时记录巡检员的轨迹信息。如果发现巡检计划内的任务异常情况，可以通过 APP 直接进行反馈上报，可以记录现场图片，内容等信息。如果发现巡检计划外的异常情况，也可以直接通过上报功能，填写现场情况内容、图片等信息进行反馈。巡检员当天巡检工作都巡查完后，进行打卡确认，结束巡检工作。相关负责人通过管理端系统，对巡检员的巡检工作进行督察，包括巡检任务的事件上报、巡检轨迹、必经点等多方面。

【主要成效】

燃气服务永远离不开安全、稳定的生产运行，贵州燃气集团作为全省最大的城市燃气服务企业，不但关注燃气用户的用气体验，对于燃气管网的安全运行更加重视。通过使用移动 APP 智能巡检系统，为巡检运维部门提供各种及时的运维信息，加大燃气管线运营的监控力度，降低燃气事故的发生频率。实现燃气生产管理工作革新，摆脱传统的作业模式，增强系统的可视化程度，提高工作效率和管理效率，提高燃气管理素质和劳动生产率，同时为供气可靠性提供较好的技术支持，减少停气事故的发生。

11.16 智能调压限流技术的应用

【基本情况】

应用场景：管网运维

提供单位：上海飞奥燃气设备有限公司
建设单位：上海飞奥燃气设备有限公司
建设时间：2018 年 5 月
投入使用时间：2018 年 8 月

【建设必要性】

厦门市有五座高中压调压站，担负着全市的供气。随着城市的发展和用户需求的持续增加，这五座高中压站已出现了供气不平衡，成为燃气管网运行安全的痛点之一，制约和困扰着城市燃气管网的发展，同时也对管理提出了严峻的挑战。

厦门华润燃气同安高中压调压站位于沈海高速公路同丙路交口的西北侧，占地面积 5078m^2，为无人值守调压站。由门站输送来的 2.5~3.8MPa 高压天然气进站后经过滤、调压至 0.32MPa 后供同安区和集美区用气。同安调压站主要设备包括过滤器、851 高中压调压器、涡轮流量计等。调压计量装置为撬装设计，进出站设置电动阀门、电液联动阀，以保证调压站安全运行。

同安高中压调压站与集美高中压调压站供气片区中压管线互通，通过调节同安调压站出站压力可调控集美门站、翔安门站两站的提气量，但需要派专人至现场操作。

【解决方案】

将同安站原有调压器整体更换为新型智能调压器(图 11.62)，连通站内自控系统即可实现智能调压和远程调压。智能调压装置能按照控制器每天预先设定好的时段、压力自动调节出口压力，也可根据上位控制信号调节出口压力。见表 11.2。

图 11.62　智能调压装置改造后图片

表 11.2　调压器压力设定　　MPa

项目	进口压力	出口压力	切断压力	出口设定压力	出口压力远程可调节范围
主路	3.745	0.30	0.41	0.32	0.29~0.32
副路	3.746	0.28	0.43	0.30	0.29~0.32

现场设备改造：

（1）更换原有调压器导阀及附件，即新增 Pkit 组件；

（2）新增调压器阀监测装置，即 Qkit 组件；

（3）新增智能调压站智能控制器，即 ECU 设备；

（4）新增智能调压站专用配电与通信箱，即 PCD 设备。

经过改造以后，同安高中压调压站实现了：

（1）进出口压力、温度、调压器阀位等数据的监测；

（2）过滤器压差超限报警、切断阀切断报警；

（3）间接流量测量；

（4）出口压力远程调节控制、出口压力设定值的调整；

（5）调压站流量限制；

（6）高中压站的动态管理，可通过手机短信方式随时获得调压站运行状况。

【主要成效】

智能调压项目的实施，有力保证了华润燃气公司调压站及门站的安全稳定供气。利用智能调压限流技术，对高中压调压站进行智能化升级和改造，可以解决供气高峰时供能不平衡的问题，化解运营的风险。通过远程调度，可以提升燃气调压站的管理水平和安全水平，为下游用户的发展做好充分的准备。智能调压站在供气安全、运营、管理方面有着明显的技术优势，随着燃气管网的发展，在不断满足和适应燃气管网智能化和精益化的发展需求的同时，为燃气提供者和燃气用户创造良好的经济效益和社会效益。见图 11.63。

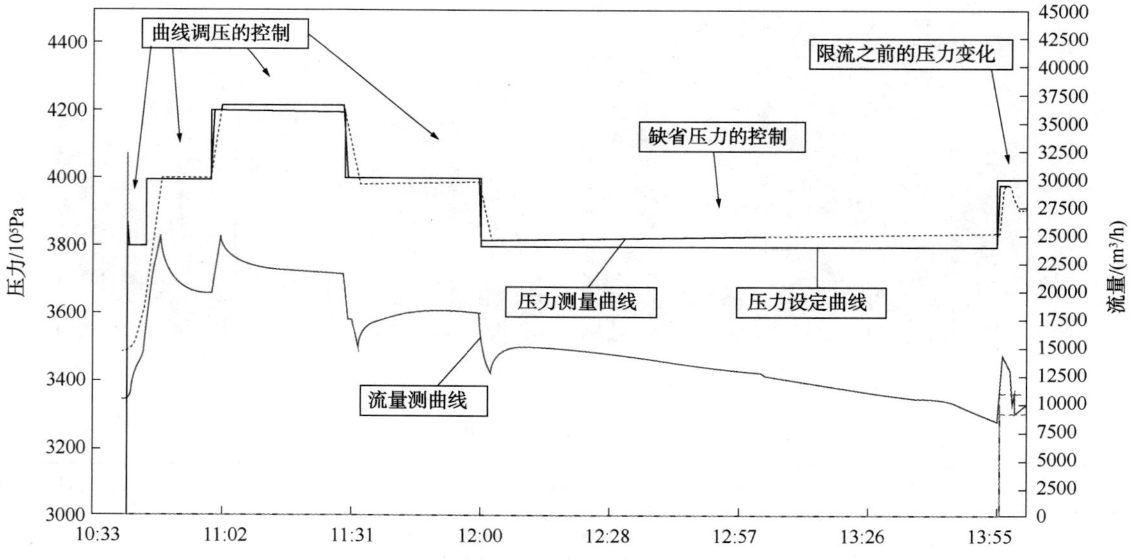

图 11.63 智能调压站远程压力调节效果图

11.17　智能调压柜的应用

【基本情况】

应用场景：管网运维

提供单位：上海飞奥燃气设备有限公司

建设单位：上海飞奥燃气设备有限公司

建设时间：2016 年 6 月

投入使用时间：2016 年 11 月

【建设必要性】

杭州市大部分调压器(站)采用“2+1”型或“1+1”型。随着管网下游用户的增加和管网的扩展，经常会出现在管网的三个用气高峰时，下游管网的压力会接近或低于管网的最低保障能力，给部分用户的用气带来潜在威胁，甚至影响其正常用气。根据杭州燃气公司下发《杭州市主城区(含滨江区)中、低压天然气管道运行、工艺参数(修订)》文件，民用燃气器具前额定压力为 2000Pa，压力允许波动范围为 1700~3000Pa。天然气在管道内存在的沿程压力损失降按 200Pa 考虑，调压器出口压力需高于 1900Pa 才能满足下限要求。这使调压工必须在三峰时段前赶往现场调整调压器出口压力设定，并在三峰时段后又恢复原有设定。这在人力、物力和财力上均无法实现，需要借助远程调控设备。

杭州燃气公司共计投入各类调压器约 3000 多台。自 2012 年 7 月 1 日取消民用户开户费后，民用户开通量骤增，加上近几年公建用户开户量的增加和地暖供暖的逐渐普及，用气量激增。尤其在冬季，主城区很多调压设备出现了超负荷工作，供气量无法满足用气量，三峰时段调压器出口压力偏低。2016 年初，杭城暴雪寒潮来袭，用气量剧增，燃气设施经历严峻考验，通过远传系统对气温最低日(1 月 24 日)的 613 台民用调压器出口压力进行数据调查分析，结果见表 11.3。可以看出，超过一半的调压器出口压力低于 1900Pa。

表 11.3　2016 年 1 月 24 日低压区运行工况统计数据

序号	最低运行出口压力 p/Pa	数量/处	百分比/%
1	$p>1900$	290	47
2	$1700<p<1900$	316	52
3	$p<1700$	7	1
	合计	613	100

【解决方案】

杭州燃气公司将朝晖一区、景芳二区定为改造试用点，两处调压站低压运行现象呈常态，后面用户较多，新增一台设备较难实现。改造前，朝晖一区站设计流量为

2000Nm³/h，进口压力 0.08～0.3MPa，出口压力 2.4kPa。景芳二区站设计流量为 1500Nm³/h，进口压力 0.1～0.3MPa，出口压力 2.4kPa。改造后满足表 11.4。

表 11.4　改造后参数

小区	型号	流量	进口压力	出口压力	噪声
朝晖一区	RX2000B	32500Nm³/h	0.08～0.4MPa	2～2.4kPa	W80dB(A)
景芳二区	RX1500B	2000Nm³/h	0.08～0.4MPa	2～2.4kPa	W80dB(A)

【主要成效】

通过智能化改造，实现了调压站的远程调节功能，详细测试见表 11.5。此外，还实现调压器进出口压力、阀门开度、瞬时流量等信息的远程数据监测、出口流量限制功能。

表 11.5　远程监控平台远程调试数据表

压力设定值/kPa	出口压力稳定值/kPa	精度区间/3%	瞬时流量/(Nm³/h)	阀口开度/%
2.4	2.4	±72	1469	9.64
2.3	2.36	±69	1477	9.78
2.5	2.48	±75	1639	11.8

地热采暖的广泛应用和居民用气量增加是社会发展的必然趋势，而“围绕城市品质生活，提供清洁能源及高效应用服务”是杭州燃气公司的使命，燃气管网良好运行是居民安全平稳用气的保障。此次对朝晖一区、景芳二区调压器的改造，有效改善燃气管网运行工况，提高了居民的用气质量，同时成功解决了调压设备因超负荷运行所带来的噪声扰民问题，有效提升了企业的社会形象。

11.18　讯飞声学成像仪的应用

【基本情况】

应用场景：管网运维
提供单位：科大讯飞股份有限公司
建设单位：科大讯飞股份有限公司
建设时间：2021 年 11 月
投入使用时间：2021 年 12 月

【建设必要性】

2021 年 6 月 13 日，湖北省十堰市张湾区艳湖小区发生天然气爆炸事故，41 厂菜市场被炸毁。事故造成 25 人死亡、138 人受伤(其中 37 人重伤)。

据统计，2020 年全国(不含港澳台)共发生燃气事故 668 起，与 2019 年同比，数量下降 106 起，但伤亡人数上升 2.8%。事故背后，是操作不当、户外施工不当、管件阀门损坏、老化以及燃气泄漏等诸多原因，暴露出某些地方和人员的安全意识薄弱、安全管理不到位的问题。

2022 年 1 月 20 日，在应急管理部举行的例行新闻发布会上，应急管理部安全协调司司长谈到，近年来，随着我国城镇化进程快速发展，全国城镇燃气使用规模增长迅猛，用气人口目前全国已经超过 6.67 亿人，全国城镇燃气的使用普及率已经达到 97.87%。我国已经进入燃气大规模使用时期，管道大都是 20 年前建的，管道老化、老旧，而且新建规模不断扩大。初步统计，现在全国已经有近 10 万千米管道出现不同程度的老化，再加上当时建设标准较低，日常维护、保养、更新不及时，风险非常大。爆炸、泄漏等事故发生的原因主要是燃气管道泄漏，常年腐蚀导致爆炸；施工第三方破坏；使用不当等。

随着官网规模的扩大，和部分官网的老化，深圳燃气、北京燃气等燃气运营单位面临日益严峻的安全运营压力，燃气泄漏风险与日俱增，亟须新的技术手段，安全、高效地解决燃气泄漏定位问题，为燃气安全运营保驾护航。

【解决方案】

基于燃气气体泄漏产生超声信号，且传播距离远的特性，依托科大讯飞优化的螺旋阵列技术和声源定位算法，实现以热力图的形式实时显示燃气泄漏声源在空间分布状态的功能，以解决燃气泄漏难以被捕捉和准确定位问题而开发了国内首款自主研发的可视化定位检测产品(图 11.64)，即讯飞声学成像仪。该产品经过防爆认证，可适应燃气场景泄漏检测使用，“速扫看泄漏，远距保安全”。

图 11.64　可视化定位检测产品

【主要成效】

(1) 整体看，运用讯飞声学成像仪进行燃气场站泄漏检测，检测效率提升 60%以上，有力保障燃气场站安全、燃气运营安全、巡检人员安全、居民用气安全。

(2) 用于北京燃气南湖渠 CNG 加气站气体泄漏检测，大幅提升巡检效率。

该场站占地面积大，法兰、阀门、仪表众多，巡检工作量大、巡检效率低。讯飞声学成像仪可以实现非接触、大范围速扫，快速排查泄漏点，在保证准确性的前提下减少检测人员数量和工作时长。

使用讯飞声学成像仪(图 11.65)在 10min 内发现法兰、阀门等 10 处泄漏点，包括 220ppm 的细微泄漏点，经气体流量检测仪验证 100%准确。气体流量检测仪在验证时，需要贴着管道，近距离逐一筛查，仅验证这 10 处泄漏点就花费半小时以上。使用单台价值百万的某品牌红外线检测仪进行气体泄漏检测，比讯飞声学成像仪发现的泄漏点少了 4 处。

图 11.65　讯飞声学成像仪

11.19　相关支撑产品

11.19.1　天然气管网无人机智能巡检分析系统

【基本情况】

生产单位：上海燃气有限公司

产品费用：

- CAPEX(一次性投资)成本(长航时无人机+应用载荷+通信链路)：120 万元/套
- OPEX(运营)成本(空域申请+飞行服务+平台应用+数据分析)：50 万元/年

【产品概述】

“天然气管网无人机智能巡检分析系统”是针对天然气管网日常巡检的需求，将“5G 技术+云计算+AI 人工智能”等先进信息技术与长航时无人机相结合，开发完成的适用于长距离天然气管道巡检场景的应用型产品。

该产品主要包括长航时固定翼垂直起降无人机、5G 通信链路、无人机应用综合管控云平台、应用数据综合分析处理系统四大部分。

(1) 产品主要应用业务流程

根据天然气主干管网分布和走向、空域许可情况(飞行时间、起降地点、飞行高度）、巡检任务要求（实时视频回传、地理信息测绘、图像特征目标分析），提前规划出无人机管道巡检航线并预设飞行任务，无人机携带任务载荷（光电吊舱、航拍相机）按预定飞行任务执飞航线。

在飞行的过程中，巡检视频通过 5G 网络实时回传至无人机应用综合管控云平台。无人机操作手通过数据控制链路，使用地面站对无人机进行实时监控。

用户登录无人机应用综合管控云平台可实时查看飞行过程画面和飞行航线情况，云平台支持用户查看实时视频和历史视频；支持巡检视频与管道地图同步显示；支持实时视频图像叠加管道线。

对于用户感兴趣的特征目标（工程机械、施工现场），应用数据综合分析处理软件可以给出特征目标的识别结果，并导出巡检报告，用户可以登录查看，并通知相关人员进行处置。

（2）产品主要技术指标

① 长航时固定翼垂直起降无人机

- 最大续航时间：5h
- 最大任务载荷：3kg
- 最大起飞质量：25kg
- 巡航速度：22m/s
- 最大续航里程：400km
- 最大飞行速度：30m/s
- 最大飞行高度：4500m
- 起降方式：垂直起降
- 起降抗风性能：7 级
- 任务载荷：可见光红外双光吊舱、Sony 专业测绘相机

② 5G 网联无人机图传控制终端

5G 网联无人机图传控制终端搭载 5G 通信模块，通过 5G 移动通信网络进行高带宽低时延的无线通信。基于图像传输控制协议，5G 网联无人机图传控制终端实现高清视频、控制信息的低时延传输，视频信息、控制信息传输通道互相独立。

③ 无人机应用综合管控云平台

无人机应用综合管控云平台完成对无人机目标的飞行数据和业务数据的汇聚、处理与呈现，分为无人机飞行管控、无人机业务应用两部分。

无人机飞行管控具备无人机低空监管、飞行控制、飞机载荷适配三大能力。具体包括：地理电子围栏、空域管理、运行控制、航线规划、飞行申报、飞行管理、运行监控、风险评估、历史回放、进度统计、实时控制、无人机与载荷管理、无人机链路监控、不同类型无人机飞控与平台协议适配、不同类型无人机载荷与平台协议适配、与民航监管平台的对接。

无人机业务应用支持 500 路 4K 视频接入、1000 架无人机数据交互的处理、Web 端 2000 个用户并发请求。主要功能包括业务统计、数据分析、设备管理、业务监控和历

史分析，供用户完成巡检视频数据汇总、视频分析、正射影像的生成和比对。无人机采集的管道周边地理数据，即时更新 GIS 地理周边环境信息，解决以往巡检数据分散、无共享、无整合的问题，为大数据分析做储备。

④ 应用数据综合分析处理系统

应用数据综合分析处理系统利用人工智能分析技术，自动识别管道周边 200m 范围的工程机械和施工情况、地表变化情况，并给出特征目标分析结果和定位结果，自动生成报告供用户查看。

【典型应用场景与案例】

根据上海地区的空域申请许可情况，本产品应用于上海天然气主干网的日常巡检工作。目前实际飞行路线要覆盖上海郊区和崇明岛的四条航线，总长约 243.2km，巡检飞行高度 300m。见图 11.66、图 11.67。

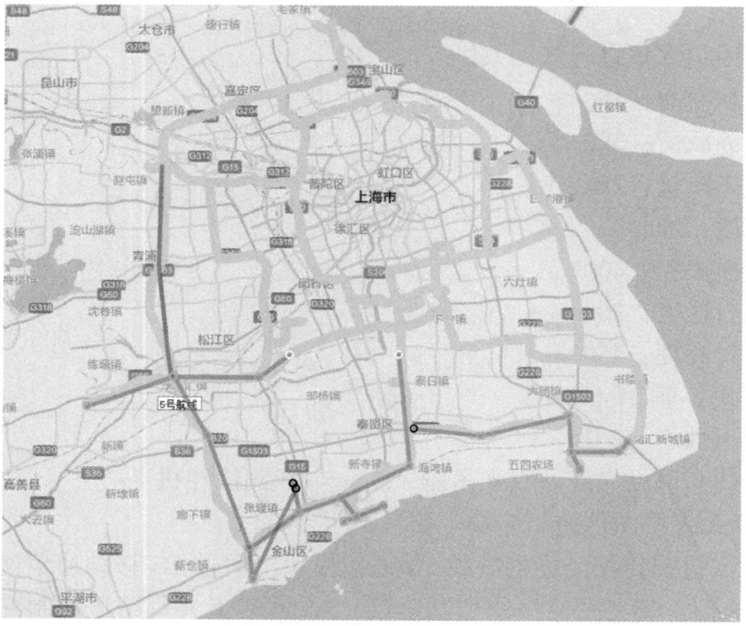

图 11.66　飞机轨迹报备图-1

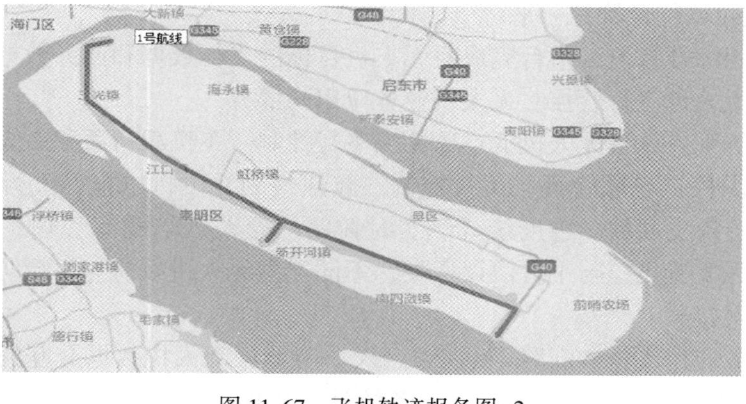

图 11.67　飞机轨迹报备图-2

目前，本作业自 2022 年 3 月开始，已经执行 1、2、3、4 四条航线达到 8 架次，巡检时长 20 小时，飞行里程 1500km，发现工程施工机械目标总计 40 余处，完成 1、2、3、4 四条航线所属管线的 DOM(高精地图)1 次。

11.19.2 FIO-TECH 输配云平台

【基本情况】

生产单位：上海飞奥燃气设备有限公司

【产品描述】

FIO-TECH 输配云平台作为上海飞奥燃气设备有限公司与数字、智能化调压站配套应用检测与控制平台，其重要性不言而喻。FIO-TECH 平台在底层设计和框架设计上，采用了模块化的设计理念，具有充分的拓展性。见图 11.68。因此，对新增的子系统或对原有的系统更新和升级，更加简捷方便。对于当前数字和智能调压站的应用，其主要功能包括：

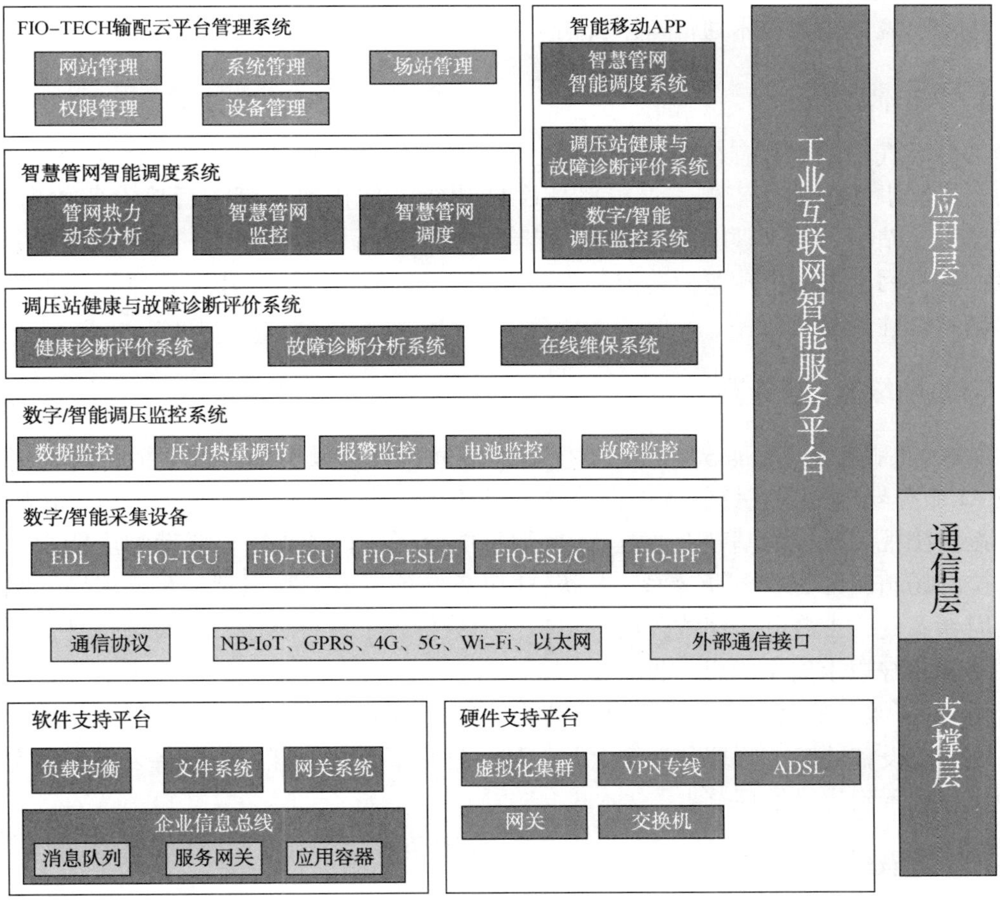

图 11.68 系统架构

- 数字和智能调压站运行状态的实时监测
- 数字和智能调压站工作状态的健康评价和诊断
- 利用智能调压站对于燃气管网进行压力和流量远程调节和控制，实现远程输配调度
- 利用数字调压站，结合管网仿真技术，对燃气管网进行分析和预测

FIO-TECH平台集数字和智能调压站运行监控、健康诊断、管网远程调节与控制、仿真分析于一体，实现了燃气调压站全生命周期的有效跟踪和科学管理，为燃气公司合理地对燃气调压站和燃气管网设备进行科学维护，提供技术支持和科学依据。

FIO-TECH平台，通过对调压站的运行监控，利用大数据分析，并结合公司智能调压站的技术优势，为燃气管网优化管网的压力机制，优化管网的流量分配，提高管网的安全性和经济性，推进燃气管网的智能化，提供高效的综合解决方案。

目前，该平台已用于杭州燃气智能站监控。

11.19.3　场站AI一体机

【基本情况】

生产单位：华为技术通信有限公司

【产品概述】

部分燃气场站安装有视频安防监控、周界检测设备，但这些设备整体缺少智能分析能力，风险事件感知比较弱，误报率高。AI边缘一体机通过统一管控设备数据采集、安防监控、站场日常管理应用、维保，结合大数据分析、人工智能、物联网等相关技术手段，弥补因人员巡护疏忽而造成的安全隐患，可实现场站24小时连续无人值守、减少单场站常驻人员。

（1）站级AI服务器

站级AI服务器(Atlas 500 Pro)提供高性能通用计算及灵活可配置的AI计算能力。站级AI服务器可部署在燃气场站办公楼，可接入摄像机、机器人、无人机、传感器数据，在传统视频监控的基础上通过AI增加智能分析、自动预警、联动响应能力，构建全方位的场站园区360°安防体系。站级AI服务器预集成人脸识别、车辆识别、明火识别、周界入侵、去静电、穿戴合规、卸车行为分析等十几种算法，保障场站日常作业合规，降低80%以上安全隐患。见图11.69。

站级AI服务器具备持续升级演进能力。边云协同，通过FusionDirector运维管理软件，可实现设备的统一管理和运维，及模型的远程下发与管理，能够将云端训练完成的模型快速部署到边缘推理节点。

（2）超融合一体机

区域化管理模式根据场站、管道的地理位置，按照邻近分区划分和统一管理的原则

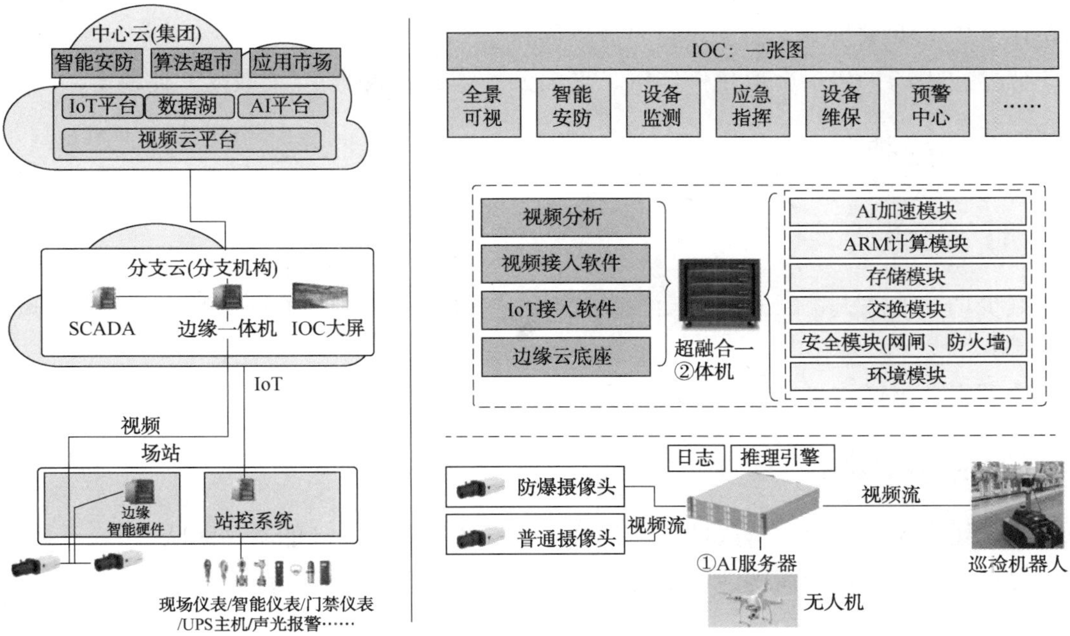

图 11.69　站级 AI 服务器

划定若干区域，对区域内几个场站的值守人员进行优化，集中至一处，即区域一体化管理，一个中心管理多个场站，提高企业组织运营效率。

华为超融合一体机部署在燃气公司数据中心机房，基于超融合架构，遵循开放架构标准，融合服务器、分布式存储及网络交换机为一体，无须外置存储、交换机等设备，并预集成了分布式存储引擎、虚拟化平台及管理软件，资源可按需调配、线性扩展。承载燃气公司智能化应用，提供计算、存储、数据库、容器等能力，满足燃气公司建设小型 DC、多级 DC 需求。见图 11.70。

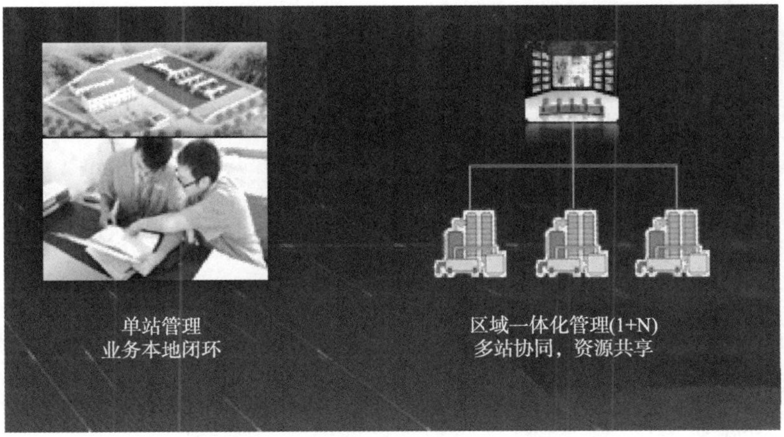

图 11.70　超融合一体机

华为超融合一体机具有即插即用的特点，全线边缘分支数据中心，整柜交付，现场零配置，插线上电即可用。无须值守，分支站点统一集中管理，无须专人值守，运维成本降低65%；多种接入方式监控分支状态。云边协同，云端构建企业应用生态平台，应用快速从中心下发至分支，加速客户业务创新。

典型应用场景包括虚拟化一体机、桌面云一体机、数据库/大数据一体机等。

【主要成效】

(1) 安全生产

减少场站值守人员。支持自动抄表比对、气体泄漏检测、场站设备检查、安全风险隐患排查。

提高安全生产水平。罐顶、高危场所、恶劣天气巡检、人员行为合规检测。

(2) 降本增效

通过场站无人化改造，区域一体化管理，打造更专业高效的精品团队。

提早识别风险：管道锈蚀、设备异常及故障等，降低设备故障率。

(3) 易部署、易运维

边缘一体化交付，支持集中远程运维，维护“零”成本。

业务应用部署自动化，支持批量远程升级。

11.19.4 基于FIO-ECU控制器的智能调压箱

【基本情况】

生产单位：上海飞奥燃气设备有限公司

【产品概述】

基于FIO-ECU控制器的智能调压箱在传统燃气调压箱的基础上，增加了监测、测量、控制和安全报警等功能，见图11.71。具体包括：

① 进、出口压力、温度、调压器阀位和流量(直接或间接)的监测；

② 过滤器压差、切断阀切断、泄漏报警和门禁等实时报警；

② 流量、出口压力按预设值(或远程)调节、远程切断等控制功能；

④ 用户流量限制；

⑤ 主副路自动切换。

相关技术指标如下：

① 工作温度：-10~+60℃。

② 工作压力。见表11.6。

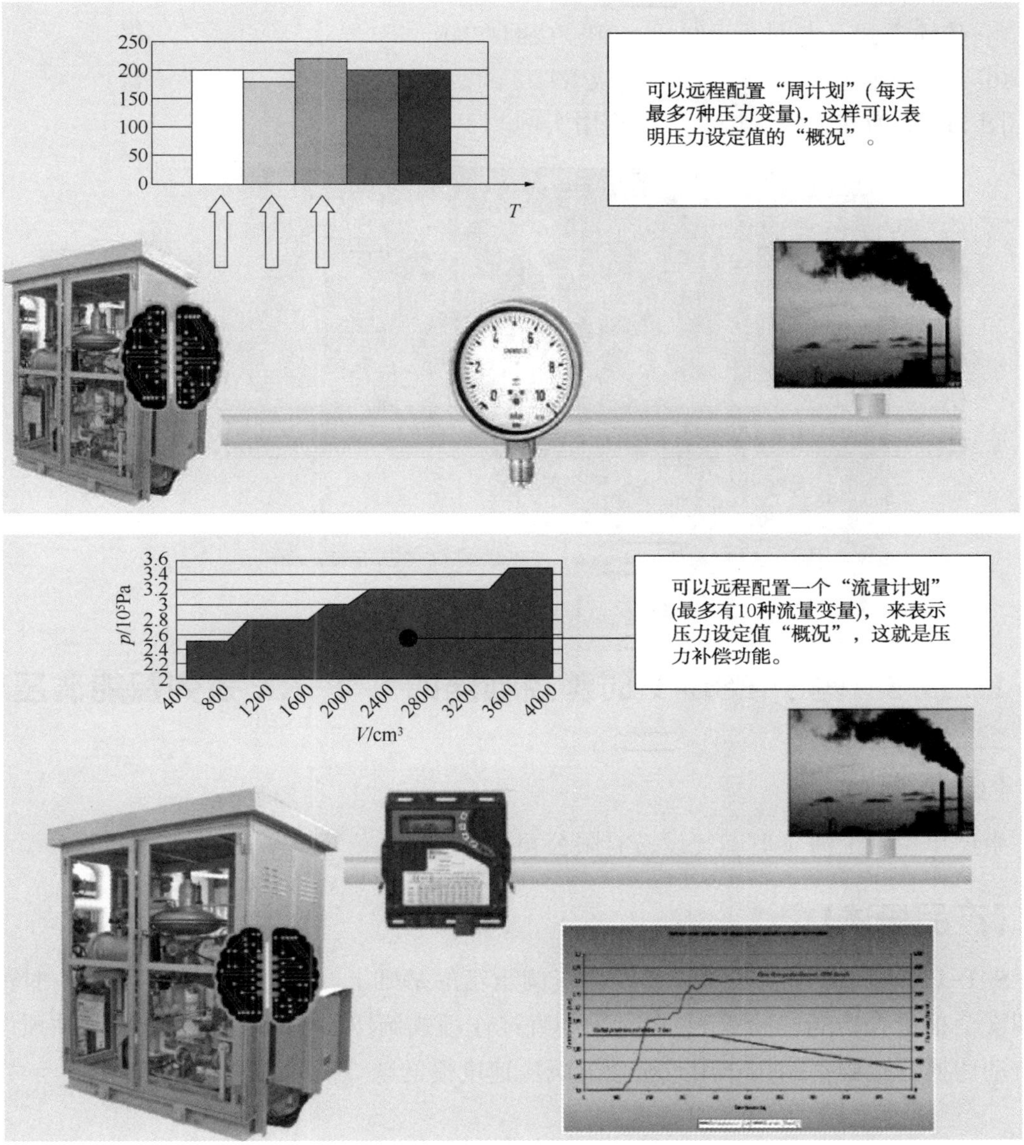

图 11.71　基于 FIO-ECU 的智能调压箱

表 11.6　工作压力一览表

项　　目	高中压型	中中压型	中低压型
进口压力	0.5~1.6MPa	0.1~0.4MPa	0.02~0.4MPa
出口压力	0.1~0.4MPa	0.05~0.1MPa	1~15kPa

③ 供电方式：

方式 1：采用内置锂电池供电，在每周实现一次数据通信的省电模式下，可持续供电 1700h；

方式 2：采用 24V 直流电、110~220V 交流电或太阳能供电等外接装置供电。

④ 数据记录：每个变量存储 50000 个记录，数据记录周期 30s~12h 可调。

⑤ 传输方式：专网、无线或 GPRS/GSM/SMS。

⑥ 通信协议：Modbus(TCP/IP 或 RTU)。

图 11.72 为在上海深坑酒店的应用实例。

图 11.72　上海深坑酒店智能调压站

11.19.5　基于 ESL/T 时钟控制器的 S/T-RX 系列智能调压箱

【基本情况】

生产单位：上海飞奥燃气设备有限公司

【产品概述】

S/T-RX 系列智能调压箱在传统燃气调压箱的基础上，增加了监测、测量、时钟控制和安全报警等功能，见图 11.73。采用直接作用式调压器实现出口压力按时钟预设时间自动切换，克服了间接作用式调压器响应速度慢的缺点。

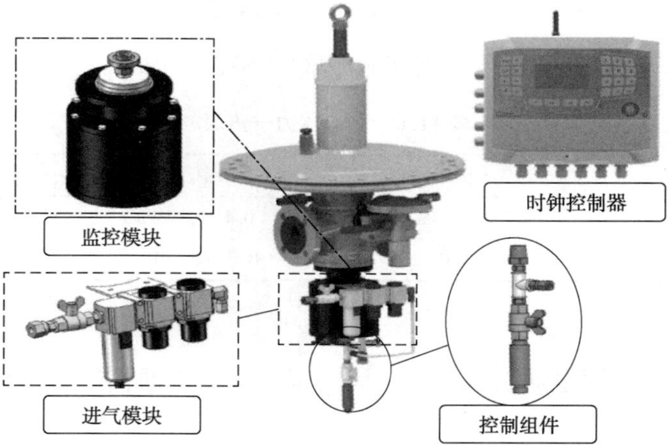

图 11.73　S/T-RX 智能调压箱

(1) 产品功能

① 进、出口压力、温度、调压器阀位和流量(直接和间接)的监测;

② 过滤器压差、切断阀切断、泄漏报警和门禁等实时报警;

③ 出口压力按每天的预设时间自动切换控制(用气高峰切换至上限压力, 用气低峰切换至下限压力)。

(2) 技术指标

- 工作温度: -10~+60℃
- 进口压力: 0.02~0.4MPa
- 出口压力: 1.0~10kPa
- 供电方式: 内置锂电池供电或 24V 直流电、220V 交流电、太阳能供电等外供电
- 数据记录: 每个变量存储 50000 个记录, 数据记录周期 30s~12h 可调
- 传输方式: 专网、无线或 4G/5G
- 通信协议: Modbus(TCP/IP 或 RTU)

11.19.6 SG-IPF/CS X 智能调压产品

【基本情况】

提供单位: 上海航天能源股份有限公司

【产品概述】

SG-IPF/CS X 智能调压产品通过控制指挥器(导阀)作用于调压器来实现调压站出口压力自动控制, 见图 11.74。其适用于城市燃气中压以上(含)的调压站, 适用调压器包括意大利飞奥 Reflux819、Reval182、Aperflux851 等自立式调压器。

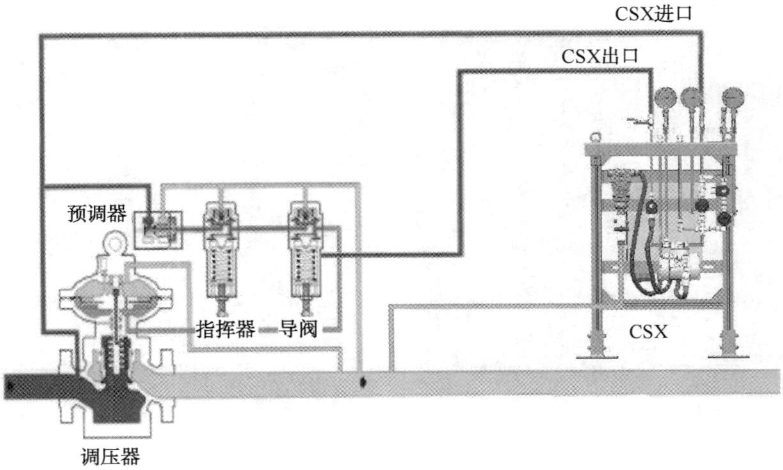

图 11.74 SG-IPF/CS X 智能调压产品原理

（1）产品特点

- 本质安全，在失电、产品设备故障、通信故障等极端情况下，能保证调压站按照设定最低安全压力运行
- 压力上下限保护功能
- 调压曲线平滑、调压精度可达 1%
- 断电保护功能
- 设备结构简单、安装方便

（2）技术指标

- 防爆性能：可用于防爆 1 区、2 区
- 防护性能：IP65
- 温度范围：−20～+60℃
- 调节范围：Δp=0～0.2kPa
- 控制权限：本地与远程权限选择
- 调压模式：定值调压、曲线调压
- 控制方式：1 对 1 独立控制
- 支持路数：最多三路同时工作
- 通信接口：RS485、以太网
- 通信协议：Modbus RTU、Modbus TCP/IP

本产品用于多气源调配、城市管网调峰、管网末端压力保障、同级站点用气平衡、支路限流等。见图 11.75。例如，深圳燃气存在同级压力站点区域供气不平衡问题，特区内片区滨海次高中调压站、罗芳次高中调压站等站负载较大，站内设备超负荷运行。通过安装智能调压产品，在供气高峰期远程（自动）提高同区域供气量较低站点供气能力，平衡负载，提升供气安全。

图 11.75　SG-IPF/CS X 智能调压产品的应用

11.19.7 智能压力监测终端

【基本情况】

生产单位：上海叁零肆零科技有限公司

【产品概述】

智能压力监测终端设备可以在天然气管网的各个调压节点安装使用，尤其是没有市电的调压箱、调压柜、阀门井等关键节点，实时监测燃气管网的压力、温度等运行数据，为企业运营管理带来了巨大价值。

其中产品对企业日常运营管理价值如下：

(1) 压力实时监控，防止中压入户等安全事故，强化安全管理；

(2) 降低日常人工巡检次数，实现企业智慧化运营；

(3) 调压设施出口压力监控，调节出口压力，降低销气差。

对企业智慧运营管理价值如下：

(1) 通过对设备的应用，以较低的成本投入，增加了中压管网末端压力校核点，弥补数据缺失，突破中压管网仿真技术难点，提升中压管网仿真模型精度；

(2) 通过设备对管网末端用气压力波动的实时监测，掌握客户用气规律，提升客户用能预测精度；

(3) 设备独有的数据采集频次、精度，有效满足在线仿真过程中通过算法对泄漏、堵塞等场景进行识别的数据需求；

(4) 通过设备采集数据训练算法，实现孪生模型自动更新，持续提升模型的智慧化程度，保障仿真模型精度。

产品本身设计围绕无源场景压力监测，核心部件选用 MEMS 温压一体芯片，32 位微控机，大容量电池，多波段通信模组，使得产品在测量精度、通信稳定性、使用寿命全面领先于相关产品。

目前已在淮安、杭州、蚌埠、青岛、广州、东莞等 80 多家城燃公司应用。见图 11.76。

图 11.76　智能压力监测终端的应用

11.19.8 物联网智能压力采集器

【基本情况】

生产单位：重庆合众慧燃科技股份有限公司

【产品概述】

燃气管网是城市燃气基础设施的重要组成部分，对城市的现代化进程起着举足轻重的作用。为保证燃气输配管网的安全运行和稳定供气，提高供气管理水平，对燃气管网压力、温度进行监测是一种重要的手段。

图 11.77　压力采集器

利用运营商 NB-IoT 网络，安装物联网智能压力采集器（以下简称压力采集器。见图 11.77），燃气企业可以有效将分散在城市各地的管网压力监测点信息采集到物联网智能设备管理服务云平台（以下简称 IoT 云平台），形成以 IoT 云平台为核心的分布式监测网络。IoT 云平台为城市燃气生产、调度和管理提供可靠的参考数据，当压力采集器监测到管网压力出现异常时，及时将信息上报到 IoT 云平台，IoT 云平台将报警信息以短信或者 APP 消息推送的方式通知相关管理人员，让管理人员随时掌握第一手信息，知晓管网运行状态，使每个压力监测点由周期性专人专管向以问题为导向的管理方式进行转变，将目前的事后处置转变为事前预防的工作模式。

压力采集器集管网温度、压力采样于一体，同时还具有仪器自检、电池低压监测等功能，安装于调压箱、调压柜内，监测进口或者出口压力。

压力采集器采用内置锂电池供电，定时上传数据的工作方式。设备数据采集间隔及数据上传间隔都可通过 IoT 云平台设置，根据 IoT 云平台设置时间自动按时采集数据并上传数据。物联网智能压力采集器默认采样间隔：非报警模式 30min，报警模式 30min；数据上传间隔：非报警模式是 24h 上传一次，报警模式即时上传。

（1）产品特点

① 稳定性：设备采用工业级高性能主控模块，能够经受长期的恶劣环境考验，保证通信的顺畅性。

② 成本低：通信采用运营商的无线通信网络，无须进行网络布线，降低使用成本。

③ 灵活性：采用锂电池供电，无须市电接入，可安装在任何区域。便于施工、调试、运行、维护。

④ 及时性：当监测压力出现异常等情况，能够及时向管理人员手机发送短信告警，

同时进行慧燃通 APP 消息推送，避免安全隐患。

(2) 技术指标

① 压力采集器为连续不间断工作制，自行时上报每天采集数据；
② 工作电压：DC 3.3~3.6V(内部原电池供电)；
③ 平均工作电流：<50μA；
④ 静态工作电流：<10μA；
⑤ 最大工作电流：≤150mA；
⑥ 防爆等级：Exib Ⅱ B T3 Gb；
⑦ 一次抄读成功率：不低于 95%；
⑧ 多次抄读成功率：不低于 98%；
⑨ 工作环境温度：-20~+60℃；
⑩ 外壳材质：ABS；
⑪ 防护等级：IP65；
⑫ 发送功率：≤23dBm。

该产品在重庆燃气集团股份有限公司各分子公司供气区域内工业厂区、重要小区、酒店、学校以及管网末端等重点用气场所的调压箱和调压柜实现了运行数据智能化应用，见图 11.78。该产品自 2019 年安装使用以来，为管网的安全运行提供了大量可靠的数据，实现了有效压力监测、有效异常预警、有效数据分析、有效数据追溯。

图 11.78 压力采集器的应用

11.19.9 讯飞声学成像仪

【基本情况】

生产单位：科大讯飞股份有限公司
产品费用：20 万/台(套)

【产品概述】

产品名称：讯飞声学成像仪

基本原理：声音是由物体振动产生的声波，通过介质(空气或固体、液体)传播并能被人或动物听觉器官所感知的波动现象。燃气泄漏过程中伴随着爆裂状的声信号发射，产生声波/超声波能量，通过介质和缝隙向周围空气传播。从声音维度检测燃气泄漏，具备可行性和可靠性。针对气体泄漏使用场景，选择使用优化的麦克风螺旋阵列技术方案，可对一定空间区域内的气体泄漏声源点进行定位并显示。同时，基于波束形成算法，计算声源位置。通过将阵列中各个传感器所采集到的信号进行滤波、加权叠加后形成波束，进而通过搜索空间内声源可能的位置来引导波束，最终计算出空间气体泄漏点声音强度，实现声源定位。基于此研发声学成像仪，实现燃气泄漏点的可视化检测定位。

应用场景：燃气场站泄漏点的可视化检测定位。

特点：

① 快速精准的可视化定位：优化的麦克风螺旋阵列技术方案，可快速、精准定位；

② 远距离安全检测：最远检测距离可达 30m，充分保障人员安全；

③ 一体易用坚固耐用，防爆设计：一体化设备，简单培训即可上手；IP54 防护等级，适应外出巡检需要，坚固耐用；防爆设计，适应燃气检测需要。

技术指标见表 11.7。

表 11.7　讯飞声学成像仪技术指标

参数	值
尺寸	10.1ft
成像帧率	25fps
摄像头	1300 万像素
续航时间	4h
尺寸	30cm×18cm×6cm
质量	1.8kg
防护等级	IP54
检测泄漏精度	不低于 30ppm
检测范围	$100m^2$
检测距离	最远可达 40m，典型 10m 左右

讯飞声学成像仪目前已应用于北京燃气、深圳燃气、杭州燃气等公司，用于场站泄漏检测，均成功检出管道阀门处明显气体泄漏，及时采取检修措施，成功消除事故隐患。

12　客户安全保障与服务

12.1　客服营销云平台

【基本情况】

应用场景：客户服务
提供单位：深圳市燃气集团股份有限公司
建设单位：深圳市赛易特信息技术有限公司

【建设必要性】

某城镇燃气公司自成立以来，紧扣城市整体发展战略，全方位高速拓展经营区域的天然气市场。在业务急速发展过程中，该公司燃气管理遇到了诸多痛点与难点问题，主要体现在服务管控难、客户体验差、经营成本高等三个方面：

（1）服务管控难

该城镇燃气公司使用的是传统的现场作业服务模式，对现场作业人员的管控力较弱，主要体现有：

① 作业员的作业地点不固定、不统一，需要根据客户预约情况前往不同的客户现场，行动轨迹自由性大，监管难度大。

② 作业员的工作时间不固定，作业时长与客户现场环境、客户配合度等关系大；而针对抢修类作业，既存在时效性的要求，又存在工单进度无法实时监督的问题，生产调度难。

③ 工单作业完成后需要等作业员或专职返单员将纸质工单录入信息系统，容易发生人为错误，且时间滞后大，工作效率低。所以，在缺乏有效生产管理工具的条件下，基层管理人员难以有效管控现场作业，无法实时、全面掌握作业员的工作情况，容易发生作业员工作散漫、弄虚作假、调度滞后等不良情况。

（2）客户体验差

在与客户业务沟通过程中，因缺乏有效的身份验证手段，且原有呼叫系统与业务系统集成度不高，信息传输迟缓，常常出现需要客户通过电话与话务员反复沟通才能完成业务咨询或预约，乃至必须亲自前往营业网点办理业务的情况。该城镇燃气公司原客服系统与服务信息台账并行的业务支撑模式，同时也导致办理业务操作复杂、效率慢、客户满意度低等业务难题。

（3）经营成本高

由于缺乏有效的管理手段和服务渠道，造成该城镇燃气公司需要付出更多的办公成本、人力成本、时间成本，以换取客户满意和服务水平。该城镇燃气公司每年打印安检单、抢修单、点火单、客户联等各类单据数十万份；同时还需额外单独设纸质录入、催收、核查等岗位人员；安检、隐患等现场作业业务流转复杂，需要多次派工、重复上门，导致需设置过多作业人员；等等。开展客户服务所需投入的经营成本，已成为该城镇燃气公司的严重负担。

【解决方案】

根据业务管理需要定制化开发了客服营销云平台，平台对客户服务进行业务解耦，抽象定义出城镇燃气客服特色的微服务，并采用中台架构进行构建，分为前端支持、中台业务、企业后台集成三部分，业务中台是系统的核心建设主体，前端支撑和企业后台是客服平台的扩展应用。对于关键的核心中台业务分成九大管理模块，包括市场拓展，业务受理，客户信息，抄表管理，计费管理，收费管理，账务核销，设备库存，工单管理。具体业务架构如图 12.1 所示。

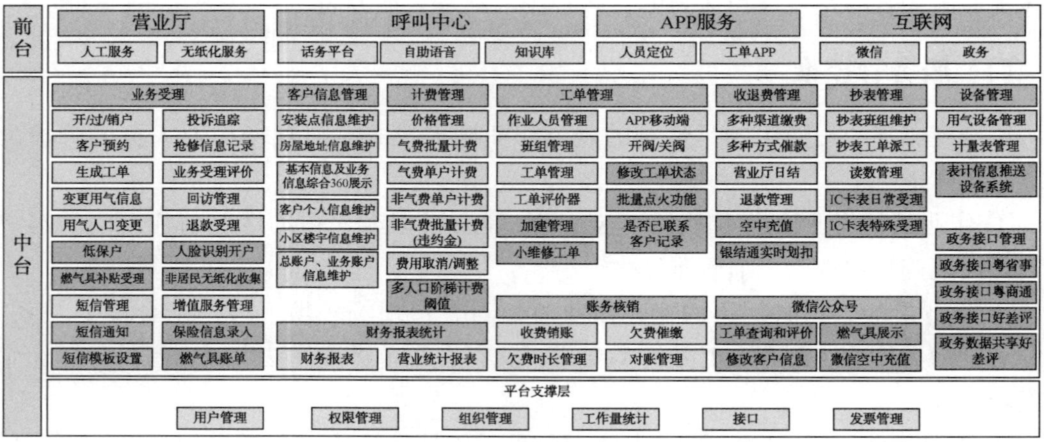

图 12.1　业务构架

通过客服营销云平台转变该城镇燃气公司原客服系统及服务信息台账并行的固有模式，集客服系统、客服移动作业 APP、呼叫系统、微信平台和无纸化平台为一体，实现业务信息集中式管理，业务全流程线上办理，建成具有该城镇燃气公司特色的燃气数字化、智慧化客户服务体系。具体方案如下：

（1）业务单据无纸化，实现降本增效

客户服务业务涉及客户开、过、销三大业务模块合同以及业务受理单据，通过打通

无纸化平台，打造智慧化营业厅形象，实现单据电子化管理，优化业务操作流程，在减少纸质单据印刷以及档案存储成本的同时，借助平台推送公司宣传内容，增强与客户之间的互动，推动该城镇燃气公司增值业务的发展。

营业员可对客户进行人脸识别，验证客户身份，合法化业务办理流程。借助高拍仪自动识别身份证、银行卡，提高数据准确性、操作便捷性的同时，也提高了营业员的工作效率。在完成业务受理后，合同、业务单据以及相关证件材料均以电子档案的形式保存在客服营销云平台上，同时支持发送电子版合同及业务单据给客户，方便客户查看及留底，实现单据无纸化。见图 12.2。

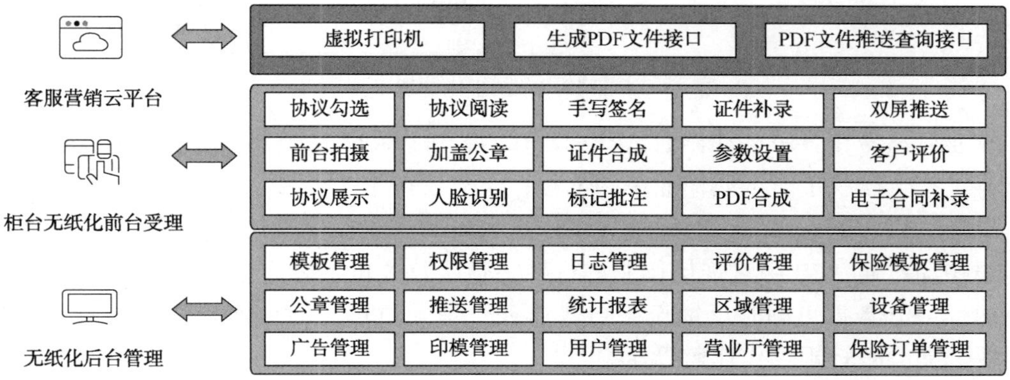

图 12.2　业务流程

（2）智能网格自动派工，科学调配劳动力

借助客服营销云平台颠覆该城镇燃气公司传统现场作业派工管理模式，从原来员工线下调度转变为平台结合员工技能等情况智能自动派工，优化资源配置，提升客服体验。

采用网格化概念对客户进行划分管理，灵活配置各网格不同工单类型的作业班组，实现作业分工清晰化。见图 12.3。班组长可提前灵活配置班组的可预约量和作业人员排班情况，平台根据片区配置以及当天的可预约量和排班情况，可在客户预约的同时智能、科学地自动派工到作业人员。替代班组长手动派工工作量的同时，大大提高了现场活动调度的工作效率。

（3）双端高效协同，强化作业监管

客服营销云平台协同客服移动作业 APP，替换该城镇燃气公司传统依据纸质单据的现场作业模式，通过结合移动端特有的便捷模式，统一整合现场业务模块，全面优化作业流程，提升工作效率。通过客服移动作业 APP，采集作业人员行动轨迹，监测作业时效性，强化现场作业监管力度。同时提供出账、支付功能，提升客户服务体验，提高该城镇燃气公司账款回收率。

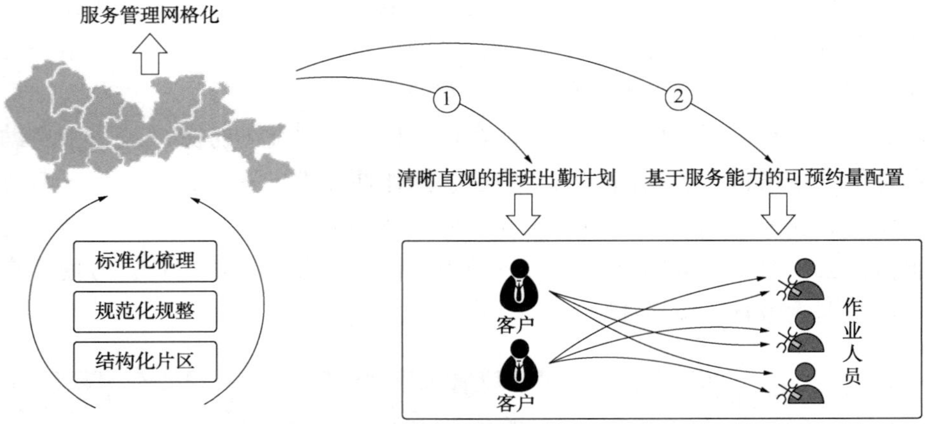

图 12.3　网络化管理

作业员只需在客服移动作业 APP(图 12.4)中下载作业任务，随后带着手持终端上门作业，完全摆脱了对纸质作业单的依赖，全程仅携带一个移动终端即可完成作业、返单、出账、收费所有操作，有效地提高作业人员的作业、返单效率。同时，客户可直接在客服移动作业 APP 中对现场作业进行签字确认及评价。客服移动作业 APP 与平台数据互通，APP 数据可即时反馈至平台，业务管理人员可实时监测作业人员行动轨迹以及作业进展，减轻现场作业监管压力。

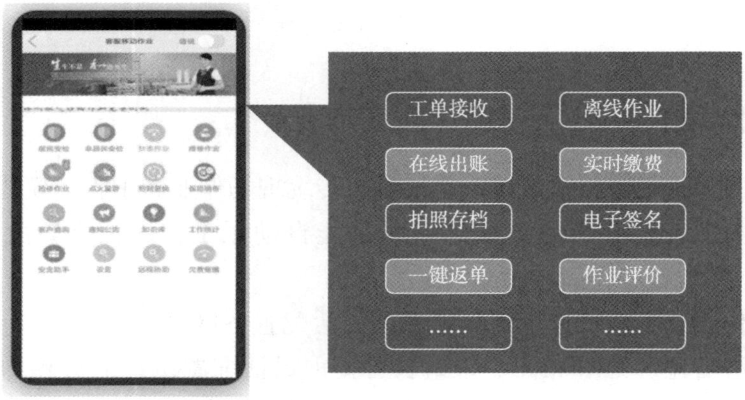

图 12.4　客服移动作业 APP

(4) 多渠道服务，提升客户体验

客服营销云平台打通微信公众号、粤省事、粤商通等线上服务渠道，构建便民惠民的智慧服务新平台，满足客户“一次都不跑”的一站式线上服务体验，提升客户满意度的同时，结合 OCR 识别、人脸核查、智能客服机器人等，减少人工审批环节，提高办事效率。见图 12.5。

客户通过线上渠道可查询、办理充值缴费、自助报数、发票申领、预约业务、在线开户、在线过户、在线报装、在线客服、业务指南等业务，多渠道的在线服务，减少客户提交资料次数，材料电子化流转，让客户无须出门即可办理业务，极大提升客户体验的满意度。

图 12.5　微信营销平台

【主要成效】

客服营销云平台为客户实现了“柔后台、大中台、微应用”的一期布局，5 大触点提供客户服务，13 大管理中心处理业务流转，满足客户当前的业务需求，从根本上解决该城镇燃气公司遇到的痛点难点问题。

（1）提升运营，强化业务管控能力

协同客服移动作业 APP，提高业务数据真实性及完整性，充分利用数据的附加值，实现工单的秒级派工，现场作业各环节规范化、线上化、智能化，PC 端与移动端双端高效协同，提升现场作业完成效率近 70%。通过实时同步的业务数据，采集作业人员行动轨迹，监测作业时效性，强化现场作业监管力度，解决该城镇燃气公司服务监管难的痛点问题。

（2）优化客户体验提高客户满意度

形成“一户一档”，客户用气记录、业务办理记录、历史工单记录、财务交易记录等客户信息可查可追溯，逐步完整客户画像，实现精准化管理。构建了完备多渠道评价体系，客户评价一键上传政务中心，提升客户反馈接收能力。

便捷化客户操作，标准化、精细化服务体验，解决该城镇燃气公司客户体验差的痛点问题，提升其客户满意度至 99.9%。

(3) 通过数字化能力降本增效

通过网格化划分、自动派工、线上化业务办理、无纸化存储，替代机械性工作、优化业务流程、简化业务操作、提升服务水平，解决该城镇燃气公司经营成本高的痛点问题，为其每年节省数十万份纸质单据成本，解放重复性工作人员数十人，提高人力资源质量水平层次，提高业务办理效率近 50%。

12.2 互联网+燃气客户服务一体化解决方案

【基本情况】

应用场景：客户服务
提供单位：港华燃气集团
建设单位：港华燃气集团
建设时间：2018 年 12 月
投入使用时间：2019 年 9 月

【建设必要性】

港华燃气集团结合自身发展需要，在客服管理方面不断引入管理系统和拓展服务渠道，经过近三十年的客服管理系统的发展，从 TCIS 1.0、TCIS 2.0 到 TCIS 3.0 不断深化客户管理的功能以及业务流程规范化。随着互联网技术的快速发展，线上线下客服智能化服务方式不断涌现，出现了一些移动应用、网上应用、营业厅智能服务等客服相关系统。但系统管理分散、数据分散，没有实现互融互通，形成了几个独立孤岛，导致很多客户资料管理分散，出现数据孤岛和不一致，给服务拓展和提升服务职能带来了困扰。客户服务效率无法提高，同时移动化应用程度不高，影响营商环境的改善，无法实现用户“零跑腿”或最多跑一次腿。港华燃气集团提出 TTS+(互联网+港华信息总体解决方案)精神，集总部资源优势，打造互联网+燃气客户服务一体化解决方案。

【解决方案】

(1) 港华客服一体化整体架构(图 12.6)

以 TCIS 3.0 为客户管理主数据核心平台，以 AICC、MBP、VCC、IMS 为服务辅助，形成的一体化架构。

(2) 线上线下一体化(图 12.7)

通过 VCC、AICC、微信公众号实现客户服务诉求和自助多元化渠道，以及通过集成智能语音识别技术和多媒体座席技术展现智能客服热线，实现虚拟座席和自动语音应答，提升智能客服平台的智能化服务能力，积累企业服务知识库，逐步提升客户高度的个性化客户体验。

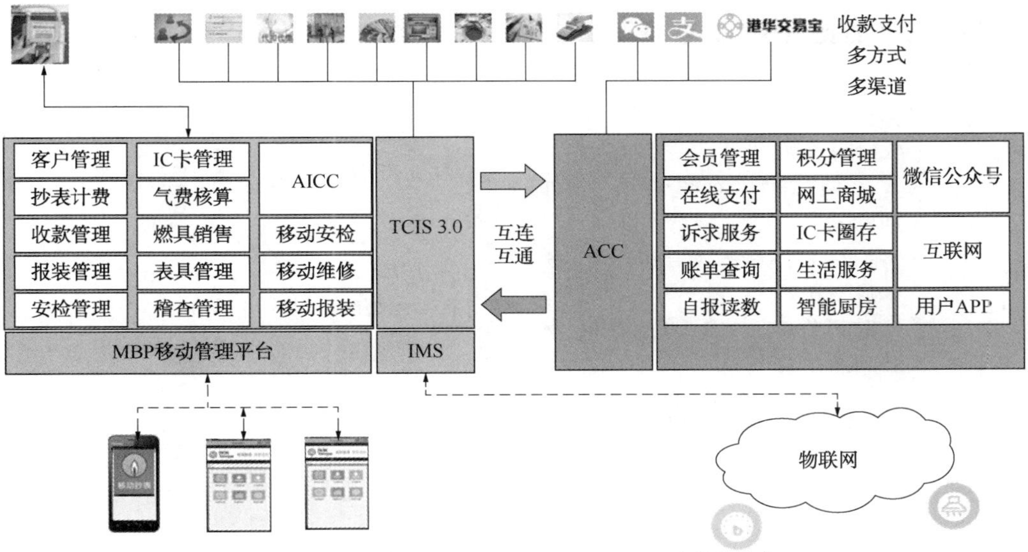

以TCIS 3.0为客户服务管理核心平台，以AICC、MBP、VCC、IMS为服务辅助

图 12.6　港华一体化架构

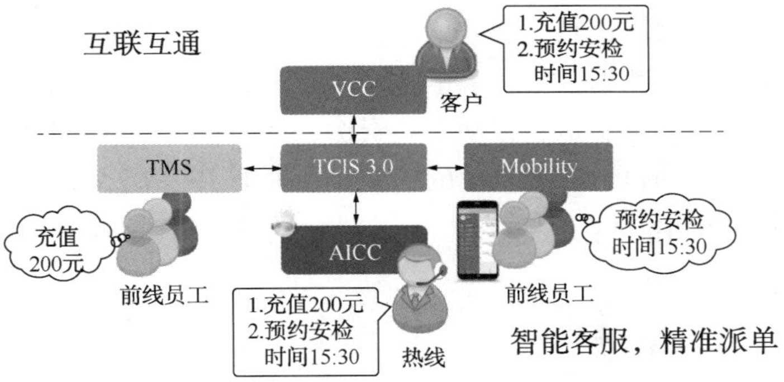

图 12.7　线上线下一体化

（3）业财一体化(图 12.8)

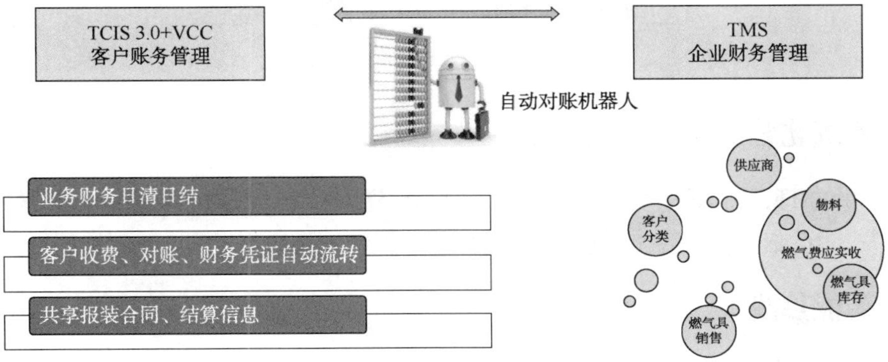

图 12.8　线上线下一体化

通过自动对账方式，提高了工作效率，避免了手工误操作，提高了数据即时性，可实时反映账龄，解决了多系统平台间数据不一致的问题。

(4)“零”跑腿(图 12.9)

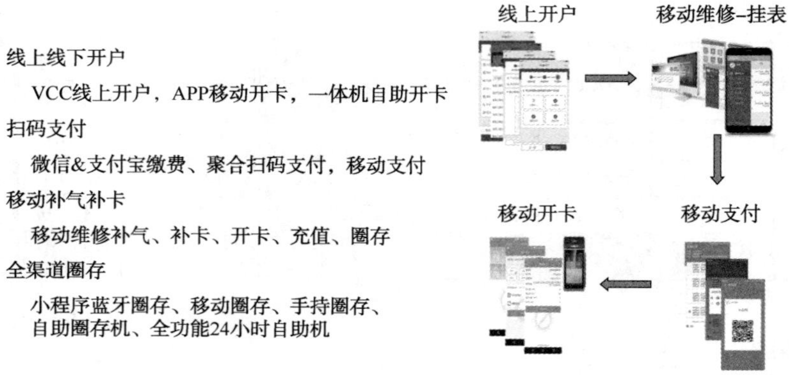

图 12.9 “零”跑腿

(5)户内服务一体化(图 12.10)

卓锐移动平台为燃气企业提供了完整的移动化整体解决方案，基于云环境部署，帮助企业可以方便快捷地共享信息，高效地协同协作，改变过去复杂、低效的手工办公方式，实现迅速、全方位的数据收集、工单处理，为企业管理和高效的决策提供科学的依据。卓锐移动平台通过移动安检、移动工商安检、移动抄表、移动维修等应用很好地解决了企业在资源、流程和执行三个方面的问题，在原有 PC 办公的基础上给燃气企业管理带来更多的作用和价值。

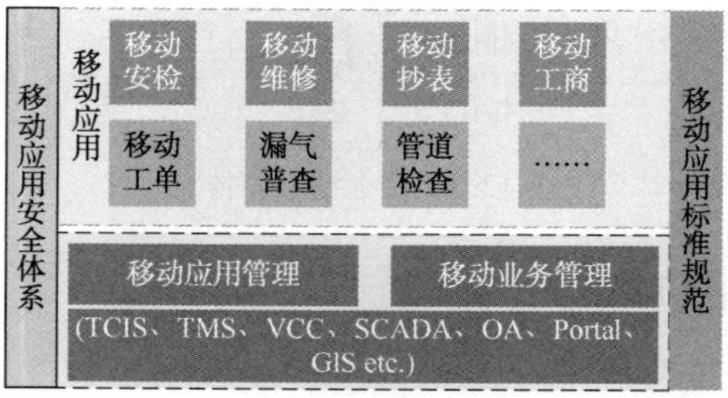

图 12.10 户内服务一体化

(6)无纸化营业厅(图 12.11)

24h 自助办理、无纸化受理，扩大服务区域范围，替代传统营业厅人工柜台。自助开户、过户、IC 卡、缴费、查询、电子发票、保险、预约等功能于一体。

(7)智能热线

智能客服热线 AICC 是卓锐精心研发的全新一代热线产品，支持 AVAYA 等各类主

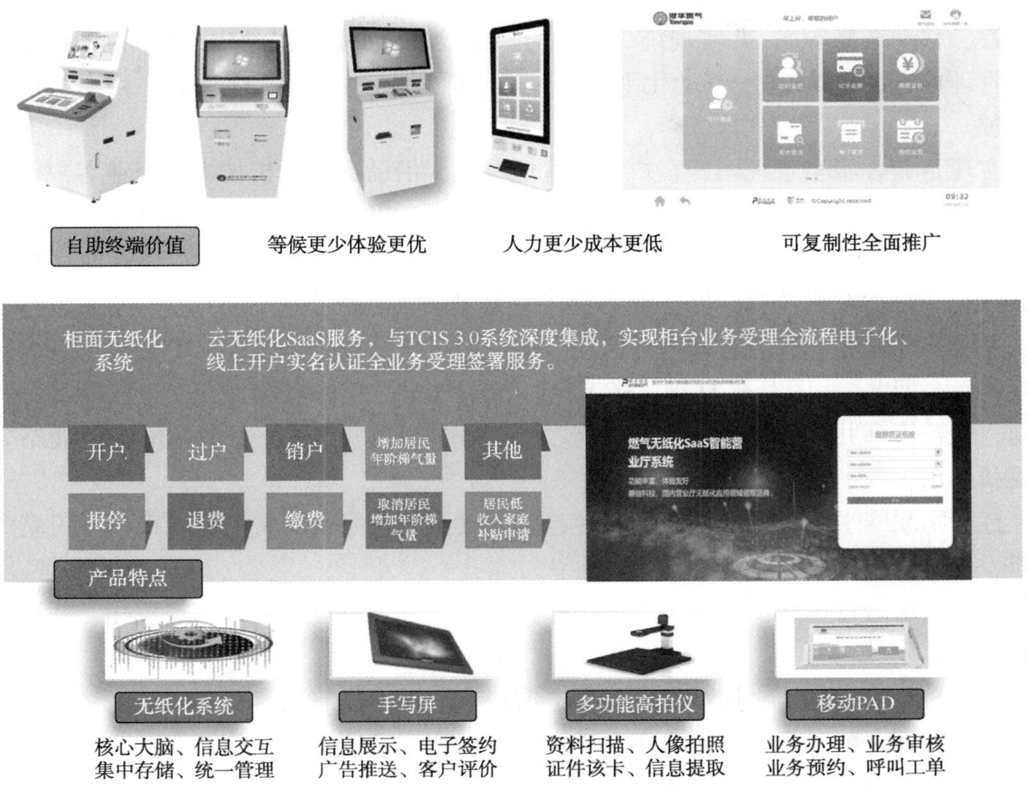

图 12.11　无纸化营业厅

流语音硬件系统，产品部署在云端，安全可靠，与 TCIS 3.0 及移动产品无缝对接，一次热线话务轻松发起业务诉求，直达维修人员手机端，使燃气公司服务更加快速高效；基于日历模式的预约计划，可根据燃气公司需要管理的业务制定预约日历时段，绿色可约，红色不可约，热线员确定预约时间简单准确；安装，维修，咨询，自报读数等 TCIS 3.0 业务全面覆盖，催单、更改预约时间维修人员立刻收到，实时短信功能可以发送短信给用户，热线成为服务沟通的桥梁；智能客服热线 AICC 除有上述客服热线功能外，还包括回访管理，预约管理，智能工单管理等模块，提供丰富热线报表和统计图表，让客户热线的工作变得更加便捷简单。

【主要成效】

实现了港华燃气集团 140 多家企业云服务应用，管理客户 2300 多万户。

实现以 TCIS 3.0 为核心，以 AICC、移动化平台、VCC 为辅助的客户服务一体化解决方案全面上线，实现客服系统一体化整合和管理，不同平台和系统实现有机融合、互融互通、合理规划边界，实现客户服务 360°信息展现，即客户信息全景视图；实现客户管理的五个统一：统一客户信息管理、统一客户账务管理、统一客户诉求管理、统一客户业务管理、统一客服业务接口管理；以 AICC、MBP 实现统一智能派单和多媒体座席共享，初步实现智能客服框架和初步概念，进而提升企业运营效率和客服能力，有效提升客户体验；以 TCIS 3.0 统一移动化管理平台，实现移动外勤统一化(移动抄表、移动安检、移动维修等)，并实现统一移动门户建设。全面理顺以 TCIS 3.0 为客户全生命周期管理核心，以 AICC、移动化平台、VCC 为辅助的大客服管理生态，以期实现大客服管理。

实现企业客服全景视图即客户业务管理看板，借助在线分析技术和企业客户管理业务需求，实现企业管理层关注的客户服务关键指标，以醒目的统计图表展现，让企业高管实现以 TCIS 3.0 系统进行企业客户管理和服务人员管理；同时，实现营业厅现金管理，有利于自动对账效率，促进业务财务一体化；实现了客户“零跑腿”或最多跑一次腿，并由一体化客户服务管理进行深化，向数字客户服务进行延伸。

共享企业“一张图”；(TCIS、SCADA、GIS)气量、定位、用户、安全、输配、移动外勤、设备管理共享企业地理信息服务，“一张图”可以实现企业全方位经营战略资源展现和展示。

打造物联网平台和实现物联网管理，建立气量管理平台，特别是工商户预付费气量管理。

集成应用语音识别技术和多媒体座席技术，提升企业客服能力和规范化，并进而实现减员增效。

实现物料价格共享、物料库存共享，增强业财一体化效益。

着手推进大数据客户分析工作，优先建立大数据管理平台，并探索客户大数据主数据和元数据模型，以及实现局部大数据分析。

12.3 燃气延伸业务一体化

【基本情况】

应用场景：客户服务

提供单位：港华燃气集团

建设单位：名气家(上海)信息技术有限公司

【建设必要性】

依托燃气企业多年的服务管理经验，引入先进的数字化服务底座，云管端一体化服务平台，系统化管理工具，构建统一的用户、交易和在线服务，提升业务核心竞争力和商业化价值，推动燃气服务数字化转型。见图 12.12。

【解决方案】

围绕客户诉求和工单服务，实现流程化管理，提供灵活的工单业务配置和统一接口，并在一体机终端设备上同步工单应用和交易管理，实现与第三方服务对接，开放合作，高效管理。同时基于 PaaS 基础为企业提供个性化的 SaaS 服务，助力企业释放更多客户价值，打造创新开放的智慧燃气家庭生活服务生态。见图 12. 13。

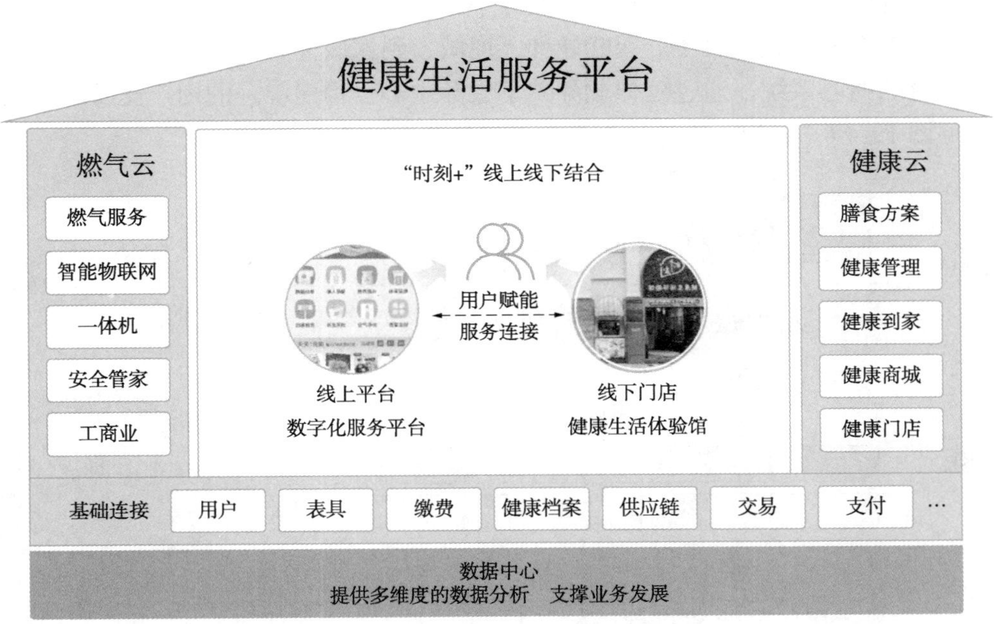

图 12. 12　云管端一体化服务平台

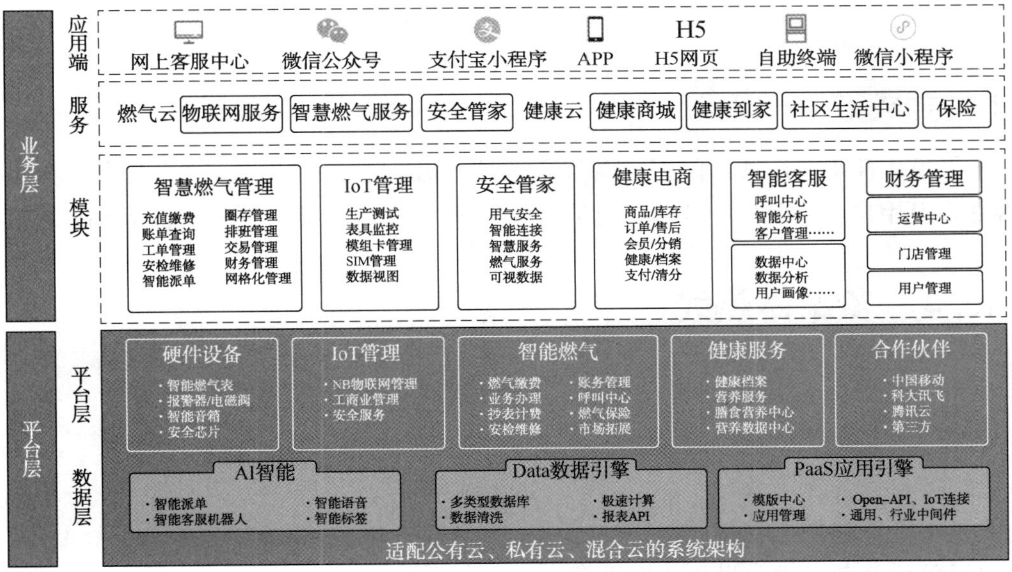

图 12. 13　智慧燃气家庭生活服务

通过打造 PaaS 系统，形成统一的延伸业务平台，构建统一的用户交易和在线服务系统。同时基于 PaaS 基础为企业提供个性化 SaaS 服务，集团统一部署，统一运营，企业共享应用，低成本，高效率。

平台支持 B2B2C、B2C、O2O 模式，支持的 C 端包括时刻家 APP、小程序、H5 站以及企业运营的公众号，由基础平台服务层提供会员中心、订单中心、商品中心、库存中心、支付清分中心、分销中心、营销中心、供应链中心、数据中心等模块，输出电商、到家、健康、保险服务等；打通各业务平台，包括 TCIS、工程系统、ERP 系统等，向上支撑燃气企业的燃气服务、智能硬件、商城、到家服务和保险业务。电商系统是延伸业务平台的核心系统，通过延伸业务共享服务中心，构建统一的用户交易和在线服务系统，见图 12.14，成为开展延伸业务实现用户变现的重要一环。

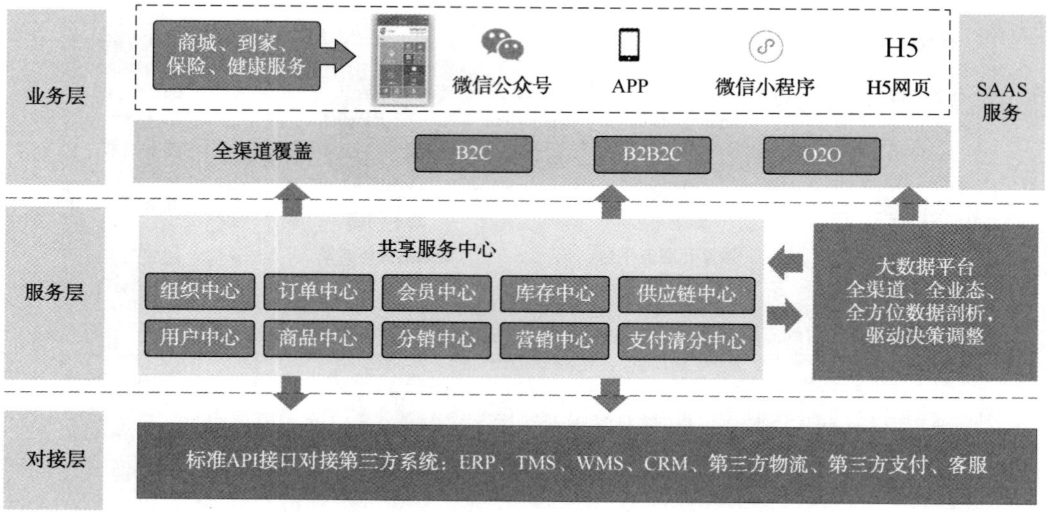

图 12.14　用户交易和在线服务系统

【主要成效】

截至 2021 年 12 月，已有 100 多家企业整体开通使用了 VCC 网上营业厅服务，覆盖超过 1800 多万用户，为延伸业务沉淀会员数达 1200 多万，全年业务办理量近 2000 万次。

12.4　多媒体热线

【基本情况】

应用场景：客户服务

提供单位：港华燃气集团

建设单位：苏州港华燃气有限公司

建设时间：2021 年 12 月

【建设必要性】

苏州港华本着以客为尊的服务理念，在客户服务方面不断引入高新技术、拓展服务渠道及方式，经过近十年的热线信息化建设，基本具备以 TCIS 3.0 为核心的客户信息系统，提供了绝大部分客户的报装、客户资料、表具资料、抄表、IC 卡充值等业务支寺，并以卓锐移动抄表实现机械表抄表，以及电信热线系统实现客服呼叫中心管理，以及以德云思移动维修工单和移动民用/工商安检实现用户的客服诉求、移动外勤、安检服务管理，同时以 VCC 实现 IC 卡圈存、支付宝/微信缴费等网上客户自助服务，配合以局部 IC 卡管理部分工商户的充值管理，基本能够满足客户的基本资料、客户业务、客户服务的管理，但也因为客户资料管理分散和共享不够，造成了服务拓展和提升服务职能的困扰。

现状：

经过前期三个阶段的苏州港华热线中心服务系统的调研，发现苏州港华热线中心服务系统相关系统比较多，具体有：

（1）2017 年上线使用卓锐移动抄表。TCIS 3.0 系统于 2019 年 9 月上线，管理用户 20 万，以 TCIS 3.0 系统进行客户报装及资料管理、表具管理、IC 卡表具用户的充值收费和机械表用户的抄表收费。

（2）热线系统使用的电信 69111 的话务系统，热线话务采用 avaya IP office 500 作为语音交换机，以及集成 CTI 话务控件，与德云思移动维修工单系统混合使用，没有与 TCIS 3.0 系统实现客户信息对接，使用上通过登录多个系统进行客户资料的查询、诉求记录和转派处理等。

（3）德云思移动应用系统于 2015 年上线，但只用到了民用安检，维修，也没有与 TCIS 3.0 系统实现客户信息对接。

（4）VCC 于 2019 年 9 月上线，主要解决民用户圈存，目前使用量不大。其支付宝目前是直接对接 TCIS 3.0，使用效果不错。

（5）工商户管理平台，主要用于工商户的报装、抄表、巡检、维修、抢修等业务，没有与 TCIS 3.0 系统实现客户信息对接，也没有和热线系统对接。

应用“痛点”：

电话话务系统集成架构无法满足业务发展要求，同时，系统近几年功能改造和完善滞后，且系统优化难度较大，系统运行经常卡顿，稳定性和安全性不满足公司发展新要求。

热线相关系统比较多，且系统管理分散，数据分散，没有实现互融互通，形成了客户服务几个独立的小孤岛。其中热线系统只实现了与工单查看的对接，没有与 TCIS 3.0、德云思移动安检、维修系统派单，过程跟踪、工商管理系统实现相应接口对接和数据共享，其他系统独立运行，各个系统均涉及客户信息以及客户的相关信息，各个系统都有自己客户的基础信息，更新的用户信息不能共享，数据无法共享，导致客户服务不统一，客户信息数据不能实时更新，客户服务效率无法提高，同时智能化应用不高，无法完成热线诉求分流，缓解热线压力，提升客户服务。

【解决方案】

（1）港华客服一体化整体架构（图 12.15）

以 AICC 为热线服务核心平台，对接 TCIS 3.0、69111、德云思移动化、工商系统等，打破数据孤岛，实现苏州港华各业务系统的数据互通与共享，统一客户服务，实时更新客户信息数据，提高客户服务效率。

同时引入智能化技术，减少简单、重复问题的人工处理，提升工作效率。

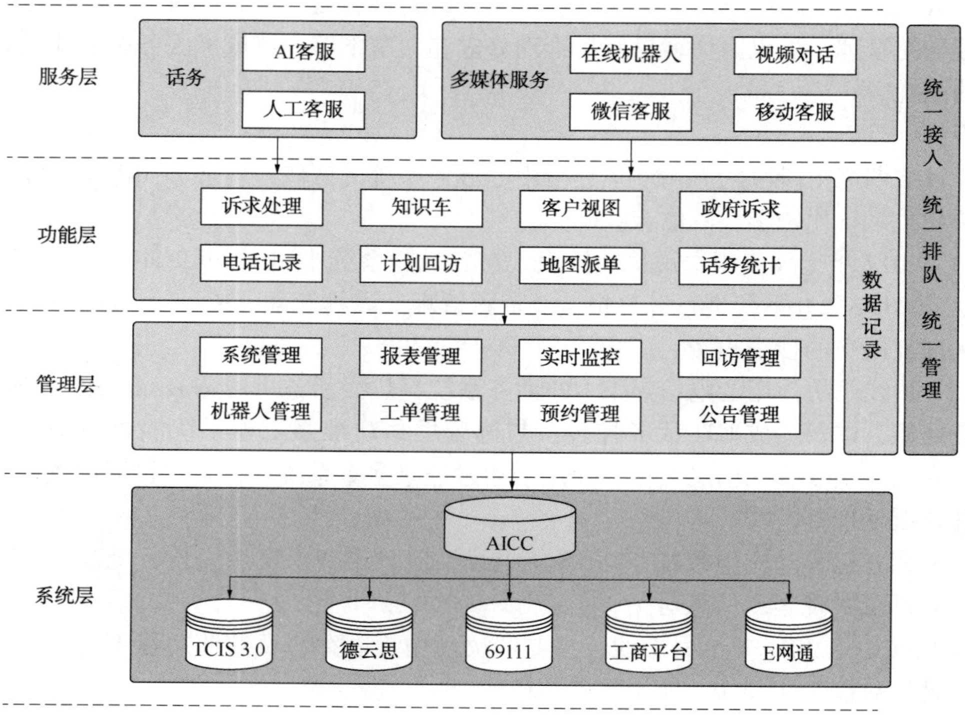

图 12.15　系统实现架构

（2）多种服务渠道统一接入排队(图 12.16)

通过微信公众号、门户网站、电话等实现客户服务诉求和自助多元化渠道，以及通过集成智能语音识别技术和多媒体座席技术展现智能客服热线，实现虚拟座席和自动语音应答，提升智能客服平台的智能化服务能力，多种服务渠道接入后，实现统一排队。

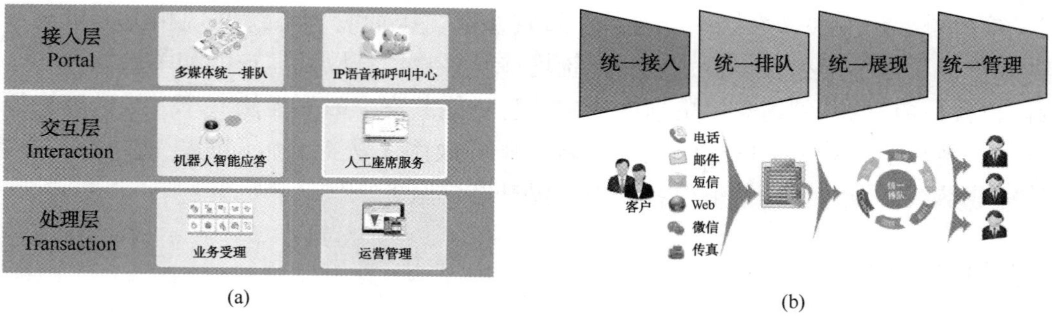

图 12.16　多种服务渠道统一接入排队

(3) 智能机器人(图 12.17)

对话聊天机器人基于自主研发的 AI 技术(Chat 对话，NLP 文本处理和知识图谱)，实现语言理解和对话生成，通过对客户的上下文语境分析，判断客户的意向和需求，实现多轮对话。该机器人可以应用到自助答疑、快速检索、主动推荐、业务引导，是集全媒体客服和内部协同办公一体的智能化解决方案。

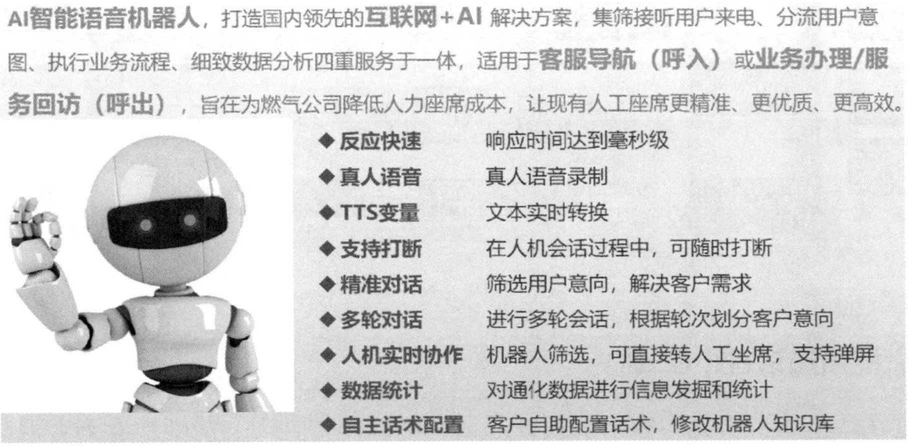

图 12.17 智能机器人

用户拨打热线电话，IVR 优先导航智能语音机器人问答，可转人工接入热线座席应答，智能语音机器人可以配置话术，对接用户数据信息，针对用户提问反馈结果，用户说出“转人工”，通话进入语音话务队列，有 AICC 话务座席接入处理。用户也可在微信、公众号、手机端、PC 电脑网页端等多个 Web 渠道，反馈咨询燃气业务，在线机器人配置话术，提供在线服务，快捷解决用户问题。见图 12.18。

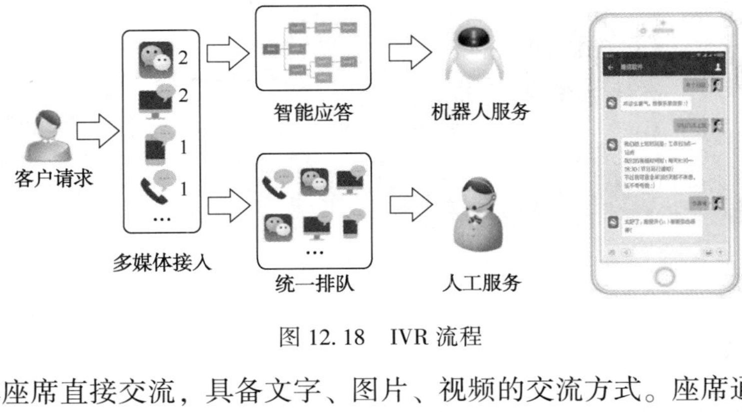

图 12.18 IVR 流程

和多媒体座席直接交流，具备文字、图片、视频的交流方式。座席通过知识库、历史记录快速响应用户咨询问题。

系统支持各种提升客服处理效率工具，如消息弹框提醒、闪烁提醒、新对话声音提醒等；同时支持对访客输入内容进行输入预知，以便提前做好准备；此外，支持在输入框中“自动匹配”常用预存，以便进行快捷回复。见图 12.19。

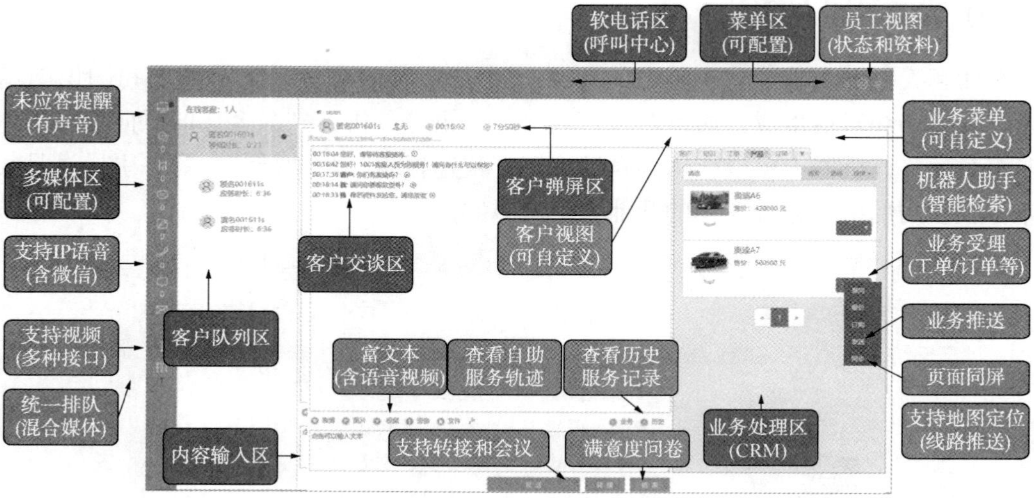

图 12.19　各种服务

(4) 视频通话(图 12.20)

通过在线座席，实现与客户的视频通话，可以非常直观、清晰地看到客户家里的用气情况，真实地了解客户需求，指导用户安全用气，提升服务水平和精准度，降低因为描述不清导致的派错工单。增加用户体检和降低公司运营成本。

图 12.20　视频通话服务

(5) 知识库

打造面向 C 端用户的燃气业务知识库，持续学习语料、话术、业务等。形成燃气用户的知识图谱，持续完善业务场景的覆盖，为燃气企业的业务标准化，企业管理带来更多的作用和价值。见图 12.21。

通过对燃气业务的梳理及标准化，形成面向热线人员的知识库，方便座席人员与客户问卷交流，确定客户业务需求、查询文章、创建文章、申请审核发布构建知识库树状目录，目录下维护文章、审核文章，通过后即发布，已发布文章可以作废；构建问卷树状目录，目录下配置问卷、维护问卷和文章的标签，标签在创建问卷和文章时配置。见图 12.22。

图 12.21　知识库组成

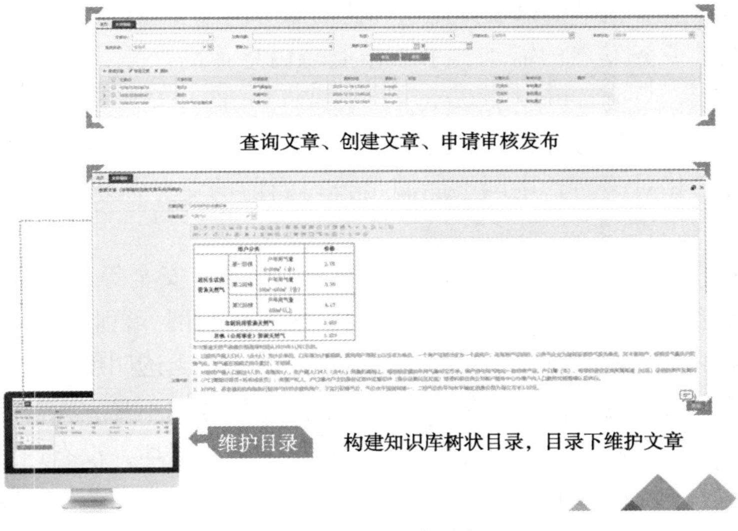

图 12.22　知识库结构

【主要成效】

实现以 AICC 为核心，完成 TCIS 3.0、69111 平台、德云思移动业务平台、工商管理系统等的数据打通，实现客服系统一体化整合和管理，不同平台和系统实现有机融合、互融互通、合理规划边界，实现客户服务 360°信息展现，即客户信息全景视图。

实现多媒体热线的使用，包括全渠道的接入，语音机器人减少人工座席压力、在线文本机器人解答常见问题、在线文本互动交流、视频通话等。

12.5 中裕燃气数智赋能智慧服务

【基本情况】

应用场景：客户服务

提供单位：金卡智能集团股份有限公司

建设单位：中裕燃气集团有限公司

建设时间：2020 年 3 月

投入使用时间：2020 年 7 月

【建设必要性】

中裕燃气集团有限公司(以下简称中裕集团)为超过 300 万居民及工商业用户提供安全稳定的清洁能源产品与服务。

客户服务存在大量信息孤岛，跨系统操作烦琐，客户服务效率低下。中裕集团的发展建设背景，客户服务在早期以表具充值和售后服务为主要营收，导致历史建立的管理系统无法支撑当前业务发展的需求，手工作业与信息孤岛严重，为客户服务带来诸多困惑。

现行系统开发技术较为落后，性能较低。因各系统建设时间不同，早期建设的应用系统技术、性能已相对落后，逐渐不能满足公司当前的业务需求，急需逐步进行升级改造。

部分管理环节粗放，部分业务的使用、扩展、稳定、安全等关键环节管理不到位，管理需要进一步精益化。同类型多套系统并存，客户、管网、营收等关键信息记录不全面，信息系统跟不上实际业务，数据汇总报告不及时，缺乏透明度。

系统对业务支撑不足。各系统在建设时对业务流程考虑不足，无法通过系统实现业务流程的规范和连贯，业务信息的传递，导致单据丢失、损坏，没有达到通过系统规范操作、提升管理水平、提高工作效率的目的；无法通过实时掌握基础设施情况，生产设备运行状况及维修历史，经营情况，无法通过系统数据进行分析，实时发现问题、解决问题、制定措施。

【解决方案】

为全面提升中裕集团客户服务与运营能力，旨在引进先进的信息化平台和管理思维，建立客户信息数据仓库，形成以客户服务为核心的一体化管控平台，满足集团及下属单位协同运转、高效管理和科学决策需要的“客户云”管理平台，实现以集团总部为中心集中管控，各子公司独立使用的目的，打造集团服务品牌，实现集团公司整体战略目标。

信息管理已成为中裕集团前端管理的重要组成部分，它以信息为支撑，源于信息层，经信息管理层，将信息加工、处理、整合，然后流入企业内部的各个相关部门，实现信息的传播与利用。在这里信息流作为企业管理各个环节的连接链，进入行政与业务管理层，为公司上层管理部门决策提供理论支持，以利于公司在激烈的市场竞争中占主导地位。最后到决策落实执行层，并将落实执行(企业运行)信息反馈给信息层，由此形成新的一轮循环过程，并随着信息的不断更新，推动中裕集团管理不断向前发展和完善。

【主要成效】

"客户云"平台上线，整合了集团50多家下属公司的多套营收客服系统，用统一规范数据基础资料建立全面的客户数据，提升客户服务和挖掘利用客户数据，帮助城燃子公司大幅提升柜面业务效率、渠道自助服务效率、增值业务销售概率，与微信、支付宝等主流社交媒体、缴费平台互联互通。同时作为应用行业新科技的阵地之一，通过建立集团 NB-IoT 物联网与客服数据的融合集成，为新环境下业务决策的精准化和敏捷性提供可能。

燃气企业通过"客户云"平台的建设与应用，切实为用户提供价值、解决痛点，并给予用户标准化的服务和高质量的体验，实现燃气企业标准化管理，助力其降本增效，优化所服务区域的营商环境。

12.6 深圳燃气智能语音导航、质检、客服和外呼系统应用实践

【基本情况】

应用场景：客户服务

提供单位：科大讯飞股份有限公司

建设单位：科大讯飞股份有限公司

建设时间：2020 年 7 月

投入使用时间：2020 年 8 月

【建设必要性】

① 深圳燃气座席客服人员工作压力大，无法响应海量的用户咨询需求和外呼需求；长时间等待降低用户满意度，引发用户投诉；追加客服人员提升成本。

② 深圳燃气话务质检主要依靠人工抽检，抽检率低，无法进行有效分析，及时发现客服违规行为，提升客服质量，提升用户满意度。

③ 深圳燃气人工座席在通话过程各个环节均存在重复操作，如反复沟通，反复查找同样的数据库知识库，查找同类问题等，效率极低，影响其工作积极性。

【解决方案】

① 为深圳燃气建设智能语音客服系统(图 12.23)，通过多轮全双工语音交互技术，解决部分垂直场景的语音交互问题，减少部分人工话务。客户说出需求，即可获得所需的信息与服务，充分享受自然语音交互带来的高效、便捷体验。

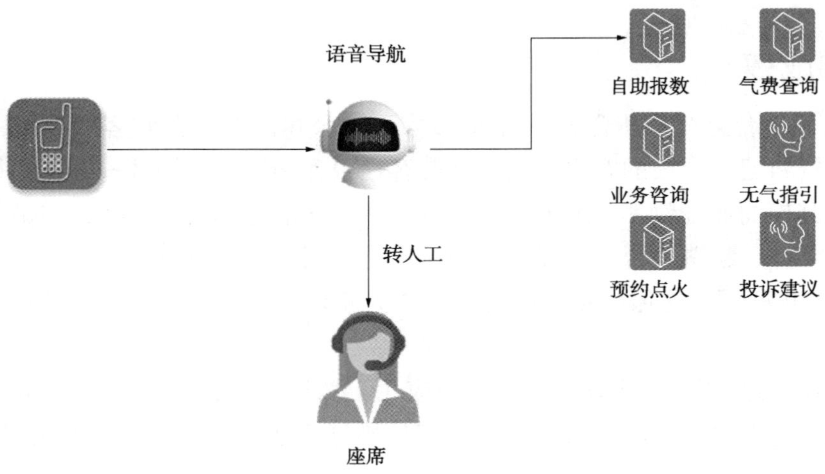

图 12.23　智能语音客服系统

② 为深圳燃气建设智能质检分析系统(图 12.24)，利用识别能力将语音转文本，基于文本语义的数据建模和大数据分析，建立质检规则进行全量自动质检，对客户服务质量进行质检面，对客户诉求进行挖掘分析后，输出质检报告并提供自运营闭环优化手段。

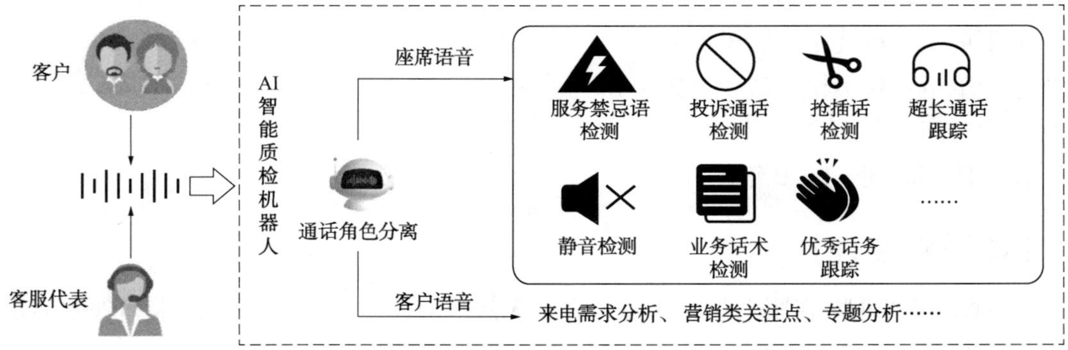

图 12.24　智能质检分析系统

③ 为深圳燃气建设 AI 座席助手(图 12.25)，利用语音识别、自然语言处理技术，通过实时辅助、实时质检功能，解决采用电话客服企业管理者客户运营成本高、难以监控座席服务情况，座席工作效率低、服务质量差的问题。

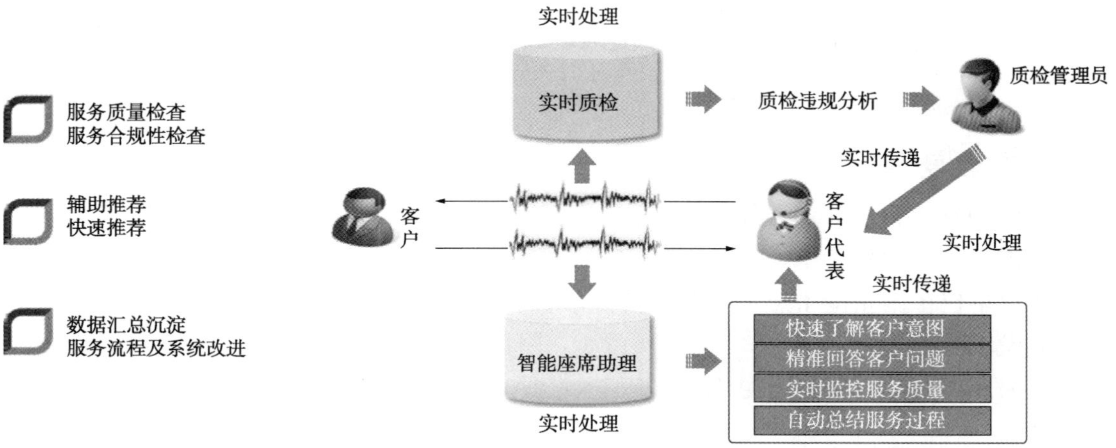

图 12.25　AI 座席助手

【主要成效】

（1）业务效益

通过优秀的语音技术（ASR 及 TTS）并配合外呼管理系统，将深圳燃气原来的人工外呼回访，升级为智能语音机器人进行回访。一方面解决了呼叫中心在针对用户的回访外呼工作中，存在阶段性工作强度大、工作效率较低、各地方言对话挑战、客户满意度有待进一步提高等问题。另一方面解决了呼叫中心语音文件没有文本化处理，缺乏实时监测及数据报告、分析功能，无法实现全量质检等问题。

（2）管理效益

外呼流程设计合理，用户友好，用户语音识别精确，能够听懂普通话和方言，机器合成的语音自然亲切，后台系统可自动或半人工方式不断优化知识库和流程优化，便于系统扩展及不断完善，有效提升了深圳燃气服务系统的管理效益。

（3）经济效益

客服环节，经过多月的运行数据统计，智能语音机器人每天可完成 7200 通电话回访，每月完成 216000 通，约可代替 7 名人工，累计为深圳燃气每年节省 70 余万元，随着项目的不断成熟增加外呼的并发路数，每年节约的成本将会更多。

话务质检环节，从人工抽检转变为全量自动质检，解决深圳燃气传统人工质检主观性强、效率低下，问题检出率不高的痛点；基于质检任务统计结果，针对性分析改进策略。优化服务规范，提升服务质量，提高客户满意度。

12.7 基于数据湖的智能表数据处理和分析平台

【基本情况】

应用场景：客户安全保障与服务

提供单位：南京港华燃气有限公司

建设单位：南京港华燃气有限公司

建设时间：2021 年 8 月

投入使用时间：2022 年 3 月

【建设必要性】

在运的智能表管理系统于 2018 年上线，系统以支撑抄表业务自动化为基本业务目标，技术架构体系支撑 20 万只表具按天周期性定时抄收现场气表计量数据。系统支撑传统客服业务，包括后付费、预付费业务，推送服务等，在线的燃气表自动化抄表率达 99%。

2020 年 8 月，安装智能表约 10 万块，截至 2022 年 4 月，安装智能表增长为 70 万块。公司计划于 2022 年全部更换为智能表，总数达到 170 万块。170 万块表的日数据量将达到 5GB，包括 0 点用气数据、24h 用气数据值、结算上报数据和事件数据。

在运系统采用 IOE 架构，日常生产管理和系统扩展存在困难，具体如下的问题：

① Oracle 数据库无法满足海量数据存储的要求，NB 智能表采集所获取的海量数据无法全部保存。

② 系统不具备海量数据的实时、批量计算能力，如：小时用气、日用气等实时计算。

③ 系统不支持海量数据的分析和预测，如：客户画像、负荷预测，无法进行数据的有效应用，数据价值无法实现。

【解决方案】

为解决目前系统存在的问题，亟须采用大数据技术，满足智能表数据存储、分析的要求，具体目标如下：

实现 200 万用户日采集，支撑公司精益化管理水平提升。系统按 200 万用户规模设计，实现对全量用户数据实时校核、快速入库和实时分析，实现用户费控执行快速、高效；建成数据、业务共享平台，支撑新兴业务快速发展；加强采集数据深化应用，开展计量装置运行状况在线评价、气表状态分析与智能评价、反窃气技术分析等高级应用，提升计量业务精益化管理水平。

提升采集数据对外服务能力，强化内部资源共享复用。开展数据共享及对外支撑服务，面向客服业务实现客户画像，提高服务水平；面向输配、调度等部门，运用大数据技术，实现运行数据实时推送、停气到户精准分析、设备停气统计分析等功能，实现管网安全生产从经验决策转向数据决策，从结果管控转向过程管控，提升数据价值，深化业务应用。见图 12.26。

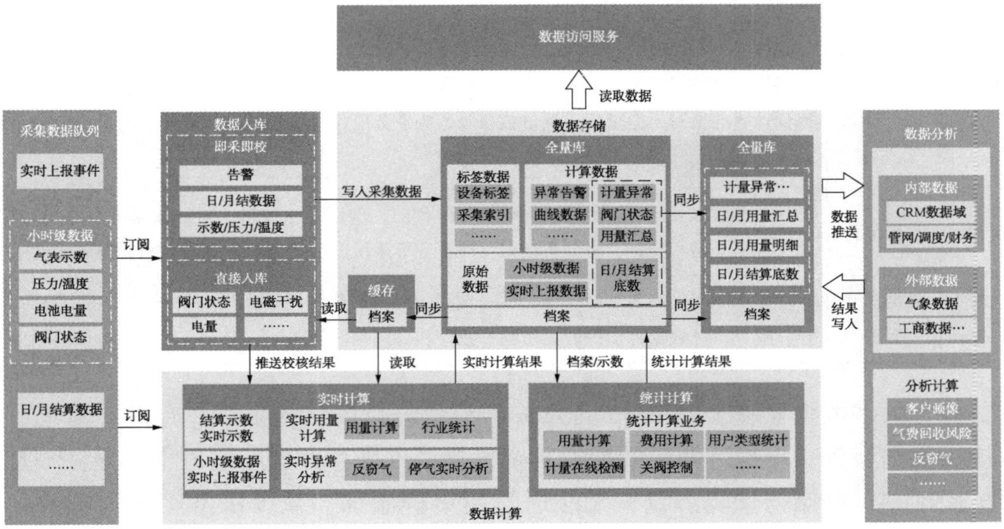

图 12.26　数据共享及对外支撑服务

新一代系统提供数据的存储、计算分析、对外服务相关综合能力，是数据应用和管理的中枢。系统提供的数据服务的总体架构设计如上图所示，主要包括数据入库、数据存储、数据计算和数据分析 4 个部分，具体内容见表 12.1。

表 12.1　数据服务内容

分类	服务	描述
数据入库	即采即校	对需要校核的采集数据(如日/月结算示数、小时示数等)，在入库之前先进行数据质量的校核，并将校核结果(质量标记)连同原始采集数据同步写入数据存储介质，确保对外提供的数据是经过校核验证的
	直接入库	对无须校核的采集数据(如电池电量、阀门状态等)，从采集数据消息队列订阅后，采用多线程并行化处理手段，批量直接写入数据库
数据存储	全量库	用于存储业务系统应用过程中所产生的各类业务数据，包括用户直接录入、自动采集、计算分析结果、外部接入等多种类型。全量库应具备 PB 级数据存储、计算、访问能力．具备良好的横向扩展特性，满足日益增长的小时级数据存储、计算及应用需求。在技术选型上，采用分布式非关系型数据库
	业务库	用于存储系统主要业务数据，包括基础档案、日/月结算示数，已经围绕采集数据计算分析所产生的各类统计汇总结果。在技术选型上，采用关系型数据库
	缓存库	为高频度、大开发场景的数据校核和实时计算分析提供高速数据读写访问能力，在提升数据校核、实时计算分析并发量和性能的同时，减轻全量库和业务库的访问压力

续表

分类	服务	描述
数据计算	实时计算	通过在线订阅采集数据队列，及时发现数据和事件状态变化并处理，实现燃气用采系统分钟级海量数据秒级计算、统计，以数据服务的形式发布计算统计结果。支持的应用场景包括实时用量计算统计、实时异常分析等
	统计计算	提供海量数据批量处理能力，以全量库数据作为输入，采用累加、逻辑判断、聚合等算法，得到计算结果写入全量库，通过数据服务为业务应用提供数据；按照计算场景可为分钟计算、小时计算、天计算、月计算、按需计算等
数据分析	数据分析	利用大数据分析、人工智能等技术，融合内、外部其他数据，研发数据分析算法，开展深层次数据分析和挖掘，将分析结果反馈至业务系统，为高级业务应用功能提供数据支撑
数据访问服务	数据访问服务	对应用层提供简单、易用统一 API 调用，对内屏蔽不同生命周期、不同存储技术的访问差异，解决多源数据存储的数据访问一致性和易用性的问题

目前，大多数企业基于 Hadoop 的大数据平台进行数据的采集、存储、治理、分析以及提供数据服务。根据近两年的探索实践，总结下来存在的问题也很明显：一是资源的可扩展性差，存储与计算绑定，无法通过向集群添加、减少机器实现资源的动态调整；二是性能受控制节点的性能制约。本项目基于 k8s 搭建基于数据湖的数据处理平台很好地解决了上述问题。

系统架构如图 12.27 所示。

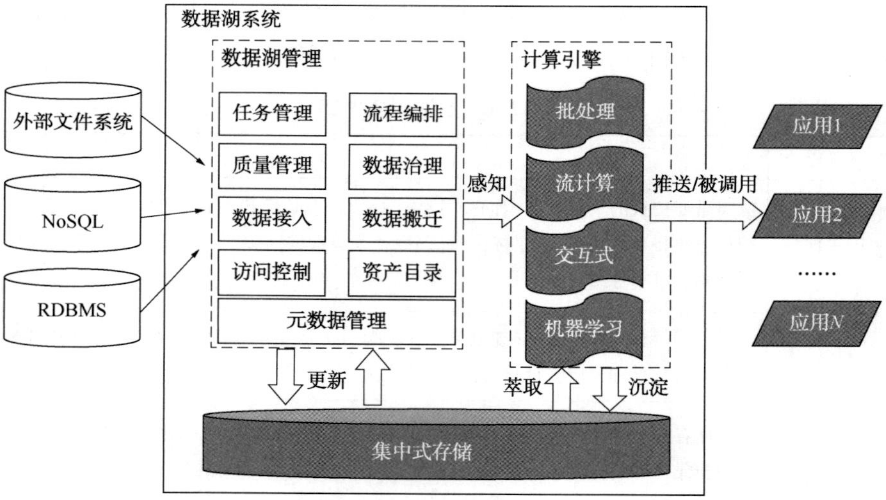

图 12.27　系统架构

数据采集存储方面：

利用 kafka+spark+delta lake 可以将智能表采集数据以流批一体的方式存储到分布式数据仓库 ceph，delta lake 可以处理迟到的数据，并且拥有较好的并发和小文件处理性能，基于 spark 的快照功能，大大提升了数据的读取速率，提高了数据分析能力。

数据分析方面：

① 数据开发平台。基于 Apache Zeppelin 开发数据开发平台，可用于统计计算，进行大数据可视化分析的交互式开发系统，承担数据接入、数据发现、数据分析、数据可视化、数据协作等任务。其前端提供丰富的可视化图形库，不限于 Spark SQL，后端支持 HBase、Flink 等大数据系统以插件扩展的方式，并支持 Spark、Python、JDBC、Markdown、Shell 等处理方式，这使得开发人员可以利用 sql 进行高效的开发计算。

② 调度平台。在机器学习平台方面，数据开发平台还可以完成机器学习的数据预处理、算法开发和调试、算法作业调度的工作，包括当前在各类任务中表现突出的深度学习算法，支持 TensorFlow、PyTorch 等主流深度学习框架。此外，数据开发平台将来可拓展算法的模型 Serving 服务、Workflow 工作流编排等新特性，使其可以完全覆盖机器学习的全流程工作。

【主要成效】

系统数据架构变更，使得数据分析与应用多样化、便捷化。基于 k8s 构建灵活的数据计算架构以及基于 ceph 的数据存储架构，实现了计算和存储资源的分离，实现计算资源的弹性收缩，硬件成本节省 30%，人力成本节省 20%。

同时本系统全面促进了数据采集、数据存储、数据分析、数据开发、数据服务方式的转变，提供了传统关系型数据库无法具备的存储和分析的能力，满足了大数据量、实时的数据处理分析要求。在完成智能表数据的采集、表具运行状况监控、计费的同时，结合多渠道数据进行分析挖掘，提取特征数据，从多维角度为用户打上特定的标签，建立了燃气客户画像。

燃气公司用户信息涉及业务办理数据、GIS 数据、用气计量数据、安检维修和收费等海量数据。企业不同的部门拥有不同的系统进行信息的采集与输出，而且彼此之间存在一定程度的壁垒，因而数据比较分散，数据结构比较复杂，难以进行深度的数据挖掘。此外，现有的辅助决策系统由于存在上述问题，数据种类过于单一，很难达到好的效果。利用本平台，全量采集各个部门系统的数据，实现数据共享，构建深层次、多维的数据结构，研究与用户相关数据系统，便于深度数据挖掘，从而建立用户信息分析模型。

用户画像与业务相结合以后，将用户进一步细分，让每一个用户都有自己的标签和画像，提高工作人员的工作效率和用户体验，加快企业向“互联网+”迈进的步伐。

① 提供优质化服务。当用户办理业务时，工作人员可以根据用户提供的基础信息，获取用户画像，了解用户用气情况、缴费情况、投诉情况以及情绪，查询用户反馈的问题记录，避免用户重新复诉，并根据用户反馈频次来了解用户状况，提高用户对企业的认可程度。

② 业务精准推送。用户在申请开户之后，推送相关联的其他业务，例如燃气表充值等，减少用户因为对流程不熟悉，而造成一些不必要的误会和损失。

③ 用气欺诈辅助决策。针对工作人员发现的一些偷气行为，可以根据用户画像里面的往期缴费情况、延期情况、用气量以及投诉行为，来辅助判断是否是用户自己主动

实施的行为，当用户提出异议时，工作人员有数据来佐证自己的判断，从而减少一定的纷争，敦促用户及时补缴费，提升企业的执行力。

④ 精准营销。营业厅服务人员、现场服务人员、热线座席人员可充分了解客户需求，为客户提供保险、燃气具销售等增值服务，在降低营销成本的同时，提高企业的营收。

12.8 基于 NB-IoT 技术实现居民用气服务智能化提升

【基本情况】

应用场景：客户服务、计量管理

提供单位：浙江威星智能仪表股份有限公司

建设单位：深圳燃气集团股份有限公司

建设时间：2020 年 7 月

投入使用时间：2020 年 8 月

【建设必要性】

① 自动抄表。深圳市辖区有 500 万+城中村居民用户，包括部分由瓶装气改用管道天然气的用户，如何实现 500 多万用户自动抄表的方案选择问题。

② 自动结算。深燃集团原有居民用户均采用先用气，后抄表结算的后付费方案，存在资金回笼滞后问题。

③ 输差统计。原在线智能燃气表为月度抄表结算，而普通模式表则是人工抄表，因其时间滞后性及时标不一致性导致在输差统计和运营分析上无法提供准确的数据支撑。

④ 户外安装。深圳城中村地区因房屋结构、面积紧张等各种因素，存在无法在居民用户室内安装智能燃气表的情况，只能考虑在户外挂表安装，因此对表具的防护性能要求较高。

⑤ 自动开户。尊重居民的思维习惯，在去营业厅报装后即能开通用气，采用智能燃气表后应能满足此项功能。

⑥ 安全用气。采用智能燃气表，应该能够赋予智能化手段及处理方法，能够识别异常用气行为并给予相应处理措施。

⑦ 用气信息与用户同步。用户账号余额与表端信息可同步，用户通过智能燃气表能够实时查看余额状态及单价、用气量等信息。

【解决方案】

(1) 系统架构(图 12.28)

整套系统基于端—管—云的物联网体系架构实现，智能燃气表为终端层级，实现数据采集、存储，管由电信运营商蜂窝窄带物联网(NB-IoT)及 IoT 平台构成，实现数据传输能力，在云端由采集系统 SAMS 负责数据采集并与深燃集团 CIS 实现数据交互，完成智能化应用基础架构。

图 12.28　系统架构

(2) 系统功能

为解决深圳燃气居民用 NB-IoT 智能燃气表快速推广而使用的定制化中小型平台系统，具备 NB-IoT 网络平台注册、表具设备管理、采集监控、报表管理、任务调度及应用监控等功能，同时完成与深圳燃气 CIS 系统间的数据对接管理工作。

① NB-IoT 网络平台注册为采用无线蜂窝网络 NB-IoT 通信制式下的智能燃气表在电信运营商 IoT 平台上的注册行为以获取通信许可的行为，包括注册、删除、查询及 Excel 导入批量注册等功能。

② 表具设备管理完成对智能燃气表的 Excel 批量导入、批量点火、设置设备运行参数、设置表具通知参数并可实现对设备详情、分布、用气量和设备电池电量的查看功能。

③ 费控为系统核心功能，实现与 CIS 系统对接后的调价信息、充值信息同步，对设备实时费用结算并根据结算情况下开、关阀控制，实现智能化管理，将结算余额及单价信息远程同步至表端，并提供指令模板用于客户编辑指令对居民用表实施远程控制。

④ 为了给客户提供更好的服务，采集系统开发了短信邮件提醒功能，并提供模板以实现对居民用户的个性化信息编辑功能。

⑤ 采集监控可根据各种设定调价查看设备的数据采集情况及指令下发情况，还包括日用气量、电量及结算流水并支持 Excel 导出功能。

⑥ 智能燃气表的安全用气监测除了本地动作外，还会主动上报至采集系统，报警监控可实时监控报警信息并实现信息推送至指定用户，在系统进行弹窗提醒并得到处理后方可消除。

⑦ 此外，系统还提供了居民用表日用气量统计、月用气量统计、多日未上告统计、区域用气统计及抄表成功率统计等报表功能，为深圳燃气做用气分析、输差分析、储配调度等数据应用提供准确及时的数据支撑。

（3）智能燃气表

深圳燃气居民用 NB-IoT 智能燃气表在参考 GB 6968—2019《膜式燃气表》的基础上，充分考虑了现场安装环境、应用场景、安全用气及使用便利性，其在精准计量基础上，采用成熟可靠的蜂窝窄带物联网（NB-IoT）通信技术实现远程抄表、阀控功能并兼具安全诊断功能，其主要特点如下：

① 基于智能表架构构建，表具实现自动机电转换，实时计量及计算流速，具备 NB-IoT 远程通信技术及本地红外通信技术；能够本地及远程实现阀门控制；数据存储及读取以及自诊断、自恢复功能。

② 基于 NB-IoT 技术的远程通信技术，无需入户人工抄表，表具每天定时自动执行远程抄表，系统结算后推送余额至表端，表端液晶显示余额，实现与用户信息同步。

③ 表具还支持一键式启动通信，即可自动完成数据上告，命令下发，余额同步等功能，标配段码液晶可以清晰直观地显示表具参数、通信状态、阀门状态及系统下发的余额、单价等信息。

④ 整表采用 IP66 等级防护设计，可以在户内、户外安装，具备专利的专用电池盒可以有效解决电池仓进水问题。

⑤ 智能燃气表扫码即可查看使用说明，设计更换电池动画，操作动画及充值动画，贴心为客户使用提供便利性。

⑥ 表端实时监测用气流量，并根据设定阈值自动启动远程通信至系统告警甚至自动执行关阀操作，在保障居民用户用气同时也兼顾其用气安全。

【主要成效】

① 自动抄表成功率。智慧数据采集系统接入设备已超 150 万，所有表具均实现自动上告，抄表成功率 99%以上（图 12.29），效率很高。

图 12.29　智慧数据采集系统

② 系统结算及预付费。系统于 2020 年 9 月开始正式上线运行，全部实现远程抄表及系统实时结算并推送余额，居民用户可通过银行、支付宝、微信支付等多种途径绑定账户充值，用户体验良好。

③ 数据统计及分析。良好的抄表成功率为精确的数据统计及分析奠定了数据基础，采集系统按日、月统计及区域做用气数据统计分析，并与 CIS 实现数据交互。

④ 户外挂表。居民用智能燃气表充分考虑了深圳当地的房屋结构及气候特性，表具整体尺寸小，采用 110mm 间距铝壳表，整机 IP66 防护设计，既保证防腐性能，又能实现户外挂表运行。

⑤ 异常流量下告警及后续处理。智能燃气表通过 MCU 集成流量监测功能，实时计算流经燃气表的流速，当监测到流速超过设定阈值时，启动告警至后台系统，系统调用短信服务及时通知用户，严重时执行关阀处理，兼顾了用气安全及保障用气；同时积极开发与可燃气体泄漏报警器间的联动措施，保障用气安全。

⑥ 微信扫码查看操作流程。居民通过微信扫描燃气表正面二维码，即可查看更换电池操作说明，微信公众号充值说明等步骤，简单明了，用户体验较好。

12.9 易作业居民用户安全检查系统

【基本情况】

应用场景：客户安全保障与服务、安全管理
提供单位：润智科技有限公司
建设单位：润智科技有限公司
建设时间：2018 年 4 月
投入使用时间：2018 年 12 月

【建设必要性】

用户安检维修横跨客服、安全两大职能领域，是燃气非常重要的业务环节。客户端事故在燃气事故中占比高达 87%，85.2%的事故可由客服安检消除隐患。华润燃气居民用户入户安全检查现代化程度较低，导致用户服务能力、质量以及安全保障偏弱。入户安检中存在纸质单据填写繁琐、人工电脑录入复杂、现场安检作业效率低下、安检过程缺乏跟踪、安检结果数据真实性缺乏监控、安检外包工作质量监查不到位、安检过程中缺乏为增值服务提供支撑等业务痛点。

【解决方案】

整体框架：基于微服务设计思想，将系统分解为一个个相对独立的服务，并通过服务之间的调用实现不同系统、平台之间的协作及依赖关系，同时也为应用系统的实现提供支持。系统、平台之间的协作通过服务以松耦合的方式设计，具有特定业务逻辑或功能的服务可以重用，根据业务需求也可对服务进行组合，极大提高系统的灵活性。

集成架构设计：易作业安检平台与 CIS 系统灵活集成，确保工单、数据顺畅流转。易作业安检集成了报表平台、消息推送、蓝牙打印、地图应用及电子签名、电子安检单等，增强了易作业安检的实用性并提升了用户体验。

通用表单设计：通过对实体表、视图进行配置和管理，一键生成具备基础 CURD 能力[创建(Create)、更新(Update)、读取(Retrieve)和删除(Delete)操作]和特定页面结构的功能菜单，并可通过通用接口的形式，向外界(如动态表单)提供数据服务，满足不同成员企业的差异化需求。

动态表单设计：将常用的控件进行封装，通过动态表单配置界面，用户可灵活按需定义填报页面；并可根据通用表单提供的配置信息，加载默认数据(如用户信息)和回写指定数据的功能。满足终端功能自定义。

安检核心流程遵循 P(计划)-D(执行)-C(审核)-A(改善)闭环管理过程。根据成员企业管理需求制定安检计划，现场人员通过 APP 接收任务，使用 APP 入户安检，安检审核员定期对安检情况进行抽查，审核安检质量。如若发现隐患则可进入维修流程，维修员通过 APP 接收维修工单，并执行现场维修，维修管理员可对维修内容进行核查。

易作业安检平台以用户台账为基础，采取网格化管理模式，根据用户地址划分片区，对片区下用户制定安检计划，进行任务派工、APP 接收任务，进行入户安检，审核员对安检情况进行抽查审核。支持安检隐患通过移动端直接派单进入维修作业流程等。

【主要成效】

易作业安检平台为成员企业实现智能派单接单、电子安检单自动上传推送服务，成员企业告别了纸质单据填写，大幅降低了纸质印刷成本。

易作业安检平台支持安检现场移动端自动拍照、录音、客户信息及燃气设备信息自动带出，减少了现场手工纸质填写的工作量，入户安检由原来 8~10min 减少到 3~5min，安检现场工作效率提高了 40%左右。

通过安检结果自动上传，每家单位将减少 1~2 名安检纸质单据电脑录入人员，减少了人工成本，华润燃气成员企业预计减少 1000 万元左右。

扫码收取现场安检维修费用，实现了现场安检维修零欠费，安检维修费用回收率达到 100%，降低了成员企业资金风险，同时大幅度提升了用户满意度，实现用户“零跑腿”。

利用易作业安检平台与保险销售平台、百尊平台的无缝对接功能，提升了燃气保险销售、燃气具销售、不锈钢波纹管销售等增值服务，增加了增值服务收入，预计增值服务将提升 10%。

易作业安检平台实现燃气安检、维修及抄表各业务模式之间的任意组合作业，为成员企业业务变革及用工模式转变提供了技术支撑。

该产品获得了燃气领导及行业专家的一致好评。易作业安检平台的上线，有效地解决了成员企业管理及业务开展痛点，安检班长从此不再因为安检计划的制定而忧虑，安检员的工作效率也得到了明显的提升，安检工作变得轻松而简单，同时也保障了燃气居民的安全用气。

12.10 微网厅

【基本情况】

应用场景：客户安全保障与服务

提供单位：润智科技有限公司

建设单位：润智科技有限公司

建设时间：2019 年 12 月

投入使用时间：2020 年 4 月

【建设必要性】

微网厅建设之前，华润燃气原有的线上服务平台包括移动 APP、网上营业厅（网站）、基于总部微信公众号的服务功能，及部分成员公司自建的公众号平台。这些已有平台建设时间较久，因功能比较单一、便捷性及体验不够友好、缺乏互动及运营、客户黏性不足等因素，造成使用率不高。成员企业自建平台客户粉丝、服务信息等沉于本地、无法共享，总部也无法进行指标监控管控。同时，各成员公司公众号运营与当地政务平台对接等迫切需求也无平台可以支持满足。

为有效解决以上痛点，润智科技开始建设微网厅，把其打造为一款有温度的产品、一个开放式的平台。微网厅可支持用户足不出户，线上预约办理各项客服业务，同时可将各类服务进度、安全通知、用气分析及时告知用户，保障用户安全、方便、快捷享受燃气服务。满足差异化需求、促进客户服务转型，可支持各成员公司自定义灵活配置，拓展线上自助服务入口。基于微网厅，各成员公司的服务指标数据实时汇总展示，集团最佳实践、优秀文案等可及时分享。微网厅也可与当地政务平台无缝对接、共建营商生态，可与外部单位平台相互无缝植入实现业务生态价值共创。

【解决方案】

采用“总部公众号+成员企业公众号”建设模式。成员企业各自开通公众号，微网厅通过组织隔离，实现对各公众号的绑定与后台独立配置运营。利用聚合平台，实现总部公众号与成员企业公众号统一管理，实现数据、用户粉丝、服务指标、信息发布等集中统一及成员企业个性化服务结合。成员企业公众号上搭建微网厅平台和润燃 Go 平台，公众号负责运营引流，微网厅负责线上业务办理，润然 Go 负责增值电商。

微网厅前端使用通用 H5 架构适配多种线上服务渠道，客户借助各终端 H5 页面办理核心燃气业务。后端与 CIS、易作业安检等业务系统通过接口打通，实现内部跨平台业务数据互联互通，并与各地政务平台无缝对接。所有线上服务渠道用户均可申请，通过网厅引流，在网厅初步审核后，进入到各业务系统进行工单流转，并实时反馈到前端工单进度。

微网厅部署在华为云 K8S 集群上，可实现高可靠、高性能、高弹性的容器应用管理，利用云服务器能力构建服务器安全体系，保障用户信息安全与系统稳定运行。

【主要成效】

目前，微网厅建设了 67 项功能，实现 80%的传统客服业务线上化受理。目前已上线 232 家燃气成员公司，大幅提升业务办理离柜率，降低服务成本同时提高了服务质量。

通过微网厅，累计总关注用户数达到 2719857，绑定微网厅的用户数达到 2580201，缴费记录共 2516197 笔，缴费总金额 561038244 元，预约办理记录共 52532 条，留言记录共 42076 条，用户自报读数共 227964 条。微网厅共取得 17 个软件著作权。

12.11 绵阳九院物联网计量管理云平台

【基本情况】

应用场景：客户安全保障与服务
提供单位：上海飞奥燃气设备有限公司
建设单位：上海飞奥燃气设备有限公司
建设时间：2019 年 4 月
投入使用时间：2020 年 7 月

【建设必要性】

目前，燃气企业客户服务主要矛盾之一是燃气用户日益增长的数字化服务需求与燃气公司相对落后的数字化转型升级进度之间的矛盾。对燃气公司，用户不断增长，依靠传统服务模式需要投入更多的人力物力，面对政府、用户、媒体不断提高的服务要求也深感压力。绵阳九院目前共有几十个区域，涉及上万燃气用户，辖区内年用气量达百万方，采用传统的 IC 卡表进行用气计量管理。由于用气量大、用户多、范围广等原因，在燃气日常管理中存在多处难点、痛点。

① 上门抄表效率低下、入户困难。

② 用户缴费难，无法实现远程无接触充值缴费。

③ 存量表具管理维护难度大，且比较容易产生较大误差，引发纠纷。

④ 缺少计量数据支撑，决策难，产销差扩大。

⑤ 计量数据反馈不及时，盗气等非正常用气行为无法有效监管。

【解决方案】

上海飞奥燃气针对绵阳九院的计量管理问题，提供了物联网计量管理云平台，通过部署一套 NB-IoT 智能燃气表及抄表系统，对民用户用气数据进行采集与分析。

物联网计量云平台是集智能表管理、充值、抄表、结算、收费、统计分析等功能为一体的综合性管理系统。该系统具有丰富的查询分析功能，支持业务查询统计、分档信息查询统计、分区统计、财务日报等功能。系统采用先进的 BS 架构(图 12.30)，无需软件安装即可使用，简洁方便。系统支持多种缴费方式，包括支付宝、微信等第三方支付方式，方便用户进行缴费。

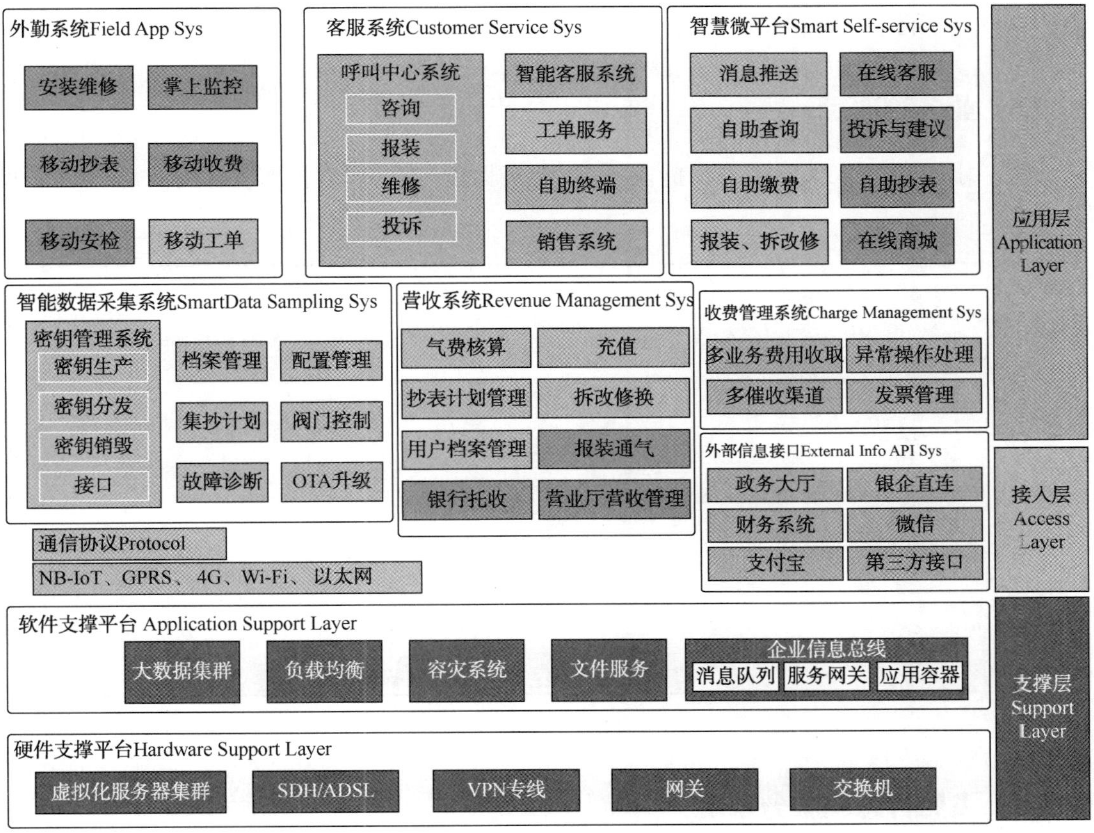

图 12.30　BS 架构图

（1）数据采集系统

支持 UDP 直连、IoT 平台连接，实现与终端设备进行数据交互。

（2）设备信息管理

将终端设备上报的数据进行统筹分析，对设备状态监控，包括抄表成功率、信号强度、设备固件升级、设备阀门控制、异常信息监控等。见图 12. 31、图 12. 32。

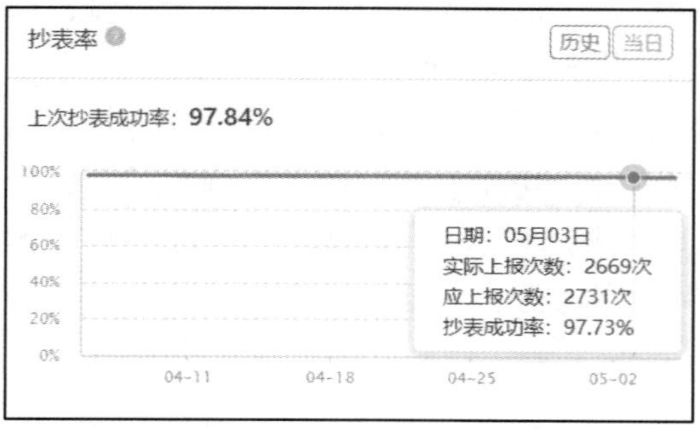

图 12. 31　抄表成功率统计

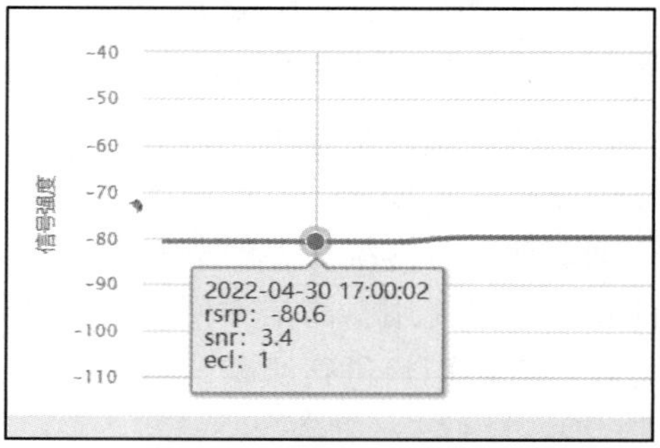

图 12. 32　信号强度

（3）业务管理

包括用户信息管理、挂表、拆表、缴费、账单、销户、过户等相关信息管理。见图 12. 33。

账单列表　交易记录　业务记录　缴费记录

表具编号	账期	期初(m³)	期末(m³)	阶梯级数	累计用气量(m³)	单价(元/m³)	金额(元)	余额(元)	上次结余(元)	本次结余(元)	余额抵扣(元)	打印
20200720000118	2022-04-01 至 2022-05-01	616.30	620.10	第1阶梯	3.80	1.98	7.52	--	-1240.96	-1248.49	0.00	
				小计	3.80	--	7.52					
20200720000118	2022-03-01 至 2022-04-01	613.85	616.30	第1阶梯	2.45	1.98	4.85	--	-1236.11	-1240.96	0.00	
				小计	2.45	--	4.85					
20200720000118	2022-02-01 至 2022-03-01	613.25	613.85	第1阶梯	0.60	1.98	1.19	--	-1234.93	-1236.11	0.00	
				小计	0.60	--	1.19					
20200720000118	2022-01-01 至 2022-02-01	583.90	613.25	第1阶梯	29.35	1.98	58.11	--	-1176.81	-1234.93	0.00	
				小计	29.35	--	58.11					
20200720000118	2021-12-01 至 2022-01-01	543.70	583.90	第1阶梯	40.20	1.98	79.60	--	-1097.22	-1176.81	0.00	
				小计	40.20	--	79.60					
				第1阶梯	39.90	1.98	79.00					

图 12. 33　业务账单

（4）飞奥智慧微服务系统

系统支持支付宝生活号、微信公众号、支付宝支付、微信支付、手机 APP 等平台进行相关业务操作。如开户销户、充值缴费、状态自助查询等。还包括消息推送、故障报修、投诉与建议、在线客服等。见图 12. 34、图 12. 35。

图 12.34　微服务账单

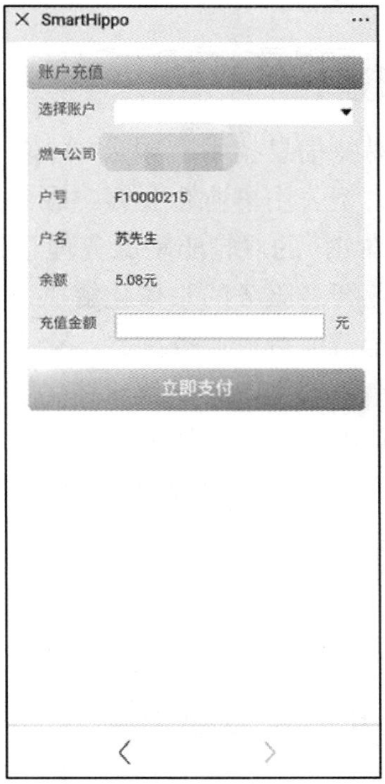

图 12.35　充值缴费

【主要成效】

绵阳九院下辖的五大院区、共计约 3000 用户已完成智能化改造，实现了智能化抄表、远程充值缴费等功能。

提高工作效率。联网计量管理云平台极大地提高了绵阳九院燃气表抄表效率，减少了人工抄表、人工核算的用工成本。

提升用户体验。实现了用户远程充值缴费、通过线上渠道实时了解账单费用等信息，极大地方便了燃气用户，提升了用户满意度。

降本增效。实现了对所有智能燃气表的运行状态进行实时监控，极大地减少了偷气漏气等因素产生的供销差，提升了客户管理、生产调度等运营工作效率。同时计量管理云平台提供了大量的数据支撑，帮助绵阳九院进行调度决策。

12.12　相关支撑产品

12.12.1　客服营销云平台

【基本情况】

生产单位：深圳市赛易特信息技术有限公司

产品费用：1500 万元/台(套)

【产品概述】

深圳市赛易特信息技术有限公司(以下简称“赛易特公司”)通过总结提炼在燃气、水务、热力等大型公用事业企业客户服务与市场营销领域的深刻理解，提出围绕“客户服务”和“拓展营销”的双轮驱动服务理念，基于开源框架和微服务、中台的技术架构打造面向公用事业智慧服务的一体化解决方案。

平台集成运营前台、业务中台、企业后台三部分，包含客户、房产楼宇、服务单、设备材料、营销账五大业务模块，覆盖客户信息管理、业务受理、抄核收、财务核销、工单管理、设备库存、市场拓展、运营统计等全业务场景，实现客服业务流程的客户、工单、设备三大全生命周期管理。见图 12. 36。

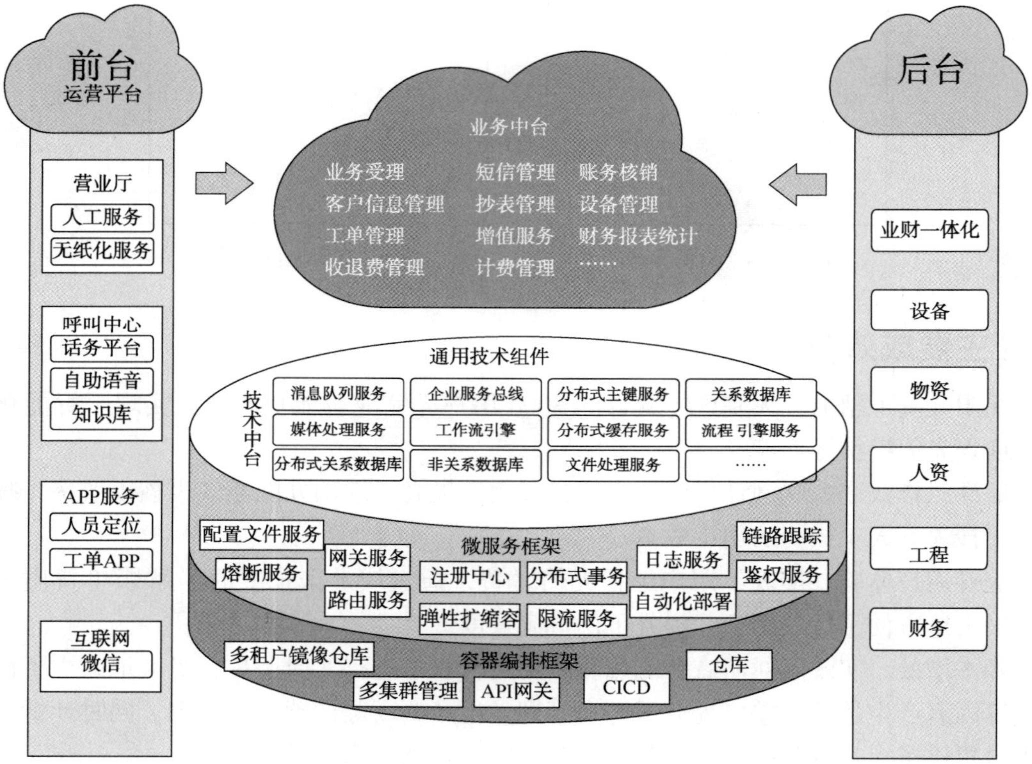

图 12. 36　客服营销云平台产品架构

(1) 运营前台

运营前台配套有智慧营业厅子系统、呼叫子系统、线上商城子系统、线上服务子系统、IC 卡管理子系统、客服移动作业子系统、物联网表具管理子系统，支持工单全自动无人干预派工体系，提供电子合同签约、预付费表空中充值、远程开关阀、人脸识别微信在线开过户、在线查询各类费用及缴费等功能。见图 12. 37。

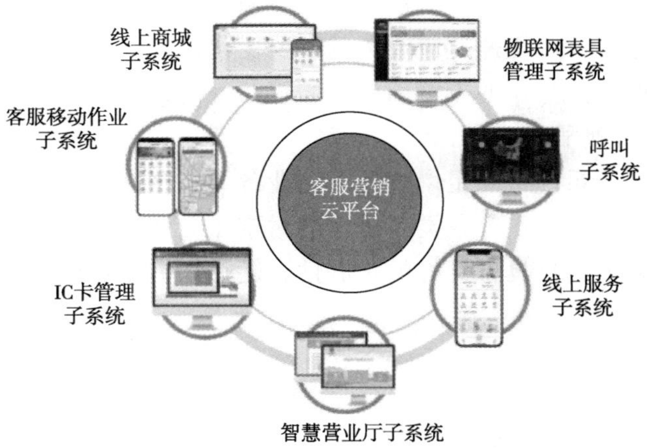

图 12.37　运营前台

① 线上商城子系统

线上商城子系统支撑增值产品的全渠道营销管理，赋能全国营业网点开展销售业务，打通企业微信公众号、微商城、CIS、ERP 等系统。联合国内城燃企业，建立客户画像，实施线上精准营销，线下“服务+促销”的模式，进一步挖掘和获取客户的复合价值，提升销售收入和客户满意度。

② 客服移动作业子系统

客服移动作业子系统集成多渠道缴费、GPS 导航、设备监控、本地缓存等功能，为上门抄表、安检、点火、量管、抢维修等派工场景提供轻量级、移动化、易用性高的移动化解决方案，大大减少纸质工单产生，降本增效，绿色经济。

③ IC 卡管理子系统

IC 卡管理子系统兼容多种品牌 IC 卡品牌，可用微信、支付宝进行充值缴费，解决用户 IC 卡充值需跑腿营业厅、节假日无法充值等难题，助力企业优化营商环境、提高客户满意度。

④ 智慧营业厅子系统

智慧营业厅子系统利用 CA 电子签章技术对合同进行签章处理及合同信息自动合成 PDF 文件，同时通过平板签名替换原有的纸质签名以形成业务电子化办理模式，促进智慧营业，实现降本增效，履行低碳环保的社会责任。

⑤ 线上服务子系统

线上服务子系统依托于 SaaS 云平台构建，是一款符合主流用户习惯、轻量级的线上业务集中办理解决方案。前台为业务办理端，后台为业务受理端。结合人脸识别、OCR、政务电子证照等技术，可同时支撑微信小程序、掌厅、支付宝生活号、自助机、政务服务网等，覆盖在线开户、过户、销户、实施缴费、预约工单等 22 项功能。实现多渠道触达用户，一站式 O2O 个性化服务。

⑥ 呼叫子系统

呼叫子系统采用 IP 软交换的呼叫中心整体解决方案，可实现多点分布接入、核心设备共享部署、区域集中处理话务的系统功能。系统设置采用模块化部署，可扩展性能强，修改设置灵活方便，可快速适应业务的发展变化需要。打造完美客户体验和高效员工协作，最大限度地提高公司的投资回报。

⑦ 物联网表具管理子系统

物联网表具管理子系统可满足燃气运营企业各类物联网设备接入以及数据采集、数据存储、数据分析、数据展示等各类需求，同时重点专注于非居用户气量供销情况的采集、监控与分析等能力。且具备良好的扩展性，能够根据企业业务需要，灵活地扩展系统性能和设备接入能力。

（2）业务中台

业务中台包括科学化市场拓展、精细化客户管理、智慧化抄表管理、多维度计费管理、多渠道收费管理、工单全过程管理、便捷化财务核销、设备全生命周期管理、个性化报表管理等。

（3）企业后台

客服营销云平台的后台可快速对接企业现有附属办公系统，实现系统无感整合上线，达成流畅、便捷、高效的功能交互与数据共享。

【产品特点】

（1）初始配置自主化

客服营销云平台通过“开箱即用”的方式，企业可根据操作指引在平台上自主对组织架构、客户类型、服务工单等信息进行初始化配置。同时平台拥有丰富的初始化配置信息，支持灵活的价格调整（阶梯）、多样化的收费功能以及全方位客户资料管理，能够全面满足客户关系管理和核心业务的需求。见图 12.38。

（2）数据迁移智能化

客服营销云平台通过自动化的操作，快速实现企业历史数据的迁移工作。借助平台提供的标准数据模板，企业可对历史客户档案进行快速导入，适用于各种复杂场景数据采集的需求，更高效地支持客服业务。同时平台通过智能化的校验方式，有效确保数据完整性、准确性以及安全性。

（3）客户模型多样化

客服营销云平台通过赛易特公司独创的客户 V 型结构，根据不同的企业需求灵活组合客户类型。V 型结构通过账户、合同、表具、楼宇等信息组合关联，呈现多样化效果。满足一户多表、集体户、租赁关系等复杂的客户类型场景。

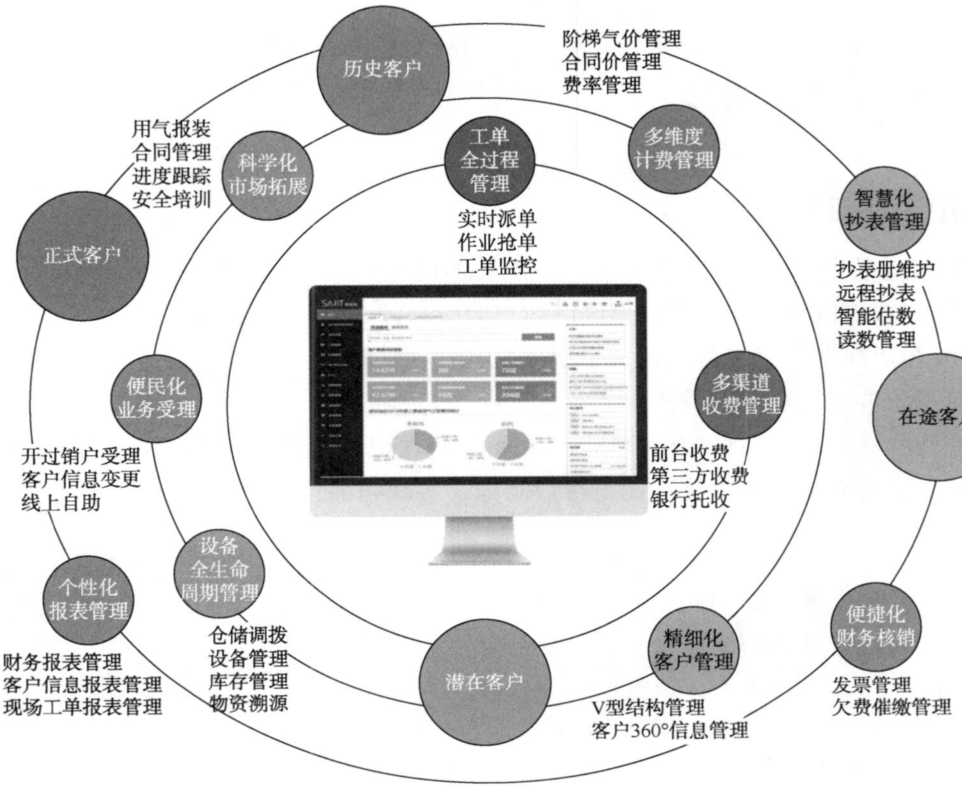

图 12.38　初始配置自主化示意

（4）服务管理网格化

客服营销云平台通过标准化、规范化客户楼宇房产信息，结合片区结构实现服务管理网格化。协同基于服务能力的可预约量配置和清晰直观地排班出勤计划，可实现手动派工及系统智能派工两种派工方式，灵活解决企业派工不及时、人力分配不均衡的痛点问题。

（5）安全架构

客服营销云平台在设计之初就秉承“安全即服务”的设计理念，以主动防护、可视化管理、标准合规和常态化监控的设计需求、为客户提供360°全方位的安全防护。在数据存储、账号、网络安全方面实施了数据存储隔离、数据多重实时备份、强效校验、加密存储、DDOS防护、实时态势感知预警等措施，符合“国家信息安全等级保护三级”认证要求。

【技术指标】

客服营销云平台由赛易特公司独立设计开发，基于中台架构，通过微服务对客户服务业务进行解耦，按业务划分成一个个单体服务，增强可用性，服务易扩展，减少服务发布对整个平台的影响。平台支持企业级标准应用和个性化应用的敏捷开发、快捷部署，支持一键版本构建、一键快速发布。结合传统架构查询慢、难扩展等问题，平台使用分库分表、业务模块化部署、自动扩展服务器资源等技术，优化查询效率、保障系统稳定运行。

【主要成效】

（1）实现以客户为中心的客户管理视图和客户全生命周期管理。

① 实现客户信息全记录，并提供以客户为中心的360°全景信息视图。

② 为客户提供贯穿客户全生命周期的服务，如商机、咨询、报装、开户、用气、问题处理等，并实现全过程管理。

③ 形成“一户一档”，客户用气记录、业务办理记录、历史工单记录、财务交易记录等客户信息可查可追溯，逐步完整客户画像，实现精准化管理。见图 12. 39。

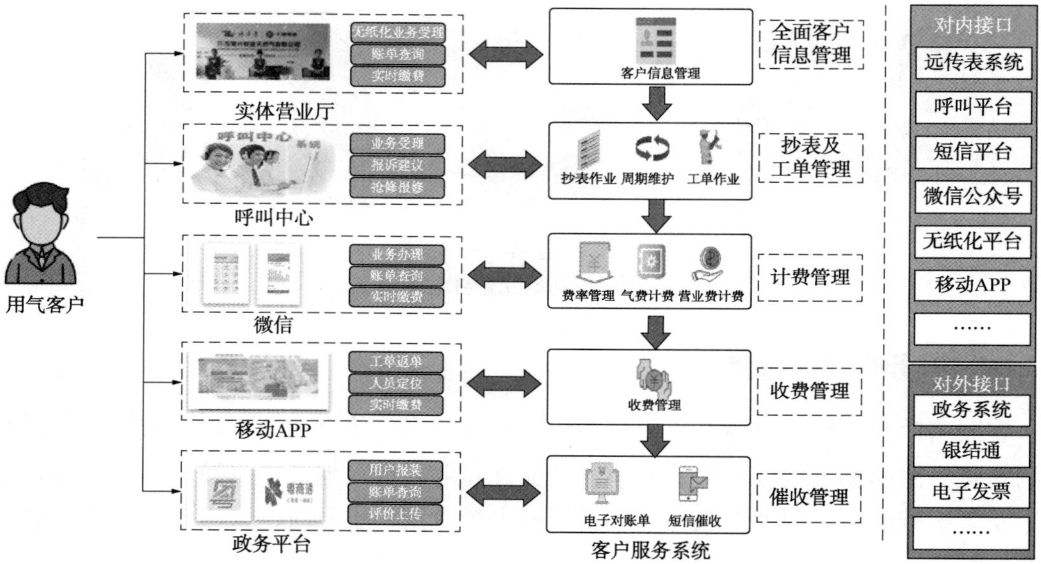

图 12. 39　一户一档

（2）实现数据的高度统一和跨部门的数据一致、共享。

① 通过数据清理、数据标准化，提高数据质量。

② 通过系统集成，实现数据的自动传输和业务自动流转，减少人为干预，提高数据准确性的同时实现信息共享。

（3）提升企业信息化水平，提高工作效率、加快业务流转速度。

① 减少人为操作，实现业务的自动化。

② 提供批量处理功能，业务自动流转、待办事项提醒，提高工作效率。

③ 统一并固化业务流程，加强管控。

（4）提升运营，加快创新。

① 提高业务数据真实性及完整性，充分利用数据的附加值，挖掘客户终身价值，

以数据为驱动反哺业务。

② 构建了完备多渠道评价体系，客户评价一键上传政务中心，提升运营及监督能力，改善用户体验。

(5) 建立完整客户信息，通过信息积累和分析，为差异化客户服务提供支撑。

① 完善客户全方位信息，并提供数据分析和挖掘能力。

② 收集客户的支付渠道、接触渠道等信息，分析客户的偏好。

(6) 发掘和满足客户需求，开辟新的利润增长点。

① 发掘其他与燃气相关的潜在需求。

② 开展增值服务，拓展经营渠道，帮助企业挖掘新的利润增长点，实现产业价值链的延伸。

③ 线下通过营业厅销售燃气具，利用用户办理业务时机，针对性营销，线上线下，能力互补。

【典型应用场景与案例】

客服营销云平台在公用事业智慧服务方面形成了两套解决方案：一是面向中小型燃气、水务、热力等公用事业企业，基于 SaaS 模式的客服营销云平台；二是面向大中小型燃气、水务、热力等公用事业企业，支持私有化部署的客服营销云平台。

SaaS 模式支持“开箱即用，快速上线”，企业不需要自行部署系统，仅需注册平台账号，就能使用一套按照公用事业企业标准化流程设计的客服系统，系统的服务模块也可按需购买。平台的系统维护工作由赛易特公司负责，企业无需另行准备机房、服务器设备、IT 运维技术人员，避免一次性大额投资。SaaS 模式帮助企业快速获得全新的数字化管理体验，全面提升客户服务和营销管理能力。

私有化部署可以满足企业高度个性化定制开发需求，同时企业可以基于平台进行二次开发和自助升级，并可实现与企业现有系统的无缝衔接，实现数据互通，消除数据孤岛。赛易特公司采用此私有化部署模式为珠海港兴燃气公司完成客服平台建设，系统于 2021 年 3 月成功上线投产。

12.12.2 卓锐智能客服热线 AICC 解决方案

【基本情况】

生产单位：港华燃气集团

【产品概述】

智能客服热线 AICC（图 12.40）是卓锐精心研发的全新一代热线产品，支持 AVAYA 等各类主流语音硬件设备，产品部署在云端，安全可靠，与 TCIS 3.0 及移动产品实现无缝对接，并具备语音机器人座席，在线座席全媒体渠道智能服务以及视频通话功能，以燃气行业智能服务知识库提升企业热线服务效能和形象。

同时随着微信、微博、APP、H5 等社交网络的兴起，线上服务逐步成为了燃气企业关注的焦点。作为致力于给燃气公司提供优质软件服务的企业，卓锐 AICC 智能客服平台于 2021 年打造了多媒体服务体系。融合了电话、微信、APP、H5 等多种服务渠道，统一接入、排队、分配。基于自主研发的 AI 技术，实现语言理解和对话生成，通过对客户的上下文语境分析，判断客户的意向和需求，实现多轮对话。多媒体座席和管理工作台操作简洁，包含表情包、传送文件、截图、视频对话等丰富的交互，更加精准触达用户。知识库的文章与问卷能帮助热线人员快速处理业务，并一键派单，让热线部门效率倍增、成本递减。同时提供实时数据监控、查询、统计、分析，辅助管理人员提高客户服务质量。

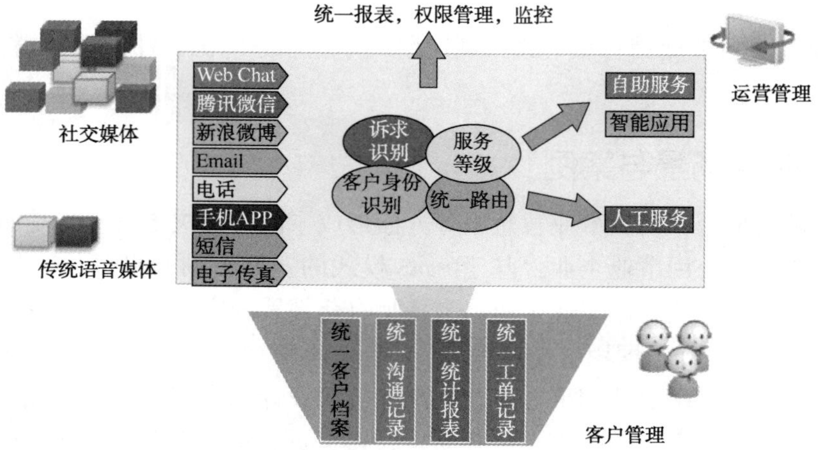

图 12.40　AICC 流程

【产品特点】

（1）统一接入、统一管理(图 12.41)

统一接入：将多种媒体(包括语音)的服务请求，统一接入和路由分配。

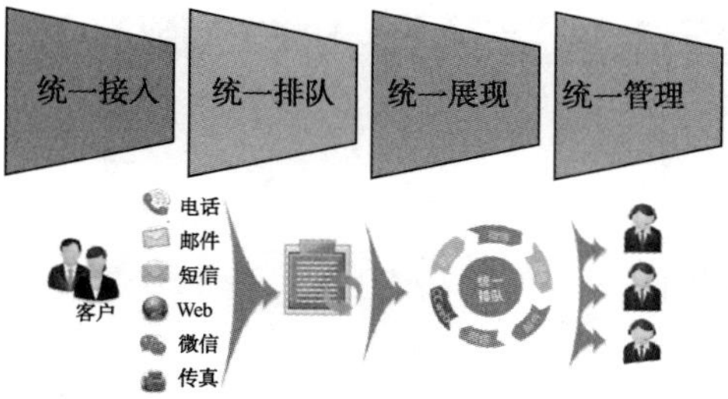

图 12.41　统一接入、统一管理

统一排队：多媒体服务请求，支持独立队列(分散模式 Single Queue)和混合队列(统一模式 Unified Queue)。

统一交互：在座席工作台(Agent Desk)，实现同一个客户在不同渠道下的服务请求统一应答和富媒体交互。

统一流程：实现客户身份在多渠道中的统一绑定，继而实现多种渠道受理后的业务工单统一处理、流转、反馈等闭环流程。

统一管理：基于统一的数据接口，实现一体化现场运营和远程管理，随时随地随需了解运营状况。

（2）全渠道服务(图 12.42)

除了传统电话呼入外，还支持微信公众号、微博、APP、H5、Web 端等多媒体方式接入，覆盖主流渠道。同时支持在线留言，对话过程的满意度评价等。多媒体也可收到离线消息、对话记录，保证服务内容不会丢失。

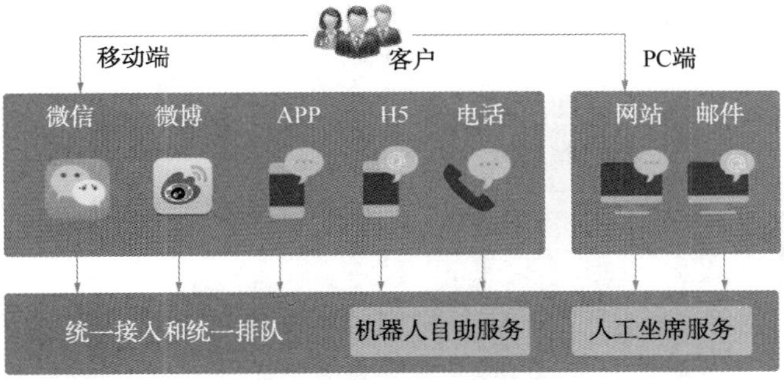

图 12.42　全渠道服务

（3）AI 智能客服机器人(图 12.43)

平台支持多账号微信互动对话统一接入，基于统一流程，统一运营人工/自助客服互动，支持多个客服在 PC 及手机端接待。

对话聊天机器人基于自主研发的 AI 技术(Chat 对话，NLP 文本处理和知识图谱)，实现语言理解和对话生成。通过对客户的上下文语境分析，判断客户的意向和需求，实现多轮对话。可以应用到自助答疑、快速检索、主动推荐、业务引导，是集全媒体客服和内部协同办公一体的智能化解决方案。

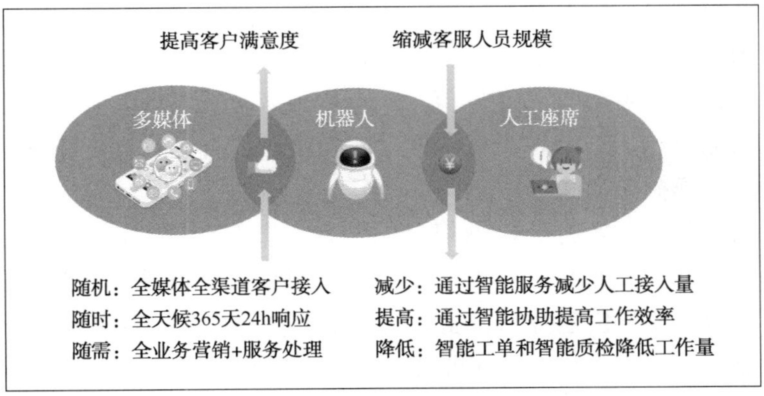

图 12.43　AI 智能客服机器人

（4）富媒体交互（图 12.44）

和多媒体座席直接交流，具备文字、图片、视频的交流方式。座席通过知识库、历史记录快速响应用户咨询问题。

系统支持各种提升客服处理效率工具，如消息弹框提醒、闪烁提醒、新对话声音提醒等。同时支持对访客输入内容进行输入预知，以便提前做好准备。此外，支持在输入框中“自动匹配”常用预存，以便进行快捷回复。

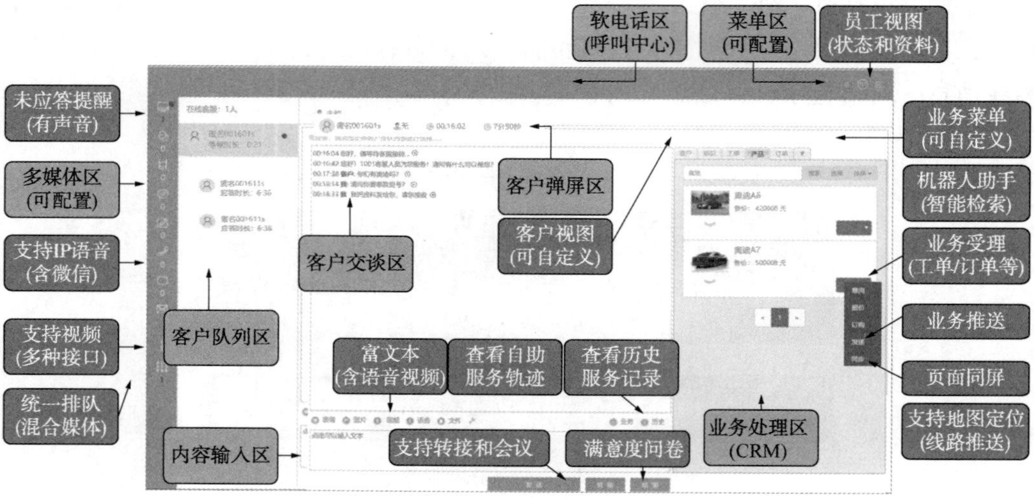

图 12.44　富媒体交互

（5）诉求处理（图 12.45）

业务快速办理。热线中心在接到客户诉求时，根据用户的电话号码和用户提供的相关信息，进行客户信息查询，在查询到客户信息、用户信息、相关工单信息和业务信息后，依据客户的诉求，选择对应的业务类型，发起业务工单。

客户全景视图。热线中心根据客户诉求发起业务工单后，可以在客户视图中查看到客户的基本信息，包括业务记录、客户资料、欠费账单、缴费记录、抄表记录、气价信息、安检记录、用气设备、点火资料、报建资料。

支持虚拟用户派单。参数配置中配置虚拟用户后，在热线诉求中可以通过虚拟用户发起燃气抢修、投诉、咨询等工单。

来电自动匹配用户。响铃后，来电自动匹配用户，自动弹窗，快速模糊查询用户，支持电话户号地址模糊查询。

热线员可以在地图上实时获取维修员的位置，以便能够实时就近派单到指定维修员。工单发出后，维修员能够在移动维修 APP 上收到工单信息，能够快速到达现场。

历史来电，历史业务快速查阅，业务轨迹显示，随时回答客户咨询。

根据客户要求，修改预约时间和诉求内容，催单和补话直达维修员手机端。

可即时发送短信给客户，沟通更有效，短信模板可自定义。

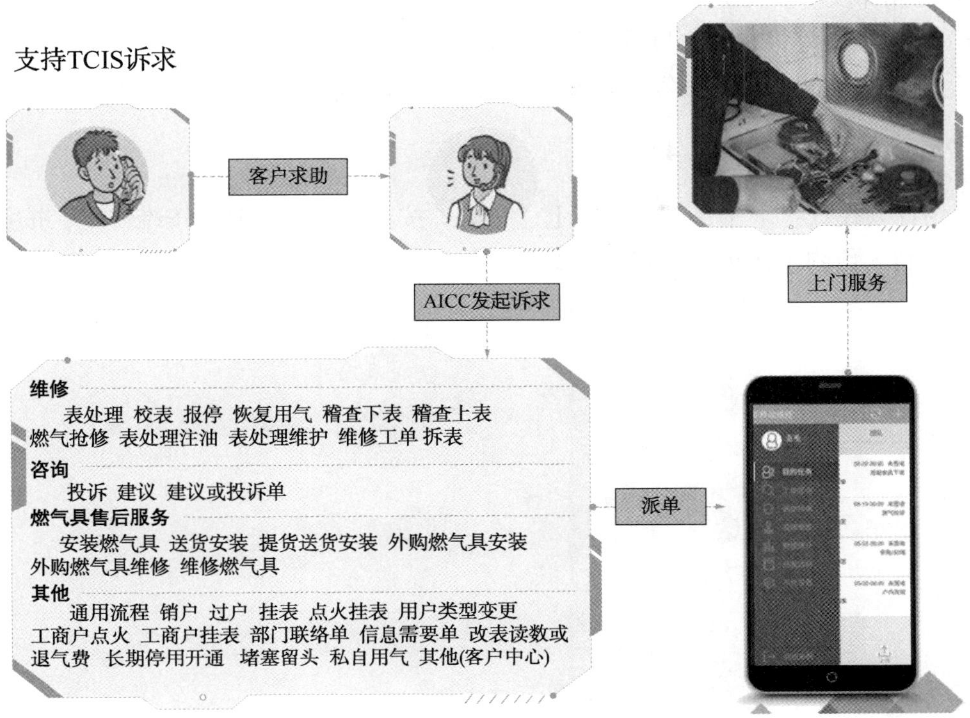

图 12.45 诉求处理流程

自动草稿功能，再多电话也保持淡定。

(6) 知识库(图 12.46)

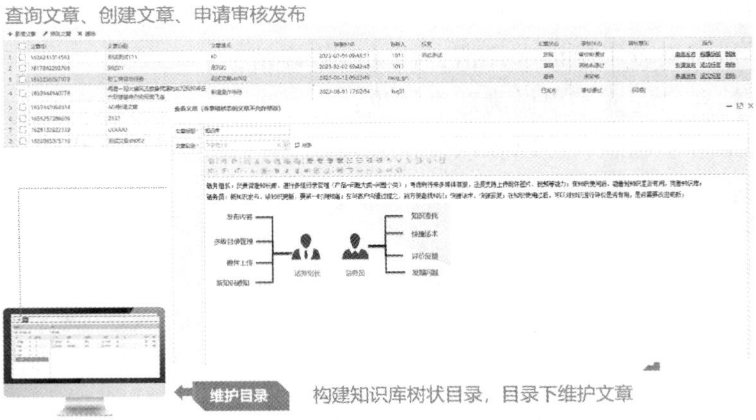

图 12.46 知识库

① 与客户问卷交流，确定客户业务需求；
② 查询文章、创建文章、申请审核发布；
③ 构建知识库树状目录，目录下维护文章；
④ 审核文章，通过后即发布；

⑤ 已发布文章，可以作废；

⑥ 构建问卷树状目录，目录下配置问卷；

⑦ 维护问卷和文章的标签，标签在创建问卷和文章时配置。

（7）预约计划(图 12.47)

预约计划模式：上午、下午、晚上、全天；按小时或半小时；按维修组，按业务类型多维度制定预约工作包；计划日期安排灵活方便，日历查看一目了然。

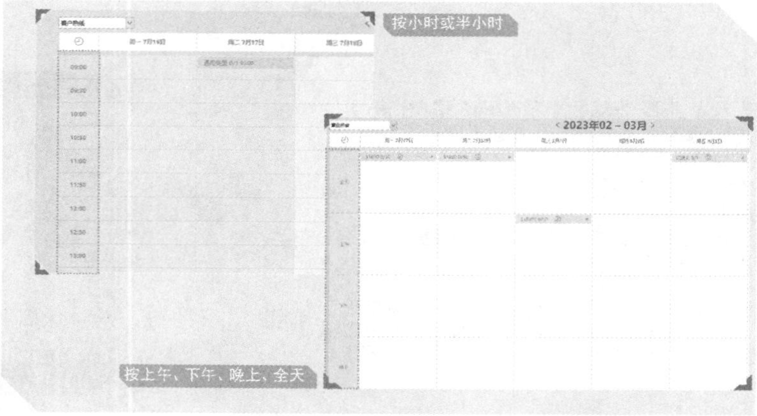

图 12.47　预约计划

（8）智能回访(图 12.48)

① 支持计划回访和随机回访，回访详情页面可一键拨打电话；

② 计划回访需先制定回访计划，再做回访录入；

③ 回访详情可查看工单诉求详情，移动维修详情；

④ 回访详情对已完成工单做满意度评价；

⑤ 回访的工单不满意，可以在回复满意度的同时发起投诉，生成新的工单传给维修部门重新处理。

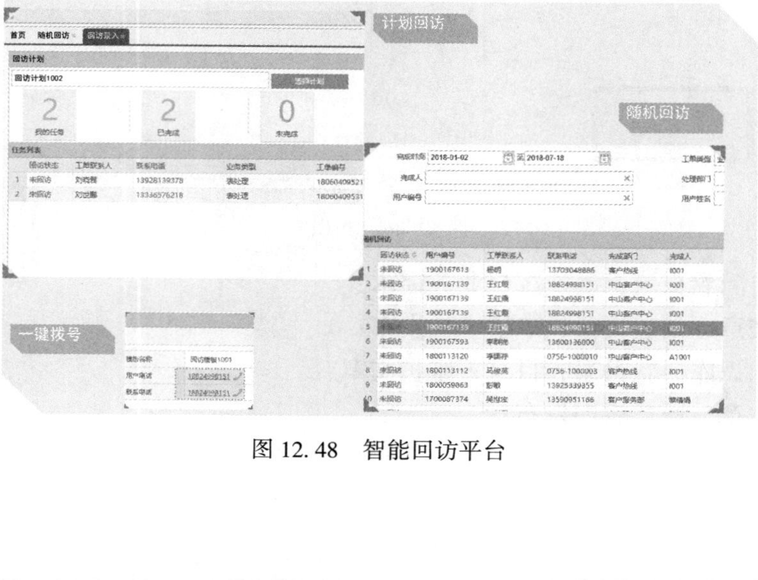

图 12.48　智能回访平台

(9) 政府诉求(图 12.49)

查看政府热线派过来的工单信息，接单并发起诉求，在政府诉求页面通过工单编号、工单状态、诉求日期、联系电话可查询政府工单，包含工单编号、流水号，工单内容等信息。

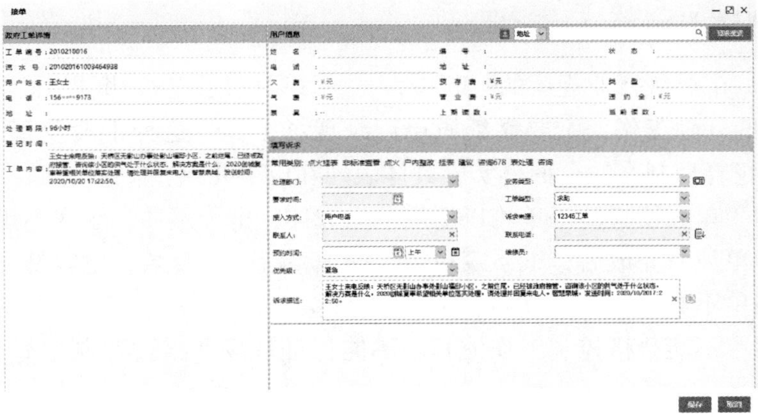

图 12.49　政府诉求平台

(10) 公告管理(图 12.50)

为方便热线部门人员之间公共信息(通知、公告等)的共享，让操作员能非常直观看到已经制定好的公告信息，并且可以在首页设置后查看到最新通知。

公告管理员可以创建停气公告，停气公告属于特殊的公告，与普通公告不同之处在于，停气公告多了停气时间和停气小区。

公告发布员可以对创建普通公告或停气公告进行发布，或取消发布。

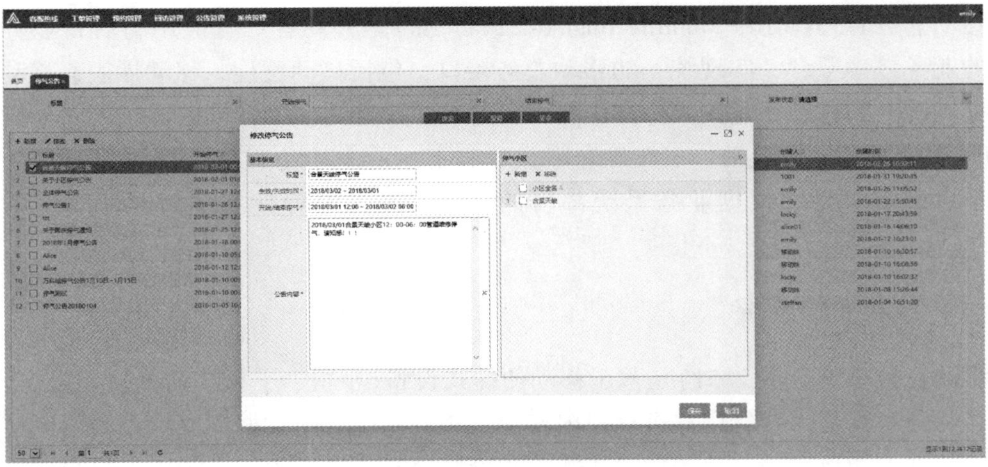

图 12.50　公告信息管理

12.12.3 卓锐移动应用云平台 MBP

【基本情况】

生产单位：港华燃气集团

【产品概述】

随着我国城市燃气行业规模的不断扩大，燃气居民用户数不断提升、用户服务频次的增加。传统的外勤工作，主要靠纸质单记录现场工作。这种手段及管理方法效率不高，不利于监督管理制度的全面落实，具体表现在以下几点：

① 维修的工单和安检的工单均以纸质单为载体，携带不便，录入不规范。

② 现场工单填写完成后，纸质表单需要回填系统，不高效，也容易录入错误。

③ 纸质表单不利于保存、查询、统计、分析。

④ 纸质表单不能严格控制工作流程，不能保证现场严格按照制定好的施工方案进行施工。

⑤ 生产班组每天需要在生产系统填写班组日志，需要把纸质版作业内容重复填写到系统，增加其工作量。

⑥ 现场作业过程中，需要查阅相关的基础数据或运行数据，但是笔记本电脑体积大，不便于携带，且不能适应复杂的户外环境，纸质材料携带也不便，不满足现场查阅的需要。

⑦ 由于信息化手段还没有完全延伸并覆盖到作业现场，导致缺乏有效技术手段对作业进行实施监督和监控。

综上所述，需要借助信息化手段，规范现场作业管理、利用移动设备终端进行外勤人员的定位和考勤，有效提高外勤人员的调度和管理水平。

移动业务管理(MBP-Mobility Business Platform)是移动客户端应用与后台业务系统之间的业务接口平台，实现统一的移动业务接口，包括移动安检、移动抄表、移动维修等。提供统一的移动业务接入标准，具备良好的扩展能力。平台同时提供了对外勤人员的 GPS 定位、上下班考勤、工作日志等管理功能，无缝对接 TCIS 系统业务功能。移动业务平台部署灵活，根据业务系统部署的情况，既可部署在本地，也可以使用云端部署。

(1) 移动安检系统

移动安检系统(图 12.51)是基于移动便捷式设备(手机、平板、蓝牙打印机)，提供给燃气公司对管道天然气用户进行户内安全检查的系统，通过移动安检系统可以实时上报安检数据、隐患拍照、现场情况通知单和维修单打印、减少二次录入安检数据、节省纸张、实现电子化办公，提高安检工作效率。见图 12.52。

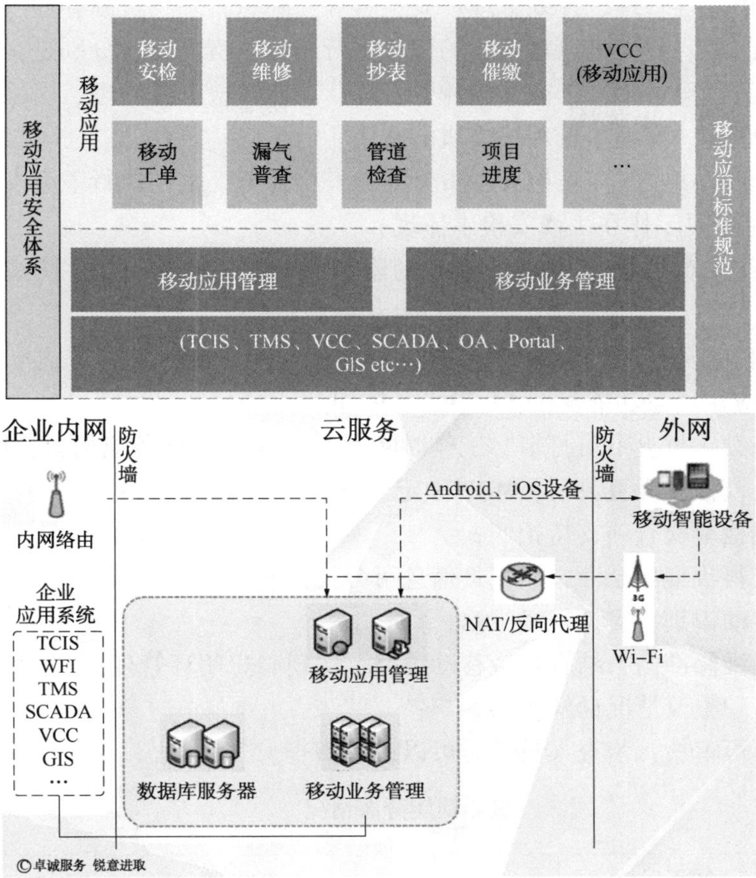

图 12.51 移动安检系统

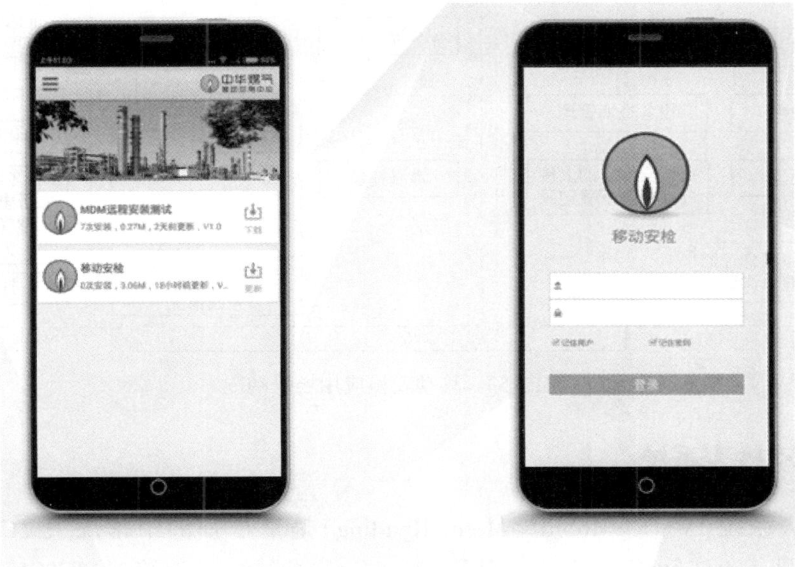

图 12.52 移动安检手机端

整个系统由片区管理、计划管理、安检管理、隐患管理、资源管理、配置管理、工商安检等部分组成。我们可以对不同的模块进行工作职责划分，分别是：

工商安检管理员：负责工商安检片区管理、工商安检资源管理、安检配置管理以及工商安检计划管理、安检单管理等模块的使用。

工商安检员：接收工商安检管理员分配的安检任务，上门执行工商安检工作，填写安检单并上传(主要工作在工商安检中体现)。

维修员：维修员可以针对有未整改的隐患做维修，主要负责“隐患管理”模块的使用。

稽查员：稽查员只要负责对上传回来的安检单进行抽查。

移动安检应用场景功能见图 12.53。具体如下：

① 支持外勤人员上下班打卡，工作时间可 GPS 定位，设备应用受管控；

② 自定义模板，设置灵活，MBP 上定义模板，可即时生效；

③ 针对安检单检查项支持拍照；

④ 用户资料收集更全面，燃气具信息可分类记录；

⑤ 隐患自动识别，支持现场维修；

⑥ 可转单维修部门，结合卓锐移动维修，实现隐患闭环管理；

⑦ 现场打印整改情况通知单给客户；

⑧ 安检单可审核，稽查人员随时可以进行稽查。

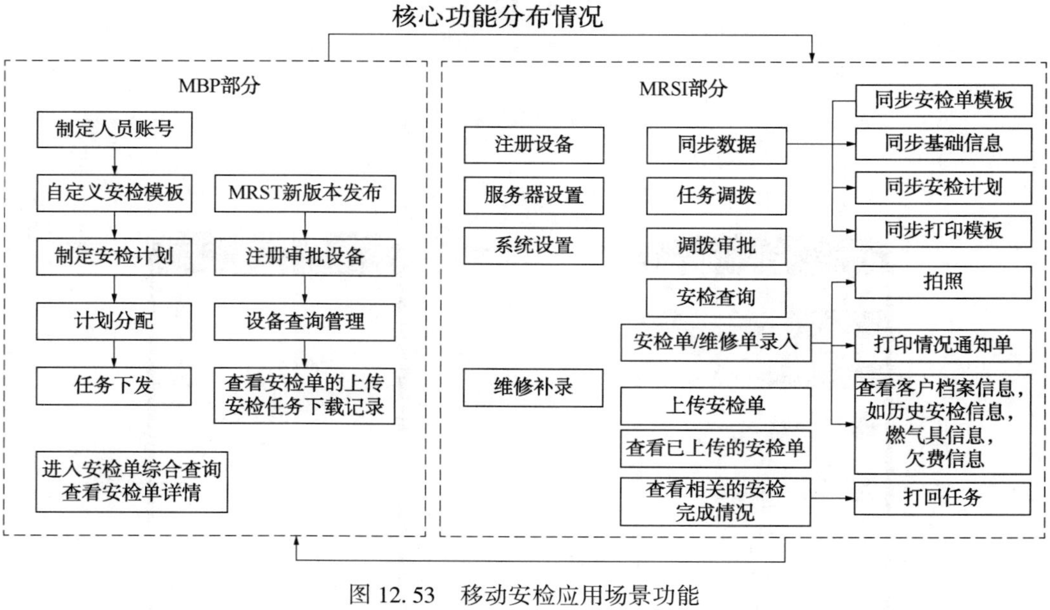

图 12.53　移动安检应用场景功能

(2) 移动抄表系统

移动抄表系统(MMR-Mobility Meter Reading)是基于香港中华煤气 TCIS 系统的抄表业务为蓝图，通过智能移动设备以及 3G/4G 无线网络，无缝对接 TCIS 2.0 和 TCIS

3.0系统，实现了无纸化电子抄表。如图12.54所示，移动抄表系统界面简洁，操作简单易用，抄表员可以实时获取抄表任务，实时上传抄表结果，支持按区块顺序抄表，也可以通过表具条码、用户信息等条件实现快速抄表，抄表过程方便快捷，支持拍照，智能电筒照明，抄表历史查询。完成用户抄表后，系统自动识别异常情况，自动计算气量与气费，支持阶梯计费方式，抄表现场可通过蓝牙打印机打印抄表通知单。

通过部署移动抄表系统，提高了抄表工作效率，减少了录入环节，节省了纸张，降低了抄表出错的概率，真正做到了高效环保，节省成本，提升燃气用户的抄表率和回款周期。

图12.54　移动抄表系统

(3) 移动维修

移动维修(MMS-Mobility Maintenace Service)通过移动设备，实现了燃气公司维修业务工单的随时派单，接单，现场填单，实时上传维修单。移动维修让繁琐的维修工单业务流程，更加便捷，更加易于管理，更加高效，同时使管理人员在维修工作的监控及协调配置资源、人员的安排上发挥着不可比拟的优势。真正地提高了企业服务质量、提升服务响应时间，增强服务保障能力，大大提高了生产效率。

与卓锐移动安检结合使用，安检隐患可转单并使用移动维修进行维修业务，完成后可及时关闭隐患，实现了隐患的闭环管理。

移动维修(图12.55)具有以下特点：

① 支持热线一次派单和维修班组二次派单，还可以在移动应用端直接派单；

② 支持个人工单，和团队工单；

③ 维修员实时签收个人工单，也可抢单所在维修组的团队工单；

④ 支持维修业务扩展，维修工单可自定义、现场安检、现场拍照；

⑤ 维修工单调拨转单，可在维修组内重新分配；
⑥ 操作简便，随时打电话预约客户，预约成功后，短信通知客户；
⑦ 维修单模板可配置，使用材料费用一目了然；
⑧ 现场拍照，可保留维修前后照片进行对比；
⑨ 工单可审核，可打回重做；
⑩ 工单汇总实时统计。

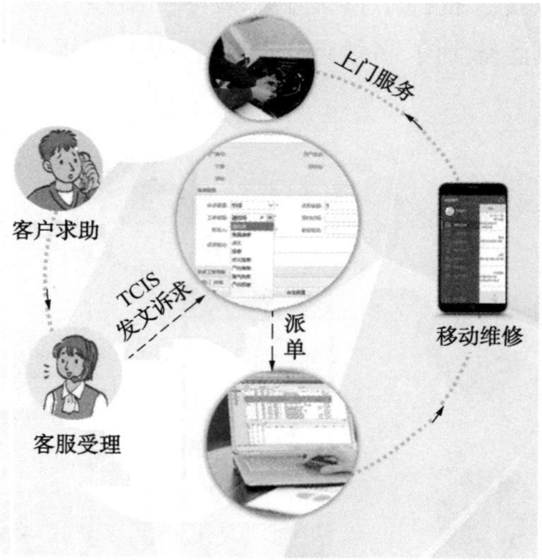

图 12.55　移动维修

（4）移动催缴

移动催缴是通过短信，打印催缴单的方式对燃气欠费用户做催缴提醒。按照欠费金额区分催缴级别，针对不同的催缴级别做不同催款策略处理。具有如下特点：

① 通过微信公众号给用户推送欠费信息；
② 上门移动催缴，打印欠费通知单，并发送短信；
③ 支持打印律师函。

12.12.4　TCIS 3.0 云服务

【基本情况】

生产单位：卓锐智高（武汉）科技有限公司

【产品概述】

TCIS 3.0（Towngas Customers Information System）广泛综合了香港中华煤气、港华投资各合资公司等国内外多家燃气公司多年的管理经验和业务需求，结合了业务管理咨询成果，经过众多业务专家和技术专家的几年努力，面向城市燃气行业客户管理设计、开发的燃气管理系统。

(1) 产品架构

TCIS 3.0 注重云服务平台的搭建，实现业务平台化、核心业务服务组件化、服务组件平台化，形成 TCIS 3.0 云服务支持平台，构建云服务 PaaS，以形成燃气企业客户服务支撑平台核心服务组件库，为客户服务 SaaS 平台提供持久支撑。见图 12.56。

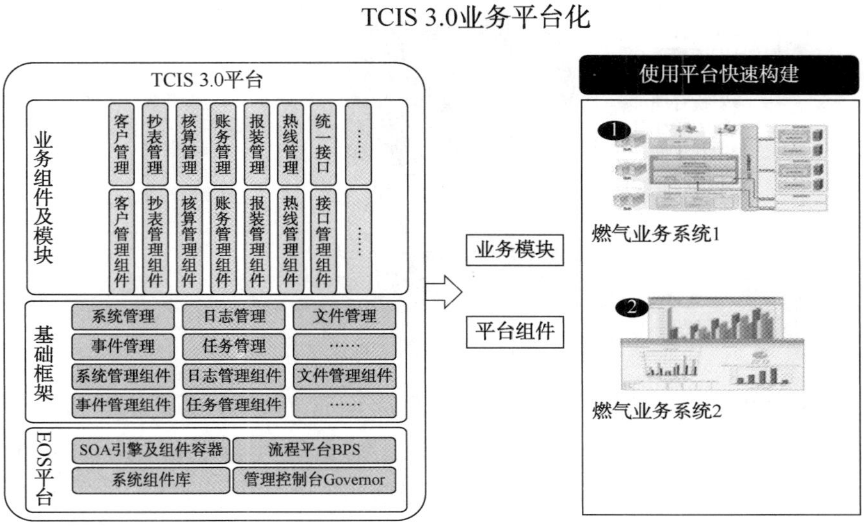

图 12.56　TCIS 3.0 业务平台

TCIS 3.0 云服务产品体现了全方位的客户管理，其功能庞大，拥有 18 个分子系统和 70 多个功能模块。其中核心系统 7 个(客户管理、账务管理、民用抄表管理、IC 卡管理、智能表抄表、工商户管理、系统管理)，分子系统 8 个(报装管理、统一诉求管理、统一业务管理、民用安检管理、燃气具销售、资源管理、报表管理自定义查询)，拓展系统 4 个(移动应用及移动平台、短信服务管理、统一接口管理、NB 表管理)。见图 12.57。

(2) 运营模式

港华集团以 TCIS 3.0 云服务构建集团客户管理私有云，搭建集团客户管理 SaaS 平台，以集团核心数据中心的 IaaS 为基础运营架构，以云服务应用平台为 PaaS 支撑，为集团各分子公司提供客户管理云服务，并实现集团统一版本管控。每个分子公司以专线/半专线为网络链路主线，以半专线/VPN 为备线，为集团各分子公司提供 99%可靠性的高品质云服务。大大降低了分子公司对客服管理规范化和专业化经验的依赖，并大大降低了企业对 IT 专业管理和 IT 专业人才的依赖。

(3) 产品特点

根据行业内多家具有代表性的燃气企业，结合多年管道燃气管理经验，引入先进的管理咨询方法，形成了 TCIS 3.0 系统"三横四纵"的系统业务规范《TCIS 3.0 系统业务管

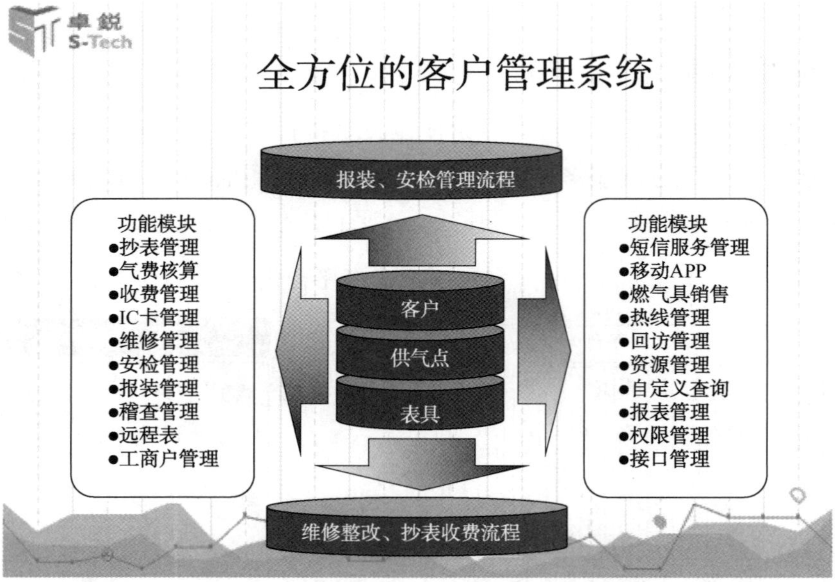

图 12.57　TCIS 3.0 全方位的客户管理系统

理规范》，实现对用户、供气点、表具全生命周期管理。引进了金融和电信行业经典的“三户模型”(客户、用户、账户)设计思想，结合燃气行业应用实际，设计了适应 TCIS 3.0 的业务应用架构的燃气行业“三户模型”客户基础信息管理，可灵活适应大、中、小型合资公司客户基础管理。将企业客服诉求和工单实现流程化管理，并可配置化。实现与 ERP 对接，体现业财一体化管理。统一接口规范和接口平台，实现丰富多样的第三方交易接口，特别是统一了 IC 卡接口和银行交易接口。

TCIS 3.0 燃气业务运营支撑系统全面整合燃气支撑域业务，系统全面整合，管理民用及工商户的多种业务和服务，兼容多种设备，具有广泛的通用性和灵活性。见图 12.58。

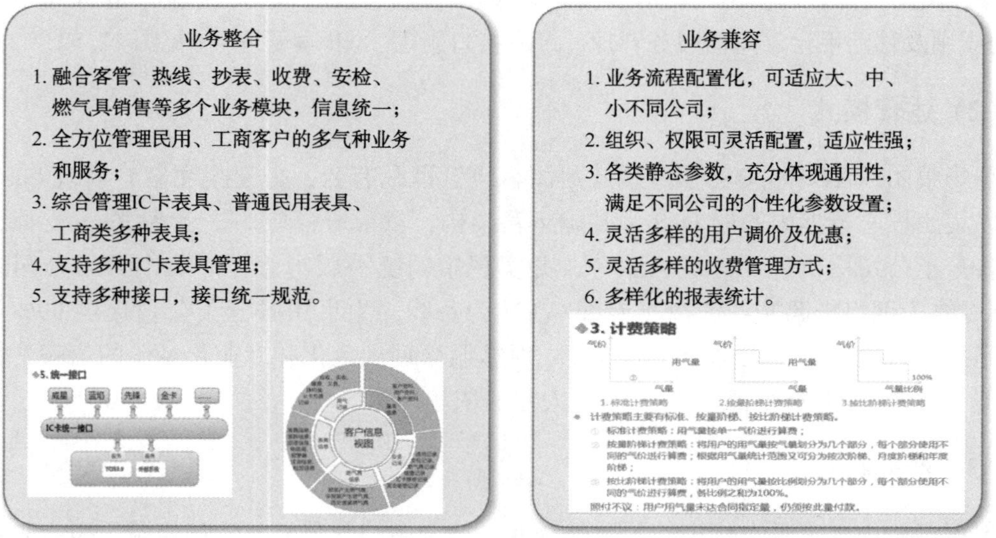

图 12.58　TCIS 3.0 业务整合与兼容

构建企业级平台、云服务。多组织结构分子公司架构模式，满足企业集团化、区域化发展，可使性能整体提升 20%以上，同时支持按区实现模块化云服务。系统构建了业务组件库，形成业务支撑平台，适应业务发展的应用框架。组件化开发可大大降低耦合度，提高组件复用度，同时将基础业务服务标准化。见图 12. 59。

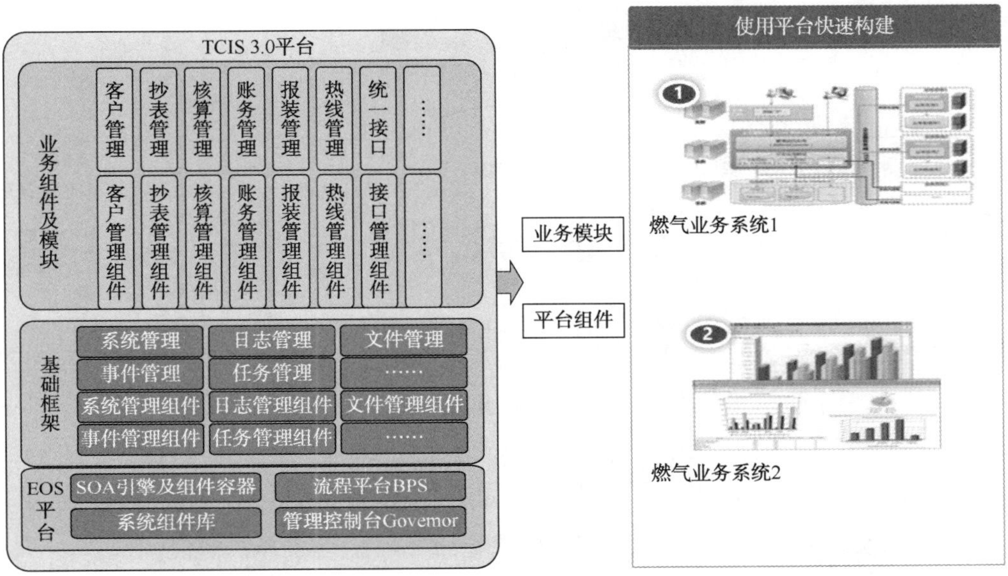

图 12. 59　TCIS 3. 0 平台、云服务

【典型应用场景与案例】

TCIS 3. 0 从 2014 年发布至今，服务的大型燃气企业包括佛山燃气集团、武汉天然气、河北天然气、长春燃气、济南能源集团公司。在港华集团和各合资公司的大力支持下，TCIS 3. 0 产生了良好的经济效益，仅 2018 年 TCIS 3. 0 为集团节约 1481 万元信息化投入，2014 年 TCIS 3. 0 上线至今，已为港华集团节约共计 5800 多万元。截至 2022 年 5 月，已有 140 家公司成功上线应用 TCIS 3. 0 客户管理系统，而当中 90%的公司正使用最新版本云端服务，以降低营运成本。管理客户量稳步突破 2000 万户。

12. 12. 5　VCC 网上营业厅

【基本情况】

生产单位：名气家(上海)信息技术有限公司

【产品概述】

VCC 网上营业厅以数据中心为基础，提供一体化、多渠道、多维度的连接服务，将燃气企业的缴费、圈存、自报、开户、报装、维修等燃气服务从线下提升至线上网厅办理，推出了燃气一体机服务、一码办快速业务办理、用户日、月用气分析等便利功能。见图 12.60。同时还提供线上电子合同签订，为倡导无纸化办公服务作出了表率，同时为响应国家一站式燃气业务办理的便民举措号召，提供政府平台统一的燃气接入服务。为企业全业务线上化实现用户零跑腿，提升企业核心竞争力。

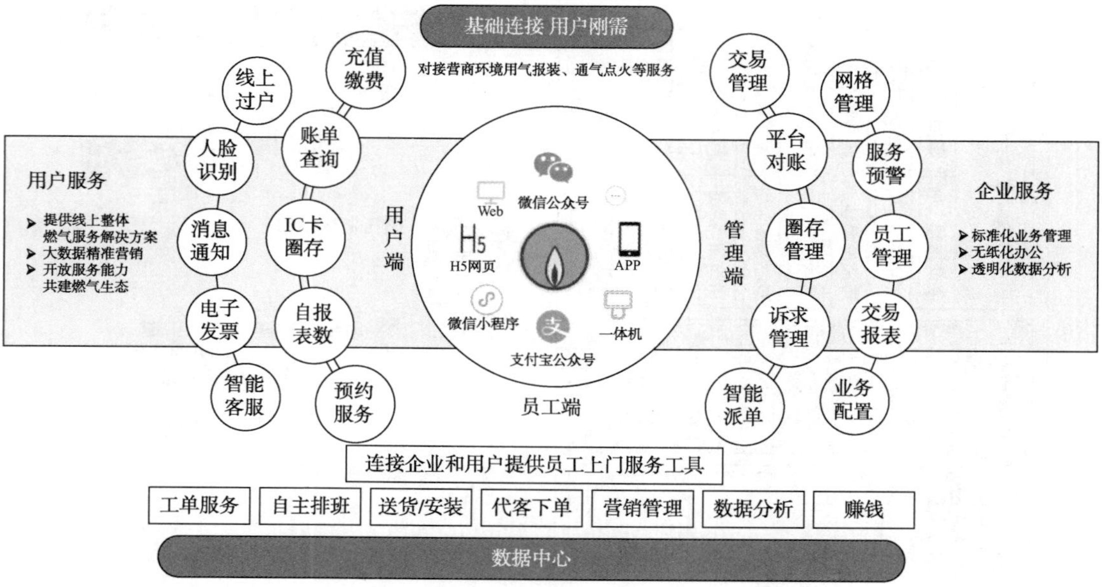

图 12.60 VCC 网上营业厅整体服务概览

网上营业厅依托燃气企业多年的服务管理经理，引入先进的数字化服务底座，云管端一体化服务平台，系统化管理工具，构建统一的用户、交易和在线服务，提升业务核心竞争力和商业化价值，推动燃气服务数字化转型。

企业围绕客户诉求和工单服务，实现流程化管理，提供灵活的工单业务配置和统一接口，并在一体机终端设备上同步工单应用和交易管理，实现与第三方服务对接，开放合作，高效管理。同时基于 PaaS 基础为企业提供个性化的 SaaS 服务，助力企业释放更多客户价值，打造创新开放的智慧燃气家庭生活服务生态。

截至 2021 年 12 月，已有 100 多家企业整体开通使用了 VCC 网上营业厅服务，覆盖超 1800 多万用户，为延伸业务沉淀会员数达 1200 多万人，全年业务办理量近 2000 万次。

【典型应用场景与案例】

为响应政府便民要求、增加服务渠道、减轻客户中心、热线压力、减少短信费用，2020 年 7 月底，长春燃气与港华名气家达成合作共识，进一步扩大战略范畴，2020 年 12 月完成了整个燃气服务平台与延伸业务平台的战略发展部署，实现统一的线上化服务，形成了多端共建的燃气生态，为长春燃气开展网厅业务提供了全业务、多体系、成熟健全的技术支持服务。见图 12.61。

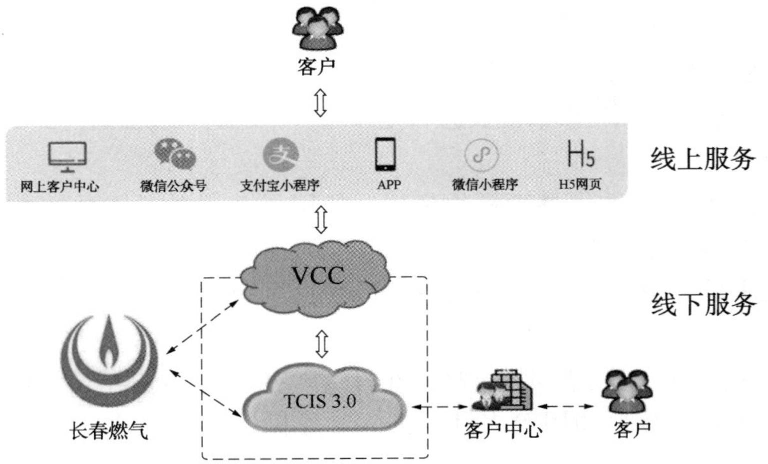

图 12.61　长春燃气应用案例

12.12.6　大数据平台

【基本情况】

生产单位：名气家(上海)信息技术有限公司

【产品概述】

港华统一数据平台(图 12.62)使用基于开源体系的大数据平台套件，满足港华集团快速构建海量数据处理平台的需求。通过对海量数据的清洗汇聚，能够实现大数据快速存储、即时查询、复杂分析、作业编排等需求，帮助港华集团及企业从海量数据中获取价值，洞察商业机会，支持业务决策。

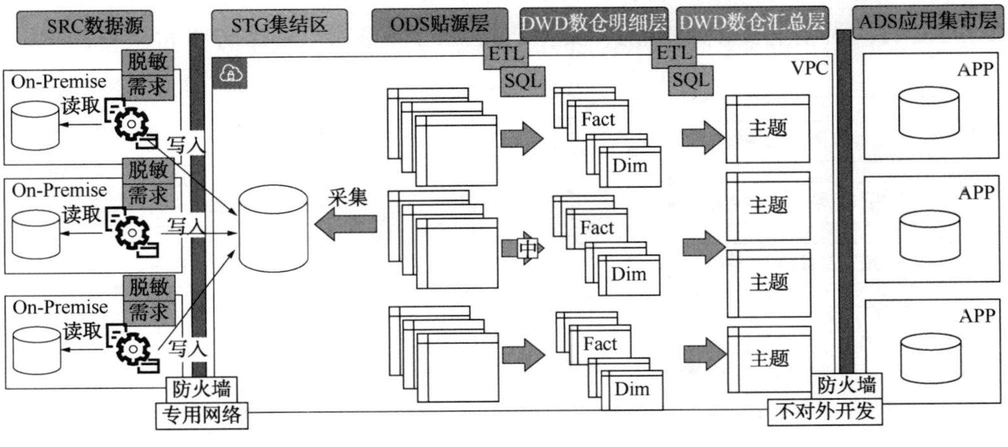

图 12.62　港华统一数据平台

港华统一数据平台主要由三个模块构成。

① 数据采集模块。该平台现阶段，主要有三个主数据源，分别为 VCC、TCIS、TMS。在数据采集/清洗过程中，名气家、卓锐智高、港华信息中心将分别负责处理各自业务的数据，进行数据汇聚清洗及匿名化处理，并定期将数据通过专网汇聚至数据处理平台。

② 数据处理模块。数据处理模块底层，使用了基于开源体系的大数据套件，在数据清洗及分层计算的基础上，支持海量数据的即时查询，也可以通过作业编排功能，灵活调度所需计算的作业。通过数据处理模块，各类数据统计结果可按照主题进行存储。

③ 数据应用模块。基于数据处理模块的计算结果，数据应用模块可通过报表、数据看板、数据大屏、接口调用等多种方式，对外提供服务，满足不同角色对数据的需求。

港华统一数据平台，在集团层面实现了各业务数据的互联互通，整合了分布于多种载体中的数据资产，形成了统一数据湖，构建了大数据分析能力。据此，集团可通过全景数据洞察经营状况，为决策提供数据支持。同时，各企业可通过数据绘制企业画像，分析各自的服务状况，提升用户体验，开展数字化经营。

12.12.7 港华燃气物联网平台

【基本情况】

生产单位：名气家(上海)信息技术有限公司

【产品概述】

港华燃气物联网平台提供一站式物联网设备和数据管理，实现表具端到平台端的智能化管理，规范物联网数据安全加密技术标准，加快物联网平台数字化建设，促进智慧物联网的发展，为企业提供一体化、安全、便捷的智慧物联网服务平台。见图 12.63。

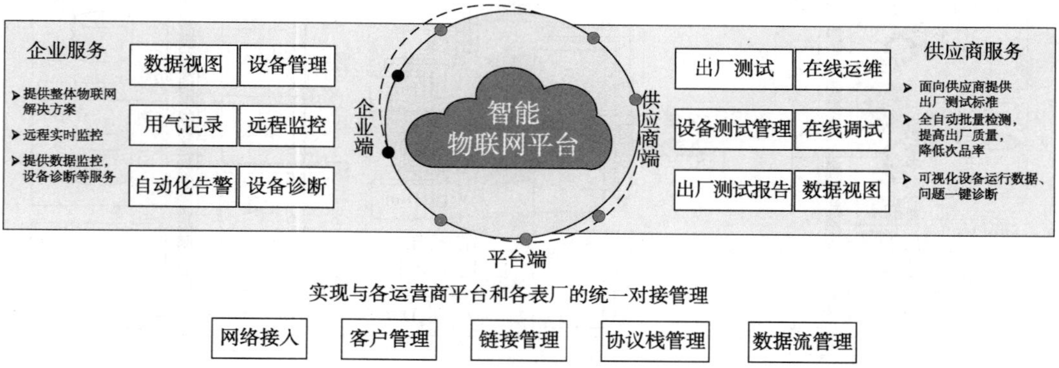

图 12.63 一站式物联网设备和数据管理

(1) 功能架构

燃气物联网平台体现了全方位的智能燃气表管理，分为 3 个管理端，4 个安全能力板块(平台安全接入、设备资源管理、安全威胁监控、安全测试服务)。见图 12. 64。

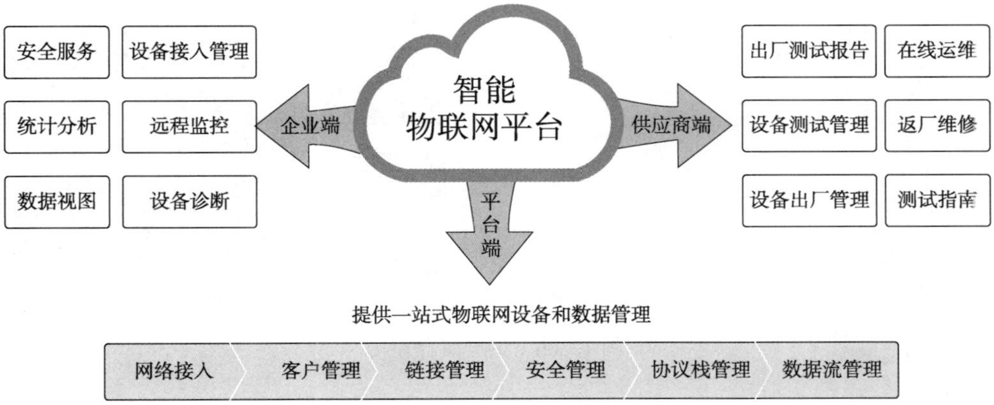

图 12. 64 智能物联网平台

企业管理端，面向企业提供基本的表具管理、数据管理、设备管理、物联网卡管理及业务管理等功能，自动远程抄表，欠费/充值远程自动阀控，故障一键诊断以及丰富的统计数据报表视图等。见图 12. 65。

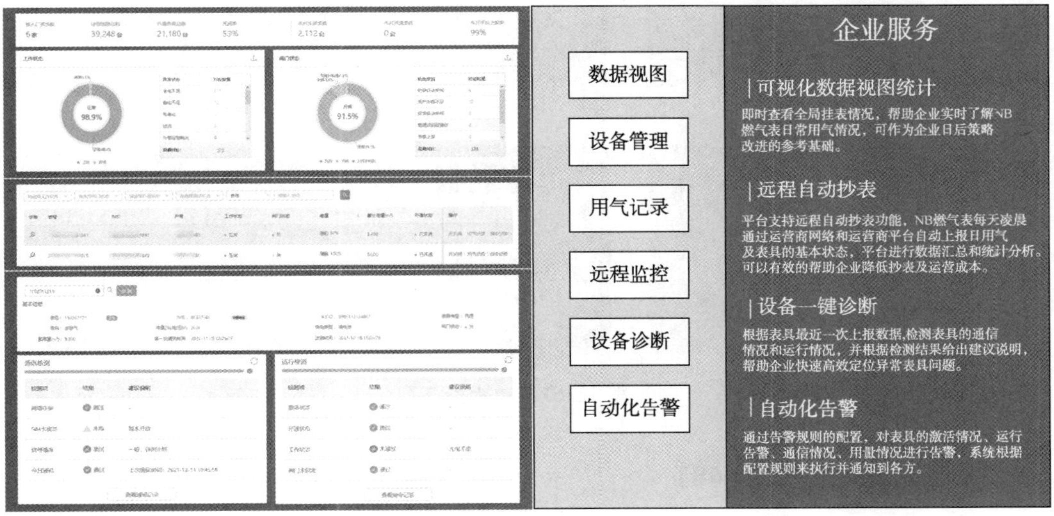

图 12. 65 企业管理端

供应商管理端，面向表具厂商提供出厂测试标准，全自动批量检测，提高出厂质量，降低次品率，以及一键自动化诊断能力，快速定位问题。见图 12. 66。

平台管理端，面向平台管理提供了连接管理、协议管理及安全管理等功能，实现与各运营商平台的统一对接、与各表厂的统一协议管理。

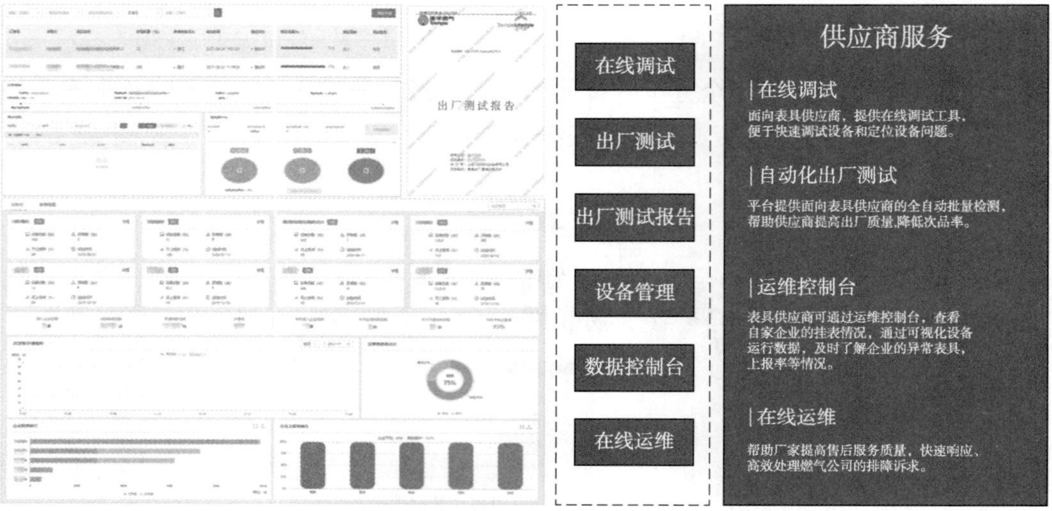

图 12.66　供应商管理端

（2）功能特点(图 12.67)

图 12.67　功能特点

（3）数据安全(图 12.68)

平台对标准协议的密文安全部分的定义，遵循密文+MAC 要求，保证数据传输的完整性和真实性。现阶段由统一模组实现安全加密数据存储和传输，再者加入安全芯片，进一步避免风险的扩散。

目前，港华物联网平台已覆盖 80 多家燃气企业(图 12.69)，通过统一协议的制定，为集团表具的标准化管理提供技术支撑，助力企业新一代燃气物联网表具的快速推广。

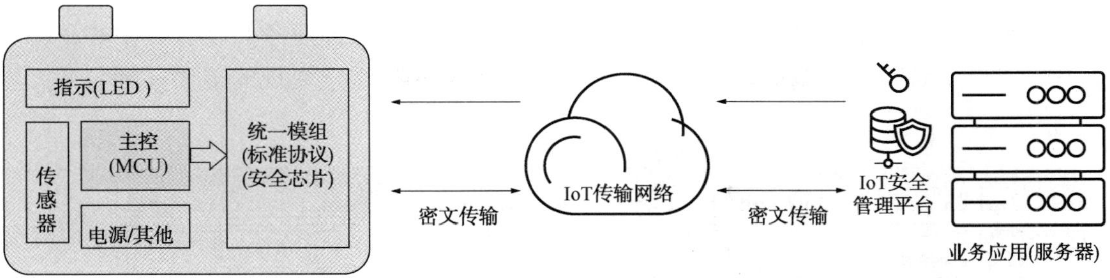

- 消息体加密采用AES128算法，一种标准的分组加密对称密钥加密算法。
- 消息MAC采用SHA256算法，安全哈希算法的一个版本。计算机安全领域广泛使用的一种散列函数，用以提供消息的完整性保护。

图 12.68　数据安全

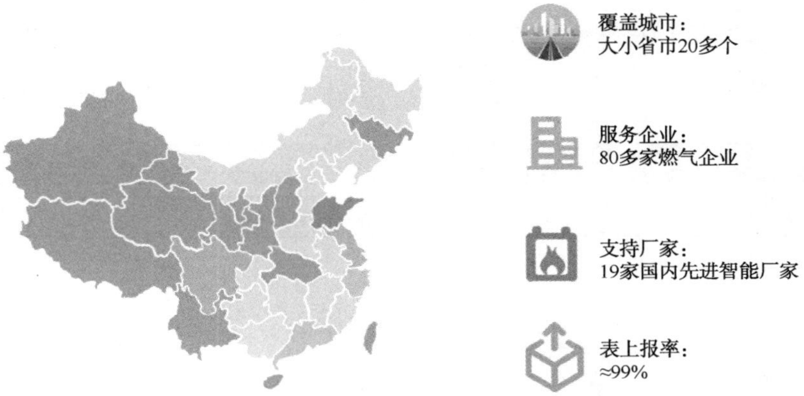

图 12.69　港华物联网平台全国覆盖情况示意图

12.12.8　延伸业务平台

【基本情况】

生产单位：名气家(上海)信息技术有限公司

【产品概述】

名气家通过打造 PaaS 系统，形成统一的延伸业务平台，构建统一的用户交易和在线服务系统。同时基于 PaaS 基础为企业提供个性化 SaaS 服务，集团统一部署，统一运营，企业共享应用，低成本，高效率。

名气家平台(图 12.70)支持 B2B2C、B2C、O2O 模式，支持的 C 端包括时刻家 APP、小程序、H5 站以及企业运营的公众号，由基础平台服务层提供会员中心、订单中心、商品中心、库存中心、支付清分中心、分销结算中心、营销中心、供应链中心、数据中心等模块，输出电商、到家、健康、保险服务等。打通各业务平台，包括 TCIS、工程系统、ERP 系统等，向上支撑燃气企业的燃气服务、智能硬件、商城、到家服务和保险业务。电商系统是延伸业务平台的核心系统，通过延伸业务共享服务中心，构建统一的用户交易和在线服务系统，成为开展延伸业务实现用户变现的重要一环。

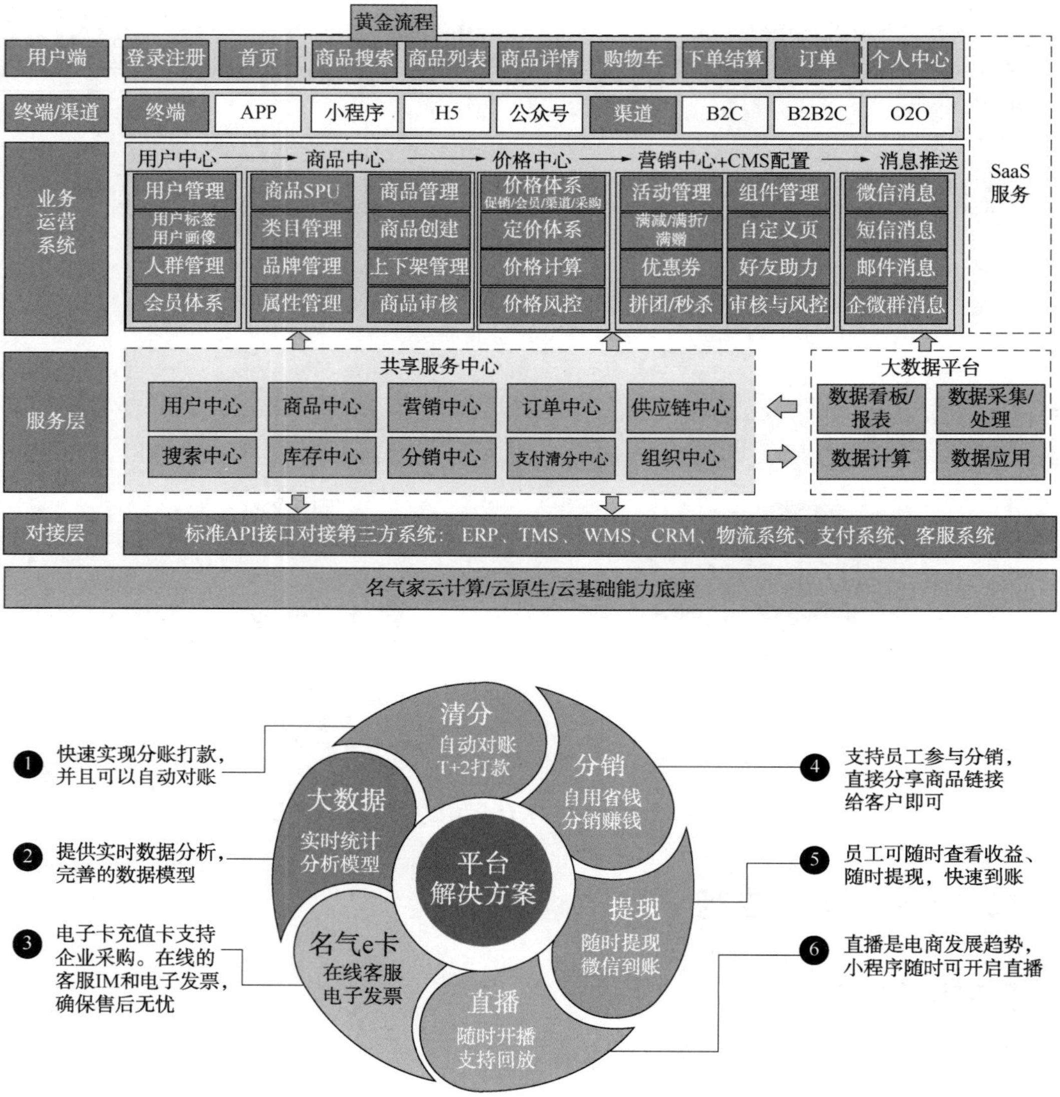

图 12.70　名气家平台

时刻家为企业提供统一的延伸业务服务，同时支持企业入驻平台，可通过 CMS 系统为企业提供个性化的定制商城服务，通过信息化手段，搭建立体式延伸业务平台，企业可以从燃气网厅、线下门店、入户推广等业务场景将用户引流到延伸业务平台，创造新的销售场景，助力企业释放更多客户价值，打造创新开放的家庭生活服务生态。见图 12.71。

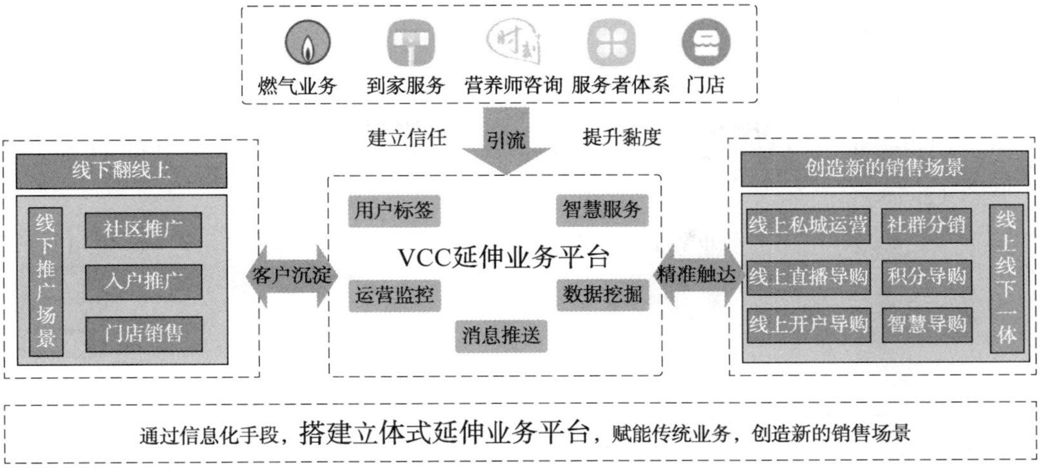

图 12.71　时刻家延伸业务平台

12.12.9　智能工单系统

【基本情况】

生产单位：名气家(上海)信息技术有限公司

【产品概述】

为解决传统企业纸质工单、系统流转和同步等问题，推出了智慧燃气工单服务，为企业提供网格化管理、工单派单、抢单、智慧大屏、员工管理，对接集团舒适家业务，实现代客下单，分享商品赚佣金等多功能服务，助力企业降本增效，快速拓展延伸业务。见图 12.72。

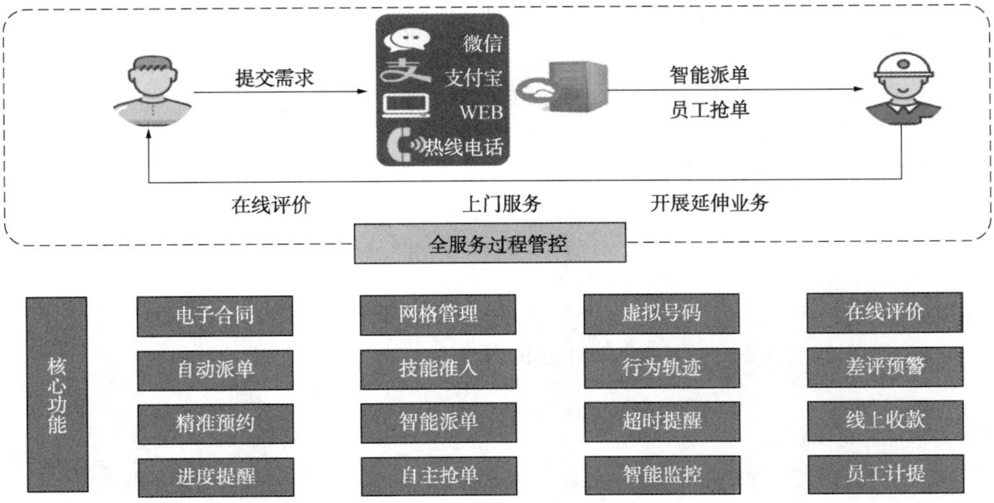

图 12.72　智能派单-系统业务流程

智能工单系统作为智能化、数字化的管理工具，以用户需求为中心，整合资源，实现系统间的无缝对接，帮助企业实现用户零跑腿、全业务线上化服务，提升企业核心竞争力。

（1）产品特点

① 工单灵活自定义

通过用户诉求工单自定义+上门工单自定义，实现满足企业全场景的业务交互需求。见图 12.73。

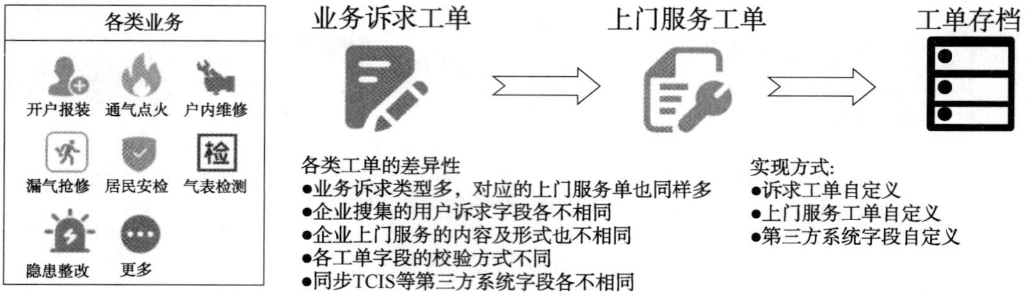

图 12.73　灵活工单业务流程

② 可视化调度(图 12.74)

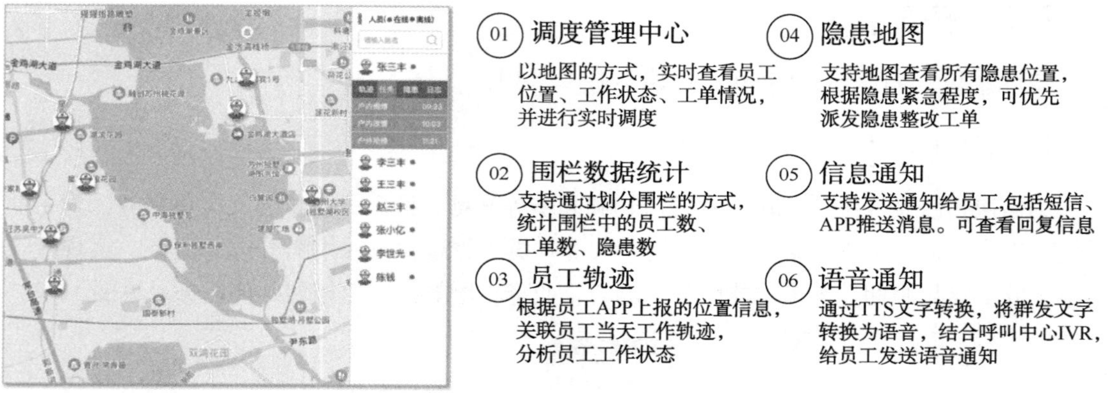

图 12.74　可视化调度

（2）移动管理(图 12.75)

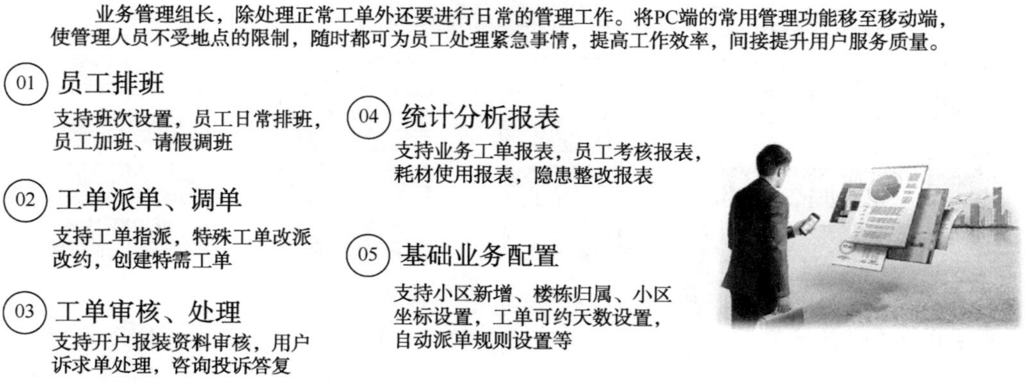

图 12.75　移动管理

(3) 安检计划全流程管理(图 12.76)

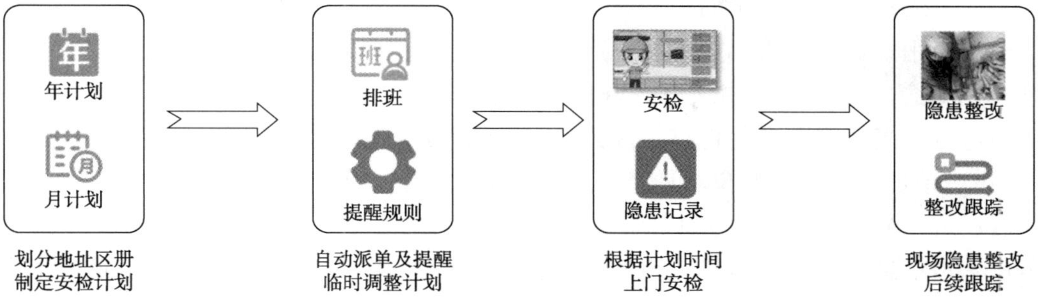

图 12.76　安检计划全流程管理

【典型应用场景与案例】

为适应国家及行业现阶段的改革需求，切实降低公司运营成本，落实“一件事一次办”的改革工作，港华名气家携手佛燃能源以“马上办、网上办、就近办、一次办”为原则，结合智能工单系统，打造“e 网通”燃气管家平台，整合用户端、员工端、公司端，三端共同协作的客户服务平台，简化客户服务流程，致力于打造一键式的网络通办平台，提升燃气行业服务效能。

佛燃能源原有的业务流程冗余，中间管理、传递环节多，工作效能难以突破瓶颈；传统的业务办理模式(“人对人”服务)难以满足用户的需求；居民用户数量日益庞大，“劳动密集型”难以延续可持续性发展；“e 网通”燃气管家平台作为智能化、数字化的管理工具，以用户需求为中心，整合资源，实现燃气服务平台与企业业务系统的无缝对接，帮助企业实现全业务网上服务，向无窗口跨越，实现企业降本增效，提升核心竞争力。

12.12.10　客户服务管理平台

【基本情况】

生产单位：金卡智能集团股份有限公司

【产品概述】

燃气客户服务管理平台基于云架构进行构建。基于 SOA 设计理念进行技术架构设计，核心理念是业务驱动，以松耦合、灵活的体系架构来满足弹性创新的业务需求，着重在系统架构建立一系列执行业务功能的服务，以便业务逻辑组件通过服务的形式得到重用，同时业务模式和流程也可以通过服务的重新组合变得更加灵活，满足企业不同系统之间的信息交互和数据流转，确保系统使用的稳定性、安全性、后续升级架构可行性与扩展能力。

燃气客户服务管理平台主要涵盖客户信息管理、抄表收费管理、客户服务管理、安检管理、用户气量管理等业务子系统，各子系统从客户满意、财务收入、安全运营、内部管理等不同方面共同构成了完整的客服管理体系，实现流程的闭环管理、业务的全面掌控、漏洞的预防纠正，全面提升燃气客服业务运营能力、管理能力和竞争力。

根据公用事业经由管网交付服务产品的特点，该公司在国内首家提出了服务交付点(POD)的概念。并在其上建立适合国情的数据模型。结合我国计量器具安装特点、住房结构特点、当今客户支付特点等因素，融合国外结构，构建了以三对象两关联为主体的(客户、地址、表具三对象，业务、技术两关联)数据模型。

客户可以分为居民用户、工商用户、团缴用户和总表户等不同的类型。客户信息包括客户基本信息、联系人信息、用气证信息和各种与用气消费相关的信息，形成了完善的客户信息管理的特点。

支持多种收费方式，如营业厅收费、走收、代收等；支持现金、支票、POS 划款单独收费；支持退费、取消交费等处理机制，并有严格权限控制；支持票据打印和补打，多笔费用分别打印票据及合并打印票据；支持找赎和找零续存；支持日结缴款，单位用户和团体缴费；支持多笔费用、多种费用的统一收取，包含气费、维修费、耗材费、保险等其他费用。

针对不同的计费方式(阶梯、比例混用、基数混用)定义不同的计费规则。针对不同的优惠策略(低保、单项免交、单价优惠、合计金额优惠、总分表优惠等)定义不同的优惠规则。每个表具在对应合同中选用规则，并以合同、合同明细、调用对象(例如季节性价格变化)的某个属性传递“参数”，从而灵活实现计费。

在城镇燃气行业市场变革与竞争形势以及疫情之下，高效的客户服务和客户响应极其重要。同时在燃气企业发展历程中，形成了多表具、多协议、多套系统等并存的现象，多部门或子公司信息不共享，形成数据孤岛，给运营带来一定挑战。通过各大燃气企业上线客户服务管理平台，整合了燃气企业多套营收客服系统，用统一规范数据基础资料建立全面的客户数据，提升客户服务和挖掘利用客户数据，帮助城燃公司大幅提升柜面业务效率、渠道自助服务效率、增值业务销售概率，与微信、支付宝等主流社交媒体、缴费平台互联互通。同时作为应用行业新科技的阵地之一，通过建立 NB-IoT 物联网与客服数据的融合集成，为新环境下业务决策的精准化和敏捷性提供可能。

燃气客户服务管理平台的建设与应用，切实为用户提供价值、解决痛点，并给予用户标准化的服务和高质量的体验，实现燃气企业标准化管理，助力其降本增效，优化所服务区域的营商环境。

技术指标如下：

① 全面基于 J2EE 技术体系的解决方案，多层架构，增强了系统的可扩展性。系统对现有的 J2EE 框架进行扩展，包括呈现层、控制层、服务层、业务逻辑层、数据访问层，每层各负其责，保持最大的独立性，避免模块粘连。

② 多种接口方案。系统提供 IC 卡、银行、远传表、财务等的接口标准和集成规范。系统集成采用主流的 Web Service 和 rest api 的实现技术，增强接口的可用性。

③ 内嵌的基于角色的权限管理、基于 AOP 的事件日志管理、基于角色的配置管

理、工作流引擎、报表系统、安全、事务管理、多组织模型支持等。

④ 引入 IOC、AOP 等先进技术以及优秀开源框架，使得组件配性成为可能，提高了系统的性能和技术可持续性，延伸了系统的生命周期。

【典型应用场景与案例】

中裕燃气为超过 300 万居民及工商业用户提供安全稳定的清洁能源产品与服务。为全面提升中裕燃气客户服务与运营能力，中裕燃气开展建设“客户云”项目，旨在引进先进的信息化平台和管理思维，建立客户信息数据仓库，形成以客户服务为核心的一体化管控平台，满足集团及下属单位协同运转、高效管理和科学决策需要的“客户云”管理平台。实现以集团总部为中心集中管控，各子公司独立使用目的；打造中裕集团服务品牌，实现集团整体战略目标。

12.12.11 讯飞智能语音导航、质检、客服和外呼系统

【基本情况】

生产单位：科大讯飞股份有限公司

产品费用：200 万元/台(套)

【产品概述】

(1) 基本原理

运用语音识别、语义理解、语音合成、声纹鉴权等人工智能技术，融合专家知识库，构建智能语音导航、质检、客服和外呼系统。该系统具备感知和理解能力，具备自我学习和自我进化能力，可以不断提升复杂场景下，解决复杂问题的能力。

(2) 特点

过硬的核心技术：全球最为领先的中文语音识别引擎、拥有自主知识产权。优于同类竞品的识别准确率，支持粤语、西南官话等方言识别；

完整的解决方案：提供全渠道、全流程的智能语音服务解决方案，并且能够充分结合大数据做各项深入分析和挖掘，提供各类针对具体场景和痛点和解决方案，切实实现降本提质增效。

(3) 技术指标

ASR：提供自有 ASR 语音识别服务，具有国际领先水平。将语音内容转化成文本，支持中文普通话、带口音的普通话、30 多种方言转译。上线时中文普通话识别准确率不低于 90%，方言识别准确率不低于 80%。

TTS：提供自有 TTS 语音合成服务，具有国际领先水平。将文本内容转化成语音，

合成语音拟人度较好，可以根据项目需要提供 GPU 和 CPU 引擎版本，并具备至少 5 种以上合成音库供选择。语音合成自然度 MOS 分大于 4.5。

自然语言处理：外呼系统以深度学习框架为基础技术，具备自主泛化扩展。上线时语义理解正确率大于 85%。

【典型应用场景与案例】

① 燃气调度大屏的语音交互控制，彻底变革鼠标和键盘的交互方式，提升交互效率和体验；在深圳燃气上线智能语音交互控制应用，见图 12.77。

图 12.77　深圳燃气调度智慧中心智能语音交互控制应用

② 智能客服服务，替代部分人工座席，自动接听用户来电，办理相关业务，减轻人工座席负担，降低用人成本，见图 12.78。

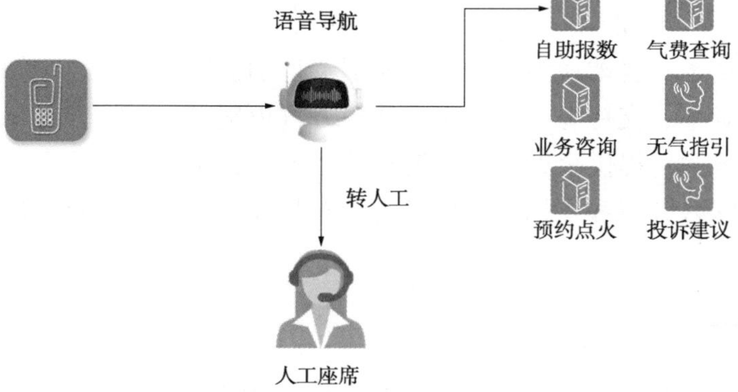

图 12.78　深圳燃气智能客服导航系统应用

③ 营销和应急智能外呼服务，聚焦于营销信息、通知信息、重要事故应急等场景，提供批量电话外呼服务，提升信息传递效率。

④ 话务质检分析服务，解决海量客服电话无法进行全量质检分析，进而无法及时发现服务违规和缺陷问题、改善服务质量的痛点，实现话务全量质检分析，形成分析报告，提升管理效益和服务质量。见图 12.79。

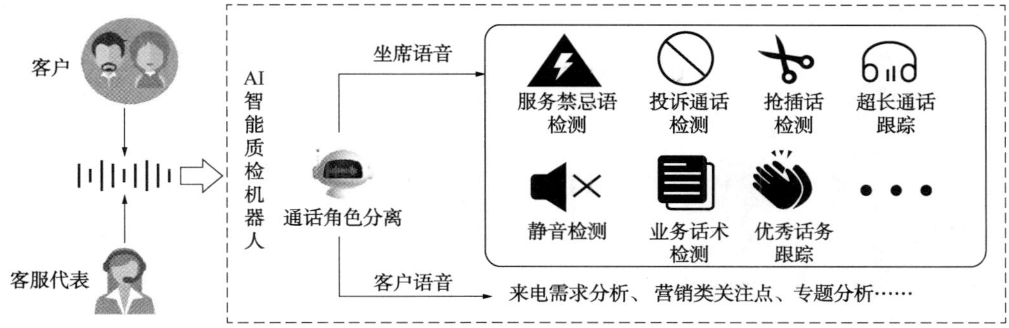

图 12.79　深圳燃气智能话务质检分析应用

12.12.12　智慧燃气用气安全解决方案

【基本情况】

生产单位：杭州先锋电子技术股份有限公司

【产品概述】

(1) 智慧燃气用气安全解决方案

① 方案概述

解决方案由智能终端通过接入电信运营商 NB-IoT 网络，将现场终端的各类运行数据、状态数据、异常信息通过 IoT 采集平台传输到数据管理中心和业务管理系统。

燃气运营人员通过后台管理系统，可以实现对用户的远程用气状态监控、气价管理、远程阀门控制、异常信息自动上报、安全预警、安全处理、信息的汇总和分析等功能。

满足燃气公司对于微小流量数据、异常大流量数据、燃气泄漏数据、阀门异常数据、表具故障状态数据及时性的需要，同时为燃气公司的用气预测、安全预警、故障预警、数据安全、用气安全、管网安全、安全生产、安全监控等提供数据支撑，降低燃气公司抄表成本，提高燃气公司对终端的安全风险管理水平。通过进一步结合支付宝、微信、银联，手机端 APP 软件等，满足用户远程充值、故障报修、预约服务，建立与用户的线上互动平台，加强用气安全意识，为燃气公司安全管理提供基础性建设。

② 方案架构(图 12.80)

整体解决方案的系统架构中，先锋电子应用成熟工程实施方案、各类智能终端(NB-IoT 智能燃气表、燃气泄漏报警器等)以及 IoT 采集平台、IMR 采集监控系统、IBS 业务管理系统等，实时监控终端运行状态，确保用气安全。方案集信息化、数字化、智能化技术，促进万物互联和人机联动，打造智慧燃气安全系统。

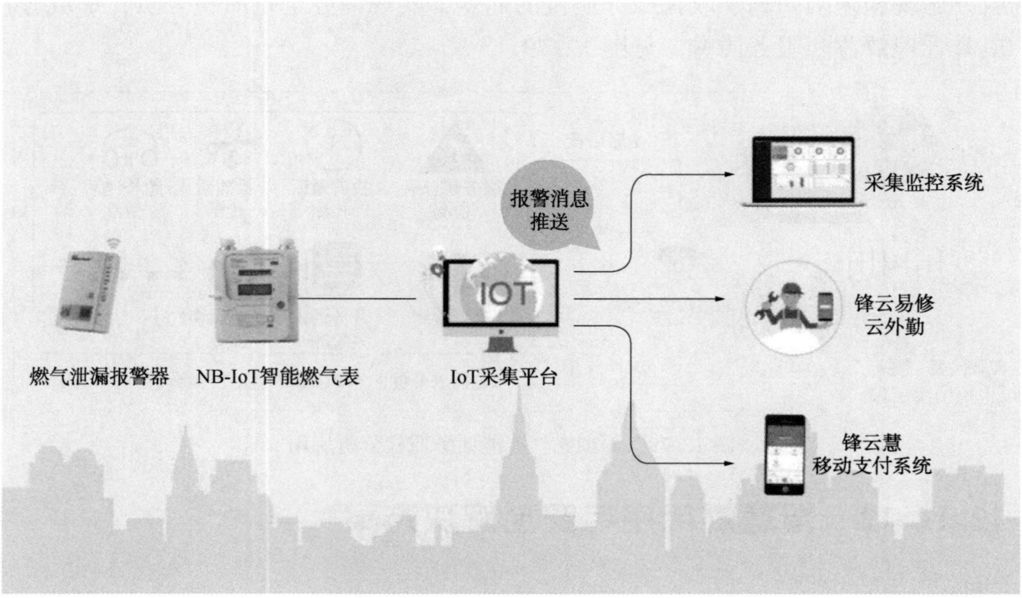

图 12.80　方案架构

（2）智能终端产品介绍

① NB-IoT 智能燃气表

a. 工作原理

NB-IoT 智能膜式燃气表主要由基表和控制器组成，智能控制器部分由计量采样模块、阀门控制模块、通信模块、液晶显示、电源管理、数据存储、时钟、功能按钮等部分组成。通过加装 NB-IoT 窄带物联网模块，可实现超远距离、超低功耗、实时在线的无线远程抄控，支持表具终端异常状态报警以及安全实时监控。

同时 NB-IoT 智能燃气表支持与燃气泄漏报警器联动实现燃气泄漏检测、主动关阀报警、并将泄漏信息上报后台监控系统、系统及时向用户推送消息提醒，做到提前预警从而避免安全事故发生。

b. 安全特性

计量异常关阀保护：当出现计量异常情况（如计量线断开、磁干扰等异常状态）时立即关阀触发紧急事件远程上报，及时通知后台，保证计量安全。

异常大流量关阀保护：表具具有表端过流截止安全功能，当表具检测到异常大流量，电子显示屏显示“异常状态”并报警关阀，将报警信息上传到系统，可以防止因燃气管道串压、破裂或燃气软管脱落的不安全故障，保护用户用气安全。

微小流量关阀保护：当表具连续监测到一定量的微流量用气时，主动上报异常报警信息并推送给用户，避免因灶具故障、软管松动或破损等原因造成的燃气微漏而引发的安全事故。

阀门异常关阀保护：阀门异常报警功能，当表具在阀门直通情况下，触发报警、权限关阀并主动上报，确保用户用气安全。

强制开户安全用气保护：强制开户保护功能，开户前可以配置最大允许使用气量，例如 $3m^3$，如果燃气表累用到达 $3m^3$ 时还未开户，则阀门关闭用户不能开阀。主要防止用户未开户或未验收时进行用气操作。

多天不用气关阀保护：当表具检测到连续 N 天上传数据不成功则会自动关阀，用户不能通过功能按钮打开阀门，该功能开启或关闭及 N 天不上传关阀天数可通过采集平台在线设置，防止用户长期外出不关阀而存在燃气泄漏隐患。

多天不上传关阀保护：当表具检测到连续 N 天上传数据不成功则会自动关阀，用户不能通过功能按钮打开阀门，该功能开启或关闭及 N 天不上传关阀天数可通过采集平台在线设置，防止阀门直通、表具故障等问题引起安全事件发生。

远程强制关阀保护：表具具有远程权限阀门控制功能，使用户不能通过按键开阀，避免因用户不愿配合燃气公司入户安检和用户存在私拆表具等问题而引起燃气爆炸事件的发生。

燃气泄漏关阀保护：燃气泄漏报警功能，当燃气报警器检测到燃气泄漏时，通过有线或蓝牙方式连接燃气表来关闭阀门，并把对应异常信息上传到后台业务系统，同时可通过短信、APP 的方式通知用户，做到提前预警作用，提高用气安全的可靠性。

② 燃气泄漏报警器

a. 产品介绍

智能家用气体报警器主要适合于家用燃气使用场合，用来连续实时检测厨房及室内燃气泄漏浓度，当实时浓度达到报警设定值时，自动发出声光报警信号，并可自动控制燃气表内阀门关闭从而切断燃气泄漏源，从而有效避免因气体泄漏或超标造成爆炸、火灾、中毒等危险事故的发生。

b. 警情安全提示功能

当环境空气中天然气或液化石油气浓度值达到或超过燃气报警器报警浓度值时，报警器会自动进入持续报警状态。

c. 用气安全防护

预防燃气泄漏爆炸事故发生的有效方法之一是安装燃气泄漏报警器，进行实时燃气泄漏监控。同时先锋家用燃气报警器采用进口传感器，有效提高了探测精度和使用寿命。

当报警器检测到有可燃气体泄漏时，立即发出声光报警信号，联动智能燃气表进行关阀操作，同时上报报警信息至后台系统，并通过 APP 信息推送、短信等方式通知燃气用户。先锋燃气报警器具有即插即用、语音播报、远程自检、故障自动检测、自动上报、报警推送、多重警告、后台监控、报警设备定位、传感器故障上报等功能，可帮助燃气公司减少入户年检次数、降低管理成本。通过物联网平台完成设备-系统-人的无缝联动，报警器可与燃气表、灶具等联动成智慧厨房，守护家庭安全。见图 12.81。

图 12.81　智慧厨房

【典型应用场景与案例】

（1）应用场景

场景一：用户住宅小区

居民小区住宅内安装 NB-IoT 智能燃气表、蓝牙燃气泄漏报警器或独立式(有线)燃气泄漏报警探测器。当发生燃气泄漏时，实时上报，切断阀门，短信或电话提醒用户，及时派工处理，避免爆炸等安全事件发生。

场景二：餐饮及人员密集场所

在重点餐饮场所、大型综合体、学校、医院食堂、机关单位食堂等重点实时监测，实时报警上报，管理人员可快速定位泄漏点，及时制定处置预案。科学有序实现用户用气安全管理。

（2）应用案例

① 案例背景

随着社会的工业化发展，发生气体泄漏和安全事故的风险相应增加，对公众的生命财产和企业运行安全构成的威胁也在逐步上升：2021 年 1 月 25 日，大连市发生燃气泄漏爆炸事故；2021 年 10 月 21 日，沈阳市发生燃气爆炸事故；2021 年 6 月 13 日，十堰市发生燃气泄漏爆炸事故。

国务院安委办、应急管理部召开的安全防范会议要求加快燃气公司重大危险源在线监测系统架设，尽快安装燃气泄漏报警装置等。盘锦某燃气有限公司成立于 2009 年 8 月 24 日，位于辽宁省盘锦市大洼区大洼街道新园社区。经营范围包括管道天然气供应销售、车用液化天然气充装。燃气公司有80000民用IC卡表用户，并每年新用户以8000的数量在增长。燃气公司就目前传统用户私拆表难处理、盗气情况难发现、漏气处理难作为等问题提出现有的安全管理方案和对安全系统进行升级，来提高智能化管理能力、提高用气安全管理的可靠性。

② 案例现状问题分析

a. 私拆表盗气安全隐患难以及时发现

当用户出现私拆气表、表前私接用气设备等盗气行为时，传统的周期式走访抄表模式难以及时察觉并作出处理，并且存在用气安全隐患，以至天然气经营企业无法及时采取安全措施，甚至导致爆炸等安全事故的发生。

b. 表后漏气不能及时处置

在传统走访抄表安检周期内，用户表后出现的因诸如灶具阀门失灵、软管破损或脱落等原因造成的漏气均可能不被发现，进而可能引发严重的安全事故造成人身伤亡和财产损失，漏损问题上报不及时会给燃气用户带来一定的安全隐患。

c. 安全管理难

如何及时监控由管网跑冒滴漏偷以及皮管老化、人为破坏私拆表、反装表等因素所造成的天然气泄漏事件，管网及表具的智能监控和安全管理系统则成为了首要建立的基础。

d. 入户任务繁重、人工成本高

以盘锦某燃气有限公司为例，该公司现有抄表员15人，为供区内8万天然气用户抄表，以居民用户每月为一个抄表周期计算，目前平均每人每日需走访177户。在该公司目前年均天然气用户增长率为10%的背景下，抄表人员势必需要增加，人工成本将再次提高。

e. 到访不遇情况频发，见表率不高

由于不同用户的作息不同，人工抄表始终存在到访不遇、见表率难以提高等问题，造成抄表员不得不重复对同一地点进行走访，致使抄表效率低下。

③ 解决方案

在与盘锦某燃气有限公司高层多次商讨确认后，智慧燃气解决方案采用NB-IoT智能燃气表（内置蓝牙模组）终端产品并配套使用先锋智慧燃气系统（IBS业务系统）。对现有的IC卡用户进行有序升级改造，对于新用户将直接应用智能终端。实现远程抄收、远程阀控，便于气费缴收、用气限制，科学有序实现用户用气管理，使供销差统计、偷盗气分析等更准确可控。

安全泄漏监测应用家用独立式（蓝牙）报警器与NB物联网燃气表（内置蓝牙模组）通过无线方式联动，在探测到周围环境天然气浓度超标时立刻让NB表关阀，同时NB表立刻上传报警信息到上位机系统。有效利用了NB物联网燃气表内置的阀门及远传功能，以较低的成本实现了泄漏关阀及远传上报，并且易于安装。见图12.82。

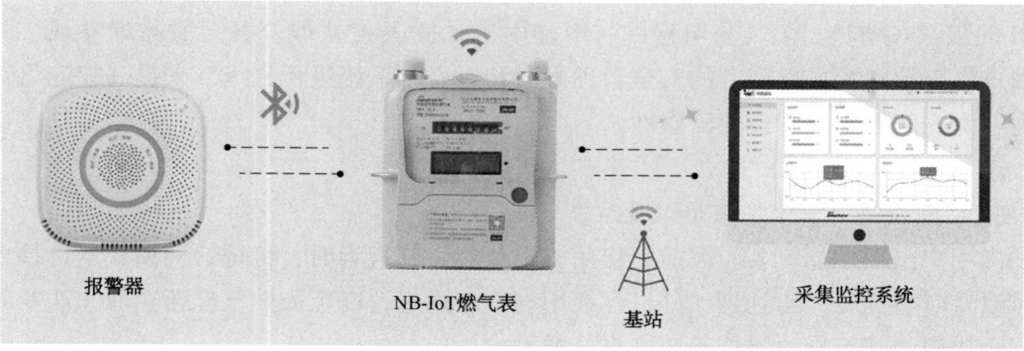

图 12.82　安全泄漏监测系统

（3）智慧燃气监控系统

① 安全实时监控

能够对燃气表进行实时监控（图 12.83），了解燃气表的运行状态、安全状态；可远程阀门控制，具备普通关阀和权限关阀功能；表具主动上传计量信息、安全信息、异常类型统计等到后台系统。

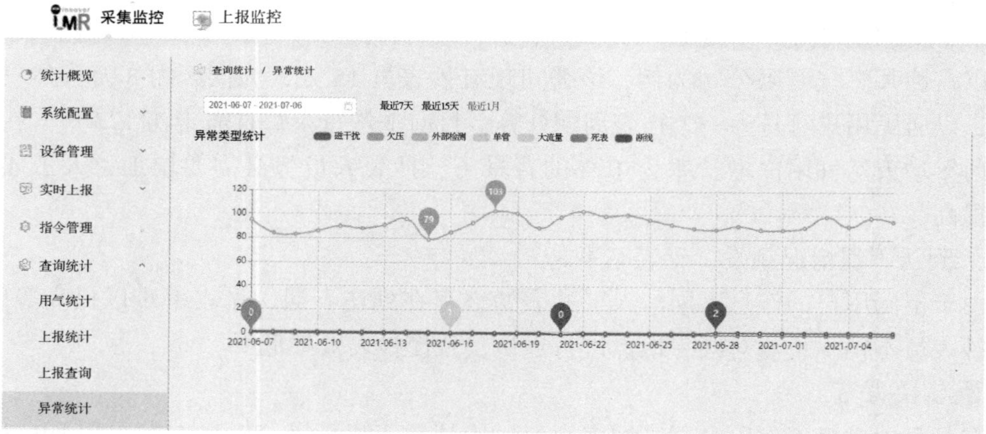

图 12.83　实时监控

② 安全报警功能

支持多种报警方式：系统报警提示，短信报警功能等；能够与燃气泄漏报警器进行联动，保证燃气用气安全，并将报警信息及时发送至后台业务系统，业务系统可通过短信及时提醒用户，见图 12.84；应用微信软件实时监控现场异常状态，通过微信公众号及时推送报警信息，起到提前安全预警作用。

③ 数据安全分析

能够及时准确地提供燃气表的相关数据，为供销差统计分析提供数据基础；按照不同的筛选条件（地区、时间段、管线、气源等），获取相应的用气数据报表；为管网安

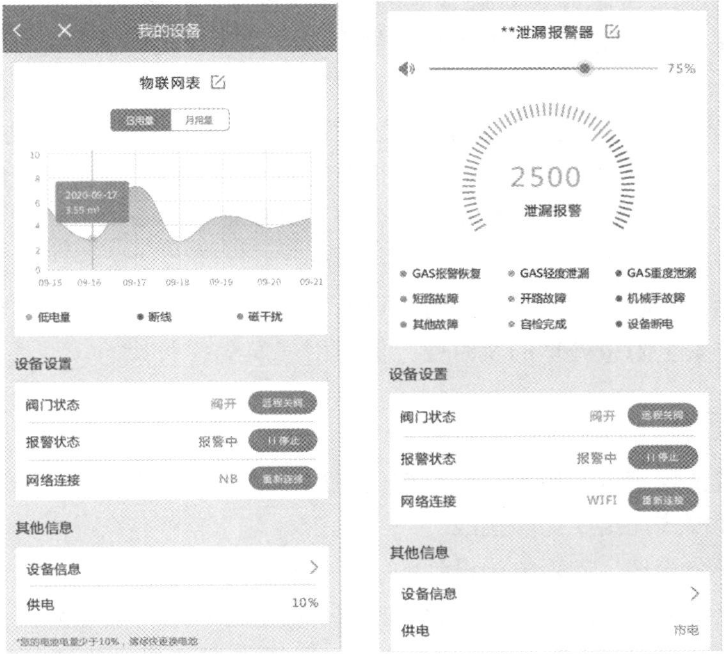

图 12.84　泄漏报警联动

全、用气安全、数据安全分析提供支持；数据上传到先锋智慧燃气管理系统进行用气规律预测、故障预警、远程阀控，提高用气安全管理。

【主要成效】

（1）应用数据说明

智慧燃气解决方案，我公司 2001 年初在北京就有应用，用户购买报警器后可与燃气表连接使用。盘锦市某燃气有限公司在 2021 年开始应用智慧燃气解决方案，截至今日燃气公司居民用户已安装使用 10000 台 NB-IoT 智能燃气表和 4000 台燃气泄漏报警器。目前系统运行状况良好，NB-IoT 智能燃气表一次抄收成功率：99%、抄收数据准确率：100%；系统提前安全预警通知 108 例，其中燃气泄漏预警 41 例，已避免了 106 例安全事件发生。

（2）方案整体效益

① 能够对燃气终端设备进行实时安全监控，掌握设备运行状态；支持多种报警方式：终端本地安全报警、终端异常信息立即上报，系统端报警提示，短信（或 APP）报警提示用户做到及时安全预警。

② 将燃气泄漏报警器等与燃气表具进行联动，保证燃气用气安全，并将报警信息及时地发送至后台业务系统，业务系统可通过短信及时提醒用户，同时可与油烟机、排风扇等联动处理避免燃气泄漏爆炸。

③ 系统自动完成终端异常状态、泄漏事件预警、阀门异常控制、私拆表、偷盗气等安全隐患事件分析，能够及时准确地提供终端设备的相关数据，为安全生产管理提供数据基础。

④ 数据安全防护，网关中的安全单元对燃气表接收到的外部信息进行识别、过滤，防止非法控制信息被错误执行。同时，安全单元对表段上传的各类交易信息、计量信息进行加密，防止信息被窃取并且数据自动备份，确保数据安全性。

⑤ 终端用户通过手机 APP 能够及时了解家庭的终端产品运行状态和用气信息，如果出现终端产品异常状态和安全隐患时，可及时收到短信提醒，同时可与燃气公司实时互动，提高用户安全隐患处理的及时性，保证用气安全。

(3) 总结

随着我国城镇规模迅速扩大，城镇燃气用户数量大幅增加，对传统天然气安全化管理、智能化管理模式提出了严峻挑战。

针对用气安全管理，先锋电子设计的智能终端都是安全型防爆产品，具有微小流量泄漏报警、超流量报警、温度和压力超限报警、防恶意攻击等安全防护功能。可配备先锋有线或蓝牙燃气(民用或商业)泄漏报警器，以燃气报警器为检测信息来源，如果检测异常，应立时进行声光报警。并通过外部设备(如燃气表、外部电池阀等)关闭泄漏气源，同时可通过本身自带物联网或物联网燃气表把数据上传到先锋智慧燃气管理系统进行用气规律分析、故障预警、泄漏预防等用气安全管理。实时监控对异常情况的自主判断与处理，以及报警信息的远程反馈，提早发现设备异常，提早预防、减少安全隐患，具有安全、智能、高效、可靠、保护全面等显著优点。

12.12.13 燃气管道智能自闭阀

【基本情况】

生产单位：重庆合众慧燃科技股份有限公司

【产品概述】

智能自闭阀(见图 12.85)是一种安装在户内燃气管道上的安全防护类产品，由自闭阀体和智能模块两部分组成。阀体部分可实现超压自动关闭、欠压自动关闭、过流自动关闭功能。当阀门关闭后须手动开启。智能模块部分采用低功耗设计，内置锂电池供电，具有 NB-IoT 无线传输功能，可实时监控自闭阀的超压关阀、欠压关阀、正常开阀三种工作状态。当检测到工作状态发生改变时，立即启动 NB-IoT 无线传输，把最新状态上传至系统平台。同时也可定期将阀体状态上传至系统平台。

技术参数：

工作电压：3.6V

使用介质：天然气

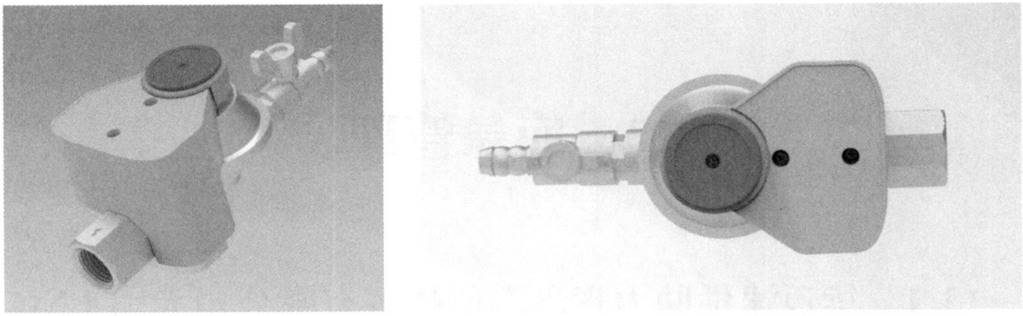

图 12.85　智能自闭阀

指示方式：LED 指示灯

工作温度：-10~40℃

超压自动关闭压力：(6±2)kPa

欠压自动关闭压力：(0.8±0.2)kPa

过流关闭流量：(1.2±10%)m^3/h

额定进口压力：2kPa

额定流量：0.9m^3/h

自动关闭时间：≤3s

防爆等级：Ex ib IIB T3 Gb

通信方式：NB-IoT

13　应急管理

13.1　华迈速供助力青岛泰能燃气有限公司大山 LNG 储存气化站保供

【基本情况】

应用场景：应急管理

提供单位：天津华迈燃气装备股份有限公司

建设单位：天津华迈燃气装备股份有限公司

【建设必要性】

随着青岛市的快速发展，青岛市居民和工商业用气量逐年增加，冬季调峰供气、应急抢险，以及其他各种情况的临时供气成为现阶段及以后摆在该公司面前需要解决的问题。

青岛泰能燃气有限公司大山 LNG 气化站现有 4 台 $3000m^3$ 空温式气化设备（含储罐等其他配套设备），见图 13.1。设计气化量为 $6000Nm^3/h$，由于空温式气化器运行时受环境条件、供气流量等因素的影响很大，在冬季调峰供气时无法达到设计流量，并且需要大量现场除霜除冰作业，给现场操作带来很大困难。

图 13.1　LNG 气化站

频繁结冰除冰(图 13. 2)也给空温气化器内部和前后管道造成很大的应力，给气化站系统带来安全隐患(国内较青岛更为南方的地区-淮南，已经发生气化器结冰造成的运行事故)。同时运行中的冰霜对于普通气化器基础也造成强度减弱，形成次生安全隐患。

图 13. 2　除冰现场

【解决方案】

(1) 改造方案一

选择一套不带调压计量的华迈速供设备，此设备尺寸为长×宽×高 = 6m×2. 2m×2. 5m，此设备安装在原有空温气化器处，将原有空温气化器拆除，根据图纸和现场照片，原有基础仅需适当调整即可，具体如图 13. 3 所示。

图 13. 3　改造方案一

此方式可以利用原有 LNG 进液管道和 NG 管道，气化后的气体直接输送到调压计量撬进口管道内，因整体加热气化器不需要单独的热源，因此无须配套其他附属设备。

（2）改造方案二

选择一套带卸车增压、调压计量的华迈速供设备，此设备尺寸为长×宽×高 = 9m×2.2m×2.5m，此设备安装在现有调压计量撬附近，需要将 LNG 管道连接到华迈速供附件，并将出口管道与现有调压计量撬进口连接，因设备内计量和调压均有旁通因此可以直接供气，当设备不用时也可以直接为其他地方进行应急供气工作，具体如图 13.4 所示。

图 13.4　改造方案二

因华迈速供不需要单独的热源，因此无须配套其他附属设备。

【主要成效】

（1）解决了气化过程产生浓雾和冰霜的问题

原有 LNG 气化站在气化过程中会产生大量的蒸气烟雾（如图 13.5 左图所示），同时空温气化器的运行现场也会产生大量冰霜（如图 13.5 右图所示）。

图 13.5　现场对比情况

而华迈速供采用的是自加热的整体加热气化器，不会产生雾气和冰霜。因此很好地解决了雾气和冰霜的困扰。

（2）降低了运行能耗费用

本站按照 LNG 气化站如果采用强制气化，在能耗与气化比约为 2.5%，而华迈速供现场的实际耗气化比为 1.6%左右，综合使用条件和供气能力(大流量、持续供气时)，采用“华迈速供”整体运行成本要低于温气化器+复热器+强制气化器的形式。

（3）智慧云系统保驾运行

本站内的自控系统全部采用 PLC+人机交互界面控制完成，通过预先的安全控制逻辑，并根据现场使用的工况实现人机无缝连接，以满足所有使用工况需求。应急设备还配备有物联网连接模块。物联网通过 RS485 与 PLC 进行连接，并通过物联网界面可以随时随地查看设备的运行情况，当设备出现报警时，会以信息的方式提示操作者及时进行处理，快速排除故障，实现设备持续安全供气。

13.2　讯飞燃气大数据平台在燃气安全应急管理的应用

【基本情况】

提供单位：科大讯飞股份有限公司
建设单位：科大讯飞股份有限公司
建设时间：2021 年 11 月
投入使用时间：2021 年 12 月

【建设必要性】

① 燃气泄漏风险与日俱增，一旦发生生产安全事故，人员伤亡和财产损失巨大。

② 燃气公司现有各类物联和数据系统彼此之间的数据尚未整合分析利用，数据价值无法最大化挖掘和发挥。在深圳燃气，当前 SCADA 监控系统、非家用计量采集系统、PE 焊接管理系统、开孔机系统、阴极保护采集系统等各类业务系统较多，彼此之间的数据尚未整合利用，数据价值无法最大化挖掘和发挥。

③ 现有业务系统无法实现对管网安全的实时有效监测、定量分析和风险评价，无法适应当前日益增加的安全风险挑战。

由于现有各类业务系统数据尚未建立分析模型，无法发挥数据综合价值，特别是在燃气事故频发背景下，做好燃气数据的整合运用，形成各类评价模型、提前预警风险十分重要、紧迫。

【解决方案】

基于深圳燃气现状，为深圳燃气构建“一站掌控全局、一图感知管网、一号走遍系统、一脑智能分析”的城镇燃气输配管网综合化、智能化、可视化数据分析平台。见图 13.6。

① 实现管道完整性实时监测，减少巡检环节人力成本投入，实现备件采购提醒和智能库存管理、缩短维修周期。

② 精准定位管道异常点，缩短管道异常维修周期，减少燃气泄漏损失和风险。

③ 第三方施工风险评估，降低由此引发的燃气泄漏相关风险。

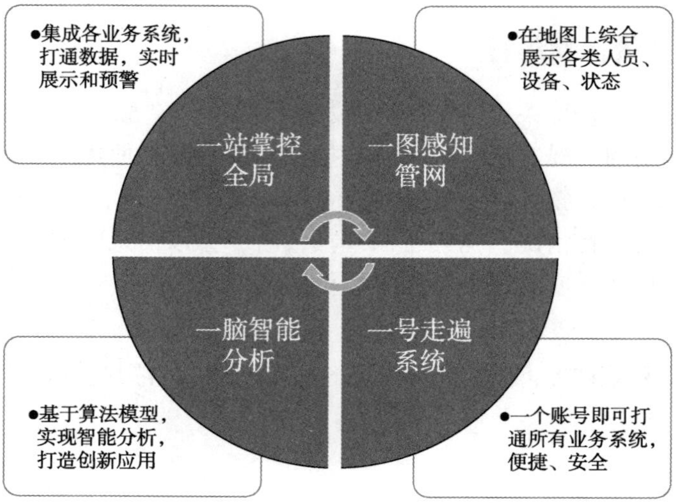

图 13.6　数据分析平台

具体而言，主要针对以下问题，构建燃气大数据分析平台，提供针对性解决方案。

（1）燃气安全与应急大数据精准定位需求

构建北斗定位模型。当前迫切需要基于北斗技术的燃气管道内检测方法及装置，突破油气管道检测存在的定位难、位置修正难等技术瓶颈。通过北斗技术加持，构建定位模型，实现精准定位管道内壁缺陷位置和大小，方便工作人员及时发现并排除故障，为后续的开挖验证和缺陷修复工作提供准确的位置坐标，减少开挖时间，提高修复缺陷的效率和准确度，保证管网安全和用户用气安全。

此外，基于北斗技术的超声、漏磁、视频多种装置，可逐步探索满足管道内腐蚀、焊缝内缺陷、管道内状态、管道机械损伤等多种检测需求。

（2）燃气管道完整性评估需求

构建燃气管道完整性风险评价模型。基于对燃气管道大数据的采集，可以建立对城镇燃气管道的风险评价及完整性评价模型，该模型适用于管道生产运营关键性领域，可将对管道内外检测的管理纳入大数据管理，进一步发掘其内在价值。借鉴国内外有关数据分析的相似模型、表查询模型、逻辑回归、向量机等模型，可初步形成管道大数据的分析方法。

基于该模型，实现燃气管道完整性实时精准评估，支持城市燃气管道完整性管理及风险评价，以确定高风险区并及时采取防范措施，这对于燃气安全管理、应急管理意义重大。

（3）燃气管道泄漏失效预警需求

构建燃气管道泄漏计量评估模型。可基于检测气体浓度数值、气象数据、定位数据、车辆运行数据等多源异构燃气泄漏检测大数据，打造燃气管网安全风险要素数据库，构建基于大数据的燃气管道泄漏计量评估模型。

基于该模型，实现燃气管道泄漏失效实时主动预警。并可联动调度指挥部门，按照既定预案采取相应措施。

（4）燃气施工破坏风险评价需求

构建施工破坏风险评价模型(图 13.7)。城建等各类施工活动，严重威胁燃气管道的正常运行。需依据掌握的大量第三方施工配合数据和施工破坏事件样本数据，辅以一定的企业外部大数据，对第三方施工的特点规律和施工破坏的特点规律可进行多维度统计分析，对施工破坏的关键影响因素进行挖掘辨识，对施工破坏的失效后果进行分类评估，并对各关键影响因素与失效后果的关联性进行研究，从而构建第三方施工破坏风险评价模型、第三方施工高发区域预测模型。

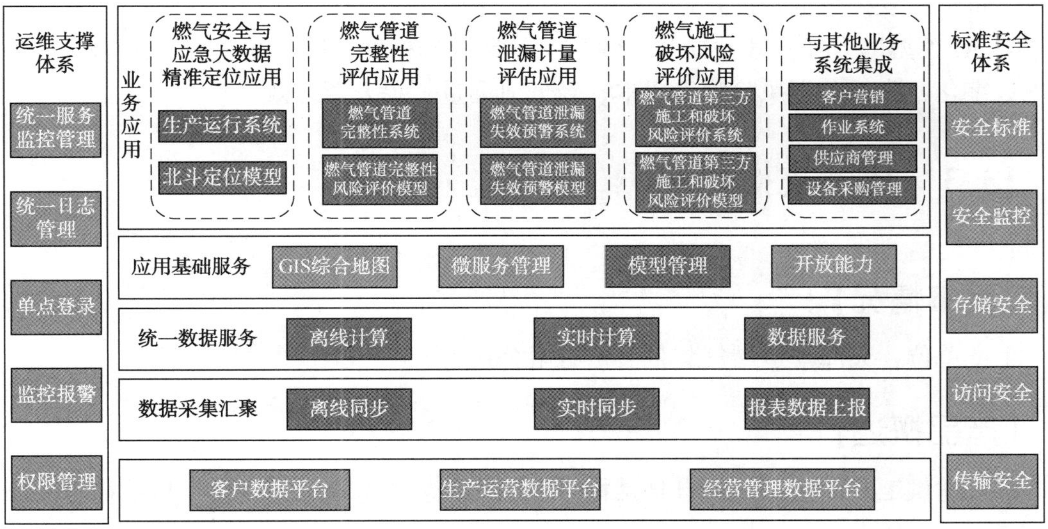

图 13.7　施工破坏风险评价模型

基于该模型，实现燃气管道第三方施工和破坏风险评价。并且结合我国目前的燃气管道管理和运行体制及相关法律法规，针对性提出内外部风险防范及应急措施建议，提高现役管道运行的安全性和经济性，提升社会安全风险控制能力，维护人民生命财产安全。

【主要成效】

（1）管理效益

① 降本：各类物联数据和业务数据统一管控，并形成可视化综合报表分析，减少各类数据的使用和管理成本。

② 革新：以此为契机，建立新的数据流管理机制，打通各类堵点，一个账号即可打通所有业务系统，便捷、安全。

③ 少人：减少数据服务调用环节的人力投入和工作强度，提升工作积极性。

④ 提质：提高相关工作人员的数字化、智能化意识和水平。

整体而言，该项目实施后，减少巡检环节人力成本投入，实现备件采购提醒和智能库存管理、缩短维修周期；精准定位管道异常点，缩短管道异常维修周期，减少燃气泄漏损失和风险；第三方施工风险评估，降低由此引发的燃气泄漏相关风险。

（2）经济效益

① 降低管道巡检成本。通过数据和模型服务，实现管道风险实时监测和风险异常提前预警，降低管道巡检人工投入，降低巡检成本。

② 提升数据融合价值。不同数据融合分析，建立 AI 模型，挖掘单一数据无法提取的应用价值，发挥数据资产效益。

③ AI 模型助力经营效益提升。各类泄漏定量分析和风险评价模型，助力企业经营实现数字化，降低各类风险隐患成本，降低泄漏量，提升营运效率。

13.3　相关支撑产品

【基本情况】

生产单位：天津华迈燃气装备股份有限公司

【产品概述】

华迈速供工艺简洁：利用自身燃料，强制气化。占地小、速度快、持续稳定高峰流量。具有如下优点：

（1）解决了大型 LNG 气化站建设的困扰。具体困扰包括：建站周期长（选址、设计、设备、施工等）；占地面积大；配套设备多；冬季气化不稳定；操作复杂；不使用时也会占用大量资源；形成固定设施，不可移动。

大型调峰气源厂的气化方式分为两种：一种是空温气化器+复热器（空温气化器+复热器+锅炉+水泵）；一种是强制气化器（锅炉+水泵+强制气化器）。两种方式受环境、气化量、输出压力等影响均存在一定的适用性和局限性。华迈速供汇集原有 LNG 气化站所有功能于一体。

(2) 华迈速供是一套将热源发生、强制气化、卸车增压、调压计量为一体的高度集成的创新产品。见图 13.8。

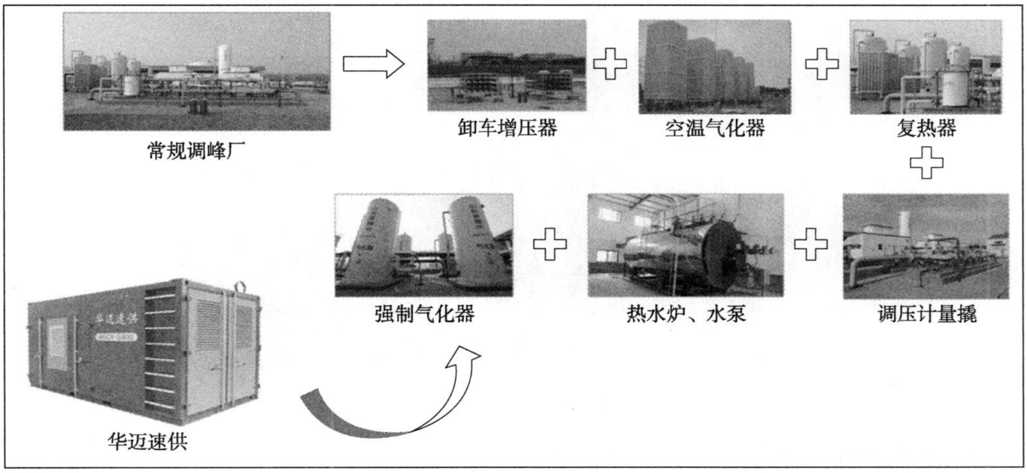

图 13.8　集所有功能于一身的华迈速供产品

华迈速供的优势如下：

① 优势一：建设周期短。

常规 LNG 气化站建设需要规划、选址、设计、采购设备、条件配套、施工验收等环节；而华迈速供只有规划、选址、设计(黑匣子)、采购使用。时间是常规建站时间的十分之一左右。

② 优势二：工程造价低。

以 5000Nm^3/h 气化站为例，常规站建站投资(不含土地、消防、电力等配套设施) 700~1000 万元，华迈速供作为应急调峰设备，不需要配套设备和设施，设备造价只相当于常规站投资的十分之一左右。

③ 优势三：占地面积小。

常规 LNG 气化站建设需要配套储罐、工艺设备、消防水池等，占地较大。以 5000Nm^3/h 供气流量的气化站为例，常规建站规划用地在 5000~10000m^2，而华迈速供自身占地面积只有 10m^2，加上卸车位最多也就 500m^2，最多只相当于十分之一。见图 13.9。

④ 优势四：克服气化过程产生浓雾。

常规 LNG 气化站在气化过程中会产生大量的蒸汽烟雾，一方面会造成不明真相的相关部门以及周边群众和企业不必要的恐慌，甚至报警，避免执法部门不必要的打扰，确保公司和气站正常运营。

⑤ 优势五：运行人工费用低。

常规 LNG 气化站需要配置值守运行维护人员，仍然以 5000Nm^3/h 气化站为例，常规站配置人员 6~10 人；华迈速供只需 2~3 人。而且常规站在非调峰停运阶段也需要运

图 13.9　华迈速供外观

行人员；而华迈速供在非运行状态可以不需要值守人员。

⑥ 优势六：运行能耗低。

常规 LNG 气化站如果采用控温气化器+复热器的形式，运行能耗低于华迈速供三分之二左右(但存在冬季使用、除霜、切换、浓雾、气化量不足等情况)；常规站如果采用强制气化，在能耗与气化比为 2.5%左右，而华迈速供能耗气化比为 1.6%左右，综合使用条件和供气能力(大流量、持续供气时)，采用华迈速供整体运行成本要低于控温气化器+复热器+强制气化器的形式。

⑦ 优势七：灵活性强。

常规 LNG 气化站一旦建成只能就地使用，而华迈速供可以方便地拆装、移动，而且没有安装费，转移到其他地方也没有二次安装费。见图 13.10。

图 13.10　运输灵活和安装方便的华迈速供

【主要成效】

HSCV 系列华迈速供是一套为满足调峰应急供气而研发、设计、制造的创新型供气产品。产品技术先进、特点突出、安全可靠、运行及维护便捷。

特点：

① 多功能一体化，华迈速供集气化、换热、稳压、计量、卸车增压、联锁控制及信号处理、传输为一体。颠覆传统的工艺模式，集成、安全、方便、快捷。

② 快速供气，华迈速供可实现即装即用，半小时实现供气，方便快捷且占地小。

③ 操作方便，华迈速供可实现连续智能供气，输气安全稳定。不需要烦琐的除霜除冰和切换作业。

④ 智能控制流量，华迈速供可应用户需求，设置智能流量控制，可以依据管道压力自动补气，也可以设定恒定供气标准值自动运行。

⑤ 能耗低，华迈速供相比普通强制气化器，不仅减少了大量附属设备和安装工作量，而且能耗更低，效率更高。

14 综合能源服务

14.1 成都万象城分布式能源项目

【基本情况】

应用场景：综合能源服务

提供单位：润智科技有限公司

建设单位：成都燃气集团股份有限公司

建设时间：2019 年 12 月

投入使用时间：2020 年 12 月

【建设必要性】

本项目位于四川省成都市成华区，万象城一期已于 2012 年 5 月投入运营，总建筑面积 $31.8\times10^4m^2$，现有主要功能为商业、办公等。万象城二期为新建工程，主要功能包括商业、办公、酒店、影院、住宅、农贸市场、地下车库等，总建筑面积为 $41.2\times10^4m^2$。项目全年具有稳定的冷、热、电负荷需求，适合采用天然气分布式能源系统来满足自身的用能需求。

项目建筑的主要功能为商业、办公、酒店和住宅，用电负荷较为稳定且具有较强的互补性。本分布式能源项目的建设，可以满足建筑的部分电负荷需求，并通过对天然气的梯级利用，在发电的同时利用发电机余热生产冷热量，提高了能源利用效率，从供电可靠性、节能环保等方面均具有显著优势，具体如下：

（1）提高能源综合利用率

目前传统火力发电的综合能源利用效率只有 35%～45%，分布式能源系统的综合能源利用效率可达 70%～90%。

（2）电力燃气消耗双重削峰填谷、改善城市能源结构

传统的能源结构存在夏季用电量远高于冬季、冬季用气量远高于夏季的情况，这种不合理的能源结构拉低了相关市政设施的投资效率，造成了资源浪费。分布式发电系统和吸收式空调技术的应用可降低夏季大电网的最大负荷，同时，全年的连续运行使得冬

夏燃气用量较为均衡。

(3) 提高供能安全性

目前，国内供电系统是以大机组、大电网、高电压为主要特征的集中式单一供电系统，在电网中一点故障所产生的扰动都可能对整个电网造成较大影响，严重时可能引起大面积的停电甚至是全网崩溃。分布式能源系统可以灵活分布，就近建设，直接面对能源用户，在提高能源利用率的同时，也相当于为用户增加了一路供电、供冷和供热的途径，在出现突发事件时可以确保安全供电，减缓了对集中供能系统的过分依赖，提高了用户用能的安全性。

(4) 显著的环保效益

分布式能源系统采用清洁燃料天然气作为一次能源，与传统热电分供方式相比，CO_2减排效果明显，具有显著的环保效益。

(5) 较好的经济性

分布式能源系统实现供冷供热的同时还能产生高品位的电能，其能源产品的多样性和较高的能源利用效率使得分布式能源系统对于燃气、电力价格的波动具有较强的适应性，同时相对于传统供能系统可节省一定的能源消耗费用。

【解决方案】

按照“并网不上网”的运行模式，保证所发电力及余热产生的冷热量能在区域内被完全消化或尽可能多地消化，同时结合项目的负荷特点及能源价格等边界条件考虑发电机组选型，余热利用设备与调峰系统一起满足项目的全部冷、热负荷需求。

本工程装机方案为：项目装机 4 台 1.5MW 燃气内燃发电机组，4 台制冷量 1535kW、制热量 1013kW 烟气热水型溴化锂机组，1 台 2.8MW 燃气热水锅炉，以燃气锅炉作调峰设备，不足冷负荷由万象城一期制冷站中富余的制冷装机满足，项目总投资 5393 万元。

【主要成效】

本项目常规供能方式为“燃气锅炉+电制冷机”方式。天然气热值取 8100kcal/Nm^3，标煤热值按照 7000kcal/kg 考虑。市电折标煤系数主要按照平均供电煤耗 312g/kW · h，线损率 6.47%折算。

分布式能源系统布置在电力、热力负荷中心，减少了电力输送和热力输送的能耗，其较高的发电效率实现了较低的一次能源消耗，再结合余热利用，能够实现多方面的节能效益，能源综合利用率可达 82.3%，与常规方式相比，采用分布式能源系统每年可节约标煤约 2483t，节能率为 23.7%。

14.2 重庆环保科技产业园天然气分布式能源项目

【基本情况】

应用场景：综合能源服务

提供单位：润智科技有限公司

建设单位：重庆渝润能源服务有限公司

建设时间：2019 年 3 月

投入使用时间：2021 年 11 月

【建设必要性】

重庆环保科技产业园位于两江新区礼嘉组团地块，场地性质为一类工业工地。由 7 栋地上建筑及地下室组成，总建筑面积 $9.4\times10^4m^2$，其中地上建筑面积约 $5.5\times10^4m^2$，空调面积 $4.4\times10^4m^2$，业态以办公为主。采用天然气分布式能源系统来代替常规的供能方式，一方面可以较好地解决园区的供热制冷问题，降低运行成本，另一方面增加了自发电系统，保障了园区的电力需求，提高了供电可靠性和安全性。

（1）满足供能需求，保障供能安全

采用分布式能源系统，不仅实现了天然气的梯级利用，提高了燃气利用效率，同时在市电故障的情况下还能保障项目重要负荷的供电。与常规供能方式相比，相当于多了一路供电，多了部分非电的供冷和供热保障。

（2）提高资源利用效率，实现可持续发展

传统供能方式不但能源利用效率低下，而且加剧了燃气与电力的峰谷差，降低了能源基础设施的利用率。与传统能源利用方式相比，分布式能源建立在用户附近，发电后将余热充分回收利用，一次能源综合利用率 80%以上。

（3）缓解用电矛盾，减轻输电压力

“十三五”期间重庆市电力缺口很大，本项目的建设有助于缓解地区用电矛盾，减轻电网压力。

（4）发展低碳经济，促进节能减排

与常规燃煤和燃油电站相比，天然气分布式能源在环境保护方面具有更大优势，它没有 SO_2、烟尘、灰渣等污染物的排放，氮氧化物排放量也远低于相同容量的燃煤电站。

【解决方案】

结合园区生产要求，能源站提供的冷热负荷需求及特点、负荷变动情况，考虑能源供应的可靠性和机组运行的灵活性，确定项目供能基本方案：燃气内燃机+烟气热水补燃型溴化锂冷热机组+离心式冷水机组+燃气真空锅炉。

项目装机1套600kW燃气内燃机组，1套2110kW离心式冷水机组，2套600kW螺杆式冷水机组，1套1163kW烟气热水型补燃溴化锂制冷机，2套930kW燃气真空热水锅炉，1套930kW烟气热水型补燃溴化锂制冷机供热。能源站总供热能力2790kW，总供冷能力4473kW。项目总投资4380万元。

【主要成效】

常规的燃气利用系统，仅把天然气直接输入燃烧器燃烧，生产冷热水来实现供热，未充分利用燃烧后的烟气等余热。采用热电联产系统，用高品位的燃气先在燃气内燃机中进行发电，燃机发电效率可达40%以上；然后利用余热烟气及热水进行制冷及制热，供应给用户，进而实现了能源的梯级利用。

项目在运行过程中由于使用清洁能源，相对于传统能源供应方式而言，年节约标煤量122t。年减少二氧化碳排放3172t，SO_2排放2.928t，氮氧化物排放0.854t。

14.3 泰能天然气公司分布式能源综合管理系统

【基本情况】

应用场景：综合能源服务

提供单位：山东国研自动化有限公司

建设单位：山东国研自动化有限公司

建设时间：2020年7月

投入使用时间：2020年11月

【建设必要性】

青岛能源集团紧抓省市新旧动能转换契机，能源结构转型与节能减排取得长足发展，旗下泰能天然气有限公司大力推广以天然气为基础，与太阳能、空气源、污水源热泵等相耦合的泛在综合能源供应解决方案，成效显著，其承建的卓越世纪中心项目成为青岛最大的分布式能源项目。

泰能分布式能源项目运行管理中遇到了一些困难，包括：

（1）自动化、信息化程度低，工作效率低

目前仅有少数新建场站具备站控系统，大多数场站需要人工现场进行控制命令的下

发，如：空调机组、锅炉系统、水泵、风机设备的启停机以及一些急停操作等，作业效率低下。大量的人工记录和纸质报表，造成数据的可靠性和透明性差，缺乏追溯性。

（2）运行安全存在隐患

部分场站仍为人工值守，当出现某种告警情况时，只能通过手动查找、人工判断等传统手段进行信息传递和应急处理，不可控因素多，容易导致安全事故，给企业带来经济损失甚至造成社会负面影响。此外，泰能清洁能源分公司设备管理较为混乱，应急管理过程非标准化，应急物资、应急设施、应急预案等无法进行统一管控，应急响应过程缺乏有效的信息共享及沟通平台，运行存在很大安全隐患。

（3）底层系统彼此孤立，信息难以有效整合、统一优化调度

各站点已部署燃气泄漏告警系统和视频监控系统，有三个大型的能源站设有站控 SCADA 系统，但各系统之间相对孤立，业务信息无法交互与共享，生产作业无法协调优化调度，造成大量资源消耗及人力物力耗费，工作效率偏低。

【解决方案】

为提升泰能分布式能源项目管理水平，为企业的运营管理和资源优化互补提供科学辅助，结合泰能清洁能源公司的实际情况，从“科学管理”“运维保障”“经济运营”“服务质量”四个方向入手，利用现代计算机和网络技术、实时数据库技术、数据分析和预测等技术，打造了一个以能源交易为用户入口、以能源管理为业务核心、以能源数据挖掘为价值创造点的开放、共享、面向未来的智慧化能源管理系统，包括运行监控、设备运维、供能计划、调度优化、客户服务、多业务集成管理等六部分内容。见图 14. 1。

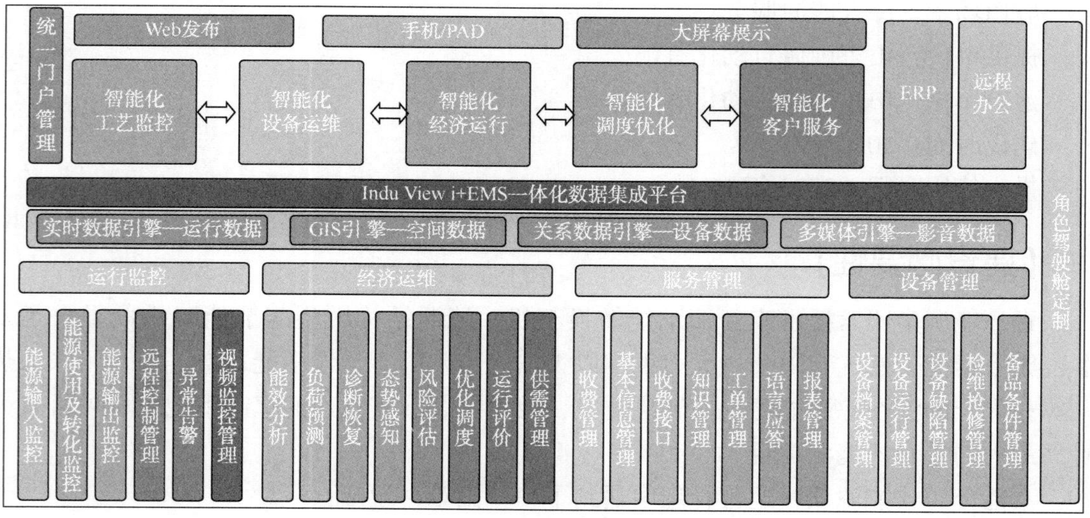

图 14. 1　功能架构图

该系统基于国研公司研发的面向能源企业的 InduView+EMS 软件，以新一代数据处

理平台为核心，利用现代计算机和网络技术、实时数据库技术、数据分析和预测技术，将实时数据、GIS 数据、视频数据、设备数据等多元数据进行统一采集与处理，结合能源企业生产运营业务流程，以运行调度为主线，基于实时数据采集进行构建，将场站集控、调度优化、计量计费、运维管理等系统无缝集成，为优化调度、故障分析、辅助决策提供科学手段。见图 14.2、图 14.3。

系统包括数据采集层、管理平台层、综合应用层、交互展示层。

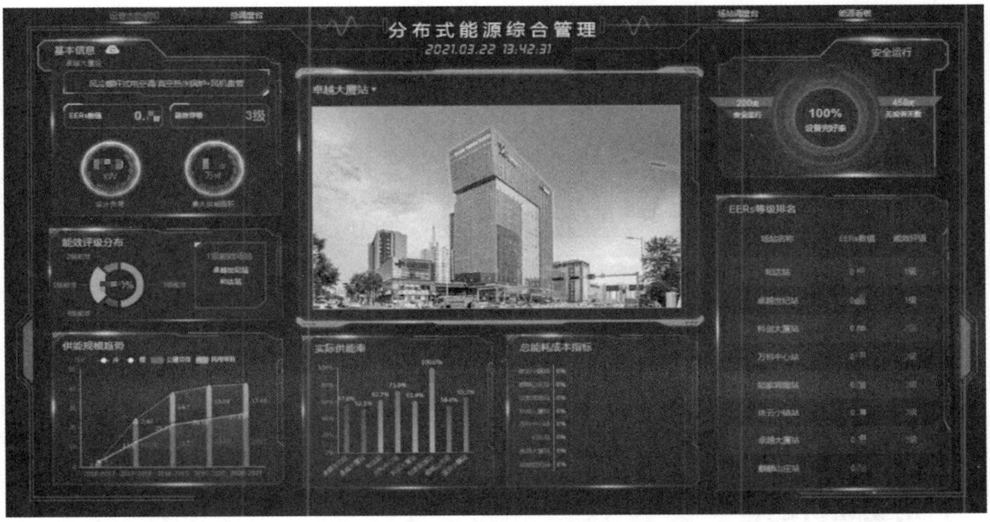

图 14.2　运营态势感知

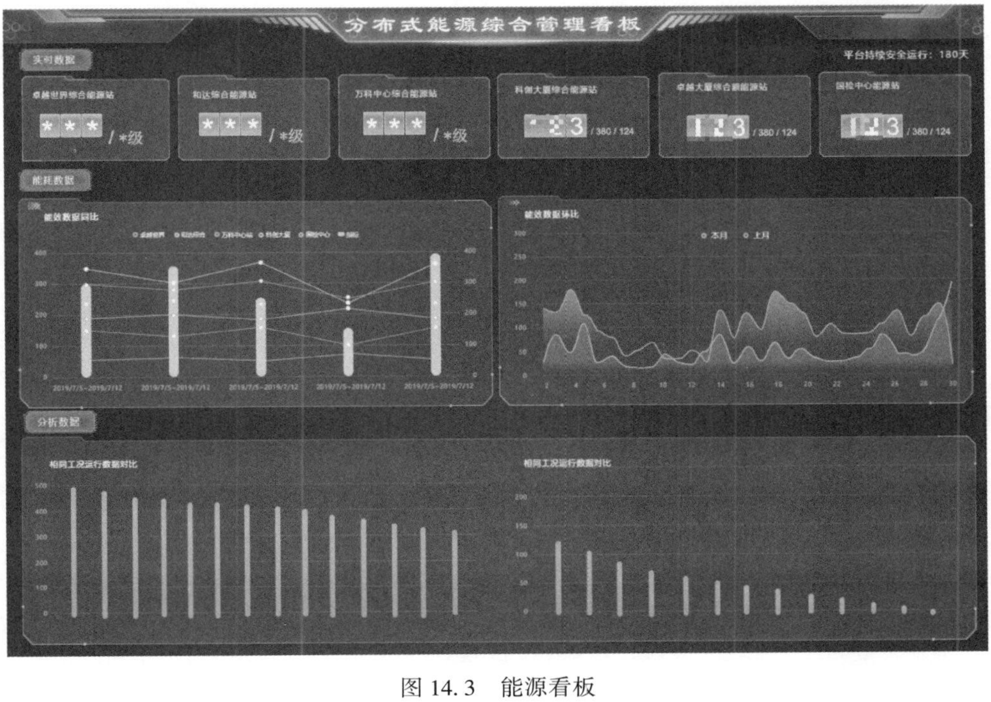

图 14.3　能源看板

（备注：涉及业主真实运营数据的已模糊处理）

【主要成效】

能源管理系统通过将底层系统的接口打通、数据连通、应用互通，实现了泰能天然气更加可靠高效的能源供应保障，更加精细全面的用能统计分析，更加精准高效的生产调度，更加精准超前的能源设备运维保障，更加专业准确的能源数据自动抄表，更加专属聚焦的能源管理角色匹配六大运行管理目标，推动了泰能天然气分布式能源项目进展。

（1）信息化科学管理

通过能源服务的全生命周期管理，利用信息化手段，减少人为干预，提高集中监控和管理能力，优化各种作业流程，缩短企业决策链条，恰当而及时地应对市场变化，全面提升企业运行效率及管理效率，增强企业市场竞争力。

（2）提升运维管理

通过能源监控、运行监控，掌握设备实时运行数据、及时预警。利用大数据、人工智能等技术，结合丰富的优质算法，进行设备诊断，降低安全隐患，保证场站供能用能的稳定、安全。

（3）企业经济运营

通过深度挖掘能源数据，采用预测分析等技术，实现能源的精细化管理，降低综合能耗支出，提升能源利用效率，为企业创造新的价值增长点。

（4）提高服务质量

通过智能化应用，创新能源服务模式，提升用户体验，提升用户满意度，增强用户黏性，有效助力天然气公司抢占综合能源服务市场。

15 安全管理

15.1 城镇燃气管道完整性管理技术研发及应用

【基本情况】

应用场景：安全管理、管网建设、管网运维、应急管理
提供单位：深圳市燃气集团股份有限公司
建设单位：深圳市燃气集团股份有限公司
建设时间：2019 年 12 月
投入使用时间：2021 年 12 月

【建设必要性】

目前，相比油气长输管道较为成熟的完整性管理体系，城镇燃气管道在标准制定、体系建设、技术研发等方面仍存在不足。2016 年，国家标准 GB 32167—2015《油气输送管道完整性管理规范》正式实施。该标准规定了管道全生命周期完整性管理的内容、方法和要求，包括数据采集与整合、高后果区识别、风险评价、完整性评价、维修与风险减缓、效能评价等环节，对于开展油气输送管道的完整性管理具有重要的指导意义。但由于该标准主要从长距离油气输送管道出发编制相应条纹，对于城镇燃气管道适用性仍存在一定问题。相比于长输管线，城镇燃气管道运行压力低、管径小、第三方破坏严重、杂散电流干扰普遍存在、周边人口稠密、建筑物繁多、防火间距不足地段较多，沿线经过的区域多属于高后果区、高风险区的双高地带。

城镇燃气管道与长输管道既有相似之处又存在较多差异，城镇燃气管道的完整性管理研究可以借鉴长输油气管道已有的经验，同时也要根据自身特点来进行综合考虑，如何系统地整合燃气管道完整性管理的相关研究成果，形成可操作性强的城镇燃气管道完整性管理方法，是目前亟待解决的问题之一。

【解决方案】

（1）技术方案

城镇燃气管道完整性管理工作的开展，需要进行大量的技术分析和评估，本案例提出了城镇燃气管道完整性管理“五步循环法”，主要内容包括：数据采集与管理、单元

识别、风险评价、风险控制、效能评价。

① 数据采集与管理

数据完整性是管道完整性管理的基础。深圳燃气完整性管理数据采集内容涉及建设期和运营期，覆盖范围包括：焊缝、钢管信息、开孔、法兰、管道沿线土壤测试记录、牺牲阳极、阴保电源、阴保通电点、阳极地床、交流排流装置、直流排流装置、补口、补伤、地下障碍物、封堵物、套管、顶管、异径管、三通、防腐层、阀门、弯头、光缆、通信硅芯管、收发球筒、管架、桩、水工保护、穿跨越等管道基础信息，以及本体缺陷管理、腐蚀防护管理、灾害防治管理、应急管理、维修维护管理等多类管网运营数据。海量数据的持续积累为数据模型的正确与合理性提供了强而有力的支撑。

② 单元识别

城市燃气管网不同于长输油气管道，在高后果区的识别上还没有国家标准。深圳燃气在完整性管理理念上首次提出了城市燃气管网单元识别的概念，单元识别是指从失效可能性方面对具有一定相同属性管道的区分，按照管道系统、敷设环境等细分因素的先后顺序，对管道进行划分。划分过程主要考虑管道基本属性、环境和可操作性，影响管道本质安全因素作为管道管理因素，不作为管段划分依据。分段时既要考虑分段的效果，又要考虑分段的成本，充分权衡二者的关系，以达到最优的分段效果。对城市燃气管道失效影响因素分级分类方法进行了研究，并研究了各因素之间相互关系以及各因素的权重，科研成果形成了城市燃气管网特有的单元识别方法，申请了软件著作权，为后期的风险评价及风险管控打下了坚实的基础。

③ 风险评价

深圳燃气管道风险评价是通过识别管道的危害因素，建立了 6 大类 23 小项的风险因素指标体系，采用半定量评价法分析管道失效可能性及失效后果严重性，并对整个管道系统的风险值进行评估、分级、排序，为管道完整性风险控制技术提供依据。

④ 风险控制

深圳燃气结合自身可接收风险情况制定了管道风险评价实施办法，明确管道风险可接受程度、企业须进行的管控措施。此外，针对例如管道本体缺陷、防腐层破损点、边坡风险管控、阴保系统、水平净距不足、第三方工地等风险因素，公司根据国家、行业、地方相关标准建立健全制度文件，通过采取日常巡查、内检测、无人机巡查等方式强化隐患排查，对排查出的隐患逐级建立台账，严格落实整改责任、措施、资金、时限和预案，实现隐患排查治理的闭环管理。并结合深圳燃气企业标准，针对每一项风险因素，都提出了相应的风险管控措施，确保各个风险因素在可控范围之内。

⑤ 效能评价

对深圳燃气管道完整性体系的现状、适宜性、充分性和有效性进行全面审核，综合评估完整性管理方针和目标的贯彻落实及实现情况。对管道完整性管理总体开展工作或某个局部业务环节的执行质量、作用和状态进行度量，评估完整性管理效率、效果和效益，找出薄弱点，并给出合理的改进意见。

（2）制定《城镇燃气输配管道完整性管理规范》

相比油气长输管道较为成熟的完整性管理体系，城镇燃气管道在标准制定、体系建设、技术研发等方面仍存在不足。城镇燃气管道与长输管道既有相似之处又存在较多差异，如何系统地整合深圳燃气管道完整性管理的研究成果，形成可操作性强、适用范围广的城镇燃气管道完整性管理工作标准，是目前亟待解决的关键问题之一。并且，该标准实施后更加有利于推动深圳燃气管道完整性产业化发展，向同行燃气企业推广深圳燃气管道完整性管理成果。

深圳市燃气集团股份有限公司参与编制的国家标准《城镇燃气输配管道完整性管理规范》已完成立项，并 2021 年 5 月 6 日于全国标准信息公共服务平台公示，目前正在编制征求意见稿，预计 2023 年 4 月完成报批稿，2023 年底正式发布。

《城镇燃气输配管道完整性管理规范》主要内容包括城镇燃气输配管道完整性管理的基本要素、体系建设和审核，以及数据采集与整合、泄漏管理、风险评价、完整性评价、风险消减与维护、效能评价等技术内容。

（3）建设智慧燃气管网运营模式

2019 年 12 月 1 日，国内首条智能化管道工程——中俄东线天然气管道正式投产，该智能管线通过“大数据+云计算+物联网+人工智能”和互联网+项目管理的新模式，建设“智慧工地”，打造我国首条智能化管道的样板工程。由此可见，全数字化移交、全智能化运营、全生命周期管理的智慧管网运营模式是管道企业未来发展的必然趋势。

数据全面统一、感知交互可视、系统融合互联、供应精准匹配、运行智能高效、预测预警可控是智慧燃气管网“六大特征”。目前，我司管道完整性管理系统与智慧管网建设还有不小的距离，可从数字化设计，向采办、施工、验收、运维等环节延伸，借助智能移动终端、智能感知设备、电子标签等工具，搭建管道全生命周期信息智能综合管理系统，实现管道的可视化、网络化、智能化管理。借助新一代通信技术的发展，如云平台、5G 通信技术，实现管道建设关键工序远程实时监控，全过程数据采集、分析、预警的智能工地建设；广泛开展管道数字孪生体构建，开创管道建设新模式；着力开展管道实时泛在感知、系统分析等工作，努力实现复杂天然气管网的全区、全时域优化运行。在智能辅助决策系统的开发上，结合大数据技术，构建智慧管道知识图谱，形成管道业务全方位管控的“智脑”，最终实现“会思考”的智慧管网系统。

【主要成效】

燃气管道数据采集、内外检测、阴极保护、地质灾害监测、风险评估等技术手段是保障管道安全运行的必要措施，也是管道完整性的支撑技术，开展管道完整性管理系统建设能够把这些技术成果及数据系统化、一体化，不断修正完善，形成良性循环，保障管道安全稳定运行。

（1）基于国内外燃气管道事故统计，对燃气管道危害因素进行了识别与分类，将管道危害因素划分为腐蚀、自然力破坏、第三方破坏、材料/焊接/装备失效、误操作及其他原因等 6 大类，提出了燃气管道危害因素识别方法，对高压、次高压燃气管道的危害因素进行识别，有效降低了管道运行时的风险。

（2）建立了统一的数据对齐与缺陷匹配的技术方法，实现了管道多次内检测和改线段管道数据的重新对齐，解决了多年来因市政基础建设造成的燃气管道改线数据难以校对的难题。

（3）综合完整性管理的数据需求，建立了完整性管理的数据收集流程，制定了数据标准，实现了完整性管理数据的统一收集、录入、存储和维护，有效解决了燃气管道数据量巨大、数据冗余以及批量数据无法有效利用等技术难点。

（4）采用了集管道数据管理、风险评价、全面完整性评价以及完整性管理决策功能于一体的管道完整性管理系统，有力支持燃气管道运营单位进行业务流程一系列工作的固化、业务知识转移以及工作效率提升。

（5）基于全面的隐患识别与风险评价，有效对管道及其周边安全隐患进行了治理，提高管道系统运营效率 30%以上。

【其他】

2009 年，深圳燃气集团首次在行业中开展城镇燃气管道完整性管理研究工作，创新提出了“数据采集与整理、单元识别、风险评价、风险控制、效能评价”五步循环的管理体系，并以此为基础建设了城镇燃气管道完整性管理系统。

城镇燃气管道完整性管理技术研究成果共计获得省部级奖励 3 项，授权发明专利 4 项，申报软件著作权 8 项，发表科技论文 20 余篇，编制国家标准 1 项(编制中)。

15.2 贵州燃气管道完整性管理系统

【基本情况】

应用场景：安全管理

提供单位：贵州燃气集团股份有限公司

建设单位：贵州燃气集团股份有限公司

【建设必要性】

城镇燃气管道通常位于人口密集、商业活动频繁的地区，是城市的生命线，一旦燃气管道发生事故，将会中断燃气供应，严重影响正常的社会生产活动，甚至造成人员伤亡、环境破坏，给社会带来严重的负面影响。为了保障燃气管道安全平稳运行，燃气管道完整性管理成为燃气企业广泛接受的管理手段。如何使燃气管道完整性管理能够持续有效地进行，成为企业关注的焦点之一。

管道完整性管理经过国内外多年的研究和实践，已经成为当前国际上最为认可的管道安全管理模式，对所运行的管道按照规定的标准和法规实施完整性管理已成为当前国内管道企业安全管理的主要内容。

根据对管道完整性管理的理解，较多的城燃企业目前在管道完整性管理平台建设方面的遇到问题如下：

（1）业务运营：现有体系不健全。

（2）信息平台：信息化建设不完整，应用系统需要更新或升级。

（3）数据信息：存在标准不规范，本身不完整或错误。

（4）管理机制：没有规范的、成熟企业级数据要求。

针对以上问题，城燃企业在管道完整性管理平台建设方面存在以下四方面挑战：

（1）可行性：在当前如何确保管道完整性管理体系可落地。

（2）合理性：在当前如何保证现有的管道完整性管理体系标准化文件可以指导未来系统建设。

（3）有效性：业务操作标准化后，如何控制保证各系统数据可按要求执行。

（4）完整性：现有存量数据以及如何处理。

【解决方案】

为了有效遏制燃气管道安全事故，提高管道的安全性，针对管道实施完整性管理，将由以前的管道安全管理中被动的事后响应变为事前检测预防，使管道始终处于受控状态，可以有计划、有针对性地采取维护措施，防止管道失效或事故发生。从而最大限度地节约成本，保证管道始终可靠地运行。这个管理过程应该是周期循环和不断改进的，以确保管道运行状态良好。构建一套符合国家监管要求、满足集团安全管理需要、适应未来业务发展的管道完整性管理平台。通过建立贵州燃气管道完整性管理体系，实现管道基于风险的预防性、预知性管理，有效降低城市公共安全风险，推进燃气管道的智慧化运营和精细化管理。方案架构见图 15.1。

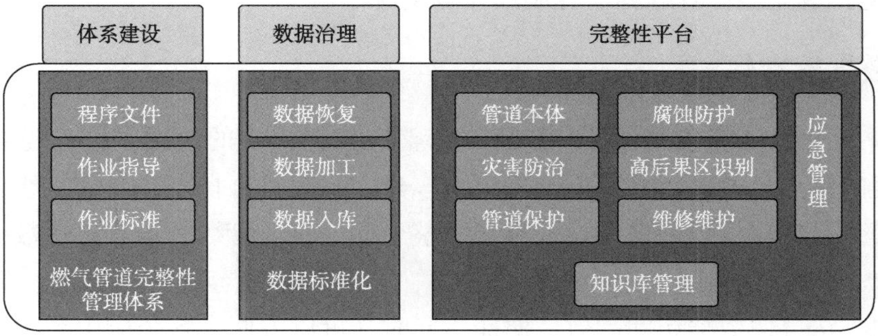

图 15.1　方案架构

管道完整性管理系统建设前期主要围绕三个方面进行，即体系建设、数据标准化、完整性平台建设。

(1) 体系建设(图 15.2)

结合城燃企业组织结构和业务运营特点，基于国内外完整性管理现状、趋势以及大型能源企业完整性管理实践，按照管道完整性管理要求进行业务梳理和咨询。

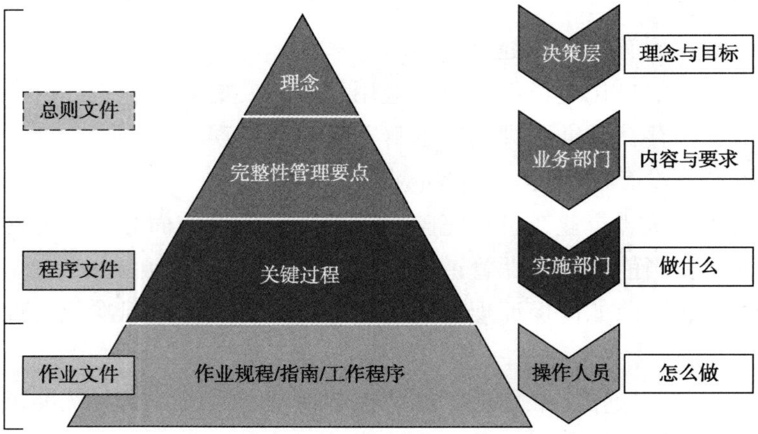

图 15.2　体系建设

总则文件：目标、责任单位及各单位职责划分。

程序文件：阐述程序文件的使用部门及工作内容，提供相关业务的内容指导、整体执行流程及相关说明等。

作业文件：阐述作业文件的使用岗位，提供业务的操作指导、具体执行流程及说明，并提供业务涉及的表单模板及填写说明。

① 对管道基础数据、腐蚀防护、管道本体、管道保护、灾害防护、维护维修、应急管理等方面进行业务和数据流程的完善和优化，并对业务过程的管理表单、数据表单进行规范设计；

② 制定管道完整性数据采集和管理规范，编制数据采集模板；

③ 制定管道完整性管理程序控制和作业文件。

(2) 数据标准化

① 建立统一标准的数据模型。在管道完整性数据中心的建设中，首先结合城燃企业管道管理的特点借鉴同行企业的数据模型，建立一套符合自身企业的管线管道管理的标准数据模型，然后根据该模型设计和建立整个燃气企业管线管道完整性数据中心。

② 建立统一的空间数据库。空间数据库，必须是能够容纳海量数据，又需要有效的存储解决办法，使数据访问高效、便捷，同时又可以方便为各个应用系统提供空间的数据应用，使空间数据为各个应用系统所共享。

③ 建立统一的管网资料数据库。管网资料数据库，由于其数据格式不一，包括了视频资料、照片资料、工程图纸资料，以及 CAD 图纸、Office 文档等，因此有必要做好多媒体形式的管网资料数据的存放规范和约定。

(3) 管道完整性平台建设

平台主要功能如下。

① 管道本体

本体缺陷管理模块主要涵盖针对管道本体缺陷方面的业务，包括了检测工作的结果数据管理，对缺陷的评价分析结果以及管体缺陷修复信息的管理。

检测管理：根据国标要求定期需要对在役管道进行内检测，本模块从源头对数据进行管理，根据管道完整性数据采集标准规范内检测数据，并将内检测信息录入管道本体管理模块。

缺陷管理：本体缺陷管理模块管理的信息数据主要来自管道内检测发现的管道本体缺陷，根据内检测及超声磨蚀检测等结果对管道的本体缺陷进行分级评价，并根据评价的结果安排相应的维修措施，保证管道的安全运行。

② 腐蚀防护

腐蚀防护模块主要涵盖了管线腐蚀防护相关业务的数据采集与修复整改，此模块主要分为三个部分：腐蚀环境、外防腐层和阴极保护。

通过对周边环境调查及检测获得管道沿线腐蚀环境及杂散电流干扰相关信息并接入系统进行分析评估。见图 15. 3～图 15. 5。

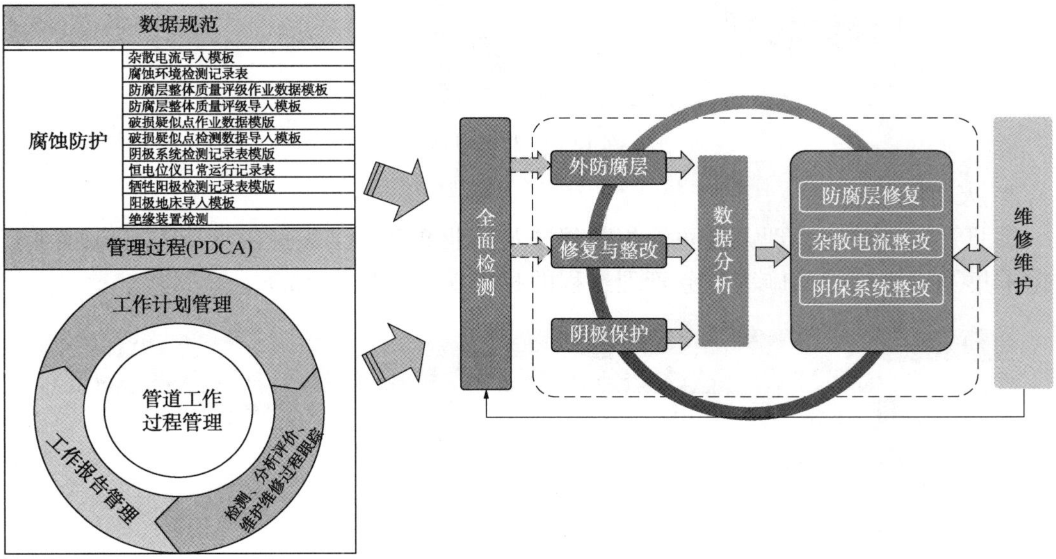

图 15. 3　腐蚀防护

③ 管道保护

管道保护主要针对管道的巡线管理、安全隐患管理等与管道保护相关联的业务进行连通性管理。能够对管道保护相关联的各种业务进行信息采集和业务流转，并提供记录的填写、上报、审批、查询、汇总等功能。

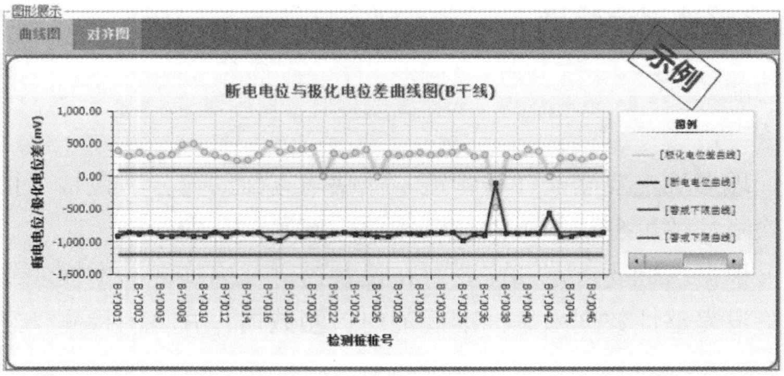

图 15.4　电位曲线

图 15.5　开挖信息

④ 灾害防治

按照管道完整性管理灾害防治相关程序及作业文件，全面提供支持灾害风险因素的数据采集及灾害防护措施等业务管理过程的相应功能。见图 15.6。

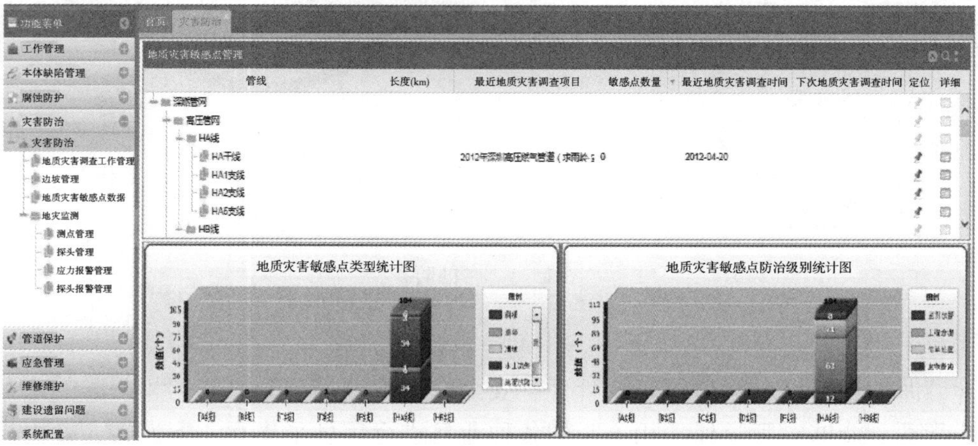

图 15.6　灾害防治

地质灾害调查工作管理：记录查看地质灾害调查工作。可查看到该地质灾害调查工作的详细信息。包括项目基本信息、项目实施信息、附件等。

边坡管理：记录并查看边坡数据，查看到详细的边坡情况。

地质灾害敏感点数据：记录并查看地质灾害敏感点数据信息，对地质灾害敏感点类型和地质灾害敏感点防治级别进行统计。

⑤ 维修维护

维修维护主要包括工作计划安排，日常项目管理、派工单管理、维修记录和维护记录，其中日常项目管理汇总了系统中所有的项目，为创建各类项目提供了统一的入口。图 15. 7 为维修工作管理示例。

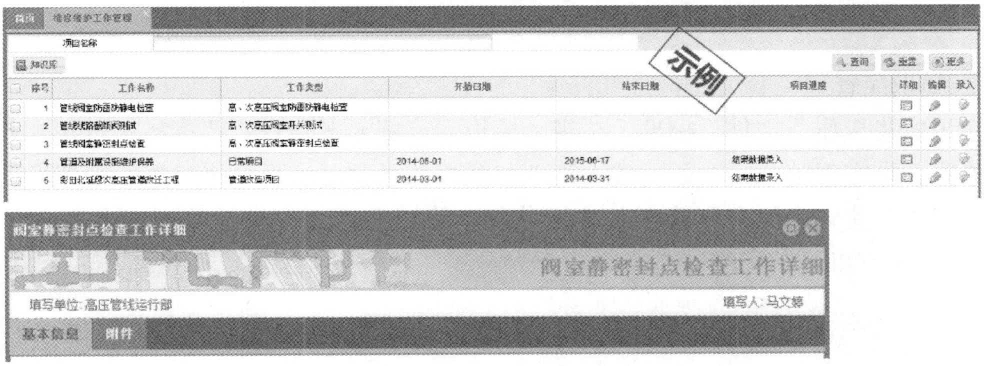

图 15. 7　维修工作管理

维修维护工作管理：查看维修维护工作管理信息，对系统中的项目进行了统一的管理。

工单管理：工单的派发和管理，主要包括本体缺陷工单、腐蚀防护工单、管道保护工单、阴保检测工单、绝缘装置检测工单等。

维修维护记录：记录并查看维修信息，包括本体缺陷开挖验证及修复、破损疑似点开挖验证及修复信息、普通修复信息等。

⑥ 应急管理

实现对应急资源、应急预案、应急演练、应急抢修等工作的管理。

以管道应急事件为核心，基于应急抢修流程实现事故应急接警、应急分析、派工、应急资源调用，应急处置方案、应急指挥协同的全过程管理。见图 15. 8。

应急响应与处置：对应急事件的响应过程，主要包括接警登记、接警派工、应急响应、抢维修记录与数据查询统计等，实现应急事件的快速响应与处置。

应急救援资料库：对应急储备物质资源的信息维护、信息统计等，主要包括对以下信息的查询、维护和图形化展示：应急物资储备点、应急物资、车辆、应急救援专家、社会应急救援力量、应急设备机具等。

应急培训演练：按照应急体系文件实现演练计划、演练总结、演练效果评估等，并对应急演练记录与总结整改内容进行管理。

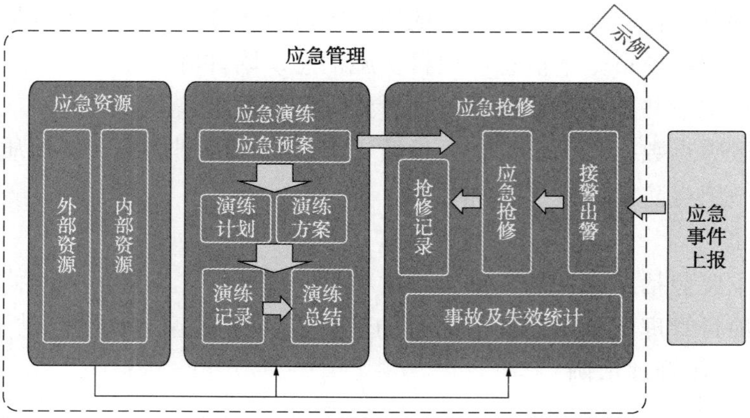

图 15.8　应急管理

⑦ 知识库管理

知识库集成作业文件、标准、法规、模板、范例、案例等文档资料，与各业务模块有机关联，是实现综合、全面的技术管理与共享的平台，该平台将完整性管理提供技术支持，实现企业知识的有序管理与高度共享，能够促进对完整性管理业务和技术的掌握。图 15.9 为知识库管理示例。

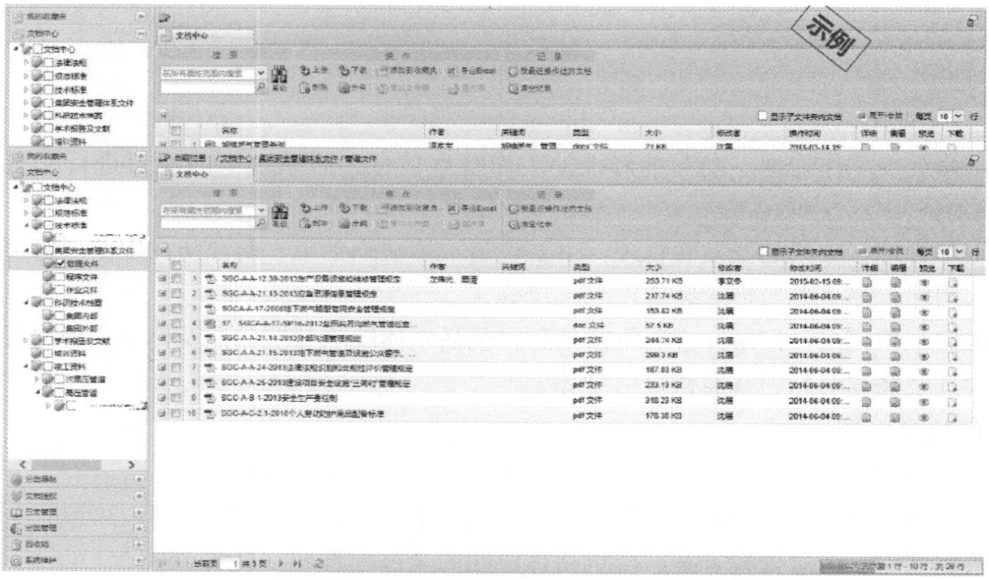

图 15.9　知识库管理

【主要成效】

通过项目建设落地，企业能够在同一个生产调度综合管理平台上实现统一调度，减少线下作业审批、减少人工台账、降低信息同步不及时、不一致而导致生产运行风险。系统覆盖管道气、LNG 运销等所有业务场景形成以数据收集和数据分析为主要目的的一个综合性的管理平台，系统建设有 Web 端和 APP。提高生产运行效益、提高企业生产调度管理水平，规范生产运行各环节作业流程和内容。

15.3 燃气报警器管理平台

【基本情况】

应用场景：安全管理

提供单位：北京中天九五科技发展有限公司

建设单位：西安秦华燃气集团有限公司

建设时间：2021 年 10 月

投入使用时间：2022 年 2 月

【建设必要性】

2021 年 9 月 1 日起实施的《中华人民共和国安全生产法》第三十六条第四款规定："餐饮等行业的生产经营单位使用燃气的，应当安装可燃气体报警装置，并保障其正常使用。"国家从政府层面要求加强燃气报警装置监管，创新监管模式，建立长久有效保障机制。

燃气用户采购、安装、使用可燃气体报警装置两个主要问题：第一，可燃气体报警装置产品市场比较混乱，价格差异化大，服务水平参差不齐。生产厂家送检产品均达到国标要求，但实际生产对外出售的产品是否完全达标缺少有效的、持续的监督手段。第二，可燃气体报警装置要求每年强制检定，燃气用户基本没有能力完成，报警装置过期未及时检定现象大范围存在，无法保障报警装置可靠工作。

【解决方案】

燃气公司作为主导方、专业厂家配合建设燃气报警器管理平台(图 15.10)，支持接入多个厂家的燃气报警产品。同时，建立燃气安全产品指标库，通过故障率、误报率、服务满意度等多维指标对燃气报警产品与厂家进行评价，促进优胜劣汰。燃气公司基于管理平台开展监督指导工作，推动报警器定期检验工作。

图 15.10　燃气报警器管理平台

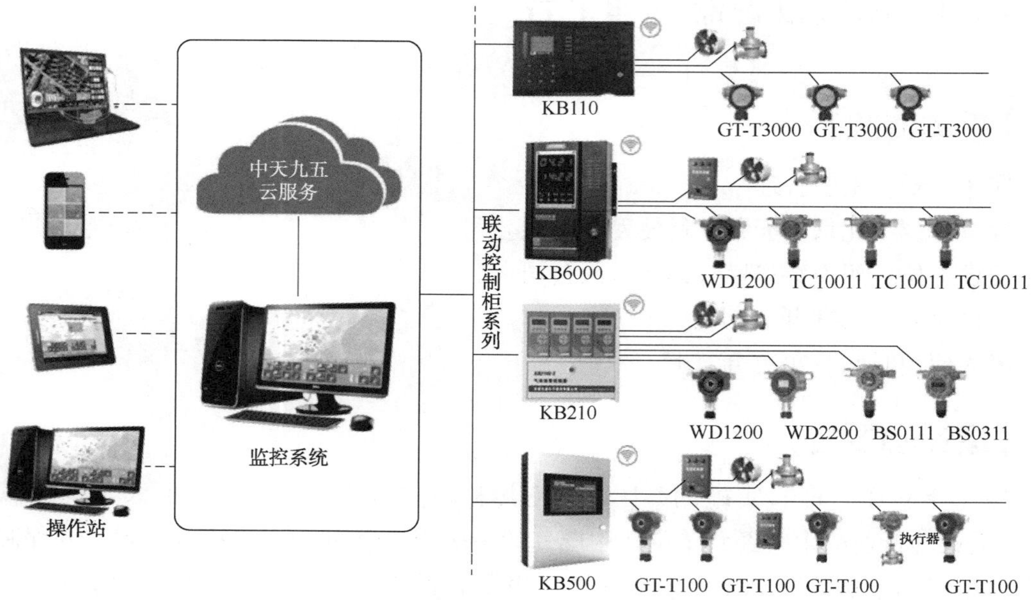

图 15.10　燃气报警器管理平台(续)

【主要成效】

目前，该平台应用已接入居民用户 1000 户、工商业用户 400 户。见图 15.11。

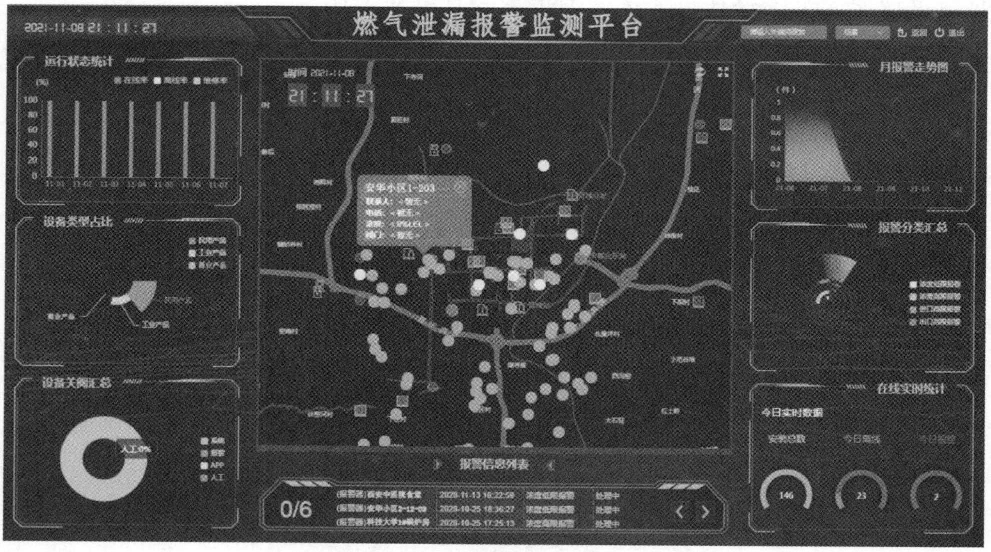

图 15.11　燃气报警器管理平台应用

15.4 成都市城市安全风险综合监控平台

【基本情况】

应用场景：安全管理
提供单位：成都千嘉科技股份有限公司
建设单位：成都燃气集团股份有限公司
建设时间：2021 年 5 月
投入使用时间：2021 年 11 月

【建设必要性】

2020 年，成都市发生客户泄漏事故 14 起，死亡 2 人，受伤 23 人，直接经济损失 120 万元。根据海因里希法则，14 起客户生活事故背后至少应有 400 起的未遂险肇事件，至少应有 4000 起的事故隐患。如能对这些情况进行提前干预，将大幅降低客户泄漏事故发生概率。仅仅通过宣传等手段是被动的，效果也比较有限。周期性的入户安检也难以解决周期间隔中随机发生的不安全行为和事故隐患。如何贴近用户，运用信息化手段及先进技术设备，构建燃气智慧化安全系统，聚焦市民身边的燃气安全，提前预防、快速处置、有效阻断事故链，避免燃气事故发生，保障广大市民生命财产安全，是燃气行业发展的方向和趋势。

【解决方案】

成都燃气股份有限公司提出建设目标：降低城市燃气安全风险，实现重点燃气用户、重点管网设施的实施监控与风险预警管理，提前预控降低事故发生率，为成都燃气集团及参控股公司提供风险多级感知及管理能力，为政府安全部门提供燃气安全视图。依据燃气报警所处场景不同，分为工商用户、居民用户和液改气用户，匹配每种场景泄漏报警接入方案，燃气安全管理平台总体业务需求主要包括几个方面：

① 建立重点用户的安全状态的感知、监控与预警管理平台，实现对户内燃气泄漏监测设备、燃气表、电磁阀等设备以及用气环境的安全监测，并对异常事件(CH_4、CO 浓度超标)即刻报警、联动关阀。

② 建立管网重点设备安全状态感知、监控与预警管理平台。基于物联网设备，实现燃气 SCADA 数据、巡查巡检数据、隐患数据、安检数据、抢险数据、动火作业数据的汇总分析与预警。

③ 为不同用户提供相应的安全管理视图，为政府部门提供成都市燃气安全的总体视图，为管网运营及客户安全管理部门提供业务细分角度的安全视图。

根据项目建设模式和监管需要，本平台要实现一个多级多域的权限管理模式，基于多渠道泄漏报警感知网络建设，通过全链路的数据采集、处理与分析，实现安全状态感知与预警响应机制。主要通过以下技术方案来实现：通过多级多阈值权限设计，满足系统的数据隔离要求，便于不同用户关注相关重点数据；通过感知网络设计实现数据感知及数据采集的基础设施建设，并提供数据采集、汇集与存储解决方案；通过安全平台系统建设实现了数据的融合、分析预警与展现。

根据总体技术方案进行了如下详细设计及系统建设内容：

（1）多级多阈值权限设计

【多级】政府级、燃气公司级、企业级、社区阶段级。

【多阈值】由于平台会接入不同的燃气公司，而不同的燃气公司覆盖不同的用户，且有不同的业务系统和安全指标数据，因此需要通过阈的方式，实现燃气公司之间的数据隔离和个性化的展示。

（2）数据感知及数据采集网络架构设计

数据感知及数据采集网络按需实现数据感知传输、汇集与应用，将燃气生产运行环境、安全作业环境、居民用气环境通过感知传输到服务器，再融合第三方平台的业务数据，为安全业务提供数据支撑，数据存储在燃气企业内部数据服务集群，上层业务系统，通过数据集群进行数据查询和应用。见图 15. 12。

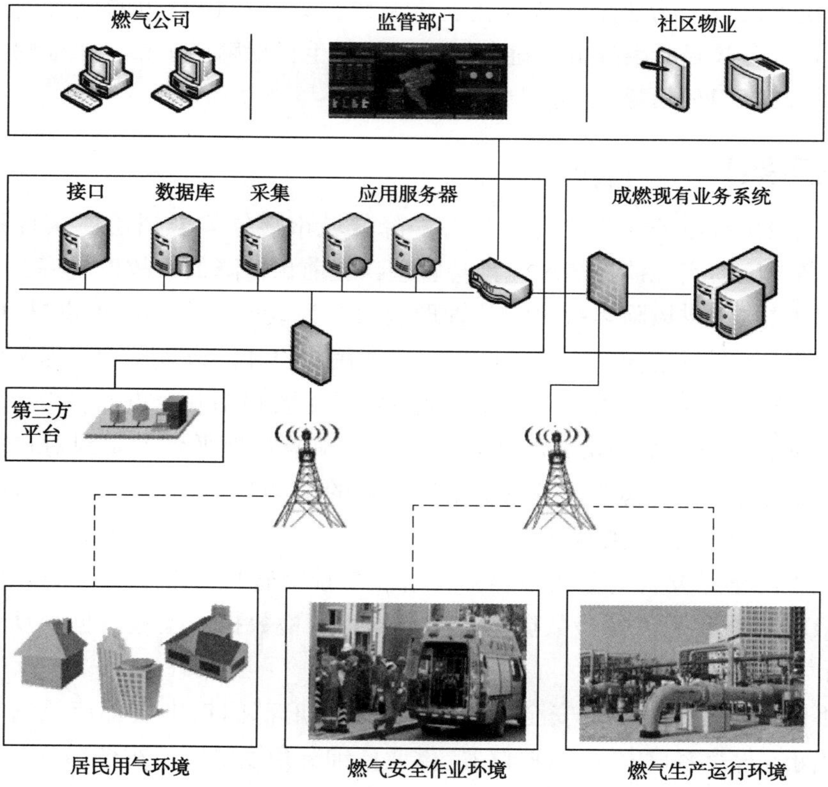

图 15. 12　架构设计

（3）安全预警应用平台建设

燃气安全预警管理平台包括如图 15. 13 五个部分。

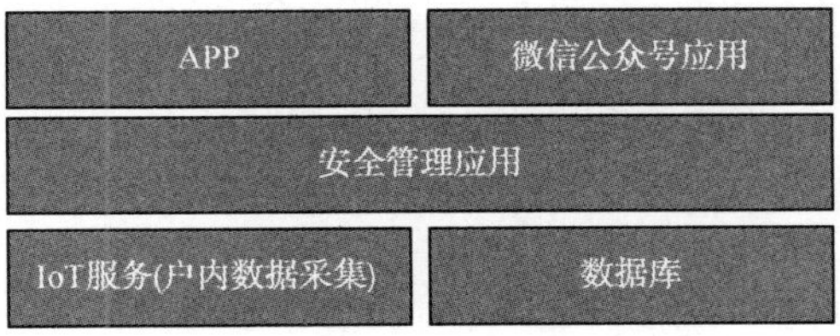

图 15. 13　平台应用

其中 IoT 服务用于各类安全数据的物联网采集与数据汇集，成为统一的数据采集平台，进而对接到企业内部数据库。通过安全管理应用的业务设计及实现形成安全管理服务，APP 和微信公众号则提供系统用户操作系统、完成功能的人机接口和功能界面。系统分层逻辑结构如图 15. 14 所示。

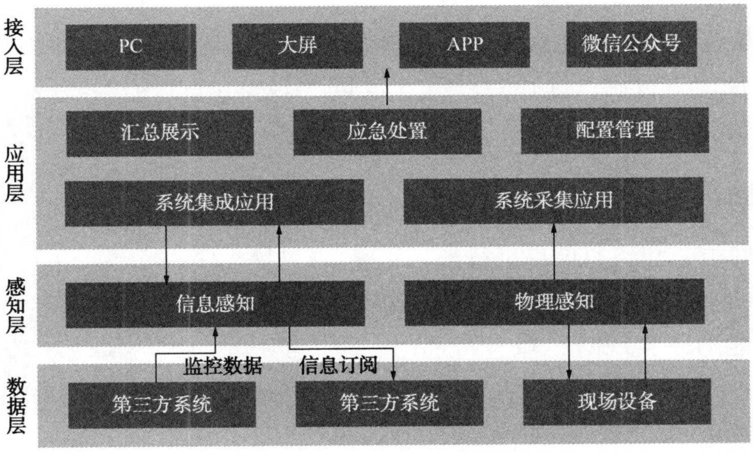

图 15. 14　系统分层逻辑

系统逻辑上分为数据层、感知层、应用层和接入层。数据层负责现场设备数据感知、从第三方系统数据接入。感知层将原始收集数据按需存储。应用层实现数据的融合，根据安全业务需求进行业务处理。展示层(接入层)则对业务数据进行展示，实现人机交互对接。

【主要成效】

云平台在技术上基于智能设备、物联网技术、边缘计算实时监测燃气流量、气体泄漏浓度、管网运行压力等关键指标；基于大数据、AI、数字孪生等技术实现燃气用气规律分析、安全隐患识别、安全态势研判；基于三维可视技术、地图服务实现燃气安全管理的全景展示。

平台赋能包括如下几个方面：

（1）全面感知能力

平台通过物联网、互联网、传感、边缘计算等技术，完成对人(人员)、机(设备)、物(物资)、法(方法)、环(环境)等要素信息进行实时高效采集和云端汇聚，从而使平台实现对生产过程和用气环节的全面泛在感知。

（2）综合集成能力

基于统一的监测指标、采集参数、通信协议、数据标准、数据接口一方面实现信息、数据以及流程的共建共享；另一方面实现和第三方平台(政务应急平台等)、燃气企业内部的业务数据和业务系统应用集成形成联动，综合覆盖所有燃气安全相关场景，实现 360°安全监测、预警、调度。

（3）智慧分析能力

平台以智慧感知为基础，形成大数据资源池，结合燃气高风险、高后果评价模型，通过大数据分析模型形成安全大脑。实现对燃气使用规律分析，安全隐患识别，安全风险预警，并结合预案机制，选择合理方式进行风险防范与控制。

（4）社会治理能力

将燃气和城市公共资源信息进行统一汇集、协同调度，处理城市特殊、突发、紧急事件，应用综合集成能力，实现跨区域、跨部门、跨警种之间的统一指挥，快速反应、统一应急、联合行动，为城市的公共安全提供强有力的保障。见图 15. 15~图 15. 17。

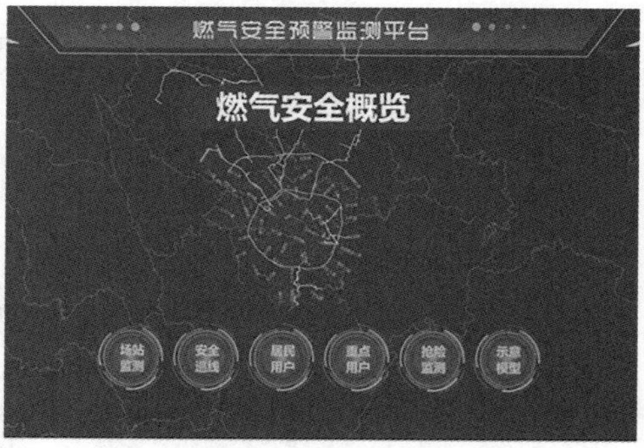

图 15. 15　总控中心大屏

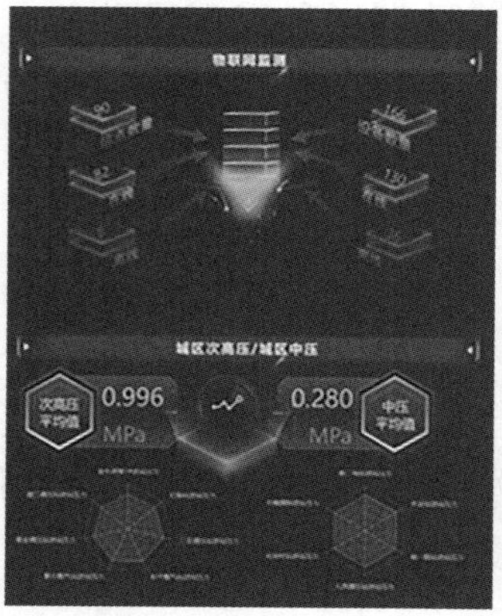

图 15. 16　数据监测看板

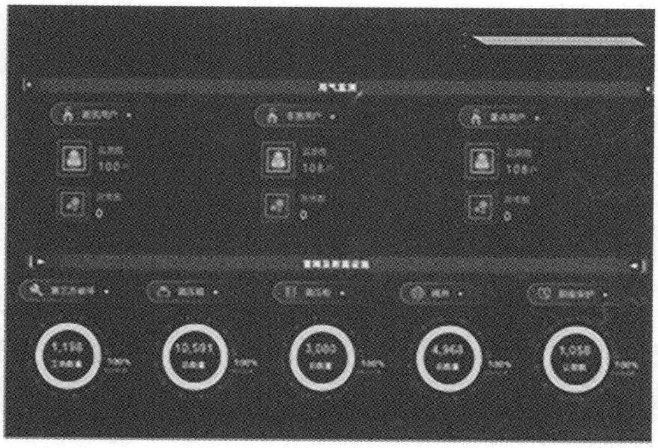

图 15. 17　管网及用气监测看板

15.5 青岛泰能燃气集团有限公司安全运行监测系统

【基本情况】

应用场景：安全管理

提供单位：常州维格电子有限公司

建设单位：常州维格电子有限公司

建设时间：2008 年 1 月

投入使用时间：2008 年 8 月(至今仍持续投入)

【建设必要性】

2008 年，北京奥运会帆船比赛和残奥会帆船比赛先后在青岛举行，世界各国运动员及游客均汇集于此，城市安全保障成为政府及各企业工作的基本生命线。青岛泰能燃气集团有限公司由于较早开始了老旧煤气管道改造，产生的泄漏风险及管理问题也越来越多。由于燃气管网地域广、问题多、安全危害大，比赛场地的安全保障问题都面临了巨大的挑战：

① 部分管道采用了韧性差、受到外力容易发生破裂的灰铸铁管；

② 人工煤气置换为天然气后管道接口处易漏；

③ 燃气管网越铺越开，燃气设施及各种窨井数量越来越多，燃气泄漏引起的安全事件越来越多；

④ 人工巡检管网高成本低效率，且很难在第一时间发现泄漏，更难做到提前预警；

⑤ 燃气泄漏一般都是被动发现，而且往往是出了事情还不知道具体发生在什么位置，易造成更大的风险。

【解决方案】

青岛泰能燃气集团有限公司结合实际现状，选择了常州维格电子有限公司提供的“燃气地下管网泄漏监测”解决方案。该方案对城市重点区域，诸如政府部门、商业区、医疗、学校等的燃气管网运行状态进行监测，确保管网运营安全，为奥帆赛顺利进行提供保障。

该“燃气地下管网泄漏监测”平台可实现多项功能，系统后台可根据现场设备采集的数据，实时监控管网的压力、温度、气量等变化，并且具有水位报警功能，防止海水倒灌。每日上传现场状况、30min 检测一次气体浓度、发现危险持续报警、20%LEL 和 40%LEL 两级报警，精确定点确保及时抢修，及时将危险扼杀在萌芽状态。

WeegDMU 无线数据监控终端单元燃气泄漏监测设备使用锂电池供电，解决了大部分监测点无市电供应的困难，能适应沿海城市的地下管井环境，抗微生物腐蚀，且该设备可移动/体积小，能可根据需要灵活布置，安装在狭小的地下管井中。

2010年开始，常州维格电子有限公司为青岛泰能燃气集团有限公司扩大了项目监测范围，将灰铸铁管范围内与燃气井相交叉的通信、电力、污水等井沟也纳入了监测范围，保障了城市地下管网的安全运行。

【主要成效】

为保障社会基本民生安全，确保居民及工商业稳定的生产生活秩序，青岛泰能燃气集团有限公司履行了燃气安全管理的重大职责，常州维格电子有限公司帮助青岛泰能搭建了智慧化的燃气运行安全管理系统，在此期间，取得了一系列重要成果：

① 成功保障重大赛事、峰会等召开：2008年北京奥运会帆船比赛、2018年青岛上合峰会第十八次会议、2019年青岛海军节等均顺利举办。

② 及时预警险情，精确定位确保抢修：2008年至今，常州维格电子有限公司为青岛泰能部署600套WeegDMU无线数据监控终端单元，成功预警泄漏险情近百次。

③ 实现了良好的社会效益：避免因燃气泄漏造成的人员伤亡和重大经济损失，减少因燃气泄漏造成不良社会影响事件的发生。

④ 改善管网安全保障模式：日常管网的安全管理不再单纯依赖人工，通过线上系统实时监控及现场巡检人员结合的方式，促进管网安全。

15.6 基于分布式光纤传感技术的燃气管道在线安全监测预警系统

【基本情况】

应用场景：安全管理

提供单位：润智科技有限公司

建设单位：润智科技有限公司

建设时间：2020年4月

投入使用时间：2020年10月

【建设必要性】

2019年3月公安部下发了《中华人民共和国公共安全行业标准》，其中GA 1551.2—2019《石油石化系统治安反恐防范要求 第2部分：炼油与化工企业》中针对油气田企业、石油天然气管道行业提出了具体要求：周界应设置入侵探测装置，探测范围应能对周界实现有效覆盖，不得有盲区。系统应能自动24h持续工作，无需人员值守。

燃气管道具有运行总里程长、途经地形复杂、人工巡检困难、安全事件和事故多发的特点。管道内外壁腐蚀、地质灾害损毁、第三方损坏等各种不确定性因素的影响，对管道安全运行带来潜在的巨大危害，其中第三方破坏更是造成众多安全事故的重要原因。由于燃气管道的特殊性，一旦发生燃气管道被破坏的情况，就会造成巨大的人员生命和财产损失。当前管道的安全管控，主要依靠沿线巡逻队员的人工定时巡查，无法做到 24h 无间断的安全保护。

【解决方案】

如果能对整条燃气管道进行周边环境的振动监测，就可及时发现可能威胁到管道安全运行的环境变动和人为活动，通过对受到振动干扰的管道位置进行定位，就能够查找到引发管线环境振动的源头，为相关部门及时预警并排除管道安全隐患提供依据。对燃气管道的泄漏及防破坏监测，则能及时发现定位管道已损坏的泄漏点和外部破坏因素，有利于管道部门快速及时地进行线路抢修和故障排除，减少经济和居民人身安全损失。在管道沿线布设分布式光纤智能在线监测系统，以管道的振动响应和温度变化为依据，实现管道周界振动源的有效识别和管道自身状态的在线监测，便于管道安防运行维护与灾害预防工作的开展，保障管线运行正常。

本项目实施前，曾多次对行业其他内项目进行对标学习，经过分析和评估，在郑州公司次高压线路和四环高压线路进行试点，并在第一储配站建立光纤实验基地，用于人工挖掘、机械施工、攀爬等行为的数据测试和分析。实施过程中，业务部门积极参与，专注实际业务需求和实用性功能，在操作方面尽量便捷和流畅。考虑到现场环境的多样性和人员管理等问题，在技术实现的同时形成相关业务管理规范，明确不同岗位职责，不同级别告警的管理要求，实现光纤预警业务闭环管理。通过在现场的多轮测试和实际应用，取得了良好的效果。

【主要成效】

建立了一套基于光纤传感技术下的安全防护体系，完善整个管线网络的安全管理制度，能够将管线受到破坏带来的损失降到最低，使燃气管线安全稳定高效地运行，保护单位核心资产，及具备其他相应经济效应和社会价值。

（1）经济效益

降低人员成本，减少安全风险损失。系统投运后，多次感知发现外部施工，其中 2 次光缆已被挖断，施工位置距离管网已经非常接近；告警后，燃气公司员工及时赶到现场进行处理和干预，最大限度避免外力破坏造成的损失。

（2）管理效益

通过对告警数据的利用和分析，以降本增效为目的，结合行业前沿技术和应用成效，推动燃气公司对于管道监测、应急处置、数据挖掘、智能应用等多领域的管理开展创新和突破，目前已经形成部分管理制度和体系，并在不断优化中。

（3）环境效益

智能监测管道安全运行，在发生挖掘破坏危险行为时，立刻发出告警信息。避免管道因为挖掘或外力破坏造成的燃气泄漏事件发生。系统利用分布式光纤传感技术，利用光路信息检测并传递管道安全状态，传感光缆不带电，无电磁污染，功耗低，绿色环保。

15.7 济华燃气——智慧管线安全运营项目

【基本情况】

应用场景：安全管理

提供单位：华为技术有限公司

建设单位：山东济华燃气有限公司 & 华为技术有限公司

建设时间：2022 年 4 月

【建设必要性】

以管道外力破坏为代表的安全问题是燃气管道事故管控的重点、难点，因该类事故的突发性(不存在时间、季节规律)、严重性(极易造成大量泄漏及后续伤害)、不可控性等因素，是燃气企业的主要安全管理环节。为了维护管线安全，现有技术手段包括增加巡检人员、引入无人机、视频监控等技术手段。但是，目前仍有不足，如：人员成本高、当前技术手段精度低、控制距离有限、易受环境影响等。

【解决方案】

华为管线光纤预警解决方案通过华为光感知设备 Huawei OptiXsense EF3000 和感知算法引擎 SAE，可实现 7×24h 的高精度自动巡检和预警。当管线周围发生外部施工时，沿管线部署的伴行光纤采集振动信息，并传至部署在场站或者阀室机房里的光感知设备。

华为管线光纤预警解决方案通过创新的增强型 oDSP 模块内置了超强盲点纠错算法，可以对所采集的微弱信号相位进行纠错整形，大幅提升了微弱信号的有效性，相比业界平均水平，可将有效信号采集率提升至 99.9%。

华为独有的振动波纹识别引擎可多维度分析还原施工事件。针对每个施工振动发生点，可获取至少 32 个相位信息，并提取多维特征(如声纹、频率、空间、时序、时长等)，多维深度卷积识别比对样本，将事件识别准确率提升至 97%，超出业界平均水平。

【主要成效】

山东济华燃气有限公司拥有各级燃气管网 3000 多千米，承担着众多民用户、工业用户、锅炉用户和公福用户的供气任务。山东济华燃气有限公司与华为技术有限公司创新合作，基于华为光感知设备 Huawei OptiXsense EF3000 和感知算法引擎，山东济华燃气建设了“智慧化综合管理平台”，监测预警管线外力破坏事件。

山东济华燃气有限公司第一阶段实施了约 20km 管线测试段，穿越了郊区、国道、乡村等复杂的地形环境。现场取样了包括挖掘机、夯土机、开沟机、人工挖掘等施工样本，训练构建模型。针对挖掘机等施工样本，在不同路段反复测试。

测试结果显示，当地埋管线周围发生有破坏威胁的机械施工时，光纤传感系统监测到振动信息，1min 可实现快速分析识别，并上报告警和信息至管理平台。监测人员根据上报的现场信息，下派工单并联系附近的巡线人员处理，巡线人员接单后，迅速前往施工现场。在现场核实非法施工行为后，制止施工行为，并指导施工人员进行回填和现场复原。

联合测试成功验证了华为光感知设备 Huawei OptiXsense EF3000 的应用能力，以及在管道运行管理中，智能巡检技术可有效保证管道安全运行，在降低管道泄漏事故的发生率，减少因泄漏造成的经济损失和环境污染等方面，让管网行业看到了管线领域逐步实现自动无人巡检的意义。

山东济华燃气有限公司光纤项目事务部负责人徐晓亮表示："济华采用华为光感知产品进行了实地技术测试，检测上报准确率明显高于业界水平。未来，我们将通过对现场样本的采集和更新，进一步扩展可识别事件的类型，探索更精准识别算法，为燃气行业安全管理提供更高效的技术保障。"

15.8　燃气网络安全综合防护平台

【基本情况】

应用场景：安全管理

提供单位：深圳市燃气集团股份有限公司

建设单位：深圳市燃气集团股份有限公司

建设时间：2019 年 6 月

投入使用时间：2019 年 12 月

【建设必要性】

随着两化融合的深入开展，特别是"互联网+""中国制造 2025"等国家战略的提出，网络空间的边界向关键基础设施领域不断延展，工业互联网正面临着严重的网络安全威胁。近几年的网络安全事件表明，水、电、气、热等工控行业已经成为黑客攻击的主要对象，工控网络越来越容易遭受攻击，物理隔离并不能完全杜绝工控安全事件的发生。

国家非常重视网络安全，相继出台《网络安全法》《数据安全法》《关键信息基础设施安全保护条例》《网络安全等级保护基本要求》2.0 版本、《工业控制系统信息安全防护指南》等，要求对燃气等关系国计民生的关键信息基础设施行业进行重点保护。

在新技术发展层面，大数据、云计算、移动应用、5G、NB-IoT等新兴技术在燃气行业的大规模应用，在带来数据整合、智能化调度与运营便利性的同时，也给燃气行业带来更多的安全威胁。大多数燃气企业在建立初期，调度系统之间彼此相对孤立，各项信息较为分散，存在大量物理隔离、网络隔离和数据孤岛现象，并未很好考虑网络安全防护措施。随着计算机技术、网络技术和通信技术在燃气行业的深入应用，使得系统面临着网络嗅探、边界渗透、病毒入侵、数据篡改和泄露等越来越多的安全威胁，加之攻击技术手段日新月异，燃气调度网络面临的安全威胁形势日趋严峻，安全风险日益突出，主要体现在：

（1）主机安全方面

大多数燃气业务各类门站、调压站、LNG站的工程师站/操作站/HMI都是通用工控机和服务器，基于Windows平台运行，且系统老旧。为保证过程控制系统的相对独立性，同时考虑到系统的稳定运行，通常不会对Windows平台及其应用安装任何补丁，存在较多安全漏洞。主机上的杀毒软件病毒库和操作系统漏洞补丁无法及时升级，防病毒能力差，通过移动介质引入的恶意代码和病毒，易造成大量主机运行缓慢、系统崩溃和死机。当前的主机仅进行了简单的账号控制，无权限管理，容易被攻击越权从而造成更大损失。

（2）设备安全方面

燃气调度系统中涉及的液化气化工厂、LNG站、SCADA系统等大量采用嵌入式安全控制设备，如西门子400系列PLC、施耐德昆腾系列PLC、西斯奈特RTU等。目前上述设备芯片均采用国外芯片，操作系统均为国外通用操作系统，存在较多的软硬件漏洞，容易受到攻击。同时，这些嵌入式系统的处理能力有限，且功能设计时并没有考虑安全防护，因此整体抗攻击能力较差。

（3）网络安全方面

燃气调度中典型的SCADA系统网络安全内部防护主要依靠管理手段和少量工控安全设备，区域防护不完善，且局部的网络安全问题很容易造成城市级别的扩散。燃气表数量多，无线接入缺乏基本设备接入控制和传输加密，且地域跨度大，设备分布广，接入点多。

（4）数据安全方面

燃气调度数据保存于相关设备、主机和系统中，数据量大，且涉及城市基础设施，敏感度高，大都直接在调度网络上传输。目前燃气调度数据安全防护能力不完善，防窃密手段欠缺，受攻击后容易造成重要数据篡改和大规模外泄，引起社会公众事件。

燃气生产网络作为典型的传统网络、工控网络和物联网的融合体，涉及国计民生，属于国家关键信息基础设施，目前燃气行业普遍尚未建立体系化的网络安全综合防护能力，网络安全保障能力相对薄弱，安全事件应急处置能力相对较差，亟须进一步加强网络安全管理能力建设。

【解决方案】

针对燃气行业在向智慧化快速发展过程中出现的典型安全问题，尤其是大量新型技术和应用，如5G技术、NB-IoT智能燃气表等投入使用所带来的安全威胁，提出完整的网络安全管理方案，建成燃气网络安全综合防护平台，增强事前预警、事中防护、事后恢复的实战能力，增强网络安全主动防御能力和应急处置能力，实现对网络资产安全威胁的全生命周期闭环处理。从而有效提升燃气企业的网络安全防护水平和综合保障能力。

平台主要能力包括：

① 围绕燃气网络和系统，从主机安全、设备安全、网络安全、数据安全角度出发，设计燃气网络集“测评加固、综合防护、安全接入、统一管理”为一体的网络安全解决方案，用于构建包括安全测评加固、安全监测审计、物联网设备安全接入、安全态势感知与统一管理等的一体化动态综合防御体系。

② 搭建基于虚实结合的燃气网络安全实验验证仿真与测评环境，开展针对燃气入网设备和相关业务系统运行安全影响的测试评估、攻防演练等业务。

③ 建设燃气行业网络安全综合防护系统，全天候全方位监控关键资产及重要业务系统安全状况，及时发现、处置、阻断各类网络安全隐患风险，并支撑溯源取证，从而全面提升网络安全监测预警和安全态势感知的水平。

④ 建设燃气企业级物联网安全接入试点系统。基于国密算法，为多类型异构的物联网终端提供完善的访问控制与远程安全接入功能，满足移动办公、远程监控、远程抄表、远程测控等各种业务需求。

⑤ 研发基于国产CPU和国密算法的、面向燃气行业的新一代智能安全PLC和RTU产品，用以替换目前大量使用的进口控制和采集设备，实现完全的国产自主可控，真正做到端到端安全，从根本上提升燃气行业控制设备的自主性和安全性。

【主要成效】

燃气工业互联网安全综合防护平台(图15.18)已在深圳燃气实际运营。

其中，燃气企业网络安全综合防护系统建设覆盖梅林主调、留仙洞备调及安托山门站、求雨岭门站、迭福门站、坪山门站等56个场站。通过安全防护系统的及时处置，有效阻止了违规行为，保护了燃气企业生产业务系统安全。创新性提出基于安全边界防护系统的燃气专用协议纵向加密解决方案，在调度中心和门站、LNG储配站以及与调压站边界的工控安全网关中，基于PKI身份认证和加解密传输机制，建立安全可靠的数据加密通道，可保障燃气调度管理数据的加密传输，避免了数据的被篡改、丢失和信息的泄密等。

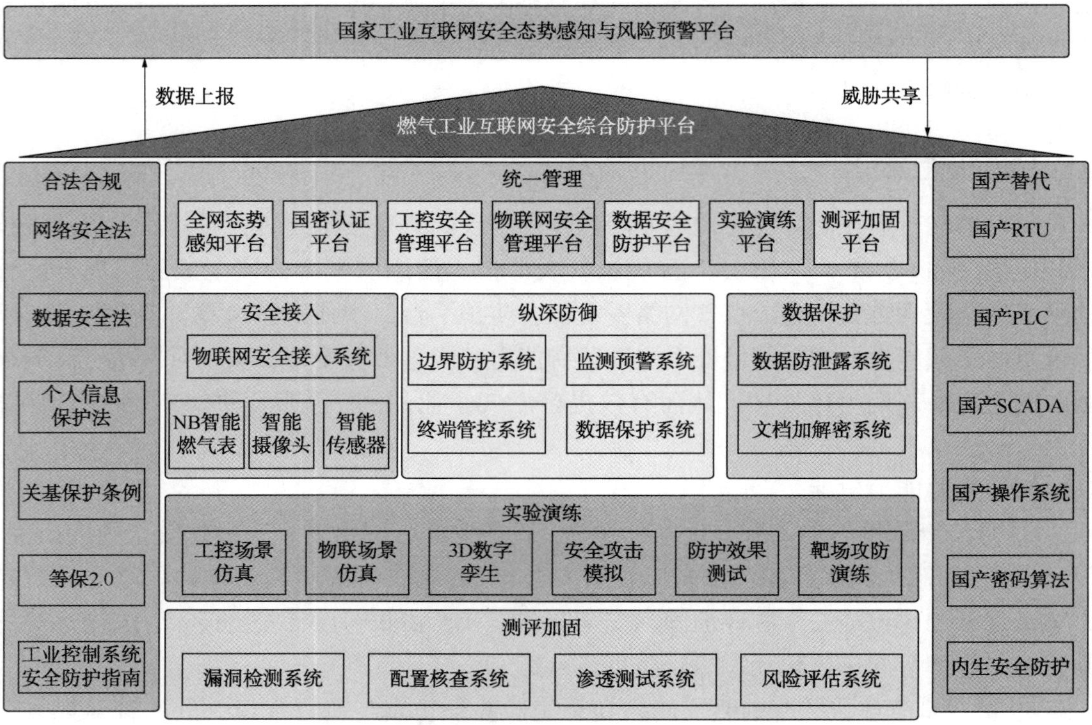

图 15.18　燃气工业互联网安全综合防护平台

搭建了高度仿真的燃气行业生产网络安全实验室。可以充分验证燃气工控网络安全综合防护平台的防护功能，评估安全综合防护平台对燃气生产网络和系统的影响。本实验室基于虚实结合的方式，完成现场网络环境及设备工作状态的模拟、网络攻击注入和防护结果评价、各设备功能验证，使系统在现场部署之前得到充分验证，保证现场工程顺利实施。

燃气企业物联网安全接入系统上线的 NB-IoT 智能表设备 20 万支，数据采集成功率为 99.2%。自研发的国产安全自主研发终端侧加密芯片和接入网关，支持 GPRS、3G、4G、5G、NB-IoT、北斗短报文等各类网络通道，从感知层、网络层和应用层实现燃气表数据的安全采集。

通过平台建设与应用，完善了工控网络安全管理机制，提高了网络安全隐患发现能力、网络安全威胁监测与防护能力和网络安全应急处置能力。形成了面向燃气行业的具有针对性的安全防护、应急处置方案，大幅提升了深圳燃气工控安全防护水平。

15.9　一体化安全通信模组

【基本情况】

应用场景：安全管理

提供单位：深圳市燃气集团股份有限公司

建设单位：深圳市燃气集团股份有限公司

建设时间：2020 年 10 月

投入使用时间：2021 年 7 月

【建设必要性】

目前应用的智能燃气表系统中，普遍缺乏真正意义上的端到端的安全认证以及通信，安全非自主可控。大量报文在公网进行明文传输，会导致重要数据泄露，且报文很容易被伪造，导致业务数据不真实，甚至存在操作指令被恶意替换的潜在风险，从而导致系统被恶意操控，造成巨大损失。其所表现出的痛点、难点问题主要体现在：

① 产业基础薄弱：基础核心元器件高度依赖进口，基础软件如操作系统、中间件的国产化率较低；安全核心算法、协议的自主率不高；适合低功耗、大连接、异构泛在的安全技术亟须突破。

② 燃气物联网终端安全防护能力不足：燃气物联网终端易被接触导致隐私泄露；燃气物联网终端计算能力受限导致易被恶意控制；燃气物联网终端缺乏必要的安全防护手段，极易遭到伪造身份攻击，篡改控制指令、窃取网络数据、注入病毒木马。

③ 燃气物联网网络复杂易受攻击：物联网网络设备规模巨大易引发大规模网络攻击；公网明文传输导致重要数据泄露；通信网络网元复杂，面临多重复杂攻击风险；常见风险类型包括服务阻断、链路监听与劫持、未授权访问、跳板及冒用、APT 攻击等。

智能燃气表系统属于国家关键信息基础设施，且应用 NB-IoT 技术进行通信的大规模智能燃气表均暴露于公共网络之中，一旦受到外部网络攻击或内部安全事件影响，轻则影响企业的安全生产，重则影响广大人民的日常生活需求及国家正常的生产秩序。随着燃气物联网技术的快速发展与应用，建立针对燃气物联网的安全防护体系迫在眉睫。

【解决方案】

在充分了解行业现状和深度理解行业痛点后，深燃集团努力攻关，克服困难，汇聚各方资源，率先完成一体化 NB-IoT 安全通信模组(深燃芯)研制工作。一体化 NB-IoT 安全通信模组(深燃芯)将国密级硬件加密芯片集成于通信模组之中，形成了整体的安全通信模组架构，实现对物联网终端设备的数据安全和加密传输，解决了燃气终端数据安全和可靠传输的问题，实现低功耗，延长电池续航时间，满足 NB-IoT 智能燃气表安全接入解决方案需求。

主要应用优势包括：

① 硬件结构：安全接入系统中的智能燃气表采用一体化 NB-IoT 安全通信模组(深

燃芯)，创新的一体化结构如图 15.19 所示：将国密二级安全芯片集成于通信模组之中，形成了整体的安全通信模组架构。

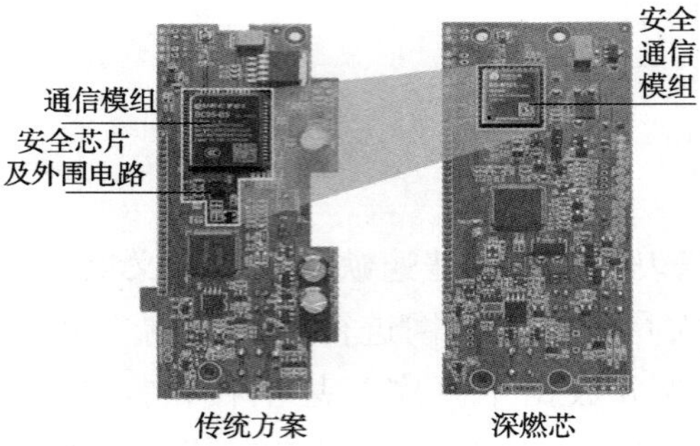

图 15.19　硬件结构

② 通信结构：传统方案采用安全模块旁挂方式，上行数据先由 MCU(微控制单元)传给安全模块进行安全处理，处理完返回 MCU 后再回传给通信模组，流程复杂。一体化 NB-IoT 安全通信模组(深燃芯)方案中采用了安全模块前置化串行结构，优化了交互流程，使得上下行报文不走回头路，节省了报文安全处理的时间，有效降低了功耗。见图 15.20。

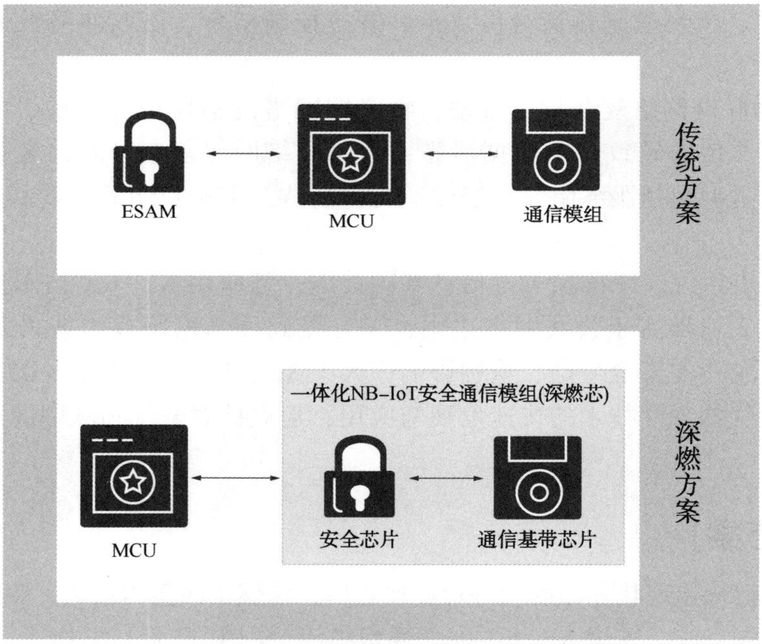

图 15.20　通信结构

③ 安全协议：传统方案的安全模块只含有安全算法功能，安全协议一般在通用 MCU 或者通用模组里开发实现。一体化 NB-IoT 安全通信模组(深燃芯)将安全算法与安全协议均集成到安全模块内，数据和报文的所有安全操作均在安全模组里完成，这样实现了安全功能与业务功能的清晰分离，安全性与可用性都得到了极大增强。安全协议经过设计以及轻量化处理，有效降低了交互次数，降低了功耗。见图 15.21。

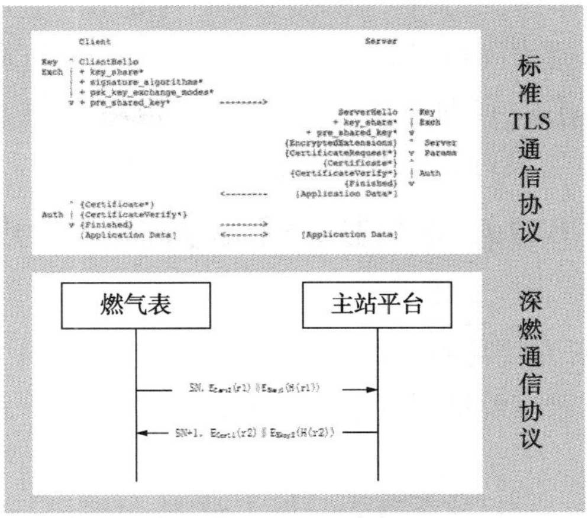

图 15.21　安全协议

④ 主动安全：一体化 NB-IoT 安全通信模组（深燃芯）内置了物联网安全基线，能对终端数据流量进行全面分析，及时将安全事件和安全数据上告至安全平台，无缝与态势感知系统对接，变被动安全为主动安全，实现安全可视化。见图 15.22。

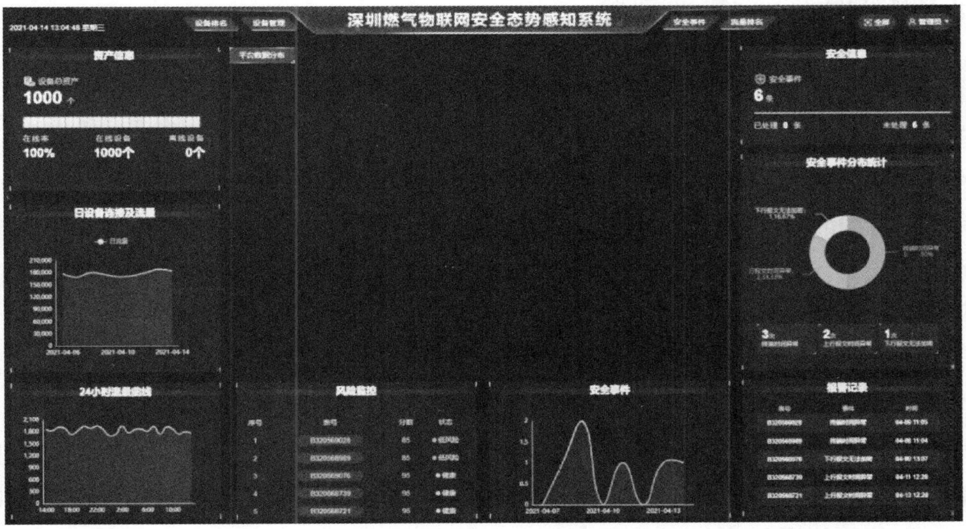

图 15.22　主动安全

【主要成效】

一体化 NB-IoT 安全通信模组（深燃芯）成果现已申报 5 项发明专利，推动国家标准、团体标准、企业标准等 4 项信息安全行业标准的编写工作，同时拟定申报政府科技项目 2 项。

2021 年 4 月 17 日，“基于国密算法的一体化 NB-IoT 安全通信模组（深燃芯）项目”顺利通过了科技成果鉴定，经质询和讨论，鉴定委员会专家一致认为该一体化 NB-IoT 安全通信模组（深燃芯）在系统架构、安全协议和主动安全功能等三个方面具备创新性，项目研发成果技术处于国内领先水平，具有显著的行业推广应用价值。

一体化 NB-IoT 安全通信模组(深燃芯)现已集成于安全智能表之中，并于相关地区开展了接入运行的试点工作。同时开展针对试点情况的安全性、可靠性和稳定性测试与验证，截至目前，运行状态良好，无业务以及安全事故发生。

（1）基于一体化 NB-IoT 安全通信模组的智能安全燃气表测试情况——深汕地区

2021 年 6 月，深燃研究院与睿荔科技紧密合作，生产了 40 只搭载基于深燃自主研发的一体化 NB-IoT 安全通信模组的智能燃气表，并严格进行了各项出厂测试，各项指标均达到要求。

2021 年 9 月，在托深汕地区实际部署开展了对 33 只使用一体化 NB-IoT 安全通信模组的智能安全燃气表进行抄表成功率测试，为期一个月。安全接入平台及发行系统已正式部署在深燃信息中心，因此此次测试同时对安全平台的稳定性和可靠性进行了深度检测。

测试结果显示在正常每日上报一次的情况下，其平均上报成功率为 99.87%，达到了上报成功率的指标要求。通过分析智能燃气表每日上报的功耗数据，指标均无异常。安全接入网关及发行系统运行正常。

（2）基于一体化 NB-IoT 安全通信模组与威星表厂的适配性测试顺利

搭载一体化 NB-IoT 安全通信模组 49 只智能燃气表，与威星表厂进行联合适配性测试。测试过程中对智能燃气表的所有功能进行了检测，对正常上告抄表成功率进行了测试，同时也对智能燃气表在频率高、周期短的特殊场景下进行了抄表成功率的压力测试。

测试结果显示搭载一体化 NB-IoT 安全通信模组的智能燃气表在正常每日上报一次以及在压力测试的特殊场景下，其平均上报成功率达标。

（3）基于一体化 NB-IoT 安全通信模组与真兰表厂的适配性测试顺利

为进一步验证一体化 NB-IoT 安全通信模组在物联网燃气表的应用效果，验证在不同环境下和厂商是否满足性能需求，与上海真兰表厂开展联合 10 只一体化 NB-IoT 安全通信模组的智能燃气表的测试，及时更新和优化 NB 模组和燃气表嵌功能和性能。

通过开展功能性测试、加解密测试、性能测试、试挂上报测试、通信压力测试以及不同模组上报成功率对比测试，全部测试均达到指标要求，试挂上报测试、通信压力测试以及不同模组上报成功率对比测试中，总上报成功率分别为 100%、99.71%、100%。

基于国密算法的一体化 NB-IoT 安全模组(深燃芯)的推出，可促进相关智能物联网设备应用产业发展，预期将给相关行业带来良好的经济效益。本项目成果的直接应用涵盖：智能燃气抄表、智能水表、智能电表、智慧农业、智能烟感和智能家电等行业。将本项目物联网技术应用于以上行业，将加速城市公用事业智能化建设，保护公用事业网络安全，加快智慧城市、智慧社区的建设速度。

该项目的建设有利于提升产业层次、延伸产业链、促进产品结构、技术结构调整、加强产业安全强度、加速自主品牌的推广。本项目是在消化通用的技术上，求突破、求创新，使产品的功能、品质、性能在现在技术基础上显著提升，推动了相关领域技术的进步，尤其是在公用事业领域，将产生非常明显的技术突破带动作用，为深燃集团在行业中的影响力提升产生积极的助推作用。

15.10 相关支撑产品

15.10.1 光纤振动入侵检测系统

【基本情况】

生产单位：华为技术通信有限公司

【产品概述】

华为分布式光纤传感振动探测产品搭载 F5G 加持的全光感知技术，为燃气行业构建“精准、易用、稳定”的工业级光纤传感网络。助力燃气管道防护自动化、智能化防护，保障管道财产，维护安全、绿色生产。

光纤振动入侵检测系统主要应用于埋地管线场景，当有破坏管线事件，如挖掘机靠近挖掘或有人工挖掘时，敷设于管道上方的监测光纤感知到振动，从而将不同的振动波纹传至光纤传感设备，设备会快速分析振动波纹信息并识别事件类型，精确定位并上报告警，实现整条管线的在线实时监测和安全预警。为管线无人巡检提供最佳解决方案。

（1）高精度识别：事件识别准确率 97%。

① 听得全，0 漏报：增强 ODSP 模块，内置超强盲点纠错算法，实现有效信号采集率提升至 99.9%。

② 识得准，<3%误报，32 维度振动分析算法，识别准确率提升至 97%。

③ 自学习，持续进化：快速学习本地样本，新场景学习效率提升百倍。

（2）超长距感知：双通道覆盖距离 100km。

① 自研大功率高性能模块，光纤跨损容忍度可达 13.5dB。

② GIS 地图显示（光纤信息等）入侵位置和入侵事件类型，并支持短信 & 邮件通知。

③ 支持威胁事件分类管理。

④ 威胁事件定位精度达 10m。

15.10.2 城镇燃气中低压管网安全监测预警管理系统

【基本情况】

生产单位：上海航天能源股份有限公司

【产品概述】

该系统通过低功耗智能控制器采集区域调压站、调压箱、管网不利点、阀井、管线等压力、温度、调压器阀位开度、流量、泄漏、阴保及设备状态等数据，对中低压管网设施生产状况、安全状况进行监测，并对采集数据进行存储、展示、分析，对发生报警信息进行及时监测，保障管网运行安全。系统能够实现对中低压管网安全进行全面监测和管理，及时发现管网存在缺陷和安全隐患，有效降低事故发生风险和降低事故危害。

该系统由安全预警管理平台(SG-Pas)和系列低功耗智能控制器(SG-TCU)组成，见图 15. 23。其中平台主要功能包括数据存储、地图展示、趋势显示、数据分析、设备管理、故障诊断等功能模块。低功耗智能控制器包括数字调压站控制器(SG-TCU/EDL)、智能调压站控制器(SG-TCU/ESL)、阴保数据采集器(SG-TCU/CCOL)、智能泄漏报警器(SG-TCU/SLD)等系列物联网智能产品。

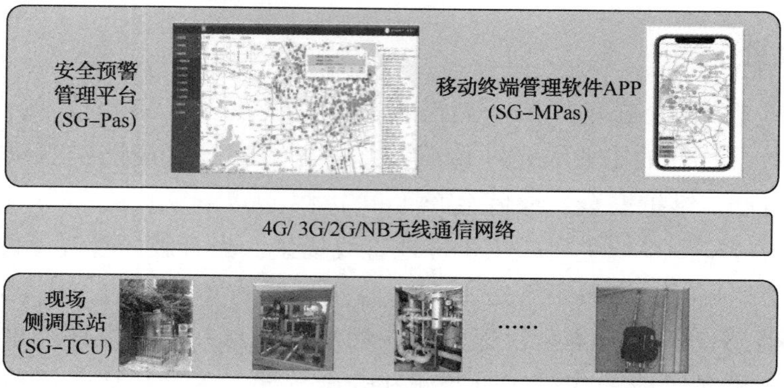

图 15. 23　系统结构图

(1) 安全预警管理平台(SG-Pas)

① 监测站点地图展示(图 15. 24)

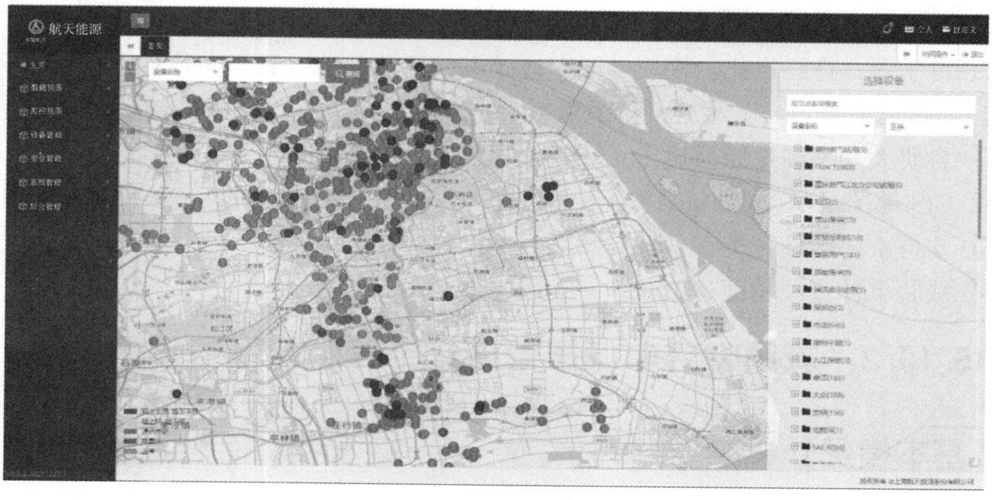

图 15. 24　地图展示

② 数据显示(图 15.25)

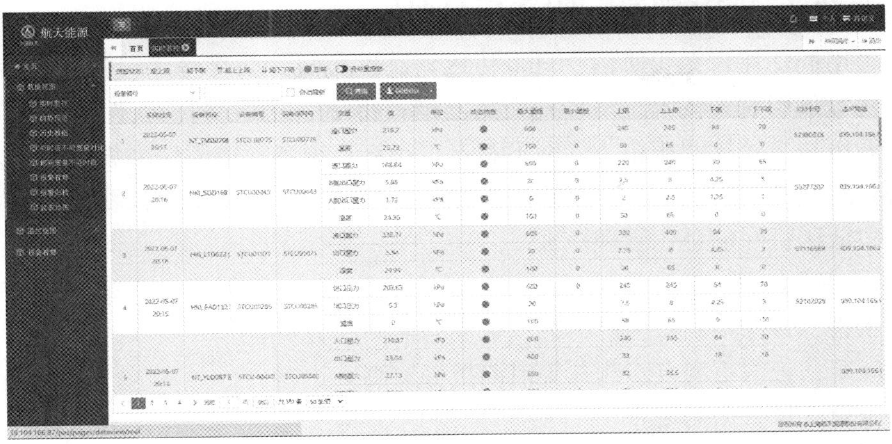

图 15.25　数据显示

③ 历史趋势(图 15.26)

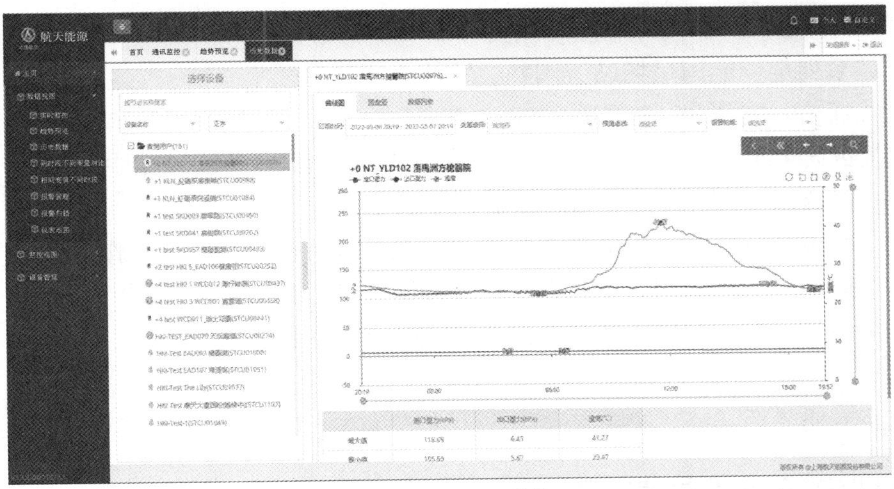

图 15.26　历史趋势

④ 数据分析(图 15.27)

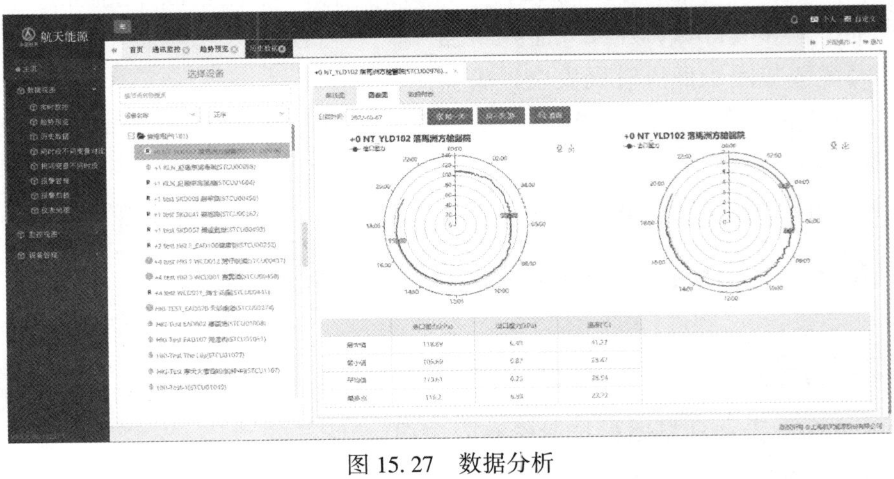

图 15.27　数据分析

（2）低功耗智能控制器产品(SG-TCU)

产品采用低功耗、无线通信、自带传感器高度集成、防爆技术设计，其中低功耗、防电磁干扰等采用航天技术。该系列产品已经获得 20 多项专利、软件著作权。产品适用于区域调压站、楼栋调压箱、管网不利点、阀室、钢制管道阴保采集桩等工艺数据采集和设备状态监测。用低成本方案解决中低压管网生产管理和安全预警管理问题，弥补城镇燃气中低压管网信息化管理短板。

① 产品主要功能

- 调压箱、管网不利点生产工艺参数动态监测和分析
- 调压箱、管网不利点、阀井等泄漏报警监测
- 调压箱流量数据测量
- 调压箱、管网不利点、阀井报警信息实时监测和预警
- 区域管网供气压力、流量、温度等动态监测和分析

② 产品特点

- 产品系列全，能满足场站、阀井、管线不同数据采集要求
- 无线通信：支持 4G 全网通、NB-IoT 通信
- 监控数据全面，满足压力、温度、流量、泄漏、阴保电参数、阀门状态等多数据采集
- 防护等级高，产品满足防爆 I 区适用要求
- 低功耗设计，锂电池供电，在标准通信状态下，产品能长期工作
- 通信周期、采样周期可灵活设置，硬件固件可远程升级
- 支持短信、微信等报警功能，用户能及时收取到报警信息
- 支持双中心通信
- 安装方便灵活

【典型应用场景与案例】

① 新加坡 Powergas 管网安全监控，对新加坡中低压管网安全预警监测。

② 香港中华煤气区域调压站安全预警监测。

③ 上海燃气集团中低压管网安全预警监测。

该产品在上海燃气集团市北燃气、大众燃气、奉贤燃气、崇明燃气、松江燃气、青浦燃气等得到广泛应用。

④ 同时，该系统还应用港华燃气集团、甘肃昆仑、厦门华润等燃气企业得到应用。

15.10.3 密闭空间天然气泄漏监测智能终端

【基本情况】

生产单位：重庆合众慧燃科技股份有限公司

产品费用：5000 元/台(套)

【产品概述】

密闭空间天然气泄漏监测终端（以下简称“终端”）是一款能检测燃气泄漏、阀井水位异常、井盖异常移动，并给出报警提示信号的物联网智能设备。当密闭空间天然气甲烷浓度达到报警阈值、阀井积水超过特定值、井盖被异常搬动，终端会产生报警信号并告知给燃气公司和用户，及时处理、检修，提高燃气安全管理能力。

终端是一种基于单片机、嵌入式软件技术以及 NB-IoT 无线网络的数据采集和传输设备。通过 NB-IoT 网络将采集的阀井、调压柜等燃气附属设施内天然气浓度、阀井水位异常、井盖异常移动等数据发送到后台系统，同时还具有预警处理、设备管理、信息联网，短信或微信小程序通知等功能。终端采用内置锂电池供电，定时上传数据的工作方式。设备数据采集间隔及数据上传间隔都可通过后台系统设置，根据设置时间自动按时采集数据并上传数据。终端默认采样间隔：非报警模式是 30min，报警模式是 30s；数据上传间隔：非报警模式是 24h 上传一次，报警模式即时上传。

利用运营商 NB-IoT 网络，燃气企业可以有效将分散在城市各地的终端信息采集到后台系统，形成以后台系统为核心的分布式监测网络，为城市用气安全提供可靠的参考数据。当终端监测到环境数据出现异常时，及时将信息上报到后端系统，由系统将报警信息以短信或者消息推送的方式通知相关管理人员，让管理人员第一时间知晓用能环境的异常，从而采取处置措施，提升安全管理水平。

【产品特点】

① 稳定性：设备采用工业级高性能主控模块，能够经受长期的恶劣环境考验，保证通信的顺畅性。

② 成本低：通信采用运营商的无线通信网络，无须进行网络布线，降低使用成本。

③ 灵活性：采用锂电池供电，无须市电接入，方便安装于任何区域。便于施工、调试、运行、维护。

④ 及时性：当监测环境天然气浓度出现异常，阀井积水超过设定值，井盖被异常搬动等情况，能够及时向管理人员手机发送短信告警，同时进行微信小程序信息推送，避免安全隐患。

【主要技术指标】

① 物联网燃气泄漏监测终端为连续不间断工作制，自醒定时上报采集数据。

② 工作电源：采用内置电池供电，并具备低电压报警的功能，电池使用寿命不少于 2 年。

③ 测量范围：CH_4　0～100%LEL±5%F. S。

④ 防爆等级：Exib Ⅱ B T4 Gb。

⑤ 工作温度：−30～+70℃。

⑥ 环境湿度：≤100%RH（非冷凝）。

⑦ 防护等级：IP68。

⑧ 防爆类型：本安型防爆，适用于爆炸危险区域 1 区。

⑨ 安装位置：天然气阀井、调压柜内，固定在墙壁或调压柜内侧。

⑩ 时钟校时：终端每天与基站同步时钟，1 天内的时钟偏差不应大于 1s。

⑪ 参数设置：可灵活设置泄漏监测终端采集频率、报警阈值。

本产品在重庆燃气集团股份有限公司各分子公司广泛安装使用。自 2020 年产品安装使用以来，通过持续监测阀井密闭空间等环境信息，实现了地下管线及密闭空间场所全方位安全保障。见图 15. 28。

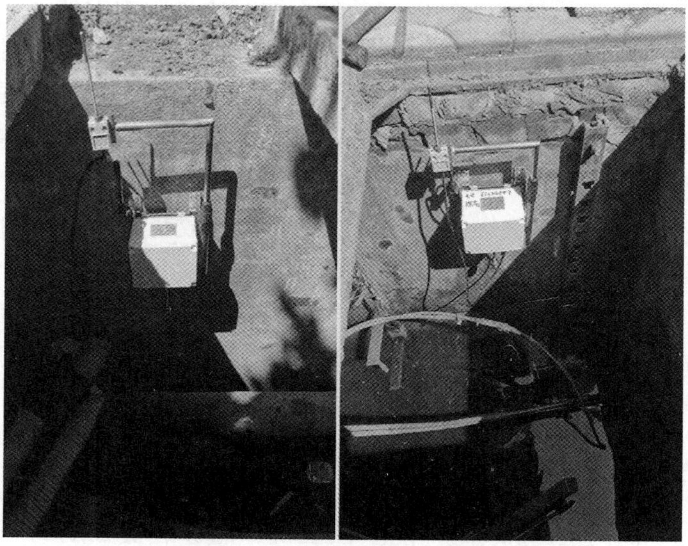

图 15. 28 智能终端的现场应用

15. 10. 4 阀井泄漏探测

【基本情况】

生产单位：上海叁零肆零科技有限公司

【产品概述】

产品(图 15. 29)可广泛应用于管廊、阀井、地下室、燃气调压设备等各类空间可燃气体泄漏监测。除标配甲烷激光色谱传感器外，还可以支持同时接入压力、水位、井盖位移、温湿度等多种相关传感器应用。

产品择优选用激光技术，使用寿命更长、监测精准度更高、维护保养成本更低；采用合理的光路布置、散热等结构设计，通过水汽、浸泡等复杂恶劣工况严格检验并具备各项检验资质；选用不锈钢和镀金玻璃定制化核心部件，具备强抗腐蚀性，复杂环境下设备稳定性极强。

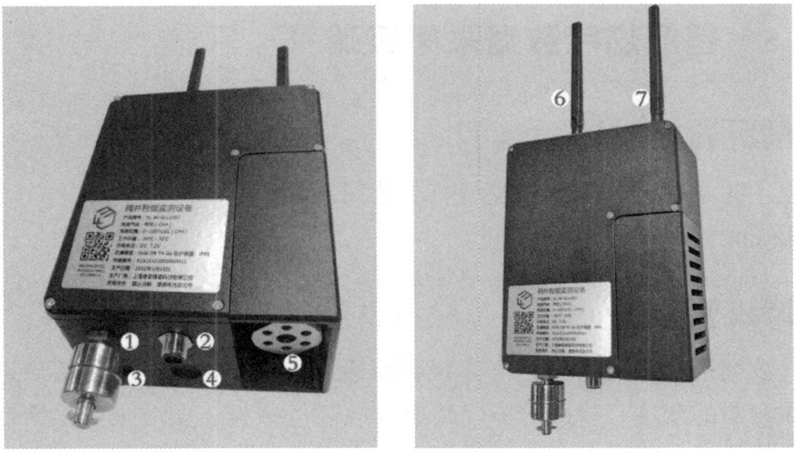

图 15.29　阀井泄漏探测仪

1—水浸传感器；2—压力传感器接口；3—位移传感器接口(常规款无此接口)；

4—可扩展接口(常规款无此接口)；5—燃气传感器接口；6—蓝牙天线；7—NB 通信天线

【技术指标】

电池电压：7.2V

采样范围：0~5%vol

精度：0.2%

防爆等级：Exib IIB T4 Gb

防护等级：IP68

工作温度：-40~+70℃

工作湿度：≤98%(非凝露)

阀井可燃气体泄漏监测适用于各类重点场所。针对上海南汇燃气需求，设备安装在上海迪士尼乐园重点井室，为上海迪士尼乐园安全保驾护航。见图 15.30。

图 15.30　产品应用

15.10.5 智能燃气数据采集终端

【基本情况】

生产单位：北京中天九五科技发展有限公司
产品费用：425 元/台(套)

【产品概述】

智能燃气数据采集终端与可燃气体报警器通过 485 接口、开关量接口进行连接，实时采集多路探测器的浓度、线路故障、传感器故障等数据；实时采集报警控制器备电故障、工作状态等信息；定时上传至云端系统，实现设备维护的智能化管理。目前，智能燃气数据采集终端已实现与国内市场份额占比较大的 30 家燃气报警装置的协议适配。

目前，智能燃气数据采集终端(图 15.31)已在北京、天津、长沙、西安、晋城、哈尔滨等多个城市批量应用。对于已安装传统可燃气体报警装置的企业，低成本投入实现智能化监管。对于连锁餐饮企业、钢厂、化工企业等低成本投入实现平台化燃气安全集中监管。对于城镇燃气企业、政府监管部门，可实现城市级用气安全智能化管理与运营。

图 15.31　智能燃气数据采集终端

技术指标：

- NB 通信模式
- RS-232\ RS-485 接口、多路 IO 接口
- 24V 供电输入
- 通信状态功耗<0.5W，休眠状态功耗<0.02W
- 内置 30+报警器通信协议，支持采集多种运行数据

【典型应用场景与案例】

乐多港万达广场燃气安全智能监测

万达广场是集餐饮、娱乐、购物为一体的大型商业综合体，客流量大，商户密集，安全运行尤为重要。传统商业综合体燃气安全依赖于日常的巡检，保持定期与用户管理方的联系沟通等方式。由于商户更换、厨房设施改造等原因，导致很多燃气安全产品安装不规范、燃气安全监测点位图等资料老旧，一旦发生燃气事故，无法及时发现并采取有效的处置方案。

乐多港万达广场入驻 50 个左右商业燃气用户，计划部署 151 个燃气监测点，实时监测燃气用户燃气浓度数据。通过建设可燃气体智能监测信息系统，实现覆盖商业用户和燃气责任监管部门的两级“智慧燃气”监管平台，降低管理成本、提高用气侧燃气安全生产监管能力。

平台支持二维或三维可视化展示，乐多港万达广场商户共计 4 层分布，监控室在 B1 层。每个商户以图标方式进行展示，以不同颜色区分不同状态，绿色代表设备在线且安全、灰色代表设备离线有故障、红色代表报警有泄漏。见图 15.32、图 15.33。

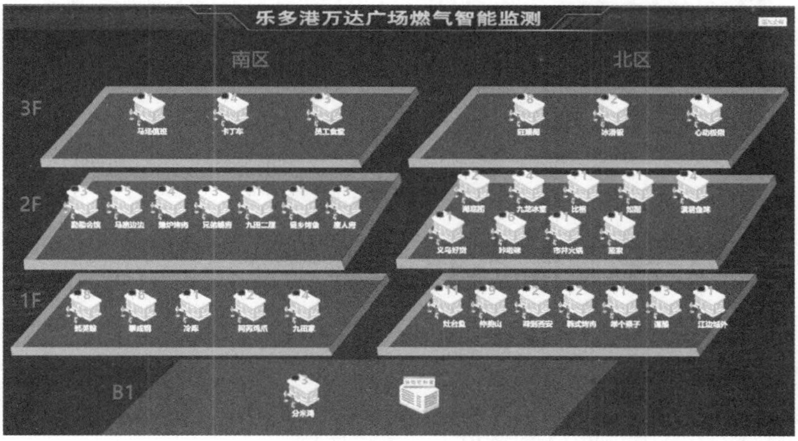

图 15.32　燃气智能监测(一)

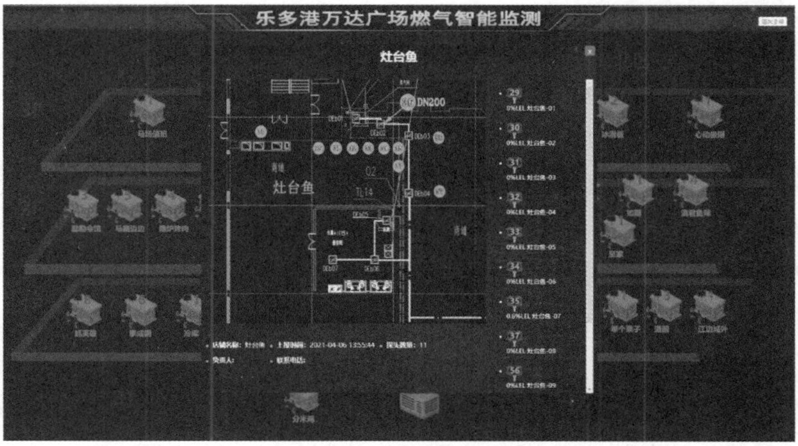

图 15.33　燃气智能监测(二)

单击商户图标，弹出该商户燃气探测点的分布图，直观显示相关信息。

商场中每个商户安装燃气安全监测 APP(图 15. 34)，随时关注店内燃气安全情况，一旦发生泄漏，APP 获取消息推送，同时以短信方式通知商户管理者。

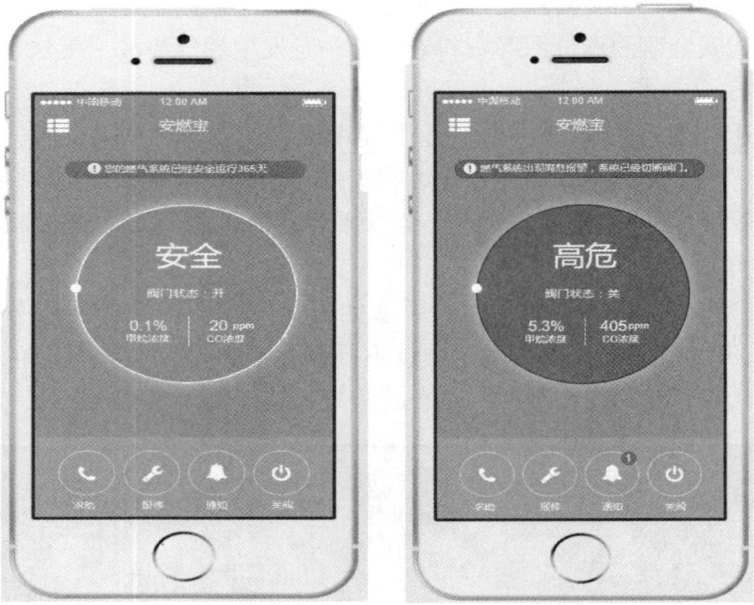

图 15. 34　燃气安全监测 APP

15. 10. 6　燃气物联网信息安全解决方案

【基本情况】

生产单位：浙江威星智能仪表股份有限公司

【产品概述】

据 GSMA 预测，2025 年全球物联网设备联网数量将达到 246 亿，远高于 2017 年的 46 亿。而 Gartner 预测，2022 年针对 IoT 设备的攻击将占到企业遭遇攻击总数的 25%，超过 50%的 IoT 实施方案会提供基于云的服务。

最近几年，燃气行业物联网系统迅猛发展。据统计，2020 年全国物联网燃气表出货量达到 1200 万，占总量的 33%，年复合增长率在 25%以上。作为传统能源行业，燃气物联网在高速发展的过程中，最关键的挑战来自信息安全。

威星燃气物联网信息安全方案由可信终端、物联网可信平台、安全态势感知三部分组成，实现了统一的安全管控。本方案是基于国密算法的安全加密解决方案，以支撑国密算法的安全芯片、安全接入网关、证书认证中心为主体，可实现各类物联终端无线接入的双向身份认证、通信数据加密与访问行为控制，解决物联网中仿冒终端、数据泄露与企业应用非授权访问等安全问题。

该方案围绕安全态势感知平台开展。

① 对接入态势感知平台的资产信息进行管理，可以实时查看所有可信终端的状态信息，负责对可信终端的全生命周期管理。

② 通过数据挖掘、日志统一收集及机器学习算法建立燃气物联网系统的风险模型，提升风险预警和威胁处置能力。

③ 对遭受各类威胁的监测，根据威胁类型、风险等级分类展示，以确保及时发现各类安全事件并作出相应的处理。

④ 对设备的网络连接和操作行为进行记录并分析，在安全审计方面确保操作行为的有据可依、有据可查，及时发现问题。

⑤ 只有通过身份认证的用户才允许访问对应权限的资源，具备权限的划分以及相互制约。

⑥ 建立终端设备的无线通信及流量行为基线，根据算法判断出风险设备并预警。

⑦ 可视化展示数据分析结果，直观、简单呈现物联网系统关键指标。

⑧ 对资产信息进行实时感知，包括资产统计、威胁 TOP、区域指数，及时了解全网安全态势。

目前该方案在国内满足等保 2.0 物联网安全 3 级要求，在国际上符合 IEC62443 3-3 规范，达到 SAL 4 安全等级。

物联网燃气表设备规模巨大，该方案有效避免燃气表终端受到大规模网络攻击；在公网明文传输中，防止重要数据泄露；NB 通信网络网元复杂，信息安全方案能抵抗多重复杂攻击风险，常见风险类型包括但不限于：服务阻断、链路监听与劫持、未授权访问、跳板及冒用、APT 攻击等。帮助燃气公司解决物联网中仿冒终端、数据泄露与企业应用非授权访问等安全问题。

【典型应用场景与案例】

2020 年 7 月，与深圳燃气集团、工信部共同完成测试环境的搭建，成功接入燃气物联网系统，于多个小区进行实际部署，已成功运行超过 12 个月。目前与深圳燃气集团合作搭建验证系统，并形成试挂。在杭州港华、华燃长通均进行了批量试挂，运行稳定。

15.10.7 RTU、PLC、安全接入模组

【基本情况】

生产单位：深圳市燃气集团股份有限公司、工信君阳(北京)科技有限公司

产品费用：RTU 8000 元/台(套)、PLC 12000 元/台(套)、安全接入模组 38 元/台(套)

【产品概述】

(1) 燃气行业国产安全 RTU

燃气行业国产安全 RTU 是在充分研究最新网络与信息安全技术和燃气行业需求

的基础上，结合国际上各种主流 RTU 的特点和优势研发的具有自主知识产权的新一代 RTU 产品。国产安全 RTU 集成了国产密码算法和安全通信机制，并内置了丰富的燃气行业专用算法和便捷的数据传输服务，是专门为燃气行业研制的国产安全 RTU 产品。

主要技术指标：

i. MX7Dual，双核 ARM Cortex-A7@ 1GHZ；

内存 1GB、存储 8GB EMMC Flash、视频输出 HDMI、USB 2. 0；

以太网 10/100M、RS485 串口支持；

供电-10. 7V~28. 8V、温度：-40~+40℃、湿度：最大 90%@ 40℃；

支持 Modbus TCP/RTU 等协议扩展模块；

支持 IL、ST、LD、FBD、SFC 等 PLC 编程语言和组态功能；

强大的可拓展性，可以自组网通信；

内置丰富的燃气行业算法，支持用户自定义算法开发；

支持攻击防护、指令有效性和安全性检查；

支持国密证书和身份认证功能；

支持基于国密算法的安全通信模块，对通信数据进行加密和完整性保护；

支持可信计算、授权管理和审计等功能；

支持数据断电续传和本地存储；

通信健壮性通过国际 EDSA 认证；

专业技术支持和二次开发服务。

（2）燃气行业国产安全 PLC

燃气行业国产安全 PLC 是在充分研究最新网络与信息安全技术基础上，对标国际先进的主流工业控制器 PLC 产品，采用国产密码算法，基于模块化、开放式软硬件设计理念和低成本可扩展的安全智能工业控制器软硬件架构，研制的具有完全自主知识产权的安全智能工业控制器产品。

主要技术指标：

全志 T3，4 核 ARM Cortex-A7@ 1. 2GHZ；

内存 1GB、存储 8GB EMMC Flash、视频输出 HDMI、USB 2. 0；

以太网 10/100M、RS485 串口支持；

供电-10. 7V~28. 8V、温度：-40~+40℃、湿度：最大 90%@ 40℃；

支持 Modbus TCP/RTU、EtherCAT、ETHERNET/IP 等协议扩展模块；

支持 IL、ST、LD、FBD、SFC 等 PLC 编程语言和组态功能；

支持图形化管理界面；

支持工业无线控制和数据采集；

支持攻击防护、指令有效性和安全性检查；

支持国密证书和身份认证功能；

支持基于国密算法的安全通信模块，对通信数据进行加密和完整性保护；
支持可信计算、授权管理和审计等功能；
支持对网络、总线、I/O 信号等异构数据的采集和云化安全互联；
硬件支持 IP20 防护，通信健壮性通过国际 EDSA 认证。

(3) 一体化燃气物联网安全通信模组(深燃芯)

一体化燃气物联网安全通信模组(深燃芯)采用全国产化器件，自主可控，解决“卡脖子”工程。通过在 NB-IoT 通信模组中内置国密级硬件加密芯片的全新架构，实现对物联网终端设备的数据安全和加深燃芯密传输，完美解决了燃气终端数据安全和可靠传输的问题。实现低功耗，延长电池续航时间。

主要技术指标：
设备唯一序列号；
设备私钥与证书安全存储；
支持双向认证；
安全通信密钥协商；
通信数据加密保护通信数据完整性保护；
燃气设备安全可信启动；
设备安全 OTA；
减少电路元器件，面积小，成本低，易于部署；
业务功能与安全功能分离，方便安全功能的集成；
安全功能前置，快速发现威胁，减少对业务的影响；
集成燃气物联网安全基线，内置安全态势感知探针，实现安全闭环。

【典型应用场景与案例】

燃气行业国产安全 RTU、PLC 可用于燃气行业物联终端设备的远程数据传输及远程控制。其中 RTU 在深圳燃气中压站点运行一年以上，效果良好。PLC 在深圳燃气梅林调压站运行半年以上，运行平稳。

一体化燃气物联网安全通信模组(深燃芯)，可用于燃气远传表的数据传输及数据安全保护。目前已接入 20 万只 nb-iot 燃气表。

15.10.8 讯飞燃气大数据平台

【基本情况】

生产单位：科大讯飞股份有限公司
产品费用：300 万元/套

【产品概述】

（1）基本原理

讯飞燃气大数据平台(图 15.35)是依托科大讯飞领先的大数据和人工智能技术，建设的覆盖数据全生命周期，一站式的燃气大数据管理平台。围绕燃气数据资源“汇聚、存储、管理、治理、共享、开发、可视化”的发展主线，实现消除燃气数据孤岛、规范数据标准、提高数据质量、推动数据流通、挖掘数据价值的目标。

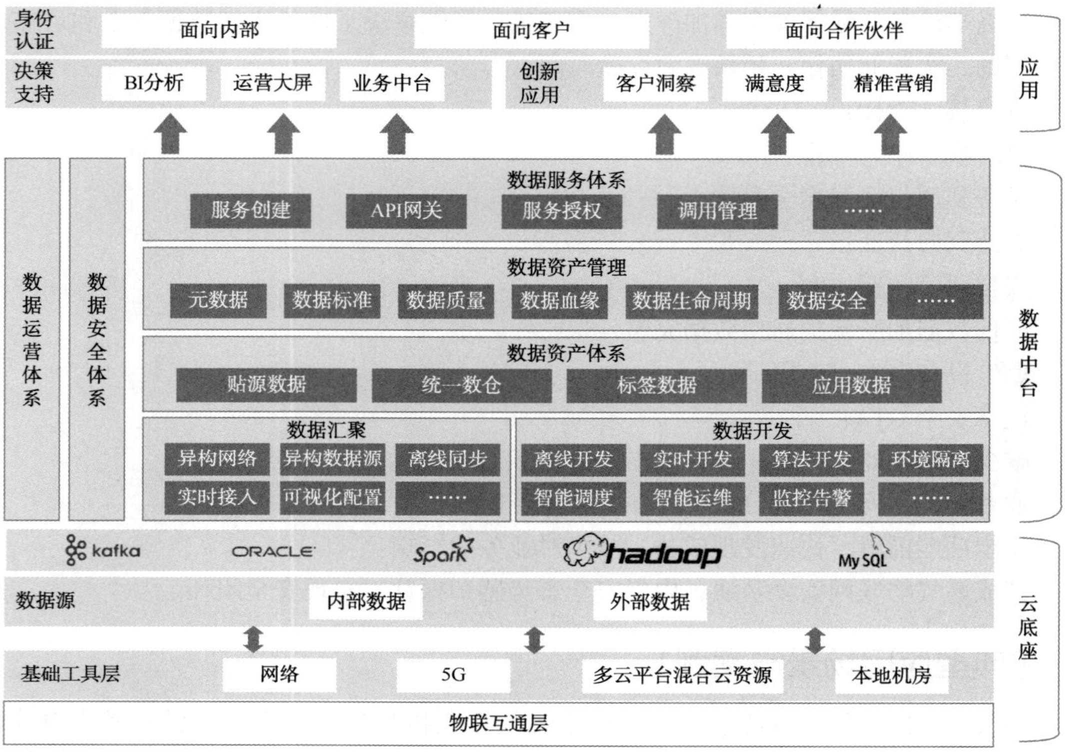

图 15.35　讯飞燃气大数据平台架构

（2）应用

① 实现管道完整性实时监测，减少巡检环节人力成本投入，实现备件采购提醒和智能库存管理、缩短维修周期；

② 精准定位管道异常点，缩短管道异常维修周期，减少燃气泄漏损失和风险；

③ 第三方施工风险评估，降低由此引发的燃气泄漏相关风险。

（3）特点

① 实现 20 余种燃气异构数据源互通集成，包括各种关系数据库、大数据组件，实时数据，文件数据及接口数据等。支持集成过程中的映射、转换、标准化等预处理，同

时提供有效监控服务，实时分析任务运行调度的情况。

② 支持燃气数据可视化分析。平台基于多种数据源（mysql/gbase/oracle/dameng/MQ/地理数据源）对数据进行接入及处理，用户可利用平台上的 90 余种素材、20 余种模板资源直接在画布上进行拖拽布局，提供 40 多种组件（趋势图、占比图、GIS 地图等）的数据编排及样式配置。用户可以轻松通过连接将成果进行展示和分享。

③ 支持燃气大数据调度。通过作业编排实现多类型、多数量任务调度的工具，支持对实时任务与离线任务的调度。同时支持对燃气作业监控及作业下任务监控，通过对作业及任务监控，查看作业及任务运行情况、详细调度记录、异常作业及任务监控跟踪查看、作业及任务日志查看等，实现对作业及作业下任务的实时掌控。

（4）技术指标

① 国产化适配：从芯片、操作系统，到数据库软件整体上支持国产芯片、操作系统和软件。

② 通过国家质量测评认证：平台获得公安部产品质量检测以及信通院测评，保证数据的全生命周期安全管理。

③ 高并发条件下，平台与终端的完整会话平均响应时长小于 3s，最大响应时长低于 6s，终端对指令平均响应时长为毫秒级。

④ 常规条件下，数据采集成功率>99%。

⑤ 常规条件下，数据查询平均处理时长小于 1s。

⑥ 平台支持负载均衡，系统在切换过程中保证已经处理过的业务正常运行；支持数据的分布式存储和访问。

16 平台建设与数据应用

16.1 北京燃气生产运行系统与数据分析平台建设——助力燃气企业智慧运营管理

【基本情况】

应用场景：平台建设与数据应用

提供单位：北京市燃气集团有限责任公司

建设单位：北京市燃气集团有限责任公司

【解决方案】

(1) 生产运行系统

生产运行系统是提升生产运营系统完整性管理水平的主要工作之一，是实现集团公司数字化转型、用数据驱动生产运营转型升级的重要措施。生产运行系统覆盖运行管理工作的十五项主要业务，实现对管理流程的全面贯穿、数据采集的全面数字化，具备一定的风险预测和工作质量评价能力，为管理决策提供重要数据支撑。

① 系统功能架构

北京燃气生产运行系统涵盖管线运行、施工配合、闸井运行、调压站(箱)运行、阴保设施运行、调压站(箱)检修、下井检查、泄漏检测、五米线检测、高精准检测车检测、防腐层破损点检测、门站运行、门站检测、自管户管理、图档管理业务等31个模块(见图16.1)。

② 生产运行系统核心功能

a. 综合巡视

生产运行系统支持综合巡视功能，满足职工在一个设定的网格内，同时开展管线运行、施工配合、调压站(箱)运行、闸井运行和阴保设施运行的功能。

在管线运行方面，支持划分运行网格，职工负责网格内的全部管网设备设施的运行工作。

在施工配合方面，系统覆盖施工配合全流程管理。当发现施工迹象时，系统可以采集必要的管理信息，包括施工类型、作业方式、影响范围等施工信息，管线标志、配合方式、施工配合方案等配合信息，现场照片、视频等营销资料，支持采集建设方、施工

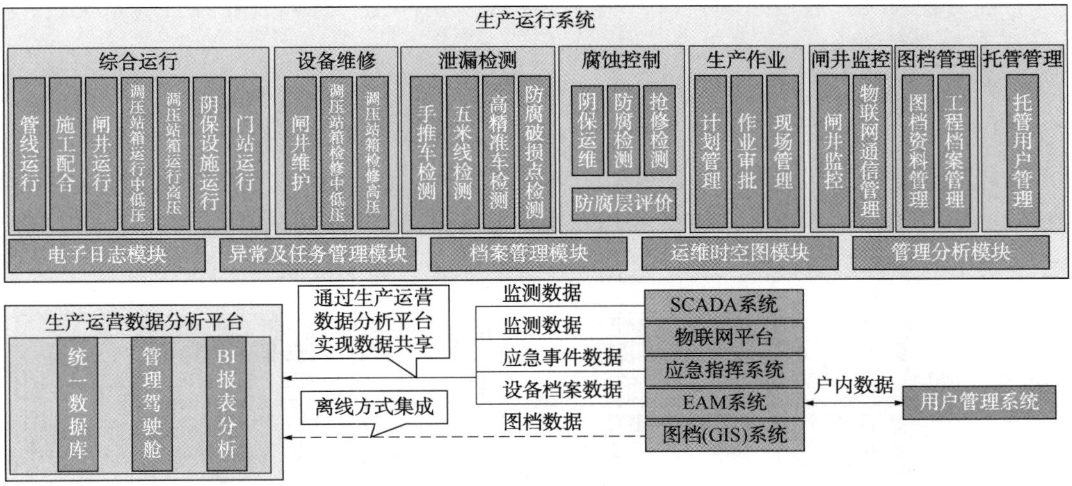

图 16.1 生产运行系统功能架构和数据集成关系

方、监理方的电子签名，能够自动生成电子施工配合告知书，并通过短信将电子施工配合告知书发送至相关人员。

在燃气设备运行方面，支持在线编制调压站(箱)、闸井、阴保设施运行计划，并能够根据当日管线运行区域一定程度上优化站箱运行计划，使设备运行区域与管线运行区域相同，既满足设备运行周期的要求，也能够减少空驶耗时、有效提高运行效率。

b. 泄漏检测

系统可同时支持高精准检测方式、小推车检测(五米线检测)方式开展泄漏检测工作，在检测数据上传后，系统可根据发现的疑似泄漏点在线生成检测报告。对于发现的疑似漏点，支持生成检测表单，职工可以现场采集疑似漏点周边区域的检测信息，辅助判断漏点位置。系统还将与应急指挥系统集成，能够将泄漏检测事件上升为应急事件，并在修复完成后关闭泄漏检测任务，实现泄漏点消除前的全过程管理。

c. 设备检修

通过跟踪记录设备异常，系统记录维修配件消耗情况，为分析不同品牌、不同用气条件下的设备使用成本，指导维检修工作开展，逐步将计划性检修转变为预防性检修，降低设备使用成本和设备风险提供解决方案。

(2) 生产运营数据分析平台

生产运营数据分析平台将生产运营系统的各系统资源进行有机整合，强化跨业务的综合数据分析与异常监控功能，切实提升运营管理工作。平台主要具有四大特点。

一站掌控全局，系统间数据互联共享管理数据：管理报表分析和关键指标展示监控数据：集成物联网、SCADA 等系统。

一图感知管网，人的行为(综合化运维、设备检修、生产作业、抢修)；物的状态(设备的状态、状况、监控)。

一脑智能分析，提供跨业务的数据深度、综合分析服务。

一号走遍系统，通过系统集成，实现一个账号访问生产运营各业务管理系统。

① 平台功能架构

生产运营数据分析平台实现平台与主要业务系统的集成、数据清洗与集中管理，打造数据共享中心；基于平台开发生产业务报表，实现对关键业务指标的管理和系统主动预测预警；建设管理驾驶舱（Web 端和大屏）、综合地图、BI 可视化展示，打造运营监控中心；基于平台，落地算法模型，开发数据服务能力，打造智能服务中心；同时基于平台实现生产业务系统的统一身份认证和单点登录，具体功能架构见图 16.2。

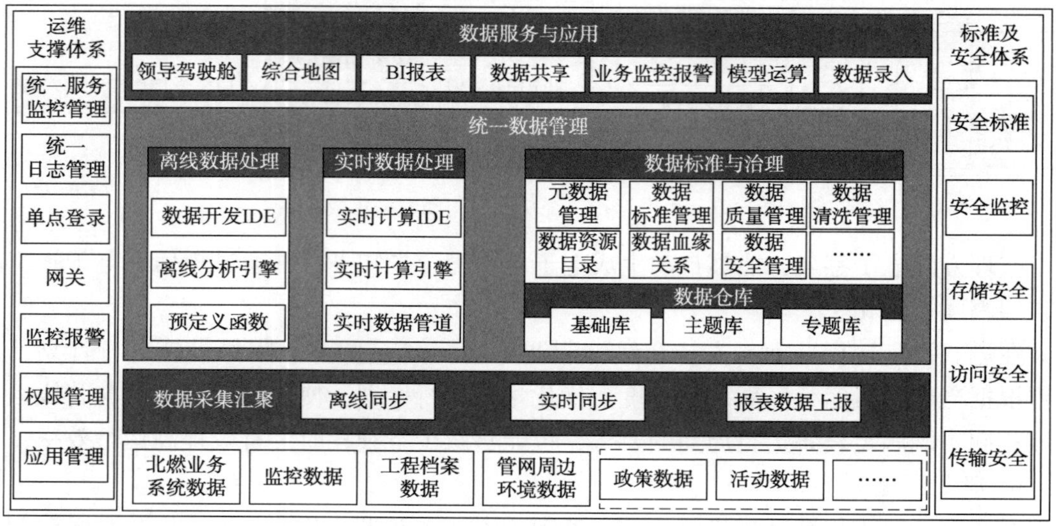

图 16.2 数据分析平台整体功能架构

② 生产运营数据分析平台核心功能

a. 数据治理服务

数据治理服务主要包括：数据采集接入服务、数据资源规划服务、数据处理 ETL 服务、数据仓库建设服务、数据管理服务、数据共享服务、综合地图服务、数据分析服务。

b. 统一门户

建设统一门户，集成统一身份认证登录系统，单点路口登录访问统一门户功能页面；做到根据权限分配相对应的用户所能使用的功能及子系统的访问；将各个子系统、管理驾驶舱、综合地图、BI 报表等整合到统一门户中；形成便捷、统一管理的页面。

c. 综合地图

一张图综合展示管网运行、设备状况、生产作业、应急抢修、监控等数据，实现一图总揽全局。

d. BI 报表

基于平台提供的增强分析功能和完善的企业级报表管理功能，业务人员通过可视化配置即可完成，无须编写程序代码，可实现所有生产领域报表和分析需求。可以支持数据自定义展示和数据在线收集、填报，对于填报的数据支持按照频次等进行汇聚统计、填报详细日志等。本平台共实现横向(组织维度)和纵向(业务维度)8 类 61 个指标的下钻分析。

e. 管理驾驶舱

北京燃气生产运营业务管理驾驶舱，支持多种数据可视化图形对接输出、支持多种数据源对接输出、实现数据展示、业务监控、风险预警、地理信息分析等多种业务的展示需求。见图 16.3。

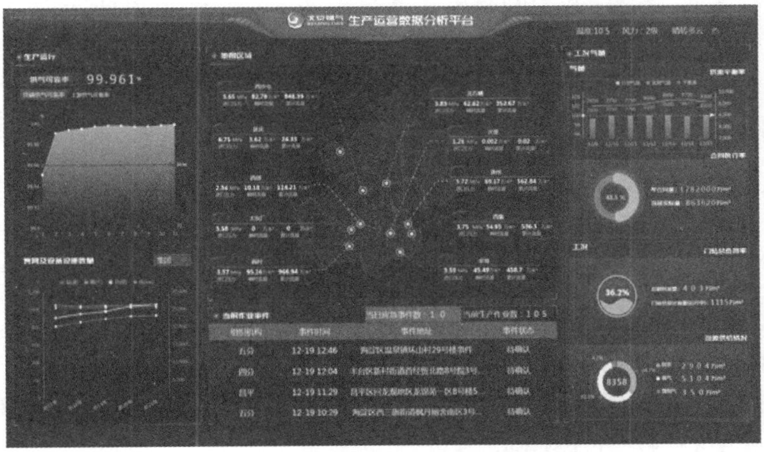

图 16.3 管理驾驶舱主界面

(3) 深度融合助力智慧运营管理

通过生产运行系统和生产运营平台的建设，实现生产运营各环节数据信息的采集、互联调用、智能分析与决策；实现对管网的风险分析、运行质量分析工作，为集团各层管理人员提供业务决策支撑；实现运行管理的可视化，辅助运行人员实时掌握设备运行信息，强化数据分析与利用；实现对管理流程的全面贯穿、数据采集的全面数字化；实现集团公司数字化转型、用数据驱动生产运营转型升级。

① 生产运行业务的数据化。

生产运行系统通过手机可实时采集职工全业务流程时间、位置、运行记录、异常等结构化信息，为发现管理问题和持续优化运行管理工作提供数据基础。同时，生产运行系统与 GIS 系统、EAM 系统、SCADA 系统等系统实现集成，通过移动设备将集团的数据资源提供给每一名职工，使相关的信息化系统的使用和关注由个别人转变为全员，有效提高原生产系统数据应用效果。生产运行系统还支持职工现场修改调压站(箱)档案，经设备管理人员核实确定后，修改信息将同步至 EAM 系统，持续完善设备基础台账信息。

② 及时发现管理问题。

生产运行系统通过对运行记录的分析，可以发现管理问题、协助优化工作计划。一是发现管理盲区，系统通过全面采集一线职工真实数据，可以详细展示运行质量，直观展示长期未运行的设备和管线，明确管理盲区；二是支持工作量测算，通过精准测算职工一天各项工作有效工作时长，为管理人员更科学安排工作、指导员工纠正时间分配问题，为合理安排运力提供依据；三是辅助运行质量分析。综合统计运行工作量、异常发现和处置情况、运行时长、突发事件数量等要素，对职工运行情况进行综合评估，及时发现职工运行问题。

③ 支持模型运算。

通过运维数据采集反映管理问题，借助施工高发区域评价、调压自诊断、腐蚀风险评价等模型有效分析预测管网风险，聚焦管理问题，不断优化管理模式，科学制定管理重点，有效加强管理薄弱环节。同时由于通过生产运行系统可以使运行管理工作更加透明、扁平，可实现分公司、运维所、班组间的效能横向对比，有效促进各单位主动强化管理，持续优化运行管理，使工作量更加均衡和饱满。

④ 提升施工配合工作质量。

生产运行系统还将集成第三方外力破坏模型，预测施工高发区域，并对发现的施工给出配合建议。系统可有效记录施工配合全过程关于施工范围、管线位置标记、施工配合告知书等资料的照片、视频证据，在佐证工作效果的同时可起到约束施工单位作用，有效减免施工破坏责任。

⑤ 提升管网数据分析决策能力。

建成管网数学模型运行容器，初步实现数据深度、综合分析，提供数据分析服务，为打造智能服务中心构建环境基础。

16.2　润格(RIG)数字化平台

【基本情况】

应用场景：平台建设与数据应用

提供单位：润智科技有限公司

建设单位：润智科技有限公司

建设时间：2019 年 12 月

投入使用时间：2021 年 12 月

【建设必要性】

随着产业环境的不断升级、燃气业务的快速发展，对信息化、数字化、智慧化的要求越来越高。传统项目的外包模式和烟囱式建设方式，存在架构各异、难以整合、成本极高的缺陷，无法适应业务快速发展的需求，且后期的系统运维完全依赖于项目实施商。系统建设完成后，很难掌握系统的自主权，存在被项目实施商牵着鼻子走的风险。

【解决方案】

结合燃气信息化建设目标，主动探索智慧燃气建设的新方法、新出路，制定燃气集团智慧燃气平台建设蓝图，明确了润格 RIG 数字化平台三大中台建设目标：

业务中台根据燃气业务蓝图规划对业务活动进行细粒度的拆分重组，提炼业务通用及标准化能力并进行沉淀，最大限度实现能力复用，实现业务系统快速搭建、业务流程灵活重组，让高效地开展业务探索和创新成为可能。

数据中台打破数据孤岛，将各领域数据汇聚拉通，按照"立足业务、以用促治"原则，聚焦数据应用和指标分析，搭建数据平台框架，技术支撑绘制数据资产全景图，编制数据字典模板配合各业务领域数据治理工作，根据各业务侧梳理成果归集数据字典、主数据标准及数据指标体系表，同步业务中台各业务中心建设强制业务数据标准化应用，完成业务数据规范后的入库，提供统一数据服务。

技术中台构建并提供成熟稳定的研发组件，帮助业务系统简化研发步骤，提升研发效率。将业务系统基础能力(如权限管理、账户管理、组织中心、消息中心、流程中心等)以公用组件的形式提供个业务应用复用，真正实现了业务应用只需要关注业务本身。同时结合云原生能力将应用系统的代码管理、构建部署、监控运维全环节打通，保障各业务系统安全、稳定、高效地运行。

【主要成效】

"三中台"建设上线，实现快速响应需求、系统融合贯通、统一技术架构，为业务沉淀复用、试错成本降低、企业规模化创新开辟新途径，让"缓慢"的环节变得"快速化"，"实体"的环节变得"数字化"，"手工"的环节变得"线上化"，"笨拙"的环节变得"智慧化"。

16.3 港华燃气智慧运行平台(TOP)

【基本情况】

应用场景：平台建设与数据应用
提供单位：上海航天能源股份有限公司
建设单位：港华燃气集团
建设时间：2022 年 6 月

【建设必要性】

历经 20 多年发展，港华燃气集团在全国拥有 130 余家燃气企业，在燃气生产运行管理环节集团虽然建立了完备的管理制度和预防机制，但各企业受制于自身发展现状及现实所需，配套生产运行相关系统建设为分批、分期逐步建设。从集团整体生产运行的角度而言，面临一系列的问题与挑战：

(1) 各企业系统建设水平层次不齐，受制于经营条件、自身发展、定位认知等各方面因素，导致了港华燃气集团有着不同业务类型、不同数据类型、不同应用类型的各类生产运行系统，同时，各企业之间的同类型系统也有较大差别；

（2）信息孤岛现象严重，各系统之间相对孤立，业务信息无法交互与共享，特别在解决综合业务方面，多个系统操作，麻烦不方便，需要消耗大量人力物力等资源，工作效率低；

（3）部分企业系统的运行维护没有足够的专业人才和运维能力，系统不但没有发挥出应有的功能，反倒成为自身信息化发展的绊脚石；

（4）随着国家网络及信息系统安全等级保护要求的进一步强化，各企业对网络安全管理能力不足的问题进一步凸显，等级保护评定投入成本高、管理成效较低、效果不明显；

（5）“数据赋能”困难，大量数据沉睡在各企业的服务器里，无法有效利用，数据对企业生产运行业务的提升相当有限；同时，对集团和港华各区域来讲，多家企业数据有效整合、统计分析等管理困难，无法发挥出大数据的真正威力。

因此，急需搭建一套统一入口、统一管理、统一评价的生产运行信息化系统来辅助企业运营管理。

【解决方案】

（1）建设目标

为打破这一格局，港华燃气集团自 2019 年起即对建设燃气生产安全领域相关信息化系统所必需的相关技术、建设范围、管理要求、实施条件等一系列环节做了深入的调研及论证，确立了建立以集团为中心，以时空数据管理应用为手段，以完整性管理为目标的港华燃气智慧运行平台（TOP），平台通过集成成熟的平台化软件产品，依托专业的信息化拓展能力对贴合各项目公司业务发展所必需的功能进行量身定制，最终形成以图形化和物联网、视联网平台为能力底座，构建 GIS、设备物联、设施管理、视频聚合一体化业务平台。实现运行业务的移动化、图形化、数字化，并需要提供较为强大的数据、模型分析展现能力，做深度数据挖掘及指导决策。

（2）总体功能架构

项目总体架构设计以“大集成设计、微服务架构、模块化开发、容器化部署”为主要技术思路，围绕燃气生产运营，以设备资产管理为核心，以数据汇聚管理为主要出发点，通过对 GIS、物联网、视联网等基础平台产品数据的整合，建设形成港华燃气集团智慧运营管理平台，依托主数据标准体系打造集团统一运维管理体系。

系统总体功能架构如图 16.4 所示。

（3）GIS 系统(图 16.5)

GIS 系统内，地图及以下资源在集团统一部署，覆盖全集团所有港华企业的地级市、区、县，并长期按照集团要求统一更新。地图坐标系为 CSCS2000，并支持地方坐标系。电子地图精度为1∶500。以季度为周期进行更新。地图能提供的建筑外缘和管网本身坐标，判断管网、设施是否存在被占压的可能性。地图同时提供稳定人口、实时路

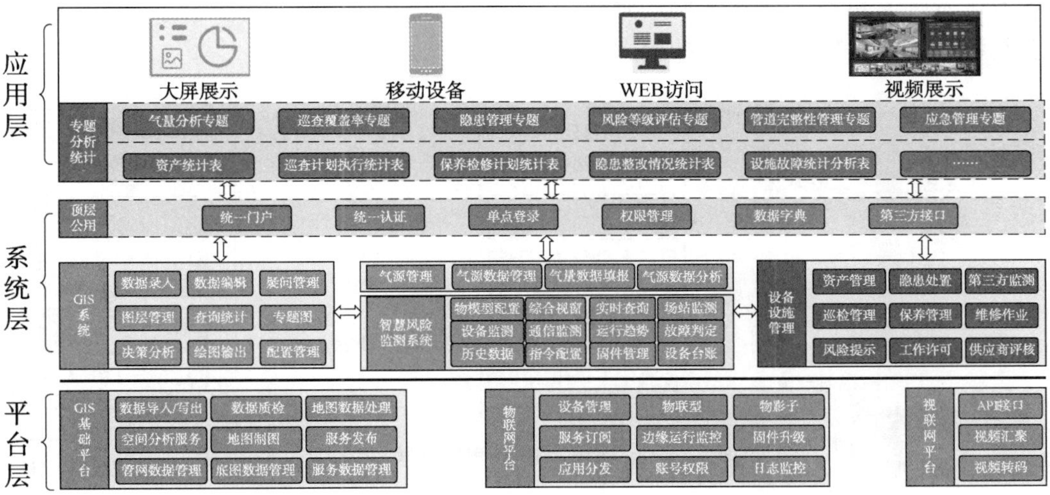

图 16.4　系统架构

况、实时/历史天气、实时/历史风速、泛天气类数据如紫外线指数、强对流天气预警、地质灾害预警等实时数据，以用于动态评估管网周边环境状况，及时分析管网设施占压隐患风险。

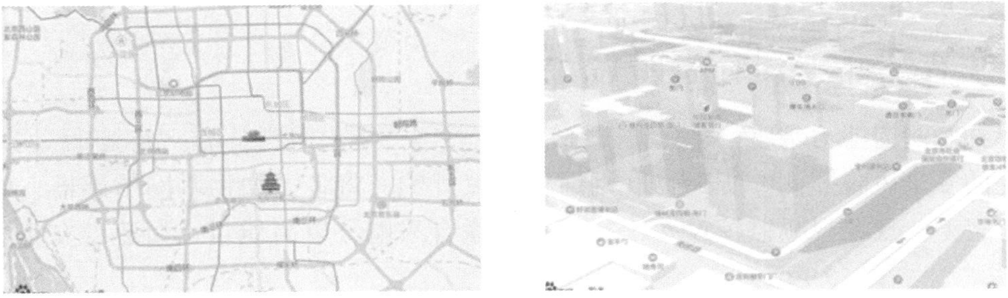

图 16.5　GIS 系统

在 GIS 移动端将项目档案与工程系统同步，将移动设备(手机/平板)与 RTK 设备连接，在系统移动端内选择须测量的项目做测量，取 RTK 的测量值。以此实现按工程项目对管线、设备做精确定位测量，将资产做图形化的交付。RTK 打点时，除了坐标(同时记录经纬度及 CGCS2000 平面坐标)之外，还可记录属性字段，如压力等级、管径、材质、是否成线、设备分类等。

(4) 视联网平台(图 16.6)

企业厂站多数安装有本地视频安防系统，如监控系统视频信号、门禁识别设备、入侵报警等设备、喊话系统监控系统等；视联网平台通过在项目公司和集团中心分别部署视频节点，将视频流统一汇聚，对视频流、图片流进行统一接入及接入认证，在关键业务节点使用时进行随时调取使用。视联网平台支持对视频流按需进行分发，按照各类业务的协议需求进行输出播放、回看、时移回看。视联网平台支持各类摄像头的视频流的接入协议，主要包括 GB/T 28181、ONVIF、RTMP、RTSP 等，针对 AI 摄像头支持抓拍图片流接入。支持各类业务的调用查看需求，可以将实时视频流、录像视频、图片按需分发到各种终端，实现全终端的覆盖。

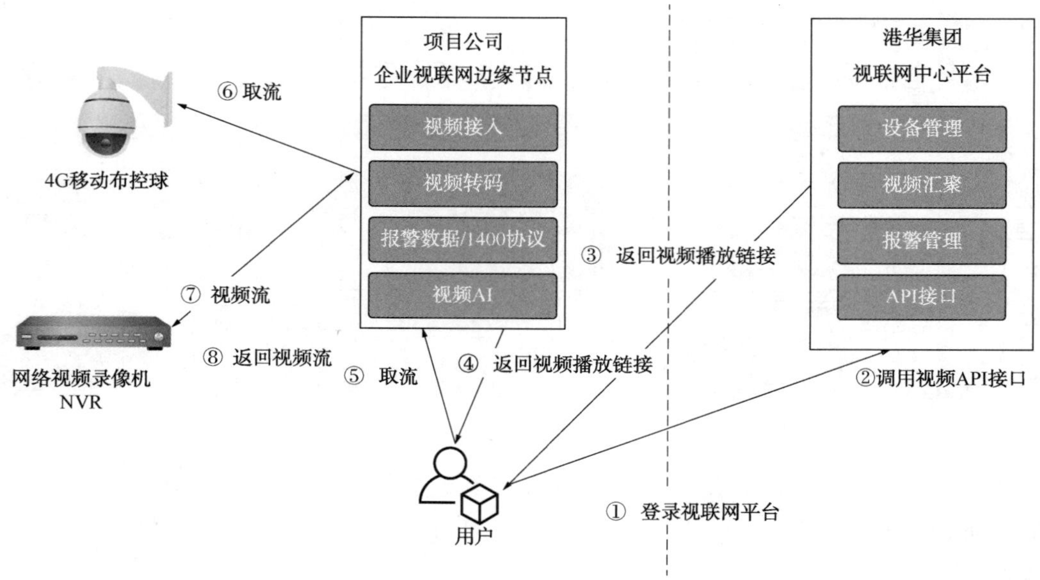

图 16.6　视联网平台

(5) 智慧风险监测系统(图 16.7)

以物联网为能力基座，建立集团级站、厂、网一体化监测系统，实现对厂网设施运行状况的安全风险监测。统一物联网通信协议规约，将各类如物联网传感器、DTU 设备进行定型、现场视频监控设备，实现设备联合采购，以高质量、高速度在集团推广应用。

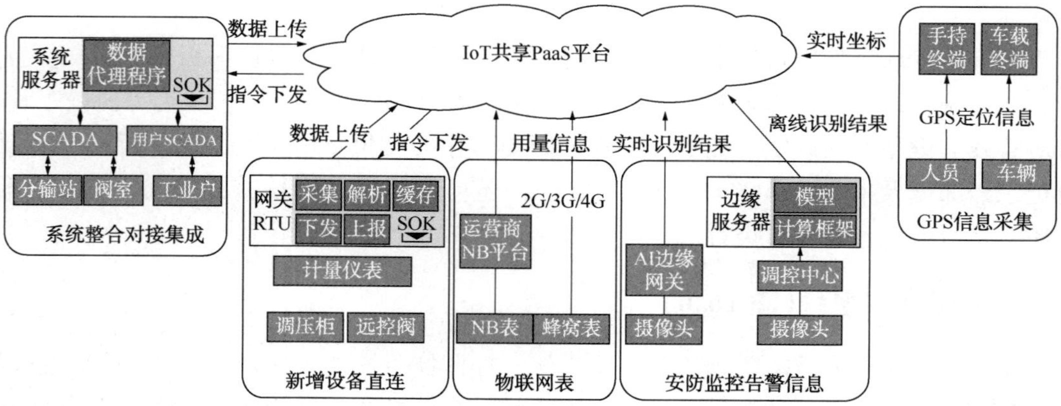

图 16.7　智慧风险

提供设备统一接入协议、数据交互规范、接入工具(SDK)，将存量设备、新增设备以云云(系统)对接、直联平台、网关接入方式通过内部网络、专线、4G/5G 等传输方式接入平台对设备生命周期、数据统一管理、统一开放。云云(系统)对接打通已有多个 SCADA 系统进行统一管理，同时提供新增设备接入规范、标准。同时考虑数据传送的安全性。

(6) 设备设施管理系统

设备设施管理系统从港华燃气设备管理的需求出发，以实现设备全面信息化管理为目标，综合运用创新的管理理念和先进的信息技术，在充分掌握了解企业各设备管理部门业务的基础上，抓取准确的基础数据和统计数据，深度整合内外部各种相关资源，通过精细化完善燃气企业的厂网管理业务，对涉及厂网生产运行管理中的设备巡查、保养、检修、抢修、测量、监护等全过程进行标准化流程定义，将相关依托对空间数据、时序数据运用科学的程序和模型，形成各个实用的子系统，为各级管理部门提供有力的支持。

设备设施管理系统主要实现了设备在全生命周期内的信息采集、存储、传递、查询、维保计划的制定、巡检与报表生成等基本功能，以及设备台账的分类、汇总、统计、分析等处理功能，为单位相关人员提供完整、准确、及时的设备管理信息，保证设备能够长周期稳定运行。

(7) 运维管理系统(图 16.8)

平台提供完备的运维监测体系，对于影响系统业务运行可能的故障提供自动化的诊断功能，提供相应的解决办法，并能够持续地进行完善，统一的异常编码，与异常信息。每种异常提供全面可能的问题解决办法。监控系统关键服务状态，对于异常情况，进行醒目的方式提醒，并提供应对办法。运维管理系统基于完善的架构，保证系统运行稳定。

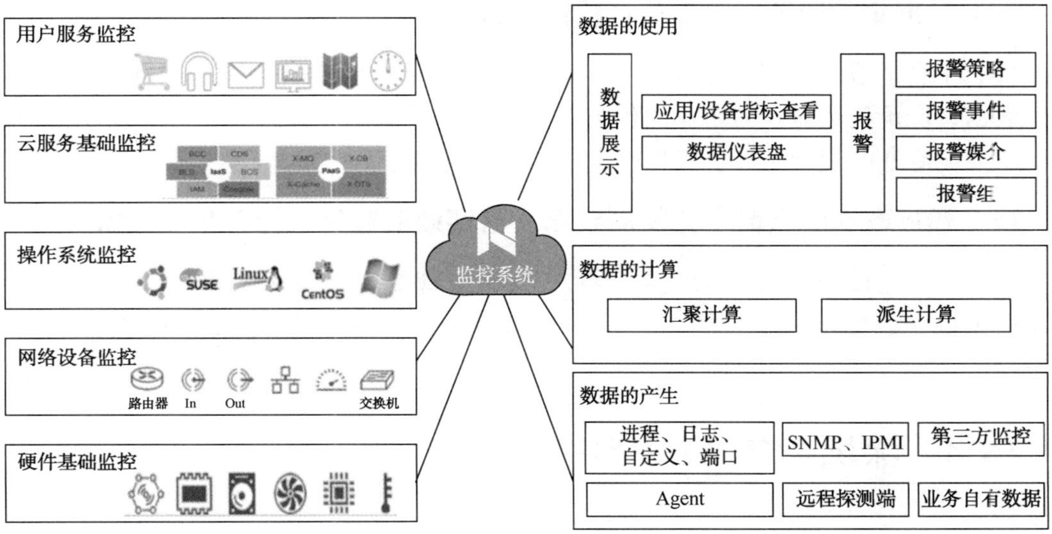

图 16.8　运维管理系统

【主要成效】

依托 TOP 平台的建设和使用给港华燃气集团带来的成效无论从技术层面还是从业务层面都是显而易见的，其表现形式如下：

（1）多系统融合、云端赋能

TOP 平台以“大集成设计、微服务架构、模块化开发、容器化部署”的技术思路为牵引，将物联网、视联网、GIS、设备设施管理多系统融合，构建集团统一的厂网运行、设施管理、风险管控、气源管理，可视化、数智化业务系统，为集团 130 余家企业提供生产运行业务的数智化云端服务。

（2）生产运营管理标准化，燃气安全生产能力大幅提升

TOP 平台应用强化了集团在生产运营管理过程中的标准化能力，原来集团发布一项标准化方案，受制于不同公司的生产运营信息化管理能力，木桶效应明显，TOP 平台将相关数据、相关标准形成统一管理指引，无论是大型项目公司还是小型项目公司，生产运营管理能力都能保持与集团要求相一致的水平，大幅提升各公司安全生产能力，加快促进了集团标准化管理和推广能力。

（3）集团统一建设，整体运维，降本增效

TOP 平台由集团统一建设，集中部署，整体运维，依托集团整体信息化集成和建设技术能力为成员企业保驾护航，从投资规模上能有效控制整体成本，帮助集团开源节流。同时，大大释放了集团下属各成员企业的信息化运维压力，在确保集团信息化等保要求的前提下，更为各成员企业节约了运维成本。

（4）数据集中管理，数据资产价值凸显

TOP 平台的成功应用真正让集团所有点、线、面、时空数据形成一张网的管理格局，数据资产价值凸显，为企业的各类业务提供高质量的业务载体和管理抓手，同时，为集团强化后期的规划布局、管理密度奠定坚实的基础。

（5）顺应政府燃气数字化发展要求，落实政府监督，提升企业形象

TOP 平台建设顺应政府燃气数字化发展的监管要求，强化风险预警，安全管控，并能提供统一、标准、丰富的可视化展现窗口，提升港华燃气集团和下辖各企业的形象。

16.4 深圳燃气 AI 中台

【基本情况】

应用场景：平台建设与数据应用

提供单位：科大讯飞股份有限公司
建设单位：科大讯飞股份有限公司
建设时间：2021 年 9 月
投入使用时间：2021 年 12 月

【建设必要性】

（1）缺乏全面且可用的基础 AI 能力

基础通用的 AI 能力是业务智能化的基本生产要素，自建基础 AI 能力缺乏人才，耗时费力反而输出有限，耽误转型；AI 中台预搭载讯飞最先进、全面的基础 AI 模型能力，同时支持广泛试用和多种灵活商务模式。

（2）行业 AI 应用需根据自身业务定制化演进

外采的能力大多通用，技术更新快，需要企业根据自身业务适配优化，核心业务的 AI 应用不能掌握在外包手中，需自己掌握和迭代演进；AI 中台支持全技术栈、全生命周期的 AI 能力开发演进，提供语音/CV/NLP/KG/传统结构化数据等 AI 全技术栈建模操作，支持常用机器学习、深度学习等算法框架等，支撑模型开发全生命周期（标注训练，上线退役等）。

（3）烟囱式采购建设，能力分散，缺乏统一管理

集团在智能化转型的第三阶段，普遍出现多部门多头建设，能力分散，厂商众多，管理不清，资源浪费，接口不统一，前台开发对接难，无法自由组合编排，复杂业务支撑难等痛点；AI 中台提供一站式 AI 能力管理平台，打破烟囱式管理，规范下层能力接入适配和统一的上层能力接口输出能力、提供统一的用户管理、能力管理、数据管理、审计等管理监控功能、支持开放上架并兼容管理所有来源的 AI 能力（私有+公有）。

【解决方案】

技术架构见图 16.9。

【主要成效】

（1）技术赋能，实现四个统一

统一能力适配接入；
统一能力接口输出；
统一过程数据留存；
统一运营运维管理。

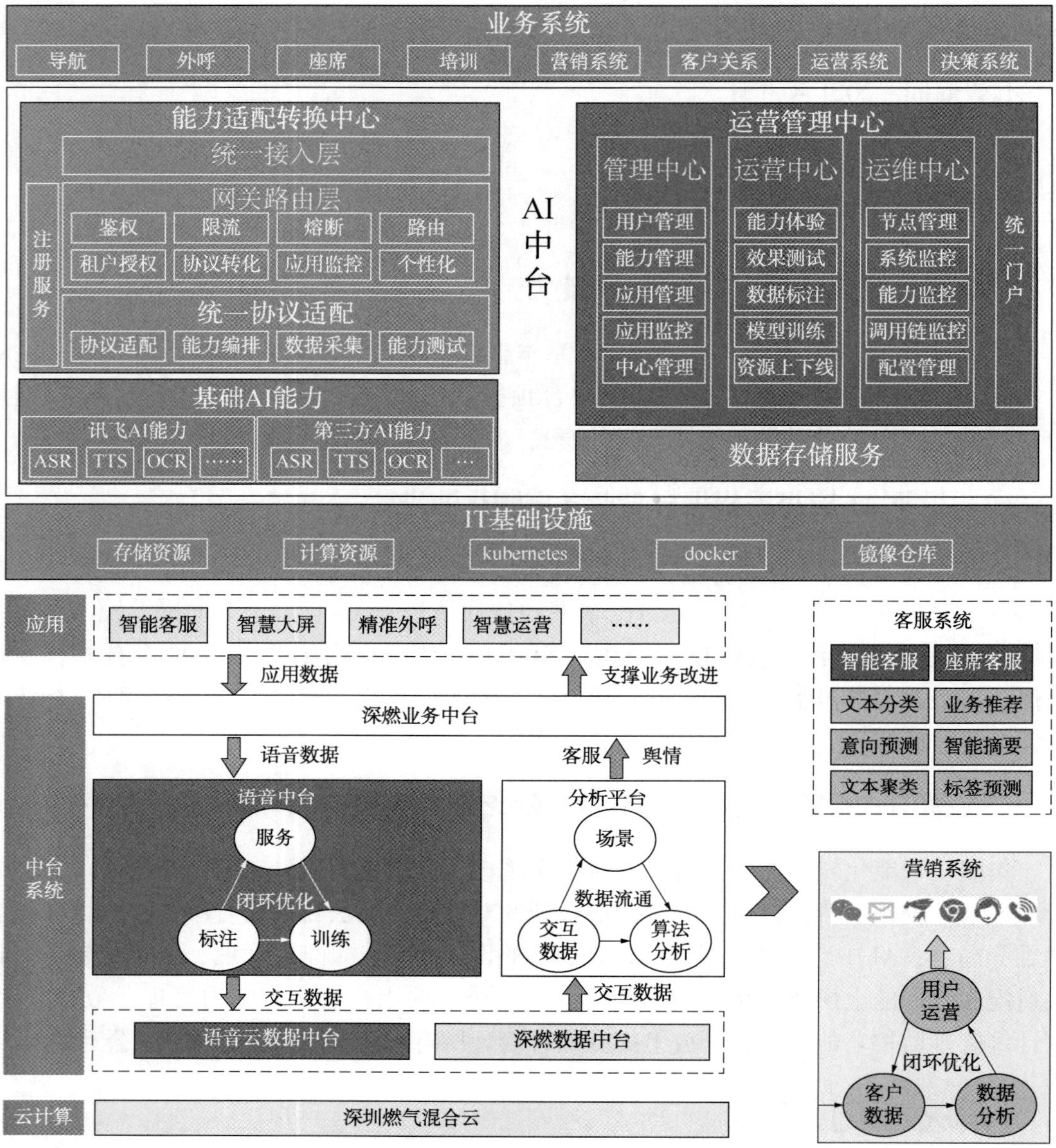

图 16.9　技术架构

（2）助力业务创新

实现能力与业务解耦，支持前台各业务专注业务、敏捷创新；
打通 AI 能力应用和优化的迭代闭环，助力 AI 能力的适配演进。

（3）保障精细运营

打破部门烟囱，实现底层历史建设的设施和能力的高度复用，降本增效；
加强开发和运营运维中的流程、角色、资源管控，提升组织效能。

16.5 杭州燃气数据赋能一网统管

【基本情况】

应用场景：平台建设与数据应用
提供单位：金卡智能集团股份有限公司
建设单位：杭州市燃气集团有限公司
建设时间：2019 年 7 月
投入使用时间：2019 年 12 月

【建设必要性】

杭州市燃气集团有限公司（以下简称“杭燃集团”）非常重视天然气场站、管网、客服营销等数字化建设，较早就搭建了多套信息化应用系统，如 SCADA 系统、GIS 系统、巡检抢修指挥系统、用户管理系统、热线系统等业务系统，实现了燃气企业两大独特资源-管网和客户的运营管理和服务体系。但这些业务系统都是不同时期独立建设，形成若干信息孤岛、信息烟囱。为解决数据孤岛，加强数据深度开发应用和集成化管控能力，加强企业数字资产的价值挖掘，围绕“顶层设计，分步实施”的规划建设原则，以充分挖掘杭燃集团各业务领域数据资源，建立杭燃集团的数据应用体系，建立杭燃集团统一数字平台，实现杭燃集团的数字化转型。

【解决方案】

根据杭州燃气数字平台总体规划，以“数据汇集、应用平台、一网统管、数据赋能”为建设目标，按照“顶层设计，分步实施”的建设原则，通过充分挖掘杭燃各业务领域数据资源价值，建立杭燃集团的大数据应用体系，打造杭燃集团数据中台、杭燃集团场景化管理驾驶舱，最终打造杭燃智慧燃气大脑。根据行业专家“重视场景、强化应用、数据价值”的数字平台建设建议，拟打造全国燃气行业信息化、数字化、智慧化管理示范样板。

杭州燃气数字可视化平台展示内容围绕企业四大产品和经营管理，从理念、产品、保障、管理四个方面体现逻辑性、主次性。平台通过运用 HADOOP 大数据（Hadoop Distributed File System，分布式系统架构）、图形组件、H5 等可视化技术，将 SCADA 系统、GIS 系统、居民用户管理系统、工商用户管理系统、呼叫系统、巡检抢修指挥系统等多源业务系统关键数据在线接入集成，并通过地图、数据图表库、视频等在大屏上动态展示。

展示内容共分七块，主屏展示集团“54441”战略和核心产业介绍，即“杭燃供气、杭燃服务、杭燃优家、杭燃体验”总体情况，通过嵌入式视频软件可以播放企业发展宣传片或其他宣传资料。“杭燃供气”屏分为高压管网、中低压管网两个分屏。其中在高压管网分屏上主要展示杭州市域235km高压管网运行图和规划图、4个上游气源、5个接气门站、2个大型城市LNG应急气源站运行情况。中低压管网分屏主要展示杭州主城区中低压管网图、调压站分布、运行抢修服务站点、运行抢修保障力量等。"杭燃服务"屏分为服务和销售两个分屏。其中服务分屏展示经营区域、用户规模以及营业服务网点、热线电话、19服务厅等"为城为民"服务举措，体现杭燃客户服务品质。销售分屏展示的是销售气量、用气结构、支付渠道等经营管理数据。"杭燃优家"屏展示的是我们新产业的系列产品及新产业发展理念。"杭燃体验"屏展示的是企业文化和品牌理念。通过能源展厅、能源之旅、服务大厅的直观表达，传达实地体验风能、光伏、分布式能源的节能环保理念，宣传杭燃安全服务、人文关怀。在整体上，体现"安全、创新、绿色、共享"发展，表达"客户第一、文化兴企、精益管理"战略。

【主要成效】

以"云上燃气、智慧能源、增值服务"为中心思想、以杭燃四大产品为业务领域，汇集杭燃主要业务系统数据，打破数据孤岛，运用大数据技术、图形可视化技术，实现了7张屏、40多张图表开发，通过分析图表、地图和动效形式在大屏上形象地展示杭燃供气、服务、优家、体验方面的主要运营数据，为企业管控和决策提供科学依据。

在云计算、大数据、物联网、移动互联网、人工智能、5G通信新技术日趋成熟应用和燃气企业信息化向数字化、智慧化转型的背景下，燃气企业将推进数字化建设力度。杭州燃气数字平台作为全国首个燃气综合数字可视化平台，为全国燃气行业数字化管理创造出"世界一流"的杭州标准。特别是在新冠感染之下，燃气企业通过打造燃气智慧驾驶舱，提升城市燃气安全运营能力，为百姓带来更加便捷优质的服务体验，助力提高政府管理能力。

16.6 相关支撑产品

16.6.1 科大讯飞AI中台

【基本情况】

生产单位：科大讯飞股份有限公司

产品费用：按需报价

【产品概述】

科大讯飞AI中台旨在为客户提供全方位的私有化、公有化AI能力，支持客户建设人工智能应用平台。中台通过对讯飞、第三方AI能力的整体管控，实现业务数据的统一存储，AI能力的效果运营、AI服务的运维管理等功能。

（1）产品特点

① 提供基础通用能力。

AI中台的能力平台预置了讯飞多年积累的领先、全面的AI能力，从语音，到图像，到NLP等，提供了市面上几乎所有基础AI能力，支持试用，支持灵活的商务模式，这些基础能力极大地支持企业基础AI能力的快速落地、上层应用的快速搭建。

② 支持定制演进。

标注平台，具备行业领先的易用性，灵活标注模版配置、智能分配与进展监控；守护数据安全红线，支持私有化部署，全路程内网，支持脱敏标注，保障数据安全；支持语音、文本、图像多场景标注，以及快速支持新场景；支持AI辅助标注，提高效率，成本降低30%以上。

训练平台，支持通用AI能力和业务场景建模的全生命周期流程，赋能AI能力的定制化开发和演进。

③ 统一输入输出。

支持能力引擎接口适配和协议转换，有效降低前台接入技术难度和开发成本，通过统一接口，基于接口规范接入，更易于能力编排和组合，同时降低对单厂商能力的依赖，实现共享接口和授权，降本增效。

统一调用接口实现应用的快速开发，支持多种不同场景的统一调用方式，面向行业领域提供客户端基础SDK套件包，企业可以根据自身实际业务需求灵活组装能力SDK；面向开发者提供控件层的能力接口，采用回调机制，集成简单易用；面向web终端提供操作系统无关的WebAPI。

④ 部署灵活多样。

AI中台产品基于功能可插拔式设计，部署形态支持配置服务+AI引擎的最小化部署；单中心高可用部署；多中心高可用的双活部署，规避传统主备模式造成资源大量浪费的问题。

（2）产品架构(图16.10)

AI中台属于AI能力业务中台系统，针对不同的业务场景提供统一的访问入口，通过网关层的鉴权、熔断、路由等操作，调用不同能力对应的适配服务，实现业务对于AI能力的调用到能力输出的整套链路。管理平台、运营中心、运维中心等子系统在整个业务周期里提供了统一管理、统一运营、上线运维等扩展优化功能。

（3）产品功能指标

① 支持多场景的统一调用。

AI中台提供基础层SDK、控件层SDK、WebAPI，几乎涵盖所有应用场景，有效解决企业后期业务扩展以及第三方应用接入的成本问题。

面向行业领域，针对需要进行深度定制的集成商，提供客户端基础SDK套件包，

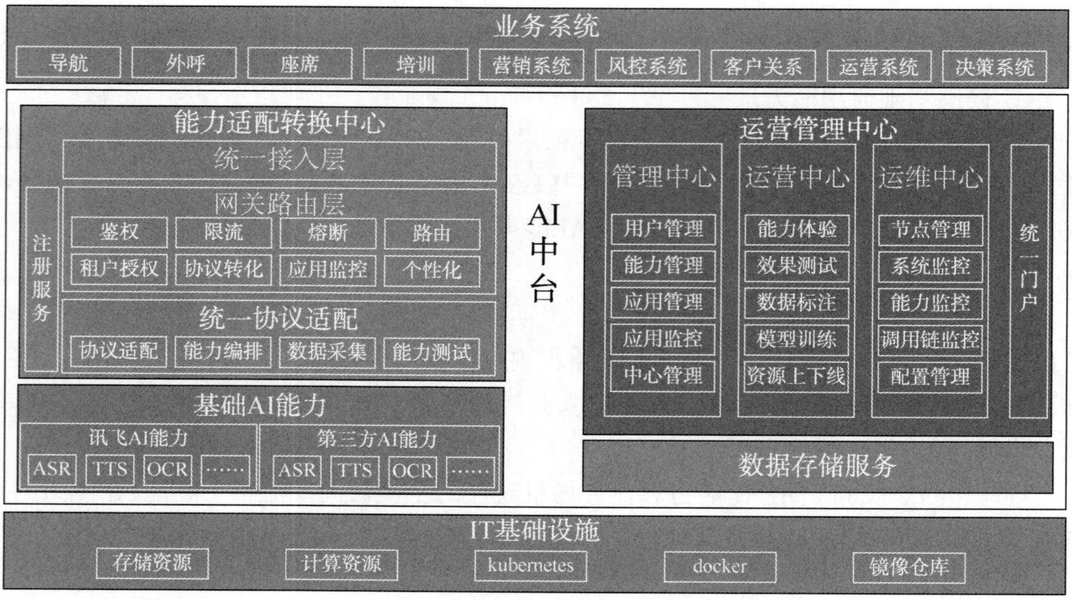

图 16.10　产品架构

企业可以根据自身实际业务需求灵活组装能力 SDK，基础 SDK 支持 java、c、c++开发语言，支持 linux、windows 通用操作系统。

为了提高智能终端开发效率，降低开发难度，提供便捷的控件层能力接口，技术上采用回调机制，集成简单易用，主要应用于手机终端，控件层 SDK 支持 android、ios 通用手机操作系统。

面向 web 终端，提供操作系统无关的 WebAPI，快速接入语音识别、图像识别、自然语言理解，WebAPI 支持 H5、OCX、WebSocket 连接协议。

② 支持一站式管理。

AI 中台管理平台提供管理用户、能力、应用等功能，通过超级管理员角色创建能力，并分配能力给系统管理员、普通用户，系统管理员、普通用户创建应用关联对应的能力对外提供 AI 能力应用。

③ 支持统一运维。

AI 中台提供应用调用、组件进程、服务器的监控数据，一站式管理整个链路的监控数据；同时支持交互日志、服务组件内部日志、调用链日志等日志信息查询、导出功能；运维系统打通配置中心的关联，实现了配置热生效操作，以及服务上下线的热部署操作；拓扑视图从宏观上展示 AI 中台整个链路组件拓扑关系。

④ 支持统一运营。

通用 AI 能力往往不能适应特定的业务场景，就需要进行 AI 能力的优化，提升效果，AI 中台提供了闭环优化的功能，训练集、标注、训练、资源上线、效果提升一整套闭环操作。

⑤ 支持一站式数据存储。

AI 中台底层采用 S3 协议的对象存储，目前统一存储业务过程中的文本、图片、音频等非结构化类型数据，管理平台、标注平台、训练平台等子系统通过统一存储进行数据流转操作，不需要人工进行手动上传下载，减少了人工干预成本，同时提高了数据的安全性。

【典型应用场景与案例】

南方电网通过搭建讯飞的深度学习训练平台(Deep Learning Platform DLP)，与电网现有 AI 模型管理平台打通。南网平台门户点击跳转至 DLP，统一鉴权后，由 DLP 进行数据拉取、进行语音模型训练和推送。DLP 的加入进一步完善南网 AI 中台能力矩阵，推动智能化应用更快更好落地。见图 16.11。

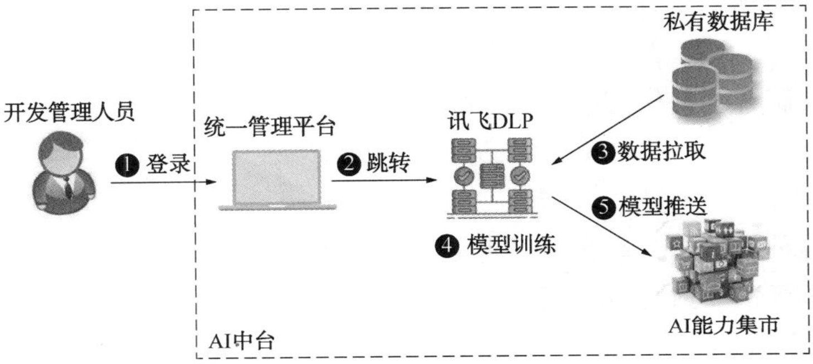

图 16.11　应用场景

16.6.2　燃气行业云(华为公有云服务)

【基本情况】

生产单位：华为技术通信有限公司

【产品概述】

华为公有云以 BMS 裸金属服务器、EVS 共享块存储以及容灾备份工具为基础构建能力全面的解决方案。通过华为公有云 BMS 裸金属服务器和 EVS 共享块存储安装 Oracle Rac 并部署 CRM 平台，提供极致性能，实现业务无须变更、一键式迁移快速上云。通过 SFS 弹性文件服务共享访问服务、OBS 对象存储实现核心应用的数据备份、生产数据库的备份归档。信息内网通过云专线访问核心业务应用，终端用户和系统接入通过公网或 VPN 访问公有云 CRM 平台，实现跨系统、跨区域的高速、低时延、稳定安全的专属连接。为保障业务数据安全，华为公有云跨区域部署一套容灾环境并通过数据库复制工具 ADG，实现数据库之间数据异地同步。目前，中国燃气 CRM 系统及新零售系统基于华为公有云服务搭建。

(1) 计算服务

弹性云服务器是由 CPU、内存、镜像、云硬盘组成的一种可随时获取、弹性可扩展的计算服务器。同时它结合虚拟私有云、虚拟防火墙、数据多副本保存等能力，打造一个高效、可靠、安全的计算环境，确保服务持久稳定运行。弹性云服务器创建成功后，可以像使用自己的本地 PC 或物理服务器一样，在云上使用弹性云服务器。

弹性云服务器的开通是自助完成的，只需要指定 CPU、内存、镜像规格、登录鉴权方式即可，同时也可以根据需求随时调整弹性云服务器规格。

（2）存储服务

云硬盘（Elastic Volume Service，EVS）可以为云服务器提供高可靠、高性能、规格丰富并且可弹性扩展的块存储服务，可满足不同场景的业务需求，适用于分布式文件系统、开发测试、数据仓库以及高性能计算等场景。云服务器包括弹性云服务器和裸金属服务器。

云硬盘为云服务器提供规格丰富、安全可靠、可弹性扩展的硬盘资源，具体功能特性如下：

① 规格丰富。

EVS 提供多种规格的云硬盘，可挂载至云服务器用作数据盘和系统盘，可以根据应用程序及费用预算选择适合业务场景的云硬盘。

② 弹性扩展。

可以创建的单个云硬盘最小容量为 10GB，最大容量为 32TB。当已有的云硬盘容量不足以满足业务增长对数据存储空间的需求，可以根据需求进行扩容，最小扩容步长为 1GB，单个云硬盘最大可扩容至 32TB。同时支持平滑扩容，无须暂停业务。

③ 安全可靠。

系统盘和数据盘均支持数据加密，保护数据安全。云硬盘支持备份、快照等数据备份保护功能，为存储在云硬盘中的数据提供可靠保障，防止应用异常、黑客攻击等情况造成的数据错误。

④ 实时监控。

配合云监控（Cloud Eye），帮助您随时掌握云硬盘健康状态，了解云硬盘运行状况。

（3）网络服务

虚拟私有云（Virtual Private Cloud，以下简称 VPC）为弹性云服务器构建隔离的、用户自主配置和管理的虚拟网络环境，提升用户云中资源的安全性，简化用户的网络部署。

可以在 VPC 中定义安全组、子网、网络 ACL（即网络防火墙，配置包括 IP、端口、协议等访问权限）、VPN、IP 地址段、带宽等网络特性。用户可以通过 VPC 在线动态地管理、配置内部网络、配置网络端口的细粒度控制，进行安全、快捷的网络变更，所有变更均在线立即生效。同时，用户可以自定义安全组内与组间弹性云服务器的访问规则，加强弹性云服务器的安全保护。

（4）数据库服务

① 关系型数据库

华为云关系型数据库（Relational Database Service，简称 RDS）是一种基于云计算平台的即开即用、稳定可靠、弹性伸缩、便捷管理的在线关系型数据库服务。

华为云关系型数据库服务具有完善的性能监控体系和多重安全防护措施，并提供了专业的数据库管理平台，让用户能够在云中轻松地进行设置和扩展关系型数据库。通过华为云关系型数据库服务的管理控制台，用户几乎可以执行所有必须任务而无须编程，简化运营流程，减少日常运维工作量，从而专注于开发应用和业务发展。

② 云数据库 MySQL

MySQL 是目前最受欢迎的开源数据库之一，其性能卓越，搭配 LAMP（Linux+Apache+MySQL+Perl/PHP/Python），成为 WEB 开发的高效解决方案。云数据库拥有即开即用、稳定可靠、安全运行、弹性伸缩、轻松管理、经济实用等特点。

架构成熟稳定，支持流行应用程序，适用于多领域多行业支持各种 WEB 应用，成本低，中小企业首选。

管理控制台提供全面的监控信息，简单易用，灵活管理，可视又可控。

③ 云数据库 PostgreSQL

PostgreSQL 是一个开源对象关系型数据库管理系统，并侧重于可扩展性和标准的符合性，被业界誉为“最先进的开源数据库”。PostgreSQL 面向企业复杂 SQL 处理的 OLTP 在线事务处理场景，支持 NoSQL 数据类型（JSON/XML/hstore），支持 GIS 地理信息处理，在可靠性、数据完整性方面有良好声誉，适用于互联网网站、位置应用系统、复杂数据对象处理等应用场景。

支持 postgis 插件，空间应用卓越，达到国际标准。更接近 Oracle 数据库，去“O”成本低。

适用场景丰富，费用低，随时可以根据业务情况弹性伸缩所需的资源，按需开支，量身定做。

④ 云数据库 SQL Server

云数据库 SQL Server 是老牌商用级数据库，成熟的企业级架构，轻松应对各种复杂环境。一站式部署、保障关键运维服务，大量降低人力成本。根据华为国际化安全标准，打造安全稳定的数据库运行环境。被广泛应用于政府、金融、医疗、教育和游戏等领域。云数据库 SQL Server 具有即开即用、稳定可靠、安全运行、弹性伸缩、轻松管理和经济实用等特点。

拥有高可用架构、数据安全保障和故障秒级恢复功能，提供了灵活的备份方案。

（5）应用服务

API 网关（API Gateway）是为开发者、合作伙伴提供的高性能、高可用、高安全的 API 托管服务，帮助用户轻松构建、管理和部署任意规模的 API。借助 API 网关，可以简单、快速、低成本、低风险地实现系统集成、微服务聚合、Serverless 架构。

API 网关服务致力于打造一个多样化的 API 开放场景，除了将华为云自身的许多云服务能力开放出来，让用户享受到安全、便捷、高效的 API 服务。API 网关服务还提供发布、维护、监控等全托管服务，让用户可以专注开发，快速实现 IT 能力的商业化。

（6）管理与部署服务

统一身份认证(Identity and Access Management，简称 IAM)，是提供用户身份认证、权限分配、访问控制等功能的身份管理服务。

当需要多用户协同操作管理用户账号下的资源，为了避免共享用户的密码/访问密钥，可以通过 IAM 创建用户(用户可以是员工、系统或应用程序等)，并授予用户对应权限，这些用户可以使用自己单独的用户账号访问系统，帮助客户高效地管理资源，还可以设置账号安全策略确保这些用户账号的安全，从而降低企业信息安全风险。

IAM 无需付费即可使用，只需要为您账号中的资源进行付费。云联盟用户在伙伴云(即海外区域)的资源通过华为云进行计费。

（7）安全服务

DDoS 高防(Advanced Anti-DDoS，AAD)是基于 Anti-DDoS 清洗设备和大数据运营平台构建的 DDoS 防护服务，通过流量转发方式对用户源站进行隐藏保护。

Web 应用防火墙(Web Application Firewall，WAF)，通过对 HTTP(S)请求进行检测，识别并阻断 SQL 注入、跨站脚本攻击、网页木马上传、命令/代码注入、文件包含、敏感文件访问、第三方应用漏洞攻击、CC 攻击、恶意爬虫扫描、跨站请求伪造等攻击，保护 Web 服务安全稳定。

（8）灾备服务

灾备服务遵循国家法律法规要求，参照业务连续性建设理论和行业标准，聚焦客户业务数据的全生命周期保护，致力提供专业的灾备建设需求分析、建设策略及建设线路的规划、总体技术架构的设计、恢复预案的建设以及容灾演练方案的制定与优化，通过对“热、温、冷”业务数据的全生命周期保护，提升数据保护能力和灾难恢复管理水平，最终助力客户提升业务连续性能力，并满足监管合规要求。

16.6.3　智慧燃气数据驾驶舱

【基本情况】

生产单位：金卡智能集团股份有限公司

【产品概述】

（1）基本架构

智慧燃气数据驾驶舱整体架构从技术层面、运营层面和数据治理层面等多个维度进行综合的设计，同时具有良好扩展性和良好适应性的大数据架构平台。

整个架构分为四层，底层为数据基础设置，采用行业成熟的分布式存储（HDSF），支持通用的X86架构服务器，能够迅速按照需求进行节点扩容，以满足计算能力和存储不断上涨的需求。

第二层为核心的大数据平台层，包含数据集成平台，数据处理平台和统一的包管理和部署节点。大数据平台集成整合了目前流行的Hadoop生态组件，支持包括海量数据的存储、流式处理，内存计算，批量处理等核心特性。

数据模型/特征和数据洞察层通过支持模型定义、集成运行算法包，对海量大数据的计算和处理，洞悉数据中隐藏的规律。同时可以配合机器学习，不但挖掘数据中各变量维度的隐藏关系，辅助进行决策。

行业应用层对数据隐藏的关系通过直观的可视化呈现层进行展现，包括对管网、巡线结合GIS能在一张图上进行展示，通过定义网格，可以对区域进行精细化管理，提供直观的决策依据。

（2）应用场景

结合燃气指挥中心业务特点和管理关切以及外来参观展示需求，将其关注的核心关键指标、报警信息、工艺数据、隐患监控、巡检监控等业务数据以及气量（当日气量、年度累计气量、区域销售气量、用户结构气量、LNG气量）、主要实时动态（巡检动态、抢修动态、热线电话动态、媒体动态）、场景建设（抢修处置场景、高中压预警控制场景、工商用户用气分析场景、三社联动安心安居场景），通过主题场景、动态图表、可视化报警、数据地图、热力地图、钻取联动、位置轨迹、三维动图等方式直观具象化展示，使业务操作者、管理者对应急指挥中心关切的指标和业务数据一目了然，实时监控管网和服务运营状况，发现异常及时调度处理，同时也要兼顾外来参观展示应用需求，数据深化展示应用的目标。

（3）技术指标

大数据技术平台采用Hadoop生态体系的技术栈，基于开源免费版CDH（Clcuder's Distribution Including Apache Hadoop）搭建，包括Sqoop、HDFS、MapReduce、Hive、HBase、Spark、Kafka、Zookeeper和mpala在内的服务组件，构建满足燃气企业的简单易用大数据基础开发平台，功能包括但不限于数据集成、数据建模、数据分析和数据查询。大数据平台支持基于Kafka和Flink的实时数据处理，满足实时数据采集、实时预警等场景的应用需求。支持基于Airflow的分布式任务调度，并且跟大数据平台组件无缝对接，支持可视化、灵活配置任务依赖关系、任务调度时间、任务试运行、重跑、数据回填、调度统计报告和告警等常用功能。支持可视化配置的数据迁移和数据填报功能，其中数据迁移能够支持不同异构数据库（如 Oracle、SQL Server 和 Mysql）的批量、增量和实时数据迁移。

【典型应用场景与案例】

杭州燃气数字平台项目按照“数据汇集、应用平台、一网统管、数据赋能”的总体建设要求，提高管理“透明度”、扩展产业“量化性”、突出关键指标“简约化”、提高杭燃数字赋能，提升业务数据综合分析、数据预警、安全监控、运营监控、决策支持能力。

杭州燃气指挥中心管理驾驶舱的搭建，体现关键指标、场景建设和亮点工作，项目建设过程要做好界面设计、通俗表达、分类延伸等，二期完成 3 个五 1 个亮点的建设，具体页面上包含首页和杭燃供气、杭燃服务产品主题领域的建设。

关键指标应体现杭燃运营概况，具体包括：五个气量（当日气量、年度累计气量、区域销售气量、用户结构气量、LNG 气量）以及五个主要实时动态（巡检动态、抢修动态、热线电话动态、19 服务厅动态、媒体动态）。五个场景建设包括抢修处置场景、高中压预警控制场景、工商用户用气分析场景、19 服务厅营商环境场景、三社联动安心安居场景。

16.6.4 卓锐管理看板

【基本情况】

生产单位：港华燃气集团

【产品概述】

燃气公司在数据分析方面有共性的痛点：数据量大、数据杂乱、采集费时费力，面对数十张报表，很难找出隐含在数据中的关系，数据分析困难。针对这些问题，提出了一套解决方案：遵循“少则多”的原则，将数据采集、处理、分析后，可视化展现，通过提供直观易懂的数据分析结果，帮助燃气企业管理者做出对企业更有利的决策。具体包括公司版、区域版、集团版三个版本，从不同的用户视角提供相应的有价值的信息。见图 16.12。

（1）大屏首页（图 16.13）

大屏首页可根据显示器大小，自适应调整尺寸，屏幕中数据指标和图表均来自看板详情，中间是地图。燃气公司实行分区管理，需要看到各区域的运营情况。同样的，对于区域办来说，需要看到各公司运营情况，通过轮播，就能观测各区域或者各公司的实时数据。可以看到计划指标完成率。

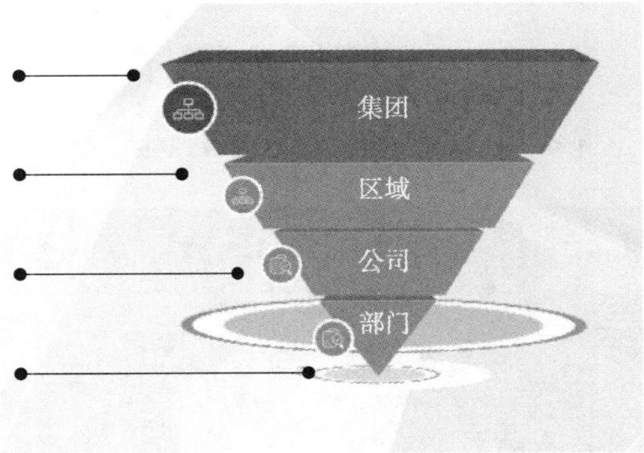

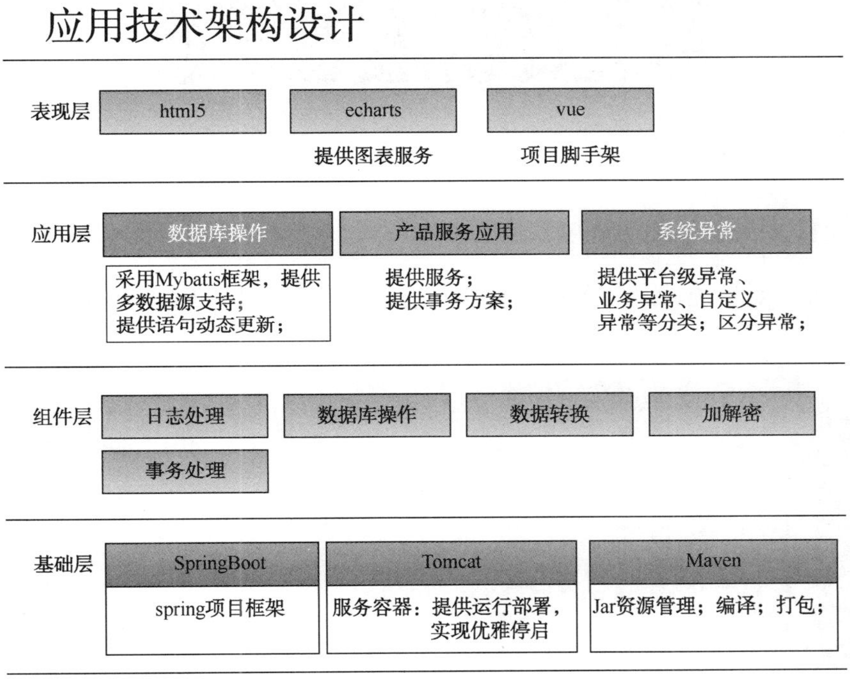

图 16.12　产品架构

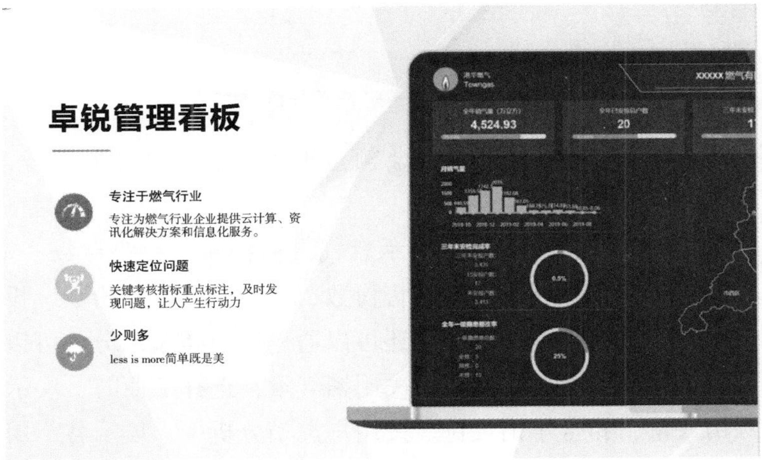

图 16.13　大屏首页

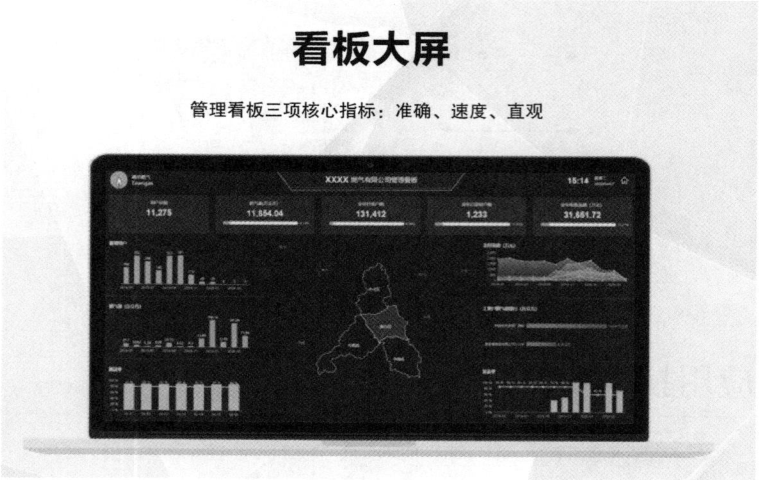

图 16.13　大屏首页(续)

(2) 经营类分析(图 16.14)

客户分析主要是统计燃气公司新增用户，以及这些用户的用户类型和用气性质。

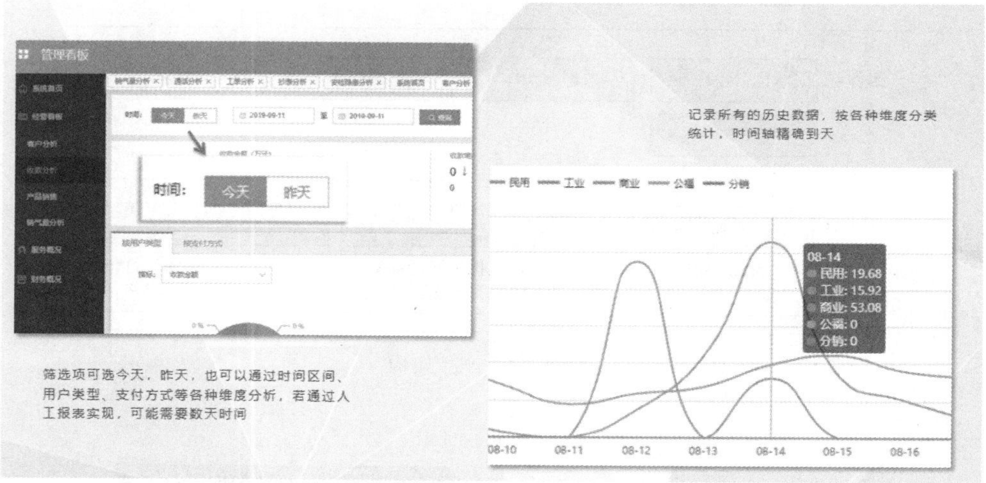

图 16.14　经营类分析

收款分析，展示当前时间段，收款金额，收款笔数，全年收款金额、全年收款笔数。

产品销售分析，在燃气具销售中，展示燃气具销售额、销售台数、全年总销售额、总销售台数，在保险销售中，展示保险销售份数、全年累计销售份数、投保率。

销气量分析中，筛选条件除时间外，还可以通过用户类型区分，可以选择全部、民用、工商。当选择民用时，下方数据均为民用销气量；选择工商时，展示工商户对应销气量，展示本月销气量，和全年销气量。按用户类型分析中，展示各个用户类型销气量占比图、每月销气量对比图；按用气分析中，展示各个不同用气类型销气量占比图，及不同用气性质销气量趋势图(图 16.15)，并且有大客户的重点关注。

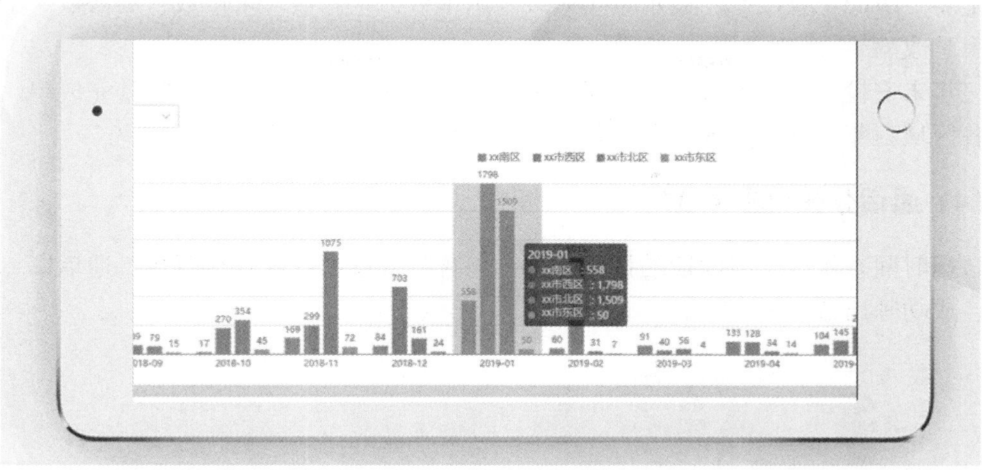

图 16.15　产品销售分析

(3) 安全隐患分析(图 16.16)

支持按月份查询当月安检情况，也可以根据用户类型区分。查询出本月安检户数，也就是已安检总数、包含实抄、估抄、自报、空房等；全年的已安检户数、三年未安检中已安检的户数，全年一级隐患单数。

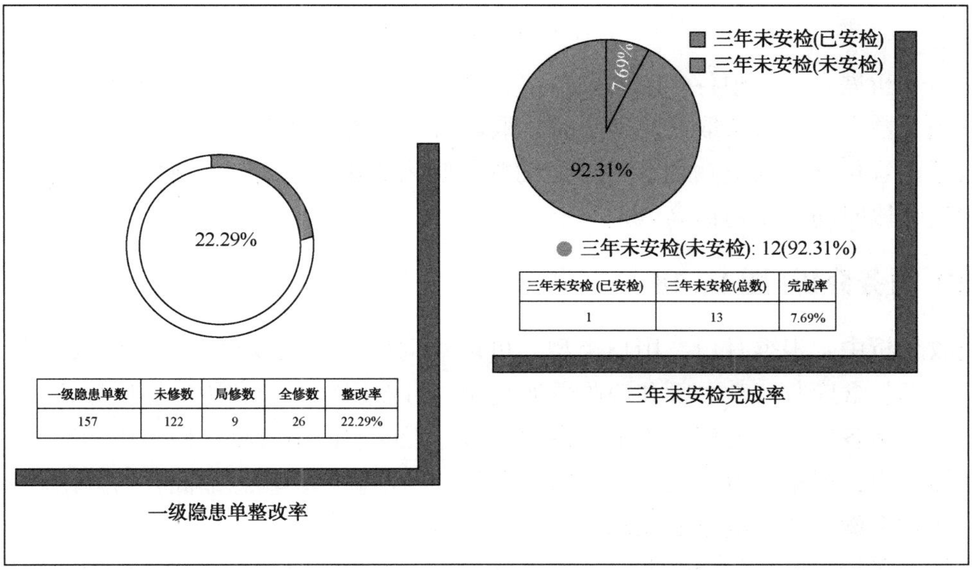

图 16.16　安全隐患分析

展示全年完成率，截至当前已经完成安检的总数，未安检总数，全年完成率。同时在右方，展示全年各区域已安检户数，各区域未安检户数，全年各区域完成率；

查看安检中发现的隐患分析。展示本月各级隐患数据，各级隐患的占比，在右方展示本月一级隐患整改率。一级隐患整改率为全修数除以一级隐患总数。

全年隐患单分析，从年初截至当前，全年各隐患等级数据，各级隐患的占比。右方展示全年一级隐患整改率，展示全年一级隐患单数，全修数、未修数、局修数。全年一级隐患整改率。

三年未安检，展示本月三年未安检中，已安检的户数，总户数，本月完成率。右边展示各区域三年未安检完成情况，各区已安检户数，未安检户数，完成率。

(4) 通话分析(图 16.17)

根据时间查看一个时间段的接听分析，包含呼入总数、成功接听数、通话率、呼出总数、成功呼出数、呼出率。

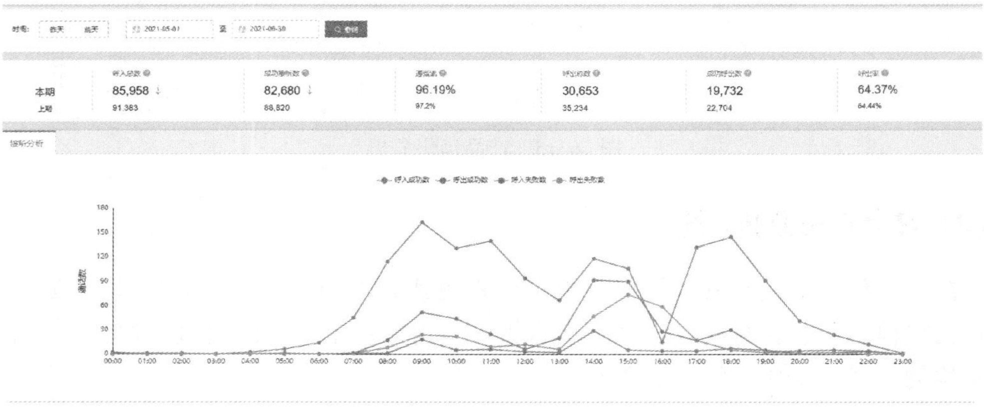

图 16.17　通话分析

接听分析展示一天中各个时间段数据，这里的时间如果勾选的是昨天、前天。则为选中的当天数据，如果选取是时间段，则取最后一天展示接听分析。

数据内容包含呼入成功数、呼出成功数、呼入失败数、呼出失败数。从趋势图中，可以看出哪段时间属于通话高峰期。

(5) 财务分析(图 16.18)

应收分析中，根据月份、用户类型，可以查询出当月应收总金额、应收气款总额。应收总金额包含应收气款总额和应收营业总额，可按用户类型和用气性质分析。在用户类型中，展示各个用户类型应收金额占比，每月工商和民用应收金额对比。

在回款中，根据月份，展示当月回款金额、当月应收账款总金额、当月回款率、全年累计回款金额、全年应收账款总金额、累计回款率。

燃气费账龄，展示每个账期应收款项分析表、应收款项账龄、客户数量、应收款项余额，同时展示各账龄欠款金额柱状图做对比。

(6) 移动化应用

以上数据均支持在移动手机上展示并随时随地移动化办公，见图 16.19。

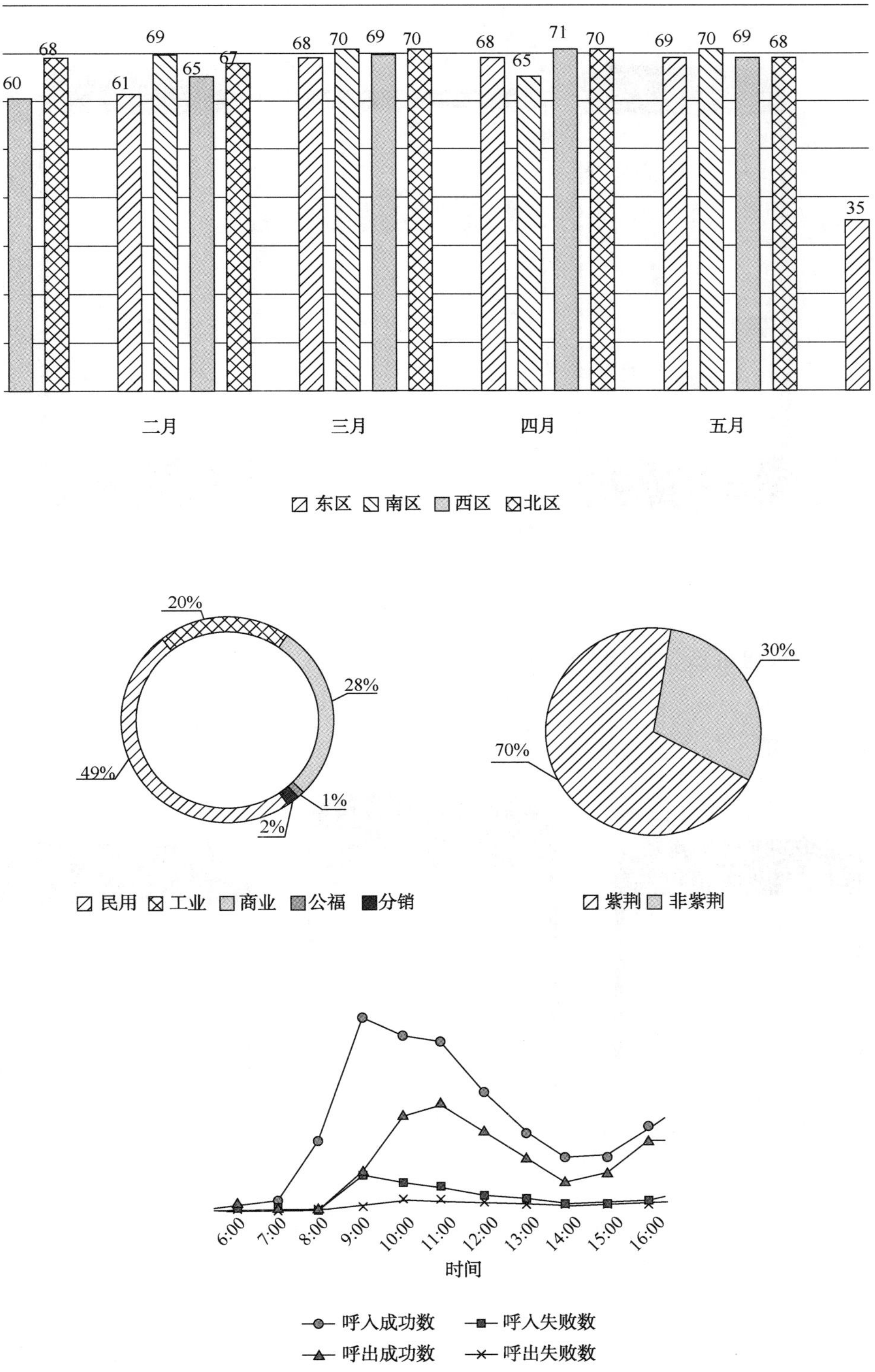
60
68
61
69
65
67
68
70
69
70
68
65
71
70
69
70
69
68
35
二月
三月
四月
五月
东区 南区 西区 北区
20%
28%
49%
1%
2%
民用 工业 商业 公福 分销
30%
70%
紫荆 非紫荆
6:00
7:00
8:00
9:00
10:00
11:00
12:00
13:00
14:00
15:00
16:00
时间
呼入成功数
呼入失败数
呼出成功数
呼出失败数

图 16.18　财务分析

图 16.19 移动化办公

支持消息实时推送，见图 16.20。

图 16.20 消息实时推送

17　计量管理

17.1　深圳燃气物联网平台

【基本情况】

应用场景：计量管理

提供单位：深圳市燃气集团股份有限公司

建设单位：深圳市赛易特信息技术有限公司

建设时间：2021 年 5 月

投入使用时间：2021 年 12 月

【建设必要性】

伴随着企业的快速发展和企业信息化、智能化的趋势，具有远传模式的物联网燃气终端应用日益普及。多数燃气表具厂商采取 FSK、Lora、3G、4G、5G、NB-IoT 等多种远传网络模式，并同时提供适配自家的表具远程控制软件。但是由于多套远传物联网软件并存，对企业的生产和运营监控造成一定程度的负担，效率提升缓慢。

并且，燃气表具厂商的物联网设备(含远传表具与远传终端等)在远传协议功能、指令组装、通信数据、性能指标等皆有不同程度的差异，直接影响企业对智能设备的管理要求且无法统一。下属各投资公司的远传表标准、通信协议也不尽相同，绝大多数情况下，表具厂商软件只实现了数据采集及基础的数据监控，缺乏对采集数据的深度分析。

表具厂商系统相互独立，操作规范不统一，不便于用户用气量的统一分析及设备健康管理，更加缺乏设备运行状况监控和管理。结合燃气企业在使用智能燃气表过程中，因为数据传输稳定性差、数据安全问题表具功耗大、无线网络覆盖能力弱等问题，一直阻碍了智慧物联网智能设备管理云平台的发展与应用。主要体现在：

(1) 安全工作不健全问题

天然气被国际社会认定为清洁能源，在我国迅猛发展的今天起到了举足轻重的作用。产量在短短的几十年内呈现出快速增长态势，加之燃气企业准入门槛放开，燃气公司之间大肆扩张便屡见不鲜，导致大量输送管道及加气站的重复建设现象发生。虽然迅猛发展带动了当地的 GDP，提高了城市生活水平，但由于无节制的发展，也带来了大量的安全隐患。近年，燃气外漏导致的中毒、爆炸等恶性社会事件频发，国家为此损失了大量的财力和生命。可充分表明，此类现象的发生与监管不到位、信息化发展不健全及管理系统缺失有着密切的联系。

（2）数据传输问题

目前，许多燃气企业是通过小无线等技术进行智能燃气表数据的传输。由于利用的是非授权频谱建立的自组网，其抗干扰性、数据管理技术水平良莠不齐，数据传输不稳定，安全和可靠性令人担忧。

（3）多厂家多表具接入问题

燃气企业抄表智能化的需求催生了数量众多的智能表厂，趋于竞争压力，每家厂商的通信协议一般均为私有，而且不断推出新型号的表具和协议版本，每家厂商都提供不同的后台软件，为燃气企业智能抄表应用带来更大的隐患。如使用小无线等方式进行数据传输，将难以实现大量智能气表数据通信的统一网络搭建。如采用众多小区域单独管理的模式，则将增加燃气企业的管理难度和成本；另外，不同供应商生产的智能气表通信方式不统一，燃气企业在大规模使用智能气表时，需耗费大量人力物力财力解决智能气表间的系统互联互通问题。

【解决方案】

物联网智能设备管理云平台是数字化支撑平台的基础性终端管理和数据采集支撑平台，以物联感知接入为基础，以设备统筹建设、接入运维服务为核心，以物联感知应用服务赋能为理念，综合运用物联网、大数据、云计算、边缘计算等新一代信息技术，围绕终端设备统一接入和全生命周期状态管理，标准化物联数据的采集，构建物联设备统一接入服务体系，支撑各类感知设备的接入和数据采集，为上层应用赋能，提供高质量的数据支撑服务。

核心能力：物联网智能设备管理云平台提供统一的数据采集服务（设备接入、终端管理、设备远程控制、设备数据类型可扩展、设备信息录入与查询）、后台管理服务、监控告警服务、预付费实时结算服务、数据分析服务、APP 办公服务、大屏与地图显示服务、安全认证能力、API 接口服务。

数据处理：平台接受海量终端消息数据，消息处理引擎按透传模式对消息解析处理，并保存感知设备数据，推送至各业务功能模块。

业务功能支撑：平台为业务功能提供设备数据订阅功能，平台自动根据订阅规则，将消息数据推送给各功能模块；平台提供开放的 API 服务，支持对 API 进行二次开发，方便应用对设备的基本信息、物模型、消息数据、设备计费等进行调用查询，下发控制指令到设备端，远程控制设备。见图 17.1。

平台通过“统一设备接入、统一物联数据标准、统一设备管理、统一能力开放”，构建赛易特智慧物联设备一张表，实现物联设备的全感知、全管理和全维护，确保物联数据实时采集和推送共享。项目通过 5 个 1，即一个平台、一张大图、一个移动端、一

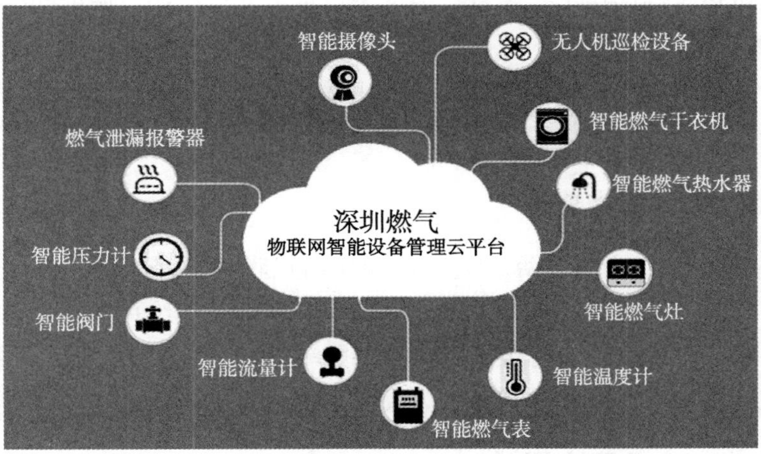

图 17.1　深圳燃气物联网智能设备管理云平台

个示范及一套标准。

一个平台，搭建赛易特的物联网智能设备管理云平台，包括通用使能、数字呈现使能，分别实现多制式多协议物联终端的适配接入、设备统一接入及协同管理、海量物联数据统一管理。

一张大图，即物联网数据可视化数据源支撑，通过对接深圳燃气 CIS、RMS 系统，将物联网设备的位置、状态、告警、处置及物联网数据的分析结果落图，通过数字平台实时展示物理空间的运行状态，在物理世界和数字世界之间全面建立实时联系，将数字技术与城市燃气规划、治理、运营相结合，以数据支撑城市燃气决策、运营，创新城市燃气治理方式。

一个移动端，即物联网手机 APP 程序，为物联网设备业务人员提供实用的工具，方便规范化、标准的监控表具设备，实现赛易特对所有用户智能设备数据的实时采集。通过与赛易特内部系统的地名地址库对接，实现规范的地址录入，从而为后续运维管理提供便利，便于物联网设备的统一管理。

一个示范，即赛易特基于物联感知基座的智慧燃气示范应用。以广东省深圳市为示范区域，集各居民社区、企业、工厂等设备实时抄表、设备安装环境检测、设备维护感知、设备预付费控制、设备实时监控告警等几大典型业务场景部署对应物联感知设备，通过物联设备的建设，在监测各区域燃气使用安全的同时，收集深圳市用户使用信息，分析燃气数据，打造示范型 5G 智慧燃气标杆。

一套标准，制定一套“接入、数据、共享”三位一体的标准规范，统一物联数据资源目录，规范设备接入标准和数据行业标准，确保平台的统一性和开放性。

【主要成效】

(1) 为安全保驾护航

物联网智能设备管理云平台基于 NB-IoT 技术实现城市管网空中数据传输与采集，

确保实时在线监控管网的压力、流量、温度等信息，并对生产、调度和管理提供必要的参考依据。同时通过构建各部门之间信息互联通道，保证任务及时流转。一旦发现有燃气安全隐患，及时报警关阀，相关部门人员可迅速前往现场处理，为燃气安全保驾护航，降低社会管理成本，提高社会稳定性。

（2）给燃气服务增添智慧

NB-IoT 智慧燃气结合云计算、大数据和移动互联网，打造智慧燃气在线服务。通过远程抄表，燃气企业可将燃气数据精准高效多维度地反馈给百姓，百姓随时随地查询账单信息，并完成空中充值，打破了传统的多账单、外出缴费的模式，完美解决用户缴费难问题，提高用户满意度和幸福感，为民谋福祉，打造绿色、环保、智慧化生活。

（3）助力燃气企业降本增效

与燃气企业现有的管理模式和运营模式相比，物联网智能设备管理云平台使燃气企业对所有表具运行了如指掌，使偷漏气带来的供销差问题得到改善；互联互通，统一标准，提高了表具的维护和管理；改变了上门抄表的方式，确保人力的可拓展性；提高了客户管理、外勤管理、工程管理、调度分析管理等能力，降低营业厅、呼叫中心的运维压力。助力燃气企业降本增效，提高资金回笼率，提升与用户的相互性。此外，燃气企业还可以通过增值服务与大数据挖掘带来新的盈利点，提升企业收益。

17.2 长春燃气分区计量管理系统方案

【基本情况】

应用场景：计量管理

提供单位：浙江蓝宝石仪表科技有限公司

建设单位：浙江蓝宝石仪表科技有限公司

建设时间：2022 年 1 月

投入使用时间：2022 年 6 月

【建设必要性】

产销差是燃气公司管理上长期难以定位并解决的问题。长线管网的泄漏检测与安全防控也是燃气公司高度关注的问题。另外所有流量计都有定期检定的需求。

【解决方案】

引入区域流量计的概念。

使用具有超宽量程(500~1000 倍量程比)的计量设备，并使超声波流量计具备远程在线检定能力(符合 GB/T 3500)。引入压缩气体的数学分析模型，体现管道动态流量、存量与压力相关性，体现管道内动态流量、存量与温度相关性。在“枝状”和“环状”管网中安装在线燃气气质分析系统。

我国常见燃气供应输配模式采用“枝状”和“环状”管网分布模式。见图 17.2。

实现以下功能目标：

① 实现总表和分表累计总计的精确计量；

② 辅以数学分析模型完成产销差定位；

③ 辅以安全分析模型完成管网安全评价；

④ 实现远程在线流量计准确度检定。

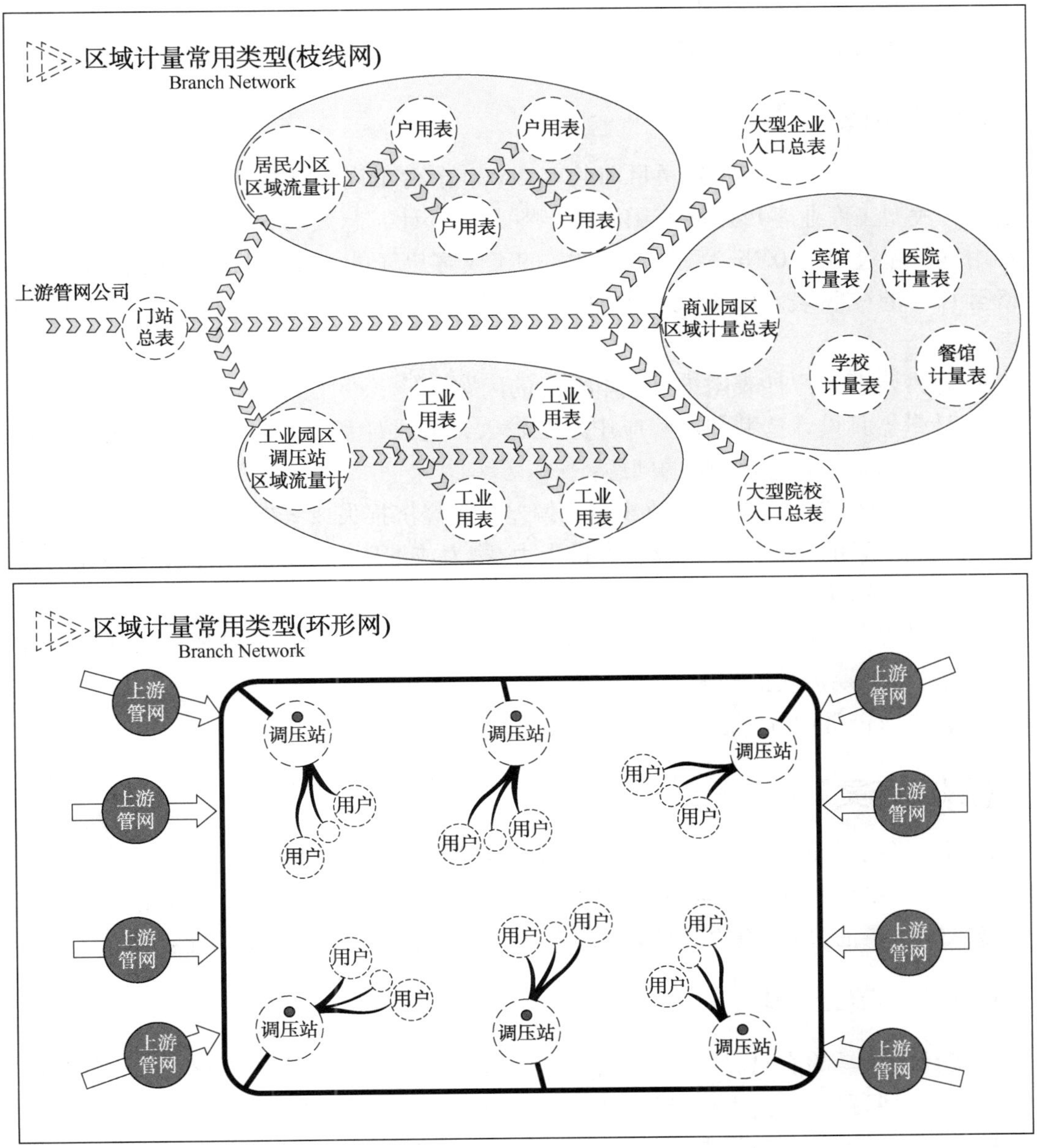

图 17.2　计量常用类型

17.3　西安秦华燃气计量管理系统方案

【基本情况】

应用场景：计量管理

提供单位：常州维格电子有限公司

建设单位：常州维格电子有限公司

建设时间：2010 年 10 月

投入使用时间：2010 年 10 月

【建设必要性】

西安秦华燃气集团有限公司目前共有 28000 余台工商业计量表具，采用 IC 卡预付费模式，大型工商业客户普遍使用涡轮、罗茨流量计，总数约 5600 余台，此类计量表具年用气量超过 $10\times10^{8}Nm^{3}$，占据近 80%的工商客户气量，其余小型客户使用最大流量规格至 G25 的皮膜表。由于表具数量多、用气量大，在日常管理中出现了很多痛点、难点：

① 每月定期入户抄表困难且成本较高的问题；

② 计量器具设计选型和实际应用差距较大，造成计量误差，以及其他由计量表具死表、慢表故障造成气费损失的问题；

③ IC 卡预付费电子功能失效或存在偏差产生经济损失或气费纠纷的问题；

④ 日趋频繁的调价工作造成的大量人力/物力成本压力，以及由于调价不及时造成的气费差额损失问题；

⑤ 计量表具费用由燃气公司承担作为内部资产管理后，表具在客户的现场管理及转固、结算及后期流转的问题；

⑥ 客户非正常用气、恶意规避计量的问题。

【解决方案】

常州维格电子有限公司针对西安秦华燃气集团有限公司的问题，提供了计量管理系统解决方案，根据不同的计量表具及用气场景现场部署 DTU、MSU 等数据采集单元采集现场数据，再通过《智慧燃气管理系统》进行分析监控，实现以下功能：

（1）远程数据采集

采集计量表具的实时温度、压力、流量、累积量等动态数据，以解决入户抄收困难的问题；并且紧跟表具技术功能的发展革新及燃气公司针对仪表参数的管理需求，针对部分新型表具，可以实现仪表系数、压缩因子、扣费脉冲当量等静态数据采集；针对西安秦华预收费的表具类型，同时可以采集 IC 卡剩余金额、气价等拓展数据；在部分特殊场景中，为了进一步加强现场监管，压力监测数据及工商客户燃气泄漏报警器数据也可实时传输至《智慧燃气管理系统》。各项数据时效性采集，不单单解决的是燃气公司工商客户入户抄表困难、成本较高的难点，同时给燃气公司在运行调度、科学管理、快速反应上提供了强有力的数据支撑。

（2）计量数据分析及预警

西安秦华燃气集团有限公司作为较早引入计量表具远传管控的城燃企业，已经建立了一套完备的数据分析制度体系，通过《智慧燃气管理系统》每日进行“单表气量分析”“PT 极值分析预警”“温压数据动态分析”等数据分析监测，及时预警各类计量表具机械转动部件及电子元件故障；通过各类温度、压力、流量在不同状态下的实时及历史数据相结合设定“逻辑报警值”，使系统实现实时智能预警；创建计量表具运行状态评估模型，每月对表具状态进行量化评估，及时纠正设计选型和实际应用差距较大，造成计量误差的现象；更重要的是，通过“停机延迟流量”分析技术，解决了城燃企业针对于流量计“慢表”故障在用气现场难以发现排除，仅能通过周期强检才能发现的一大难题。

（3）IC 卡预付费表与计量表同步比对分析

城燃企业和燃气客户的贸易计量是以基表的数据为准，但在实际工作中，由于预付费电子功能失效或存在偏差，难免造成经济损失，甚至引起气费纠纷；西安秦华在日常管理中，通过将 IC 卡与计量表的数据进行有效比对，检查 IC 卡扣费准确度，同时实现 IC 卡账户余额监控，更有效实现计缴费功能。

（4）远程调价及阀控功能

实现 IC 卡的快速远程调价，可直接修改价格体系和价格计算模式，迅速完成 IC 卡调价工作，将原本至少耗时一周的调价工作缩短至数小时内完成；并且，针对各项突发情况，可实时对 IC 卡表内电磁阀门进行启闭操作。

（5）表具资产管理

西安秦华燃气集团有限公司自 2021 年 3 月起向客户实施计量表具免费政策，计量表具均纳入内部固定资产管理，《智慧燃气管理系统》中，可实现表具自入库、建设、领用、投运监控、再入库、检测及二次投运的在线管控，在避免资产流失的同时，可实现资产的最大化利用，同时也使内部管理中，频繁的计量表具转资、转固工作带来了一定的便捷。

【主要成效】

常州维格电子有限公司针对西安秦华燃气集团有限公司的问题，提供了计量管理系统解决方案，根据不同的计量表具及用气场景现场部署 DTU、MSU 等数据采集单元采集现场数据，再通过《智慧燃气管理系统》进行分析监控，实现以下功能：

（1）远程数据采集

采集计量表具的实时温度、压力、流量、累积量等动态数据，以解决入户抄收困难的问题；并且紧跟表具技术功能的发展革新及燃气公司针对仪表参数的管理需求，针对部分新型表具，可以实现仪表系数、压缩因子、扣费脉冲当量等静态数据采集；针对西安秦华预收费的表具类型，同时可以采集IC卡剩余金额、气价等拓展数据；在部分特殊场景中，为了进一步加强现场压力监测数据及工商客户燃气泄漏报警器数据也可实时传输至《智慧燃气管理系统》。各项数据时效性采集，不单单解决的是燃气公司工商客户入户抄表困难、成本较高的难点，同时给燃气公司在运行调度、科学管理、快速反应上提供了强有力的数据支撑。

（2）计量数据分析及预警

西安秦华燃气集团有限公司作为较早引入计量表具远传管控的城燃企业，已经建立了一套完备的数据分析制度体系，通过《智慧燃气管理系统》每日进行"单表气量分析""PT极值分析预警""温压数据动态分析"等数据分析监测，及时预警各类计量表具机械转动部件及电子元件故障；通过各类温度、压力、流量在不同状态下的实时及历史数据相结合设定"逻辑报警值"，使系统实现实时智能预警；创建计量表具运行状态评估模型，每月对表具状态进行量化评估，及时纠正设计选型和实际应用差距较大，造成计量误差的现象；更重要的是，通过"停机延迟流量"分析技术，解决了城燃企业针对于流量计"慢表"故障在用气现场难以发现排除，仅能通过周期强检才能发现的一大难题。

（3）IC卡预付费表与计量表同步比对分析

城燃企业和燃气客户的贸易计量是以基表的数据为准，但在实际工作中，由于预付费电子功能失效或存在偏差，难免造成经济损失，甚至引起气费纠纷；西安秦华在日常管理中，通过将IC卡与计量表的数据进行有效比对，检查IC卡扣费准确度，同时实现IC卡账户余额监控，更有效实现计缴费功能。

（4）远程调价及阀控功能

实现IC卡的快速远程调价，可直接修改价格体系和价格计算模式，迅速完成IC卡调价工作，将原本至少耗时一周的调价工作缩短至数小时内完成；并且，针对各项突发情况，可实时对IC卡表内电磁阀门进行启闭操作。

（5）表具资产管理

西安秦华燃气集团有限公司自2021年3月起向客户实施。

17.4 宜兴港华燃气有限公司工业计缴费管理系统

【基本情况】

应用场景：计量管理
提供单位：常州维格电子有限公司
建设单位：常州维格电子有限公司
建设时间：2016 年 6 月
投入使用时间：2016 年 12 月

【建设必要性】

2016 年起，国家相关管理机构对天然气行业提出了更多要求，同时对天然气频繁调价，而地方层面实际落地最新价格政策存在时间差，导致燃气公司需投入大量人工手工统计每家工业用户在国家发布政策时的用气量及价格，而后在地方落地执行新价格后再手工统计相关数据，计算不同气价的用气费用，原始的人工作业模式效率低且易出现差错，大大降低了用户的满意度。

宜兴作为工业重要城市，有 1000 多户工业用户分布在不同城镇，频繁调价对宜兴港华燃气有限公司的计缴费管理造成了巨大的压力，另外宜兴存在部分工商业用户恶意拖欠、不缴天然气的情形也造成了一定的经济损失。宜兴港华燃气有限公司急需解决工商业用户的实时计缴费管理难题。

【解决方案】

宜兴港华燃气有限公司选择常州维格电子有限公司为其定制工商业用户计缴费管理系统，该系统可实现用户的在线结算、远程调价功能，是工商业领域第一个实现远程实时在线计缴费的系统。

（1）快速充值

系统可实时推送用气量、用气费用等数据给用户，用户可根据实际情况进行充值。

（2）快速缴费

系统基于用户端的 WeegDTU 设备，可实现高速率的计费缴费管理，WeegDTU 每 2min 向系统回传一次用户使用数据，实时完成计缴费管理。

（3）实时远程调价

系统可实时调整气价，在国家相关部门或地方发布新的价格政策后，系统可实时记录最新价格政策，并按照新的价格政策进行结算，用户也能及时知晓使用情况，避免纠纷。

【主要成效】

宜兴市作为工业集中城市，天然气年用气量达6亿方以上，常州维格电子有限公司研发的工商业计缴费系统将宜兴港华燃气管理系统打造成一个实时监控、数据集成、远程在线计缴费、决策分析一体化高度集成的新模式，大大提升了宜兴港华的运营效率和企业效益，帮助宜兴港华连续多年在集团内评比为第一。

（1）提升效益

宜兴工商业用户100%全覆盖使用该系统，为宜兴港华对工业用户的全面有效管理提供了技术支撑，解决了停止收取押金之后的效益问题。

（2）实时远程计缴费管理

通过系统实时采集数据并完成计算，实现在线缴费，极大提升了燃气公司运营效率。

（3）实时调价

通过系统可以实现实时调价，减少因政策变动价格滞后造成的各类损失。

（4）有效降低成本

燃气公司减少了人工计价及追缴费用的人员投入。

（5）客户满意度提升

系统实现提前知会的功能，也大大提升了用户满意度，避免账目不清等带来的纠纷。

17.5 新奥能源集团总部工商户用气计量与分析项目

【基本情况】

应用场景：计量管理
提供单位：山东国研自动化有限公司
建设单位：山东国研自动化有限公司
建设时间：2020年11月
投入使用时间：2021年6月

【建设必要性】

新奥能源控股有限公司于1992年开始从事城市管道燃气业务，是国内规模最大的清洁能源分销商之一，目前新奥能源在全国运营 229 个城市燃气项目，为 2200 万居民用户和 15 万工商用户提供燃气服务。

作为在天然气行业领域的处于领先地位的新奥能源集团，业务分布在全国二百余个城市，天然气业务呈现快速发展趋势。面对工商用户数量庞大、业务体量的不断扩张，新奥总部清晰规划数字资产、构建清洁能源生态圈、基于生态战略建设新奥集团物联网数据资产平台，基于该平台建立一套综合、规范、具有前瞻性的工商户用气分析与管理系统，也成为新奥能源运营管理的重中之重。该系统盘活新奥能源总部海量工商户数据，将解决如下痛点：

① 借助物联技术提升实时计量能力，实时掌握表具运行状态；

② 基于用气特征，及时发现用气异常行为，降低供销差；

③ 为重点用户、错峰用户提供个性化服务策略，提升用户服务体验；

④ 通过数据反映用户以及所属行业经营状态，了解工商户燃气用气设备和工艺技术新动向，分析研判未来趋势，提前抢占新市场领域。

【解决方案】

结合新奥能源总部及各成员子公司的实际需求，通过现代化计算机技术、网络通信技术、数据库技术、空间信息技术、UI 设计技术、AI 人工智能技术等，国研公司针对性研发出用气与计量分析管理系统 InduView GMA，实现在设备层、数据层、组件层、应用层、服务层的数据共享、数据挖掘、数据分析，支持各种业务应用场景下的功能实现。

（1）系统要素规划

系统始终围绕数据互联之上的统计分析、深度钻取，在“一张图”的场景下实现工商户数据和各类生产经营数据，按照组织架构的宏观（企业级）、微观（各场站）分类综合展示的目标，结合新奥能源集团战略发展需求，梳理出总部、省公司、分子公司不同公司层面、岗位角色等关注的核心要素，可以通过 PC 端或大屏幕实现态势感知。

各项目公司关注的工商户用气相关的指标，通常分散在生产、财务、安全、站场等不同部门和系统中，系统需要从物联网平台中获取基础数据，然后经过统计和二次计算得出各类综合指标，基于一体化生产运营数据平台的智能燃气用户与计量分析系统，可以通过多种形式予以全面、及时展示，主动发现问题后实现分析、提醒等功能，实现燃气管理智能化。

（2）角色定位聚焦

新奥能源总部决策层领导、新奥能源总部赋能人员、新奥能源省公司运营管理人员、新奥能源燃气公司调度员、新奥能源燃气公司计量管理人员等不同的管理层级和角色。打造新奥集团数字化工商户物联系统需精准聚焦角色定位，根据企业不同的管理维度，面向高层、中层、基层进行角色聚焦，定制角色工作界面(工作调度台)，实现信息全面、快速、准确、清晰地传递，帮助各级使用者及时了解生产运行状况。见图 17.3~图 17.5。

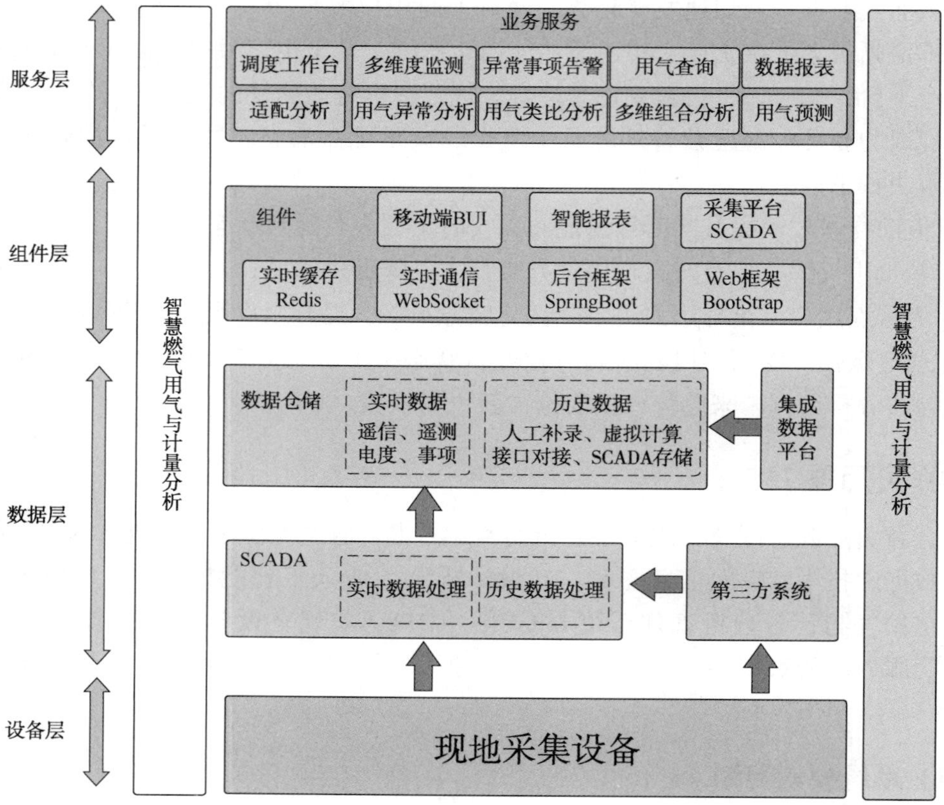

图 17.3　系统架构

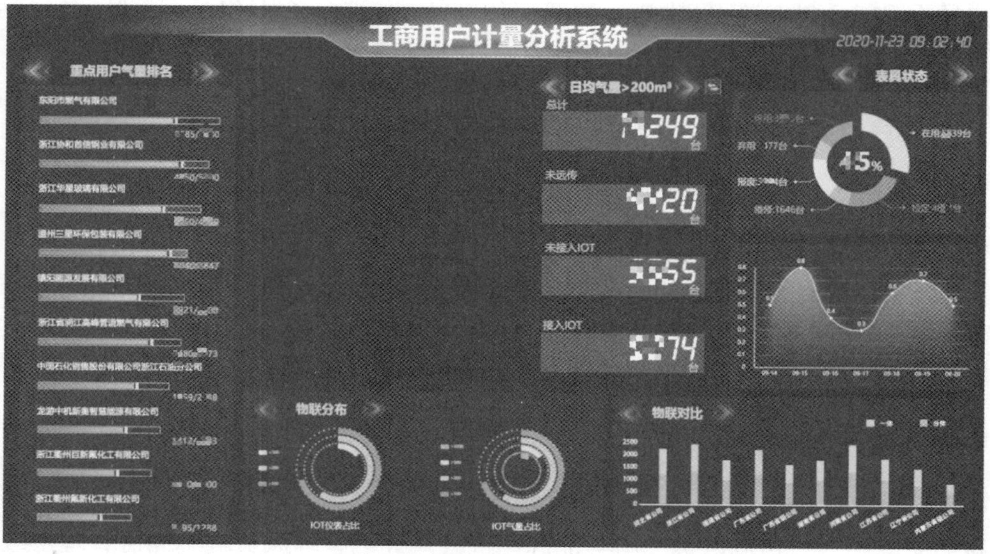

图 17.4　大屏展示

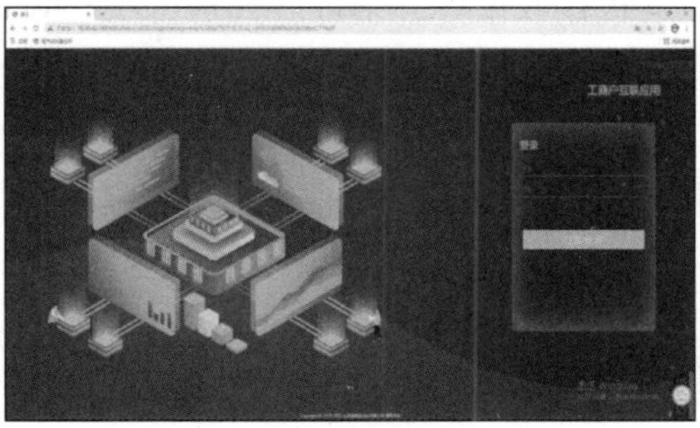

登录界面

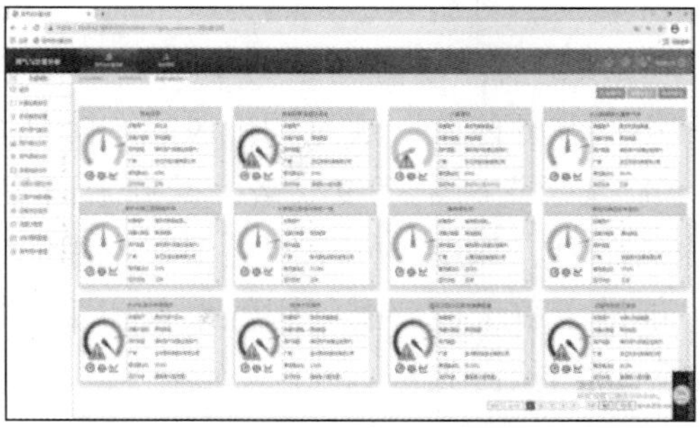

流量计适配分析

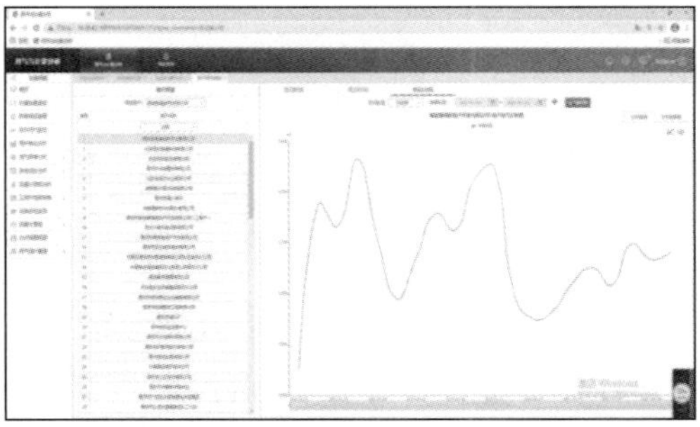

用户用气查询

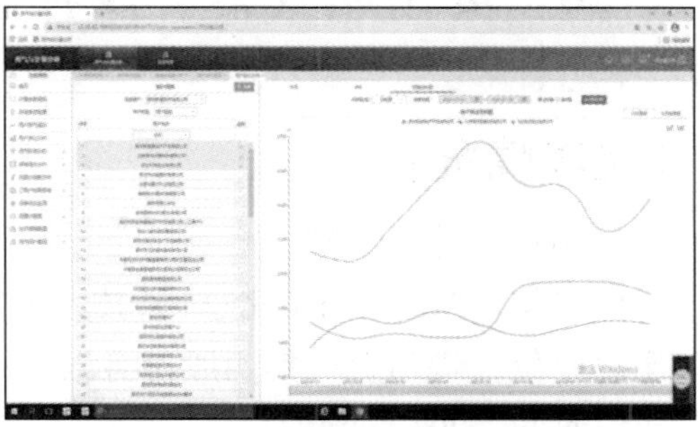

用气分析

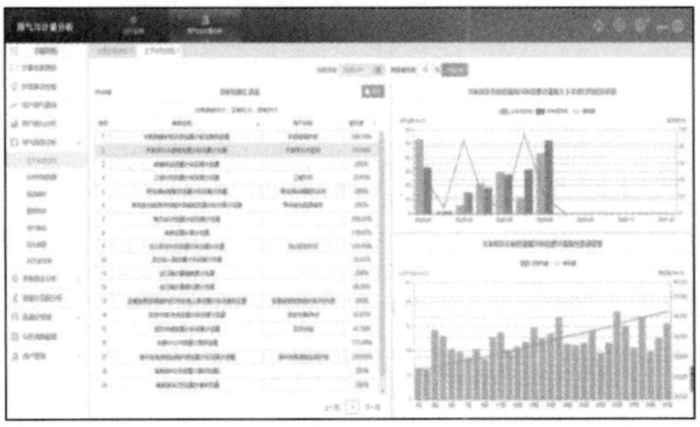

用气异常分析

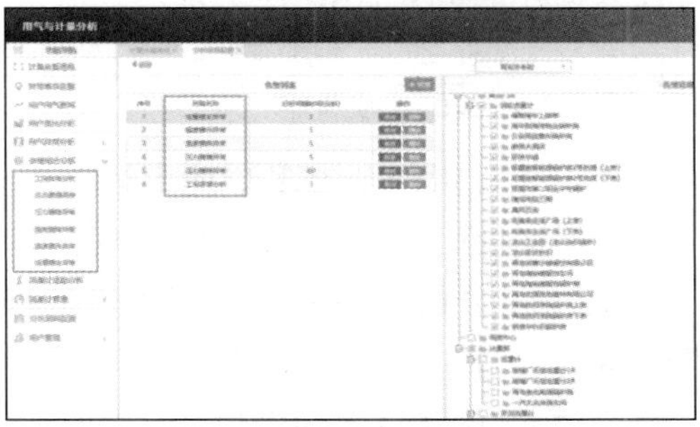

多维组合分析

图 17.5　系统界面

（备注：上述图表中，涉及业主真实运营数据的已马赛克化模糊处理）

【主要成效】

该项目的建设为新奥能源集团（总部及各项目公司）在保障工商户供气安全、稳定、连续和满足用户需求方面提供更为专业化、精细化、个性化的服务。同时以工商户创值场景为牵引，联合客品、财运完善客户协议与结算计费场景，统筹推动工商户终端设施选型、升级改造、IoT 数采及打造数字化能力，形成业务与数字化的核心聚力，发挥工商户物联应用价值。具体价值体现在：

① 基于工商业用户的用气特征，帮助新奥公司管理人员及时发现计量过程中的异常行为，有效提高计量率并降低气损（供销差）。

② 借助物联技术提升实时计量能力，助力新奥集团推动仪表智能化向后台数字化

模式的转变，打造数字化能力/产品，实现用户远程抄收结算，掌握表具运行状态。

③ 以工商户创值场景为牵引，支撑企业为错峰用户、重点用户提供个性化策略，提升用户服务体验、规避调价风险、降低企业成本。

④ 基于管网生态位战略，发掘工商户创值场景，利用数字化模型实现工艺和物联数据的融合，深度感知不同类型客户用能特点，通过数据反映用户以及所属行业经营状态，能够了解工商户燃气用气设备和工艺技术新动向，研判燃气市场未来趋势，为开辟发展新市场抢占先机。

17.6 贵州燃气集中抄表平台

【基本情况】

应用场景：计量管理

提供单位：基本立子(北京)科技发展有限公司

建设单位：贵州燃气集团股份有限公司

建设时间：2017 年 9 月

投入使用时间：2018 年 7 月

【建设必要性】

贵燃集团在贵州全省多个地市运营着多个项目公司，燃气抄表面临着诸多问题：

① 不同项目公司之间缺乏统一规范，系统单独建设，无法发挥集约化集中化优势。

② 各项目公司采用表具厂家提供的抄表系统，对厂家运维有较高的依赖，无法准确及时掌握表具工作的实际状态，自动抄表率低、表具抄表存在错误数据。

③ 随着物联网技术的发展，不同项目公司在技术选型上缺乏统一规范，给技术管理带来了很大难度。

④ 各项目公司表具规范不统一，无法集中采购，项目间表具不通用，表具功能差异较大，技术迭代路径也不相同。

【解决方案】

贵州燃气统一制定技术规范，建设集中抄表平台：

① 在贵州全省参与 LoRa 网络的建设，并选择 LoRa 网络作为物联网表具主用网络技术。

② 统一制定表具规范，所有厂家按照表具规范提供产品，在正式使用前经过入网测试。

③ 私有化部署物联网平台，并以此为基础建设集中抄表平台，直接对接表具，不再经过厂家抄表系统和表具管理系统。

④ 集中抄表平台除了对 LoRa 表具进行集中管理外，也兼容老旧的表具。

⑤ 集中抄表平台统一与 CIS 系统对接，完成数据交换。

【主要成效】

目前集中抄表平台已经覆盖了 10+项目，接入 150 万表具，系统上线后持续稳定运行，按时向 CIS 系统推送月度抄表数据。

系统提供远程停开阀、远程参数配置等功能，极大降低了人员现场维护工作量。

除了抄表数据外，对表具网络、电池、表具状态等数据进行采集，方便客服人员主动提供服务。

【其他】

本系统部署简单，能够与客户营业系统快速对接。产品上线后持续稳定运行，成为贵燃管理和考核表具厂家的重要抓手，得到客户的高度认可，在集团和子公司两级推广应用。

17.7 相关支撑产品

17.7.1 物联网平台

【基本情况】

生产单位：深圳市赛易特信息技术有限公司

产品费用：800 万元/套

【产品概述】

赛易特物联网智能设备管理云平台(图 17.6)核心功能包括：数据采集、数据分析、告警监控、预付费实时结算。

数据采集功能：支持设备直连、边缘网关接入、南向云对接等多种方式接入。边缘网关接入可有效支撑物联网私有协议、燃气协议接入平台。支持多协议适配，实现各种海量异构物联网终端的接入。支持设备管理，透传/非透传模式、物模型管理、指令下发，事件上报等操作，实现对海量感知数据的采集、解析存储，为感知数据的统一管控提供基础。

数据分析功能：支持用户档案数据信息、缴费、运维数据等展示，完善用气量的多维度统计分析和数据环比、同比分析，并对用气量数据按照配置的异常数据规则进行预警提醒，同时针对抄表率进行多维度统计分析，支持抄表数据与 CIS 系统数据同步对比审查、提交出账。

监控警告功能：支持设置相关告警规则、等级，实现设备监控并支持实时报警推送，平台展示相关告警数据明细，支持同调 CIS 系统或其他主数据接口进行派单工作，

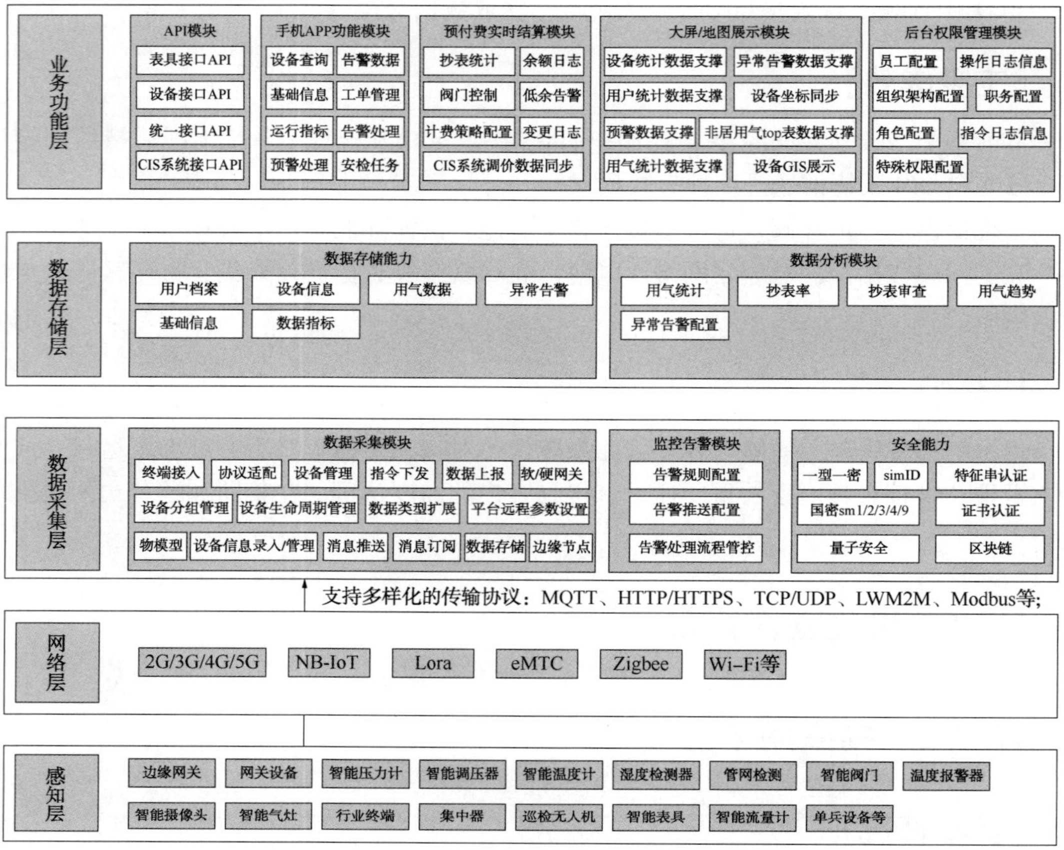

图 17.6　智能设备管理云平台

与 CIS 系统数据实时交互，针对回单、告警恢复实时更新状态，同时在服务器平台实施监控程序，实施监控服务器运行负荷。

预付费实时结算功能：支持 CIS 系统中预付款用户余额数据的实时同步，同时对用气量进行实时统计分析，实现实时余额展示，可定时针对低余额用户进行短信、微信通知；支持计费策略手动配置以及 CIS 系统调价同步，同时记录并展示相关计费策略日志信息。

物联网平台通过采集设备及表具统一协议及统一接入标准的制定，各供应商按统一标准接入，可以降低各分公司的维护成本，降低对设备及表具供应商的依赖。集团公司对供应商的选择更加灵活，可以节约管理及运营成本。

通过设备的统一接入，实现运维人员的统一管理及统一调配，减少多重管理和多重维护带来的成本消耗，节省运营成本，可以降低各分公司运维人员投入。

管理方面，通过平台建设可以提升集团公司用气数据抄表采集及管控能力，可以提高用户用气抄表率，加速气款回款，提高应收款回款率，加快资金回笼。

主要技术指标：

① 建立 IoT 分布式体系架构。

② 制定集团标准化抄表协议，非标协议的兼容接入。

③ 建立协议插件模型，实现各类物联设备统一与灵活接入。

④ 建立数据清洗模型、预警模型和用气行为模型，提高数据质量和数据管理能力。

⑤ 解决海量的数据存储，建立集团化数据仓库。

⑥ 实现百万级智能设备数据并发采集、用气的智能化识别、定位、跟踪、监控和管理。

【典型应用场景与案例】

物联网智能设备管理云平台可应用于能源领域，可用于远程控制水、电、气等仪表和路灯。

智能能源是智能城市的一部分。目前，物联网技术应用于能源领域，主要用于水、电、气等仪表，以及根据外部天气远程控制路灯。它可以根据环境和设备感知物体，通过监控提高利用效率，降低能耗。根据实际情况，智能能源分为四种应用场景：

智能水表：先进的 NB-IoT 技术可用于远程采集用水量并提供用水提醒等服务。

智能电表：一种新型的自动化、信息化电表，具有远程监测用电量和及时反馈的功能。

智能燃气表：通过网络技术，无需家庭抄表即可将燃气消耗量传输到燃气组，并可显示燃气消耗量、燃气消耗时间等数据。

智能路灯：通过携带传感器等设备，实现远程照明控制、自动故障报警等功能。

压力监测：通过统一测协议采集相关监测数据，以地图结合图形化、表格化的方式呈现监测信息，使系统满足调度中心值班人员对中低压管网监测和预警的工作需要。

17.7.2　安全切断型智能燃气表

【基本情况】

生产单位：重庆前卫表业有限公司

【产品概述】

安全切断型物联网燃气表(图 17.7)是一款以高精度膜式燃气表为计量基表，装载流量信号采集模块、NB-IoT 通信模组、压力传感器、地震传感器及其他相关模块组成，可实现精准计量、用气安全监测、远程阀控及其他物联网功能的新型智能燃气表。通过外接燃气报警器，进行用气过程安全的全天候监测，对异常用气情况实现自动诊断并采取切断措施，可在燃气泄漏、用气流量异常、用气压力异常、地震等情况下实现紧急切断并报警，以保障用气安全。

图 17.7　安全切断型智能燃气表外观

【产品特点】

① 燃气泄漏切断供气并报警。

燃气表与外部的燃气报警器相连，一旦燃气报警器检测到有燃气泄漏并达到一定浓度时，燃气报警器发出报警提示信号，燃气表联动立即关断阀门停止供气并上报管理平台报警。

② 用户流量过载切断供气并报警。

用户流量超过燃气表的公称流量的 1.2 倍并持续 2min，燃气表立即关闭阀门切断供气并上报管理平台报警。

③ 异常大流量切断供气并报警。

超过设置的用户流量的 1.5 倍时，燃气表关闭阀门停止供气并报警上报管理平台。

④ 长时间异常微小流量切断供气并报警。

在管道压力正常的情况下，燃气表以低于 2 倍始动流量持续流通时间达到设定时间时，燃气表关阀停止供气，并告警上报管理平台。

⑤ 持续使用时间过长切断供气并报警。

长时间使用燃气达到用户类型设置时间时，燃气表关阀停止供气并报警上报管理平台。

⑥ 管道压力过低切断供气并报警。

燃气管道内的相对压力低于 400Pa 时，燃气表关阀停止供气并报警。

⑦ 长期未使用切断供气。

燃气表长时间未使用时将自动关闭阀门切断供气，默认最长为 30 天，也可在 1~30 天内灵活设置。

⑧ 遇地震切断供气并报警。

当发生较强地震时，为防止因地震造成燃气泄漏二次灾害，保证用气安全，燃气表关阀停止供气并报警。

⑨ 人为强磁干扰切断供气。

人为强磁干扰燃气表运行，或破坏燃气表控制器，关阀切断供气。

⑩ 燃气报警器连接异常切断供气。

人为破坏燃气表与外部燃气报警器的连接时，燃气表将关闭阀门停止供气。

⑪ 数据存储。

燃气表将每天保存当天用气情况和燃气表的用气状态及时间，能满足一年的数据记录，方便燃气公司及表厂分析了解用户用气情况。

记录信息包含：

- 信息发生的时间
- 发生异常的原因(参考异常显示代码)
- 当时的阀门状态
- 当时的电池状态

• 当时的总用气量

⑫ 安全复位功能。

安全切断型物联网燃气表具有便捷的用户复位操作按钮，在排除现场异常因素确保安全的条件下，得到燃气公司安检确认并通过后台系统复位授权后可人工现场手动复位，以重新打开燃气表内置阀门恢复燃气。

⑬ 异常代码提示。

燃气表因异常情况自动关闭表内阀门后，将在燃气表内部存储芯片上记录发生异常关阀的时间及动作原因，并将关阀原因以代码的形式显示在燃气表的液晶显示屏上，以方便故障报修及现场处置。

【典型应用场景与案例】

某城燃企业重点民生工程燃气项目是国内较早启动的安全切断型 NB-IoT 物联网燃气表+燃气泄漏报警器项目。采用燃气报警器与切断型物联网燃气表联动方式，若居民家中燃气泄漏触发燃气报警器警报，安全切断型 NB-IoT 物联网燃气表将紧急切断表内阀门，确保终端用气安全。该项目已应用前卫表业安全切断型 NB-IoT 物联网燃气表产品数万台，相关表具及功能运行正常，为燃气企业及用户用气安全提供了可靠保障。

目前前卫表业已应用安全切断型 NB-IoT 物联网燃气表已在燃气公司应用中发挥了重要安全监控及预警功能。典型应用成效如下：

① 某燃气企业在使用前卫切断型物联网燃气表时发现有用户燃气表具经常发生大流量超载使用告警。经现场核验发现为该用户私增了用气设备用于外卖经营，燃气管线乱接延长，有极大安全隐患，经表具告警提示，燃气公司及时制止并整改了该用户不安全用气行为。

② 某燃气企业在使用前卫切断型物联网燃气表时发现有用户燃气表具出现了小流量泄漏报警，燃气公司组织上门检查发现该用户灶具连接软管位置由于老化产生了裂纹，造成燃气持续微漏，于是及时更换了管件，解除了该安全隐患。

③ 某燃气用户在使用前卫切断型物联网燃气表时由于长时间无人居住，当业主重新回来后打开灶具发现燃气已断气，报告燃气公司后发现为长时间未使用，表具自行进行了关阀断气，在重新对表具操作通气后，赫然发现灶具软管处出现鼠咬造成的破损泄漏，及时处理避免了事故发生，该功能应用也有效防止了该用户家里出现的燃气泄漏事故。

17.7.3 NB-IoT 智能切断型燃气表

【基本情况】

生产单位：上海飞奥燃气设备有限公司

【产品概述】

上海飞奥设计生产的 NB-IoT 智能切断型燃气表（图 17.8）采用欧洲著名品牌

SAMGAS基表，内置电机阀，支持红外光栅计数器，集成极低功耗、高稳定性的 NB-IoT 通信模组及智能控制模板和中文液晶显示界面，支持和系统平台间的远程通信，实现远程抄表、充值、异常报警等功能，同时还具备如下异常用气监控功能：

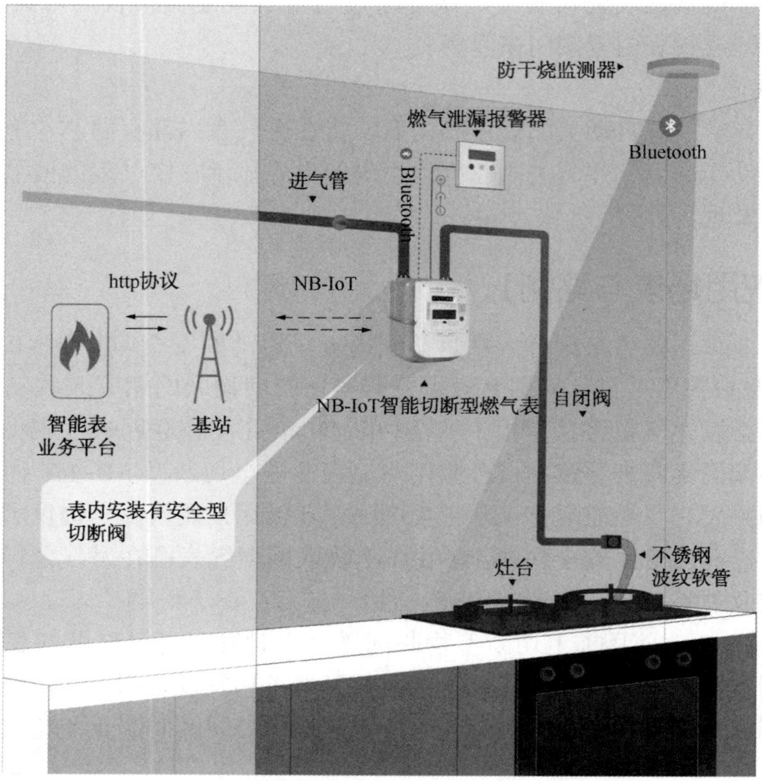

图 17.8　NB-IoT 智能切断型燃气表应用

微小流量检测：及时发现表后管道存在的微小泄漏，对于 6~30dm^3/h 的微小燃气泄漏，能够做出准确的判定，并及时将报警信息上传至燃气公司网络平台。

过流检测：表后管道出现接口脱落、断裂时，会形成超过正常使用情况下的大流量，燃气表检测到过气流量超过过流值时(判断时长不应超过 120s)，及时将报警信息上传至燃气公司网络平台并自动关阀。过流流量阈值为可调参数，可由后台系统设定后下发到燃气表端，过流流量阈值不应大于燃气用具最大用气负荷，且不应大于燃气表最大流量的 1.2 倍。

恒流检测：无论是因表后管道存在一定程度的泄漏原因，还是因客户忘记关阀原因，燃气表超过一定时间段仍持续恒流过气时(时间和流量范围参数可配置)，燃气表判断为异常用气，触发关阀和上报。

与家用燃气泄漏报警器联动：燃气表通过有线或无线方式(如蓝牙)，收集居民厨房内燃气泄漏报警设备的状态信息及报警信息，并对报警信息做出相应的反应，如关闭燃气表的内置阀门，及时将报警信息上传至燃气公司网络平台等。

(1) 红外光栅技术(图 17.9)

NB-IoT 智能切断型燃气表通过引入红外光栅技术，实现了对燃气表计数器前级齿轮的位置检测，齿轮每转过预设的角度值，都会有一组特定的编码值与之对应，通过一定时间段的监控，根据固件算法，可判断出是否有微小泄漏异常。该技术从硬件层面将采样分辨率从现有的 10dm³/imp 提高至 1dm³/imp，在最小流量为 6dm³/h 的情况下，燃气表每小时可采集到 6 个脉冲，即可在 1 小时内给出是否有微泄漏的判定，如果采用更密集的光栅，采样分辨率还可提升到更高水平，在更短时间给出判定结果。

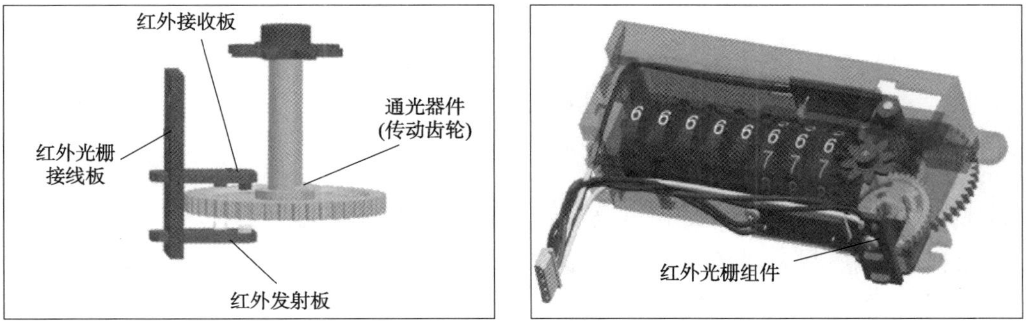

图 17.9　红外光栅系统示意图

(2) 燃气表与泄漏报警器联动技术

燃气表与报警器之间支持实现以下报警功能：

① 燃气泄漏报警；

② 报警器离线报警：报警器未接通电源或报警器与燃气表连接线路故障时，上传离线报警信息；

③ 传感器故障报警；

④ 超期报警：探测器累计工作时间达到气体传感器使用年限时，上传超期报警信息。

目前，济南港华燃气加强用气安全的研究和探索，积极与上海飞奥开展技术合作，该产品已在济南港华进行试点，并取得良好效果。

17.7.4　超声波燃气表(成都千嘉)

【基本情况】

生产单位：成都千嘉科技股份有限公司

【产品概述】

UGM-G 系列超声波燃气表(图 17.10)纯电子计量，无机械损耗，寿命长，精度高。采用 NB-IoT(窄带物联网)通信技术，可实现对燃气表的远程抄读与监控功能；具有预付费管理功能，中心可将余额和充值信息定期同步到表具显示，中心可远程控制阀门的开关；具有低功耗、无线传输距离远、抗干扰能力强、计量数据准确、施工简单、维护方便等优点。

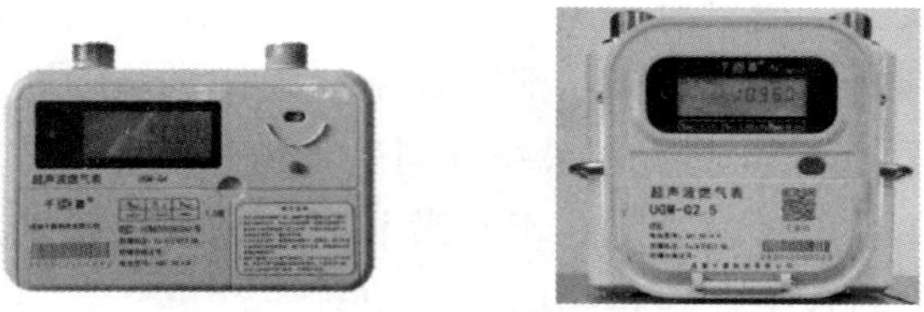

家用超声波燃气表
G1.6~G4

商业用超声波燃气表
G6~G25

图 17.10　燃气表示例

（1）主要功能

① 采用超声波计量，计量精度高，量程宽，始动流量低；

② 具有微漏、异常大流量、恒流量安全检测功能；支持流量异常报警参数设置及读取，流量异常报警后是否强制关阀可配置；

③ 具有防逆流自动检测并关阀等防窃气功能；

④ 可选配增加温度、压力实时补偿；

⑤ 采用 LoRa 扩频或 NB-IoT 通信，抗干扰能力强，接收灵敏度高，传输距离远；

⑥ 支持每日主动上报，每日上报具有随机错峰机制，支持通过上报窗口接收管理中心下发的命令操作。

⑦ 具有中心预付费管理功能，中心支持阶梯气价、调价；

⑧ 带液晶显示屏，可显示最近购入气量(金额)、当前剩余气量(余额)、单价、累计读数、电池电压、阀门状态等；

⑨ 支持中心预警关阀，预警模式支持一次性关阀或周期性关阀，参数可设置；

⑩ 可外接燃气报警开关信号，当外接燃气报警器检测到燃气报警时，表具立即关闭内置阀门，并将报警信号立即上传到系统平台。

（2）性能指标

① 采用双电源供电时，一次性锂电池+四节 AA LR6 碱性电池[锂电池寿命≥10 年；碱性电池寿命≥12 个月(每天一次数据上传)]；

② 准确度等级：1.5 级；

③ 静态电流：<50μA；

④ 最大工作电流：≤500mA；

⑤ 防爆等级：ExibIIBT3，防护等级：IP65；

⑥ 阀门寿命：开关次数不少于 10000 次，阀门具有到位检测；

⑦ 最大工作压力：30kPa；

⑧ 最大压力损失：250Pa(G1.6~G6 带阀)/200Pa(G1.6~G6 不带阀)/375Pa(G10~G25 带阀/300Pa(G10~G25 不带阀)；

⑨ 工作环境温度：−20~+50℃；

⑩ 存储温度范围：−20~+60℃；

⑪ 使用条件：户内安装，户外安装需加装防护箱。

17.7.5 超声波燃气表(浙江蓝宝石仪表)

【基本情况】

生产单位：浙江蓝宝石仪表科技有限公司

【产品概述】

IAS-8600U 及 IAS-8 系列产品是参照国标 GB/T 18604 气体超声流量计设计而实现的一种用于测量气体的流量计，由于采用了专有的计量型腔形成了平滑稳定的计量流场，克服了超声流量计前直管段要求长的缺点，安装方便。规格覆盖 *DN*32~*DN*300。

本产品的特有性能非常适合进行贸易结算计量。并可广泛适用于天然气等其他气体的流量测量。

(1) 主要特点

压损小：*DN*40 最大流量时压损 130Pa、*DN*80 最大流量时压损 180Pa，特别适用于低压终端用户。

量程比大：精度保证范围可达到 200 倍，特别适用餐饮、食堂、医院、各类学校等用气量变化大的用户。

零点稳定：可检测到极小流量，因此可检测管网系统是否泄漏和预警。

声速测量：使用声速测量可实现远程在线检查流量表是否在精度范围之内。

前后直管段短：本流量计具有自整流功能，能前后直管段很短，一般不需要安装噪整器。

防盗窃气功能：表具在投入运行后具有自动检测计量表具拆卸次数功能，抄表员可看到指示。

(2) 性能指标

被测介质：空气、天然气、页岩气等气体。

准确度等级：±1%。

最大允许误差(MPE)：$0.1Q_{max} \sim Q_{max} \leqslant \pm 1\%$；

$Q_{min} \sim 0.1Q_{max} \leqslant \pm 2\%$。

被测气体温度：−10~+50℃。

温度示值最大允许误差(Pt1000)：±0.2%(±0.5℃)。

压力示值最大允许误差：±0.2%。
数字输出：RS-485。
公称压力：<1.6MPa。
防爆安全认证：
国家级仪器仪表防爆安全监督监测站；
隔爆型：Exd Ⅱ BT6Gb；
防爆许可证号：GYB18.2005X。
工作电源：电池供电 7.2V。
通信：
总线标准：RS-485；
速率：9.6kbps；
通信线要求：屏蔽双绞线。

17.7.6 安全型超声波燃气表(浙江威星)

【基本情况】

生产单位：浙江威星智能仪表股份有限公司

【产品概述】

超声波计量技术采用时差计量法为计量原理，利用一对超声波换能器相向交替(或同时)收发超声波，通过观测其在介质中的顺流和逆流传播时间来测量流体的流速，再通过流速来计算流量，是一种间接、非接触式的测量技术。

(1) 产品特点

体积小、质量小。超声波表小巧轻便，约为皮膜表 1/3 的体积，安装方便。

寿命长、免维护。超声波表全电子结构特点，无机械传动部分，运行无机械噪声，不受机械磨损及故障影响。

精度高，稳定性好。精度高、大流量区域可实现 1%测量精度，无机械移动部件，计量稳定性好。

量程宽、灵敏度高。量程宽，单个型号即可覆盖 G1.6~G4+，始动流量低。

适用广、安全性高。全电子封闭计量，安全性高，易集成温压修正，瞬时/周期数据采集等功能，方便提取用户及管网数据做深入分析。

(2) 主动安全功能

如图 17.11 所示，用户用气安全隐患监(检)测包含以下内容：

瞬时流量检测。包括过流量异常报警、微流量泄漏报警、拆表报警、反向报警等，实时检测用户用气情况，实现对用户终端表具安全用气的远程监测。

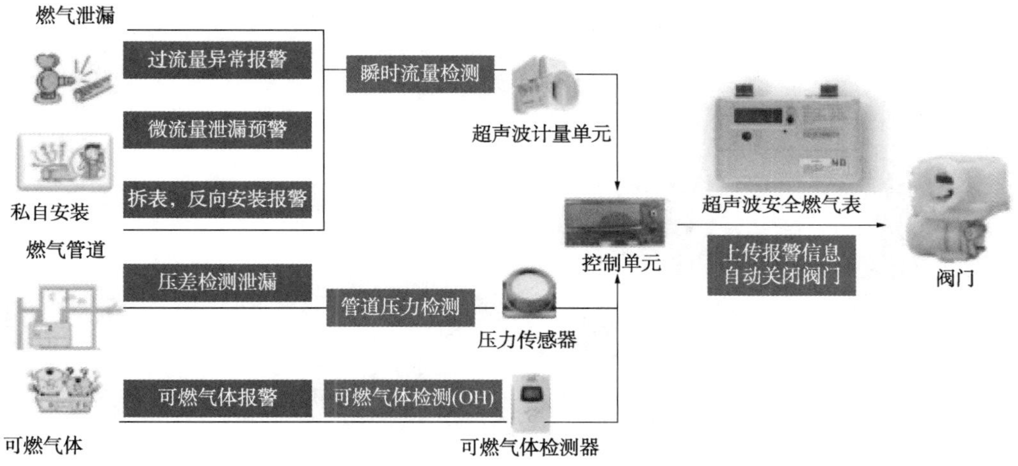

图 17.11　用户用气安全隐患监(检)测

管道压力检测。包括压差检测泄漏报警，监测燃气管道压力变化，对设备进行主发式安全自检，保证设备处于安全用气环境。

可燃气体检测。包括可燃气体泄漏报警，与可燃气体报警器实现多设备联动，多方位监测用户用气安全。

紧急控制。物联网燃气表在接收到过流量报警、燃气浓度报警等信号后，会自动关闭，同时关闭管道紧急切断阀(如有)，第一时间切断泄漏源，防止事故扩大。用户和燃气公司在接到报警信号后，可以在手机终端、控制室等远端采取关阀等紧急处置措施。险情处理化被动为主动，实现主动安全。

(3) 技术性能指标

本产品符合 GB 3836.1—2021《爆炸性环境第 1 部分：设备 通用要求》、GB 3836.4—2021《爆炸性环境第 4 部分：由本质安全型"i"保护的设备》，防爆标志为 EXib Ⅱ BT3 Gb。

工作电源：

内电源：用于计量部分供电电源，独立锂电池供电，屏幕实时显示电池容量符号以提示用户更换电池，静态电流≤45μA，电池可连续使用 10 年以上。

外电源：用于智能部分供电电源，锂电池供电，屏幕实时显示电池容量符号以提示用户更换电池，静态电流≤30μA，电池使用寿命不少于 10 年。

表具通过 NB 与外部进行通信，具有实时读数，通过 NB 通信方式进行数据上告。

【典型应用场景与案例】

2019 年 6 月起，威星智能仪表股份有限公司与无锡华润针对该地区推广的《餐饮场所瓶装液化石油气转换管道天然气工作方案》项目，提出了新的智慧解决方案。该项目帮助无锡华润在同年 10 月份全市累计签订"瓶改管"用户 2004 户，提前完成"瓶改管"2000 客户的全年任务目标。项目运行至 2020 年一季度已经为燃气公司发现十多起燃气泄漏(安全码：红牌)、十多起微流量泄漏(安全码：黄牌)的异常情况。见图 17.12、图 17.13。

图 17.12　安全码智能分级

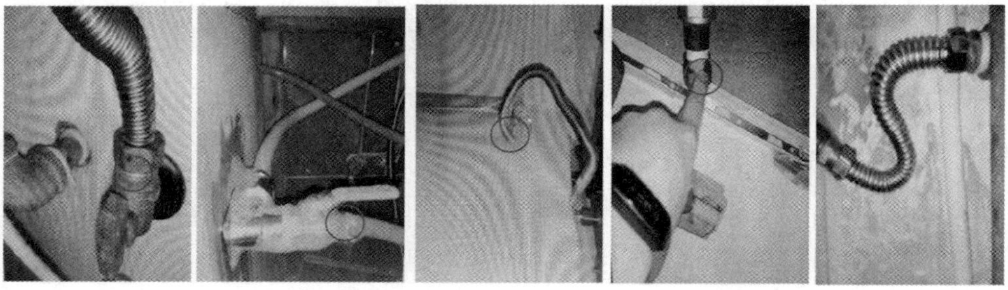

图 17.13　根据主动告警信息排查用户安全隐患

17.7.7　安全型超声波燃气表(辽宁思凯)

【基本情况】

生产单位：辽宁思凯科技股份有限公司

【产品概述】

超声波燃气表计量采用了时差法计量原理，通过换能器测得超声波在流动介质中顺流方向与逆流方向的时间差，并通过时间差得到气体流速，通过计算进而获得流体流量。超声波燃气表是一款全电子式燃气表，具有较好的计量性能及流量监测能力。

【产品特点】

全电子结构：超声波燃气表无机械计数轮，运行无噪声，不受机械磨损影响，长期使用计量精度不劣化。

计量性能好：出厂内控可满足分界流量点以上误差±0.5%以内，分界流量点以下误差±1%以内。

量程比宽：可满足不同场景应用需求，部分表型量程比可达 1∶1000。

温压一体化设计：可内置温度、压力传感器，无需外加体积补偿仪表。

易维护、使用寿命长：维护简单，耐久性较好，使用寿命长。

防拆功能：超声波燃气表可测试介质中气体声速，通过声速的变化识别拆表。

安全功能：见图 17.14。

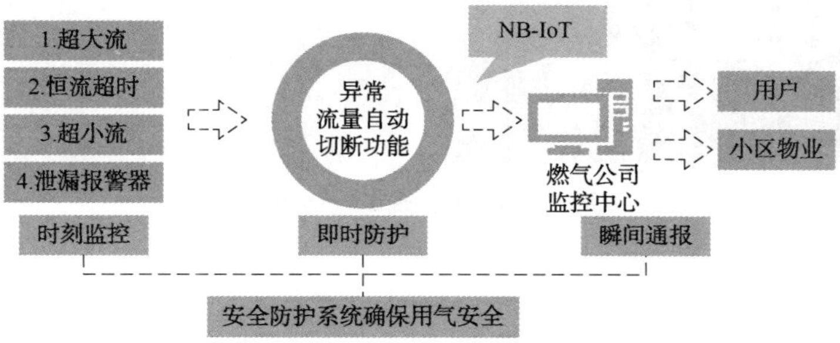

图 17.14　安全功能

超声波燃气表具有较短的流量采样周期(一般为 2s)，通过高频监测气体流量及持续时长等因素变化，可准确识别脱管、过流或长时间非正常使用等异常情况发生时自动控制阀门关闭，立即将相关信息通过物联网通知燃气公司后台管理系统，并与用户、小区物业快速联动，大大提高居民燃气使用的安全性。

【技术性能指标】

产品满足超声波燃气表国家标准 GB/T 39841—2021 相关要求。

计量电源：用于计量部分工作电源，屏幕实时显示电池电压值，当欠压时提示用户更换电池，静态平均电流≤50μA，锂电池可连续使用 10 年。

通信电源：用于无线通信供电电源，屏幕实时显示电池电压值，当欠压时提示用户更换电池，静态电流≤5μA，采用 NB-IoT 通信方式，每天 1 次上告数据，锂电池使用寿命不少于 10 年。

内置物联网模组，可选用 GPRS、NB-IoT、CAT1 等多种通信方式，可实现表具运行数据的采集、运行状态监控、费控结算、远程充值、阀控等。

【典型应用场景与案例】

2021 年 4 月，辽宁思凯科技股份有限公司针对丹东市的《老旧小区智能改造》项目，提出了使用安全型物联网超声波燃气表的应用方案。并于 5 月进行了丹东永安花园小区 1400 余户的施工改造，至今表具运行稳定。

该表具(图 17.15)采用 NB-IoT 通信技术，启用安全流量监测功能，具有异常大流量、异常微小流量报警功能，表具数据传输至我公司服务器。通过数据监控发现两起使用燃气热水器致使流量过载的情况，并发现一起用户私改燃气管线导致燃气微漏的情况。

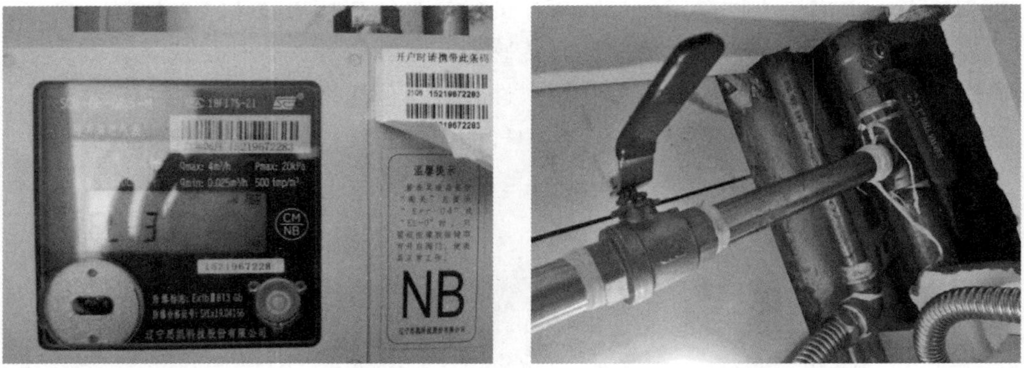

图 17.15　表具现场应用案例